技能型紧缺人才培养培训教材

全国医药高等学校规划教材

供高专、高职护理、涉外护理、助产、检验、药学、药剂、卫生保健、康复、口腔医学、口腔工艺技术、医疗美容技术、社区医学、眼视光、中医、中西医结合、影像技术等专业使用

计算机应用基础

（第二版）

主　编　刘书铭

编　委（按姓氏汉语拼音排序）

李俐君　达州职业技术学院

李　卫　临沂卫生学校

刘书铭　乐山职业技术学院

马润海　乐山职业技术学院

施宏伟　吉林大学通化医药学院

孙　伟　广州医学院护理学院

汪启荣　沧州医学高等专科学校

韦金林　复旦大学护理学院

吴亚平　常州卫生高等职业技术学校

科学出版社

北京

内 容 简 介

本教材是全国医药高等学校规划教材之一,全书共七章,内容包括Windows XP、Word、Excel、Visual FoxPro 6.0、网络基础知识、局域网、Internet、多媒体基础与应用、Authorware、Photoshop 7.0等实用计算机基础知识和计算机操作技能。书的附录有教学基本要求和汉字拼音、五笔字型编码表,方便学生课前预习和课后复习。

本书以实用性、科学性、可读性、创新写法为突出特点,适于作为三年制和五年制非计算机专业高专、高职教学用书以及中专和各种培训班用书。也适合非计算机专业学生阅读、教师备课和计算机初学者自学。

图书在版编目(CIP)数据

计算机应用基础 / 刘书铭主编. —2 版. —北京:科学出版社,2009.1
技能型紧缺人才培养培训教材·全国医药高等学校规划教材
ISBN 978-7-03-022210-7

Ⅰ. 计… Ⅱ. 刘… Ⅲ. 电子计算机 – 高等学校:技术学校 – 教材
Ⅳ. TP3

中国版本图书馆 CIP 数据核字(2008)第 079728 号

责任编辑:裴中惠 李 婷 / 责任校对:张 琪
责任印制:刘士平 / 封面设计:黄 超

科学出版社 出版
北京东黄城根北街 16 号
邮政编码:100717
http://www.sciencep.com

骏 走 印 刷 厂 印刷
科学出版社发行 各地新华书店经销
*
2003年8月第 一 版 开本:850×1168 1/16
2009年1月第 二 版 印张:18 3/4
2009年1月第七次印刷 字数:505 000
印数:20 001—25 000
定价:34.80 元
(如有印装质量问题,我社负责调换〈环伟〉)

技能型紧缺人才培养培训教材
全国医药高等学校规划教材
高专、高职教材建设指导委员会委员名单

第二版前言

《计算机应用基础》再版教材编写组收集了第一版教材使用单位和学生的反馈意见,结合非计算机专业高专、高职人才培养实际和用人单位对毕业生应具备计算机知识和操作技能的要求,充分考虑到计算机知识更新快、计算机技术发展迅速、对教学内容要求不断更新、部分职业技术学院专业覆盖面广等实际情况,同时兼顾多数学校计算机教学设备的实际状况,教材编写组力求适应各院校非计算机专业对计算机教学内容的新要求。

再版教材体现以下特点:

1. 内容适用性、可读性强。教材始终以培养学生计算机技术的自学能力和应用计算机技术的操作能力为目标。内容由浅入深,循序渐进,实例示范,图文并茂,易读易懂,力求体现教材的先进性、科学性和实用性。

2. 考虑到非计算机专业课内教学时数偏少和计算机等级考试要求掌握的计算机知识和技能之间的突出矛盾,因此,学生除了完成课内学习外,还必须利用课余时间操作计算机。在教材内容的选编过程中,我们充分考虑到非计算机专业的计算机课程计划学时数与教学内容之间的矛盾,适当增加了教材的篇幅,各校可根据本校实际选择教学内容。

3. 为了帮助学生自学,方便学生查阅汉字拼音和汉字五笔字型输入编码,教材附录列出了教学基本要求和常用汉字编码表。

4. 本教材为非计算机专业三年制专科和五年制高专、高职教学用书,也可供中等职业教育和短期培训教学使用。

再版编写过程中得到了复旦大学护理学院、乐山职业技术学院、吉林大学通化医药学院、广州医学院护理学院、沧州医学高等专科学校、临沂卫生学校、常州卫生高等职业技术学校等院校的大力支持,在此,《计算机应用基础》教材再版编写组向他们表示衷心感谢。由于编写时间仓促,疏漏之处在所难免,望读者批评指正。

编 者
2008 年 1 月

第一版前言

随着计算机技术的发展和应用的普及,计算机在人们的工作、学习和社会生活各个方面正在发挥着越来越重要的作用。计算机技术带动的高新技术正在不断地改变着人们的生产方式、工作方式、生活方式和学习方式。社会对劳动者的素质和知识构成提出了新的要求,操作使用计算机已经成为社会各行各业劳动者必备的基本技能,教育部也已经把"计算机应用基础"作为各类专业学生必修的文化基础课程,因此,加强学校的计算机基础教育,在全社会普及计算机知识和技能,是一项十分紧迫的任务。

本书是根据教育部颁布的"非计算机专业教学的基本要求"和有关的教学大纲进行编写。我们在编写过程中力图贯彻教材的思想性、科学性、适用性、实用性和创新性原则,并体现职业教育的三个"贴近":贴近社会对教育和人才的需求;贴近岗位对专业人才知识、能力和情感要求的标准;贴近受教育者的心理取向和所具备的认知、情感前提。本书力求体现以目标教学为主要的教学模式,融入知识、技能、态度三项目标,在每章或节的内容之前列出相应的学习目标,便于学生明确目标,突出重点。学习内容之后有目标检测题(包括操作题),有助于学生自测,也可供考试时参照。同时,我们试图在创新性上有所突破,紧紧围绕学习目标,从学生的视角出发,采用正文与非正文分开的编写方案,结合具体内容设计了"链接"。希望本书的读者能感到本教材特点突出、图文并茂、易学、易懂、适用、实用,也希望本书更具适用性和实用性,使读者能掌握学习方法,自觉学习。

本教材是面向 21 世纪全国卫生职业教育系列教改教材之一,是全国卫生职业教学新模式研究课题组和教改教材编委会成员学校的老师同心协力、创造性劳动的成果,希望帮助同学们学好本课程。真诚的愿望是每位老师编写的动力;认真、严谨的态度,科学、扎实的作风,团结一致、勇挑重担的团队精神,是老师们编写的基础。

本教材的编写是在"全国卫生职业教学新模式研究"课题组指导下进行的,得到了通化市卫生学校、嘉应学院医学院、晋中市卫生学校、井冈山医学高等专科学校的大力支持,在此表示诚挚的感谢。

由于水平有限,本书会有不少欠缺之处,敬请读者给予批评指正。

编　者
2003 年 6 月

目　录

第 1 章　Windows XP 操作系统

学习目标

1. 知道：Windows XP 的特点、功能、运行环境及启动和退出的方法
2. 知道：Windows XP 的桌面特性和控制面板的基本使用方法
3. 掌握：鼠标、键盘、窗口、图标、菜单、对话框、剪贴板、快捷方式的操作及资源管理器和记事本的基本使用方法
4. 掌握：文件和路径的概念
5. 知道：添加/删除程序、安装打印机的方法；系统工具的使用

Windows 操作系统是美国微软公司推出的以窗口操作为代表的操作系统。Windows 的出现打破了以往的以命令操作为主的局面，它以图形窗口操作、鼠标操作以及支持多任务等特性脱颖而出，深受广大用户的青睐，长期处于个人计算机操作系统领域的领先地位。

Windows XP 是 Windows 操作系统中较快和较稳定的 Windows 版本。Windows XP 是基于 Windows NT 模型建构的，在保留操作系统复杂性的同时，极大简化了界面，使以前的 Windows 用户可以很快习惯，用微软公司比尔·盖茨的话评价：Windows XP 将使用户更有效地进行交流与合作，更富创造力，工作更有成效，并从技术中体会更多乐趣。

第 1 节　Windows XP（中文版）概述

Windows XP 操作系统在原先 Windows 2000 和 Windows ME 低版本的基础上作了进一步的完善，它帮助用户更加容易地使用计算机、安装和配置系统、浏览 Internet 及脱机工作等。

同 Windows 以前的版本相比，Windows XP 的外观发生了很多改变，桌面、开始菜单和按钮都有所改变，外观更漂亮，此外还增加了很多新的特性。

一、Windows XP 的新特点和功能

（1）更加友好的人机界面：Windows XP 将明亮鲜艳的外观和简单易用的设计结合在一起，尤其是外观的"透明化"处理更是别具一格。"开始"菜单使用户更容易访问程序，并且有更多的选项来自定义桌面环境。

（2）用于数字媒体的新功能：Windows XP 通过了大量特性和工具来处理媒体文件。Windows Media Player 是集视频、DVD 和音频播放功能于一身的综合媒体播放程序。Windows Movie Maker 是一个用于捕捉、编辑视频和音频信息的应用程序，用于创建音、视频文件。

（3）系统还原：Windows XP 提供了与 Windows ME 相似的一个系统还原程序，并有所改进。系统还原能在用户对系统更改时（并按事先计划好的周期，如一周或一个月等）创建还原点。这些还原点保存了许多关键的系统配置，一旦出现了问题，可将 Windows 设置恢复到上一个设置还原点时的状态。

（4）用于网络的新功能：Windows XP 包括了最新版本的 MSN Explore 及其完整的 Microsoft 服务包，以及最新发布的 Internet Explore，用户可以在浏览 Web 时获得更好的隐私及安全控制能力。此外，Windows XP 还增加了远程桌面的功能，利用这个特性，用户可在一台运行任何版本 Windows 的远程计算机上，连接并控制一台正在运行的 Windows XP 的计算机；在一个远程控制窗口中，显示了主计算机的完整桌面。

（5）文件夹和文件的新功能：Windows XP 可以帮助用户更有效地使用文件夹和文件。用户可以使用更直观的网页界面来执行任务，还可以用新的方式来查看文件夹和文件的详细信息。同时，在将某些文件类型与特定程序关联时有了更多选项，脱机使用文件夹和文件也变得更加容易。Windows XP 还直接支持采用了 ZIP 和 CAB 格式的压缩文件夹，甚至能

1

在压缩文件夹中直接对文件操作。此外，Windows XP 中还增加了文件和设置转移向导，它可将文件和设置从一台计算机转移到另一台计算机，或者从 Windows 的一种安装版本转移到同一台计算机上的另一个安装版本。

（6）用户、账户和启动的新功能：Windows XP 可以为计算机用户方便地设置和管理计算机账户。用户可以在不同账户之间进行切换，而不必重新启动计算机。用户还可以在忘记密码时获得提示，可以存储多个用户名和密码。

（7）支持和帮助的新功能："帮助和支持中心"是全面提供各种工具和信息的资源，使用搜索目、索引或目录，用户可以广泛访问各种联机帮助系统。通过它还可以向联机的 Windows 技术支持人员寻求帮助，与其他 Windows XP 用户和专家利用 Windows 新闻组交换问题等。

"帮助和支持中心"窗口，如图 1-1 所示。

图 1-1 "帮助和支持中心"对话框

二、Windows Vista 简介

目前，微软公司发布了最新一代操作系统——Windows Vista。作为微软的最新操作系统，Windows Vista 第一次在操作系统中引入了"Life Immersion"的概念，即在操作系统中集成了许多人性化的因素。一切以人为本，使得操作系统尽可能地贴近用户，了解用户的使用感受，从而方便用户。

Windows Vista 在可靠性、安全性、部署的方便性、性能和便于管理方面有诸多优势。

（1）可靠性：Windows Vista 能在硬件出现问题之前检测到，由于应用程序停止响应而导致重启计算机的发生频率降低，并能从启动故障和服务故障中自动恢复。

（2）安全性：Windows Vista 是目前最安全而可信的 Windows 操作系统，可防止最新的威胁，如病毒、间谍软件和黑客的攻击等。

（3）部署：基于映像的安装使得 Windows Vista 比早期版本的 Windows 操作系统更易于部署。用户可以从早期的 Windows 版本直接升级到 Windows Vista 版本。

（4）性能：Windows Vista 中，系统启动时间更快，睡眠状态的耗电功率更低。在多数情况下，在相同的硬件上 Windows Vista 比 Windows XP 的性能会更好。

（5）管理：Windows Vista 简化并集中了桌面配置管理，降低了保持系统更新所需的成本。

三、Windows XP 桌面的组成

启动 Windows XP 之后，首先出现的就是桌面，即整个屏幕的工作区，如图 1-2 所示。桌面由各种图标、开始按钮和任务栏三部分组成。可以把"桌面"理解为实际工作中的办公桌，把"图标"理解为各种办公用品，需要并且经常使用的办公用品就摆放在桌面上；"开始菜单"理解为执行某项任务；"任务栏"显示正在执行任务的状态。

图 1-2 Windows XP 桌面

(一) 各种图标

桌面左边是一些图标,即带有文字标志的小图片。每个图标分别代表一个对象,如文件夹、文件、应用程序或快捷方式等。由于各种计算机安装的软件不同,用户的设置也不同,桌面所显示的图标也有所不同。一般而言,将图标分为系统提供图标、快捷方式图标和用户自建文件和文件夹图标三类。

1. 系统提供图标　一般而言,当用户安装完 Windows XP 操作系统后,并在桌面的显示属性中的自定义桌面中进行相应的设置之后,就会出现"我的电脑"、"我的文档"、"网上邻居"、"回收站"和"Internet Explore"等图标。

● 我的电脑:可以查看和操作计算机上的所有驱动器及其上面的文件,可以添加设置打印机,也可以对计算机的各种参数进行设置。它与"资源管理器"的功能十分类似。

● 我的文档:可以管理用户的各类文件和文件夹;用户所创建的文档,默认的保持位置就是"我的文档"。

● 网上邻居:可以查看和操作用户所在局域网内其他计算机的软硬件资源。局域网内任何一台计算机与其他联网的计算机都互称为"网上邻居"。

● 回收站:用于存放从磁盘上逻辑删除的文件和文件夹。回收站中的文件是可以恢复到原来位置的,这种删除方式称为文件和文件夹的逻辑删除;而当把回收站中的文件清空后,即彻底删除而不能恢复的方式称为文件和文件夹的物理删除。

● Internet Explore:系统自带的浏览器,用来打开网页,浏览信息。

2. 快捷方式图标　在桌面的图标中,有一些图标的左下脚一般有一个小箭头标志,称为快捷方式。快捷方式的扩展文件名是". LNK",是一个容量很小的文件,其中存放的只是一个实际对象(程序、文件或文件夹)的地址,如图 1-3 所示。双击快捷方式图标就可以打开对应的地址文件,快捷方式可以放在桌面上,也可以放在任意文件夹中。"开始"菜单中的很多项目都是快捷方式,这样就可以方便操作,而又不用存储该对象的多个副本,节省存储空间。

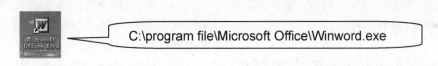

图 1-3　"快捷方式"示意图

3. 用户自建文件和文件夹图标　在桌面上,还有一些图标是用户根据需要建立的文件和文件夹图标,如 　和 　。

(二) 开始按钮

开始按钮位于桌面的左下脚,单击"开始"按钮后,就会打开开始菜单。利用开始菜单可以运行程序、打开文档、自定义桌面、寻求帮助等,用户所要完成的工作几乎都可以通过它来完成。

开始菜单包含的主要选项的功能:

● 所用程序:包含安装 Windows 期间系统安装的常用程序和以后安装的所有应用程序,如控制面板、附件、Office 软件及其他软件等。

● 我的文档:用来管理用户的各类文档。

● 我最近的文档:含有最近打开或编辑过的 15 个文档名。

● 图片收藏:用来保存数字图片、照片和其他图形文件。

● 我的音乐:用来保存音乐和其他音频文件。

● 控制面板:提供选项供用户按照自己的要求对系统进行一些设置,如桌面的外观、键盘和鼠标的速度、添加或删除程序、设置用户账户等。

● 设定程序访问和默认值:选择执行某些任务的默认程序,如浏览 Web 和发送电子邮件。

● 打印机和传真:显示安装的打印机和传真机,并可进行设置。

● 搜索:可以查找文件和文件夹,也可以

查找网络中的其他计算机的文件等。

● 运行：通过输入命令字符串的方式运行程序。

● 帮助和支持：用于启动 Windows 的联机帮助程序。

● 注销：显示"登录"对话框，以另一用户身份登录或原来的用户再次登录。

● 关闭计算机：关闭、注销或重新启动计算机。

（三）任务栏

任务栏通常放置在桌面的最下端，由开始按钮、快速启动栏、任务切换栏和指示器栏组成。

● 快速启动栏：用于直接启动程序，用户随时单击相应的按钮即可打开相应的程序，操作方便快捷。系统默认的启动栏上，有"Internet Explore"、"启动 Outlook Express"、"显示桌面"三个按钮。

● 任务切换栏：显示系统中运行的一个或多个应用程序窗口，单击相应的图标可以在不同的窗口中进行切换。

● 指示器栏：位于任务栏的最右边，指示系统当前的工作状态，包括时间、输入法、音量、显示分辨率和颜色等。

第❷节　Windows XP 基本操作

Windows XP 环境下的操作有很多共同的特点。例如，每个应用程序都会打开一个具有相同规范的窗口，窗口中的各对象操作方法也基本相同，帮助系统的使用方法基本相似等。掌握本节所述的基本操作方法对于学习其他软件的操作会有较大帮助，希望通过学习能起到举一反三的效果。

一、启动与退出

1. 启动　当用户打开一台安装好 Windows XP 的计算机时，系统启动后会显示一个用户登录的界面，选择相应的用户名和输入密码后，即可启动系统。

2. 退出　在注销、重启或关闭计算机之前，一般需要关闭相应的程序和文件，以免文件丢失。一般的操作时注销和关闭计算机，主

要操作如下：

（1）注销：单击"开始"按钮，选择"注销"命令，出现"注销"（将正在使用的当前用户关闭）和"切换用户"（不关闭当前用户，重新打开新的用户）按钮，根据需要单击该按钮或"取消"即可。

（2）关闭计算机：单击"开始"按钮，选择"关闭计算机"命令，出现"待机"、"关闭"和"重新启动"按钮，选中即可。

二、鼠 标 操 作

在 Windows 操作系统中，使用鼠标操作是最简便的方式，但也可以使用键盘来替代鼠标操作。

鼠标一般由左、中、右三个按钮，中间一个按钮使用较少。为了方便上网时浏览信息，有的鼠标还安装了小滑轮。使用鼠标时，屏幕上会出现一个鼠标的指针，鼠标指针在不同的状态下会有不同的形状，并且可以设置。鼠标的基本操作如下：

（1）指向：不按鼠标的按钮，将鼠标指针移动到预期位置。一般所说的单击或双击某对象，指先指向该对象，然后单击或双击。

（2）单击：按下鼠标按钮，然后释放，一般用于选中某个对象。"单击"除特别声明，一般指单击左键。

（3）双击：快速进行两次单击，一般用于打开相应的对象。双击的分别时间可以在控制面板中鼠标设置中进行设定。

（4）拖动：或称"拖曳"，把鼠标指针指向要拖动的对象，按住鼠标按钮的同时移动鼠标指针。拖动有左键和右键之分，一般左键是移动相应的对象，而右键则是对选项进行复制、移动等操作。

（5）与键盘组合操作：有的功能需要与鼠标配合操作，例如"Shift + 单击"、"Ctrl + 右键拖动"等，表示按下键盘中的相应键的同时进行鼠标操作。

三、桌 面 操 作

Windows XP 的一切操作从桌面开始，桌面上放置了各种对象，为了方便用户操作，使桌面清晰整洁，Windows XP 提供了多种桌面的整理操作，如排列、添加、删除图标、任务栏

调整、显示属性的设置等。其中,添加、删除图标的方法见"文件操作",显示属性的设置见"控制面板"。

1. 排列桌面图标　右键单击桌面空白处,会弹出桌面的右键菜单(又称快捷菜单),将鼠标指向"排列图标",会弹出子菜单,如图1-4所示,选中相应的图标排列方式即可。

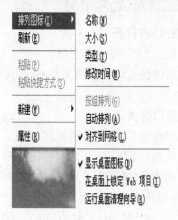

图 1-4　桌面的快捷菜单图

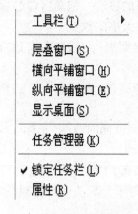

图 1-5　任务栏的快捷菜单

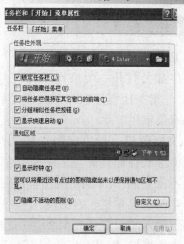

图 1-6　任务栏属性对话框

2. 任务栏调整

● 调整大小:用鼠标指向任务栏边沿,鼠标指针变为双向箭头,拖动左键可以改变任务栏的大小,如图1-5所示。

● 移动位置:用鼠标选中任务栏的空白处,进行拖动,可将任务栏置于桌面的顶部、左右两层和底部。

● 任务栏的选项:右键单击任务栏空白处,选择快捷菜单中的"属性"项,弹出"任务栏属性"对话框,如图1-6所示,可对任务栏和开始菜单进行设置。

四、窗　口　操　作

窗口是 Windows 操作系统的特点,系统资源的管理、使用、应用程序的交互等都是通过它来进行的。窗口为用户提供各种工具和操作手段,是人机交互的主要界面,如图1-7所示。

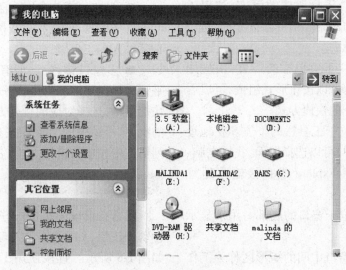

图 1-7　"我的电脑"窗口

（一）窗口类型

1. 应用程序窗口　运行任何一个人机交互的程序都会打开一个该程序特有的"程序窗口"。一般关闭程序窗口就关闭了程序，其特征是有菜单栏。

2. 文档窗口　指由应用程序创建的，最后以文件形式存储在磁盘上的所有信息。文档窗口不独立，隶属于某个应用程序窗口。文档窗口中没有菜单栏。有的应用程序窗口没有文档窗口，如"录音机"；有的应用程序窗口有多个文档窗口，如 Word、Excel 等；只有一个文档窗口的应用程序，在打开多个文档时，需多次打开其对应的应用程序，如记事本、画图等。

3. 对话框　对话框可看成一种特殊的窗口，用来输入信息或进行参数设置。对话框一般无改变窗口大小的操作，也无最大化按钮。

（二）窗口组成

1. 标题栏　位于窗口的顶部，用于显示窗口的名称。当打开多个窗口时，当前窗口的标题栏为高亮蓝色，其他窗口的标题栏为淡灰色。标题栏中包括控制菜单（鼠标单击标题栏左边的应用程序图标）、窗口名称（应用程序的名称）、控制按钮（从左到右依次为最小化按钮、最大化按钮和关闭按钮）。"最大化"和"还原"按钮共用一个按钮位置，最大化（即窗口充满整个桌面）后，该按钮变为"还原"按钮；还原后，变成"最大化"按钮。

2. 菜单栏　位于标题栏的下方，列出了应用程序所支持的命令。水平分析分类，每一类中包含不同的命令。

3. 工具栏　位于菜单栏的下方，由应用程序中最常用的命令以按钮形式组成，可以看成是常用菜单命令的快捷方式。

4. 地址栏　位于工具栏的下方。在地址栏的下拉列表框中，可以选择桌面、我的电脑、我对文档、Internet Explore 或直接输入地址上网。

5. 状态栏　位于窗口的底部。用于显示窗口当前的状态。

6. 工作区　窗口中间的矩形区称为工作区。当窗口的内容太多，无法完整显示时，窗口中就会出现滚动条，有水平滚动条和垂直滚动条两种。

7. 边　窗口有 4 条边，指向并拖动它可以改变窗口的宽和高。

8. 角　窗口有 4 个角，指向并拖动它可以同时改变窗口的宽和高。

（三）窗口的基本操作

1. 窗口的打开
- 双击对应的一个图标。
- 右击图标，在快捷菜单中选择"打开"命令。

2. 窗口的关闭
- 单击窗口右上角的关闭按钮。
- 双击标题栏左上方的控制菜单图标。
- 单击标题栏左上方的控制菜单图标，在快捷菜单中选择"关闭"命令。
- "文件"菜单—"关闭"或"退出"命令。
- 按组合键"Alt + F4"。

3. 窗口的移动　拖动窗口的标题栏。

4. 窗口大小的改变
- 改变宽度：光标在左右边框处成双向箭头时拖动。
- 改变高度：光标在上下边框处成双向箭头时拖动。
- 高、宽度同时改变：光标在四角处成双向箭头时拖动。

5. 滚动条的操作　可拖动滑块或单击"向上"、"向下"箭头，实现对窗口内容的浏览。

6. 多窗口的管理
- 多窗口的切换：可通过鼠标单击任务栏上选择所需要的窗口；或通过组合键"Alt + Tab"、"Alt + Esc"来实现。
- 多窗口排列：一般有三种，层叠、横向平铺和纵向平铺。右击任务栏的空白处，打开快捷菜单，选择对应的排列方式即可。层叠中的次序、平铺中的上下和左右布局，应该在排列前选中相应的窗口。

（四）工具栏按钮

通常在窗口中提供一些最常用命令的执行动作按钮，如"后退"、"向上"、"刷新"等，如图 1-8 所示。直接使用工具栏中相应的工具按钮可以实现对菜单中命令的执行。

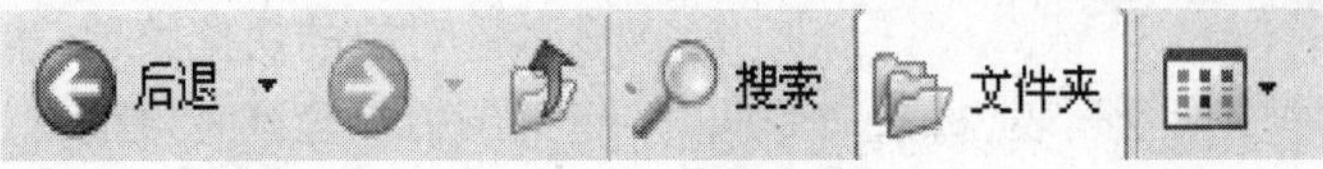

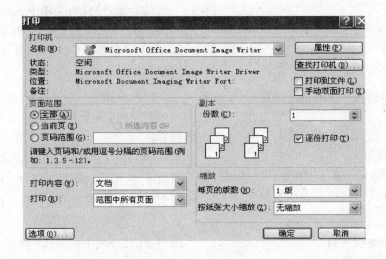

图1-8　工具栏按钮

向工具栏上添加按钮的方法:选择"查看"—"工具栏"—"自定义"命令,弹出"自定义工具栏"对话框;选择"可以工具栏按钮"列表框中要添加的工具按钮,单击"添加"按钮,将选中的工具按钮添加到"当前工具栏按钮"列表框中,单击"关闭"按钮即完成设置。

五、对话框操作

对话框是一种简化的窗口,当执行带省略号(…)的菜单命令或按钮命令时,就会弹出对话框,如图1-9所示。一般没有控制菜单图标、菜单栏,不能改变其大小。

图1-9　"打印"对话框

(一) 对话框的组成

对话框随着种类的不同,外观和复杂性也有所不同。通常由以下几部分组成:

1. 标题栏　一般有对话框名称、"关闭"按钮、"帮助"按钮。

2. 列表框　列表框中有很多可供选择的项目,当项目太多而显示不下时,其他选项将被关闭。

3. 单选框　用来控制一些属性上相互制约的选项,当选择其中一项时,其他选项将被关闭。

4. 复选框　设置一些不相关属性的选择,可以在所列出的选项中任意地选择。

5. 命令按钮　在对话框中有一系列的命令按钮,其中最基本的就是"确定"和"取消"按钮,分别用来执行所选定的操作或终止所选

定的操作。按钮名称为灰色时无效。

6. 文本框　用来输入简短的文字信息,将光标定位在文本框,框中出现闪烁的光标后输入所需的文字。

(二) 对话框的操作

(1)打开对话框:执行带省略号(…)的菜单命令后,将弹出对话框。

(2)关闭对话框:单击对话框右上角的关闭按钮;单击"确定"或"取消"按钮。

(3)列表框使用:单击列表框中的任意选项。

(4)选择按钮和复选框的使用:单击选择按钮的圆形框或复选框的矩形框。

(5)在选项中向后、向前移动:按"Tab"键或"Shift + Tab"键,所在选项上将会有虚框,表示选中。

六、菜单操作

菜单是应用程序的命令列表,每条命令叫做菜单项,通过简单的鼠标点击就可实现各种操作。

(一) 菜单的分类

(1)"开始"菜单:单击"开始"按钮打开的菜单,是 Windows 中最重要的菜单,一切工作都可从"开始"菜单开始。

(2)窗口控制菜单:每个窗口的标题栏左边有一个控制菜单图标,单击它,可打开控制菜单。

(3)下拉菜单:单击菜单名或图标展开的菜单,如单击窗口"编辑"菜单,会打开相应的下拉菜单,如图 1-10 所示。

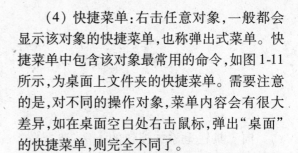

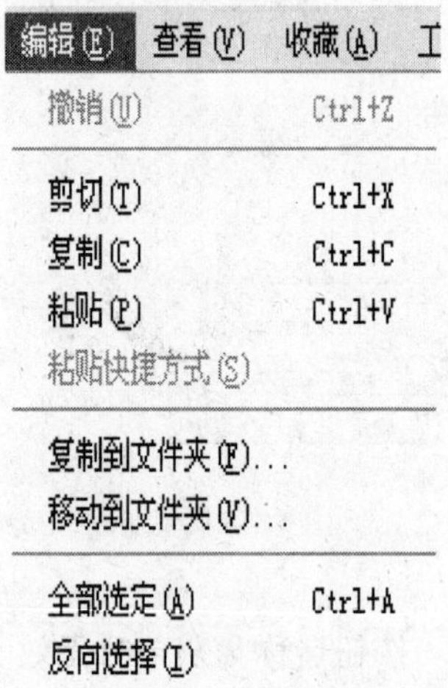

图 1-10 下拉菜单

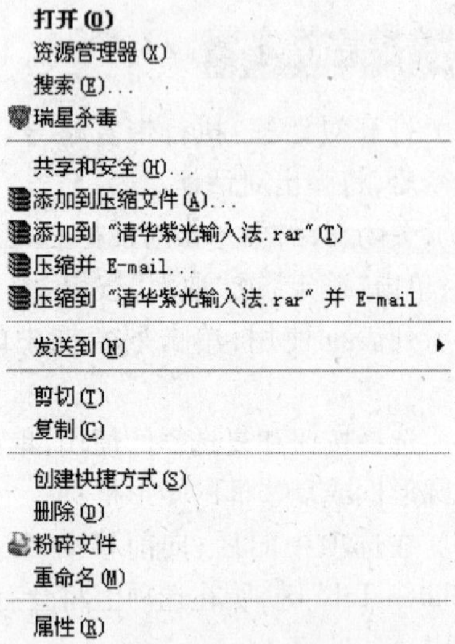

图 1-11 快捷菜单

(4)快捷菜单:右击任意对象,一般都会显示该对象的快捷菜单,也称弹出式菜单。快捷菜单中包含该对象最常用的命令,如图 1-11 所示,为桌面上文件夹的快捷菜单。需要注意的是,对不同的操作对象,菜单内容会有很大差异,如在桌面空白处右击鼠标,弹出"桌面"的快捷菜单,则完全不同了。

(二) 菜单中符号的含义

(1)菜单中的分组线:菜单中属同一类型的项目排在一起,成为一组,各组之间用横线分隔,方便用户查找。

(2)无效选项:菜单中标示文字符号是虚的(暗淡的)选项是当前无效的选项,此类命令不用,一般是前期的选择没有做好或选择不正确。

(3)省略号(...):选择此命令后会出现一个对话框,需要用户输入信息或进行参数设置。

(4)右三角(▲):表示该命令包含有若干子命令,选择此命令会弹出一个级联菜单,列出各个附加命令,要求用户作进一步的选择。

(5)选项左边的圆点(·):单选项目中选中标记,一组中仅可选中一个。

(6)选项左边的对号(✓):多选项目中选中标记,一组中仅可选中多个,也可一个不选。

(7)选项后括弧中字母:表示该选项的键盘操作代码。打开菜单后,直接键入该字母即可执行相应的操作,与鼠标单击该项效果一样。

(8)选项后的组合键说明:表示该选项的快捷键,不点击菜单命令,直接按下该组合键即可执行该功能,例如,直接按下"Ctrl + C"表示"复制"选中的内容。

第❸节 资源管理器和文件管理

资源管理器是用来组织管理文件和文件夹的工具,这种树型结构的文件管理系统,能够很容易地查看各驱动器、文件和文件夹之间的相互关系。使用资源管理器可以方便地对文件和文件夹进行选定、复制、移动和删除等操作。

一、资源管理器的启动

方法1：单击"开始"按钮，选中"程序"—"附件"—"资源管理器"命令。

方法2：在桌面上右击"我的电脑"、"我的文档"或"回收站"图标，在弹出的快捷菜单中选中"资源管理器"命令。

方法3：在"我的电脑"窗口中的用户工作区中任选一个对象右击，在弹出的菜单中选中"资源管理器"命令。

方法4：按快捷键"Windows 键 + E"。

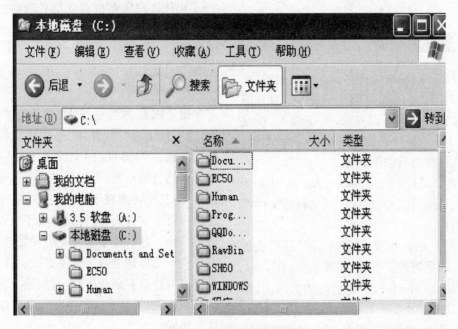

图1-11 "资源管理器"窗口

二、资源管理器窗口的组成

在缺省下，"资源管理器"窗口除具有标题栏、菜单栏和工具栏外，内容显示区分为两部分：左窗格和右窗格。左窗格以文件树型结构的形式显示计算机资源的层次结构，右窗格显示所选文件夹的具体内容，如图1-11所示。左右窗格显示区域的比例可通过用鼠标移动两窗格间的分隔条改变。左窗格文件夹图标的标志含义如下：

"＋"：表示其下层结构没有显示出来，即折叠结构。

"－"：表示其下层结构已经显示出来，即结构展开。

无标志：表示该文件夹下层无文件夹。

单击"＋"和"－"标志可在折叠、展开状态之间来回转换。

文件夹选项：在资源管理器窗口选中"查看"-"文件夹选项"命令，会打开"文件夹选项"对话框，如图1-12所示。在"查看"选项卡中，可对文件的扩展名、隐藏文件、显示完整的路径等属性进行设置。

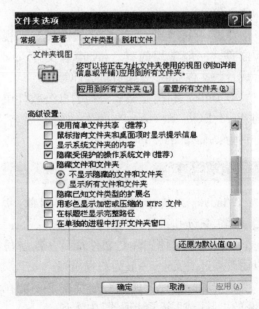

图1-12 "文件夹选项"对话框

三、文 件 系 统

文件是用来存储数据和程序的。文件系统完成文件的存取、共享和保护等作用，可有效地提供系统资源的利用率。

（一）文件

文件指存储在存储介质上的一组相关信息的有序集合。它是操作系统用来存储和管理信息的基本单位。计算机中的各种信息，都是以文件的形式存储在计算机的存储介质中。

（二）文件名

文件名一般由主文件名和扩展名组成，主文件名和扩展名中间用圆点分隔，称为分隔符。通常主文件名可以是汉字、字母等，扩展名由 1～3 个合法字符组成，标明文件的类型。常见的文件类型有以下几种：

● 程序文件：是以 .com、.exe 和 .bat 为扩展名的可执行文件，每种扩展名程序文件都有一种图标。

● 文本文件：由字母、数字等字符组成的不包含控制字符的文件，其扩展名为 .txt。

● 图像文件：存放图片信息的文件，其格式很多，适用于不同的图片软件中。如：.bmp 文件用于 Windows 的画图中；.jpg 文件图像容量小，适用于网络传播；.tif 文件广泛使用在印刷中等。

● 多媒体文件：是数字形式的声音和视频文件。一般常用的有 .wav 声音文件、.mid 合成音频文件、.avi 视频剪辑文件等。

● Office 文件：是微软公司的办公软件中的 Word、Excel 和 PowerPoint 文件的扩展名，分别为：.doc、.xls、.ppt。

（三）文件属性

Windows 系统中的文件属性有四种：文档、隐藏、只读和系统，主要的含义如下：

● 文档：这种文件是文件最后一次备份以后改动过的文件，一般为缺省属性

● 隐藏：这种文件在一般情况下不能在"我的电脑"或"资源管理器"中看到。

● 只读：这种文件只能阅读，不能被编辑或删除。

● 系统：这种文件是计算机系统运行所必须的文件。

很多时候，文件的创建日期和时间、访问日期和时间，文件长度都作为系统属性描述。

（四）通配符

文件名和扩展名中可以使用通配符"?"和"＊"表示一批文件。其中，"?"代表在位置上所有可能的一个字符，如 ABC.??? 表示文件名为 ABC，扩展名为三个字符的任意文件。"＊"则代表它所在位置以及其后的位置上的任意多个字符，如 A＊.＊ 表示以 A 字母打头的文件。

（五）文件夹

由于磁盘的容量很大，可以存放很多文件，为了便于查找和使用，必须将文件分门别类地存放。Windows 的文件系统是一个基于文件夹的管理系统，可以把文件夹理解为书架的格子，其中可放格子和书（文件），文件夹中还可以有子文件夹，这样就形成了文件系统的树型结构。在磁盘上文件夹可视需要而建立，文件夹下可以建立若干文件夹或文件，文件夹不仅可以建立在磁盘下，也直接建立在桌面上（桌面也是文件夹）。文件夹的命名规则与文件名相同。

（六）地址

地址是计算机或网络中描述文件位置的一条通路，这些文件可以是文档或程序。地址通常包含文档所在的驱动器，如硬盘驱动器、光盘驱动器以及找到此文档应打开的所有文件夹名。

完整的地址由驱动器代码和斜线加子文件夹名组成（如 C：\windows\user1\user2）。

四、文件和文件夹管理

（一）文件和文件夹的选定

Windows 中被选中的文件和文件夹将会高亮显示。操作方法如下：

● 单个对象的选中：直接在图标上单击即可。

● 多个连续对象的选中：先单击要选的第一个图标，然后按住"Shift"键，单击要选中的最后一个文件或文件夹图标。

● 多个不连续对象的选中：按住"Ctrl"键逐个单击要选取的文件或文件夹图标。

● 全选：按快捷键"Ctrl + A"，可以实现全选。

● 反向选中：先选中一个或多个文件或文件夹，然后选中"编辑"—"反向选择"命令，则原来没有被选中的都选中了，而原来选中的都没有被选中。

● 取消选中：在空白处单击则取消选中。

（二）新建文件和文件夹

● 鼠标右键法：在文件夹列表框中选中新建文件或文件夹的上级文件夹，在文件内容列表框空白处单击鼠标右键，在弹出的快捷菜单中选中"新建文件夹"或文件命令，即出现相应的文件或文件夹图标，输入名称即可。

● 菜单命令法：在文件夹列表框中选中新建文件或文件夹的上级文件夹，然后选中"文件"—"新建"—"文件夹"命令，出现图标后，输入名称即可。

（三）复制、移动文件和文件夹

复制指原来位置上的文件或文件夹仍然保留，在新的位置上（目标位置）建立一个与原来位置的文件或文件夹一样的副本；移动指将文件或文件夹从原来的位置上消失而出现在新的位置上。具体操作方法如下：

（1）鼠标右键法：

● 复制文件或文件夹：第一步，选中要操作的对象，单击鼠标右键，在弹出的快捷菜单中选中"复制"，将选中的对象复制到剪贴板上；第二步，选中要将文件或文件夹复制到的新位置；第三步，单击鼠标右键，在弹出的快捷菜单中选中"粘贴"，将剪贴板上的内容粘贴到新的位置中。

● 移动文件或文件夹：与复制基本相同，只是将第一步中"复制"改为"剪切"即可。

（2）菜单命令法：选中将要操作的对象，选择"编辑"—"复制"或"移动"命令，然后在目标位置上选择"编辑"—"粘贴"命令。

（3）鼠标左键拖动法：

● 复制文件或文件夹：选中要操作的对象，如果在同一驱动器中复制对象，按住"Ctrl"键，然后用鼠标将选定的文件或文件夹拖动到目标位置；如果在不同驱动器中复制对象，直接拖动对象到目标位置。

● 移动文件或文件夹：选中要操作的对象，如果在同一驱动器中复制对象，直接拖动对象到目标位置；如果在不同驱动器中复制对象，按住"Shift"键，然后用鼠标将选定的文件或文件夹拖动到目标位置。

（4）鼠标右键拖动法：右键拖动选定的对象，在弹出的快捷菜单中选中"复制到当前位置"或"移动到当前位置"命令。

（5）组合键法：选中要操作的对象，按组合键"Ctrl + C"完成复制操作，若按组合键"Ctrl + X"完成剪切操作，然后在目标位置中按组合键"Ctrl + V"完成粘贴操作。

（6）工具栏工具法：选中要操作的对象，单击常用工具栏中的 📄 完成复制操作，若单击 ✂ 完成剪切操作，然后在目标位置中单击 📋 完成粘贴操作。

（7）发送对象到指定位置：选中要操作的对象右击，在快捷菜单中单击"发送到"命令，即可将选中的文件和文件夹复制到指定的目标位置中。

（四）重命名文件或文件夹

选中要重命名的对象，选中"文件"—"重命名"命令并右击，在弹出的快捷菜单中选中"重命名"命令或按快捷键"F2"键，待出现闪动的光标后，输入新的名称，然后按回车键或在空白处单击即可。

（五）删除文件或文件夹

选中要删除的对象，选中"文件"—"删除"命令，在弹出的快捷菜单中选择"删除"命令或按快捷键"Del"键，在弹出的对话框中单击"是"即可删除，如图 1-13 所示。如果删除的对象不需放在回收站中，直接物理删除，在选择"删除"命令时按住"Shift"键即可。

需要注意的是，如果删除的是软盘、U盘或网络上的文件，被删除的文件不会放入回收站，如图 1-14 所示，直接被物理删除且不可恢复。

图 1-13　文件删除对话框——逻辑删除

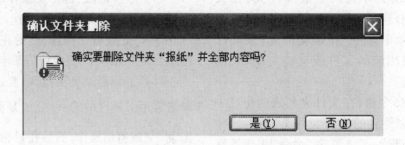

图 1-14　文件删除对话框——逻辑删除

（六）显示和修改文件或文件夹的属性

在文件和文件夹上右击，在弹出的快捷菜单中选中"属性"命令。打开"属性"对话框，如图 1-15 所示，图中的"常规"选项卡显示文件的大小、位置、类型等。此外，还可设置文件和文件夹的只读、隐藏、存档属性等，实现文件和文件夹的写保护。

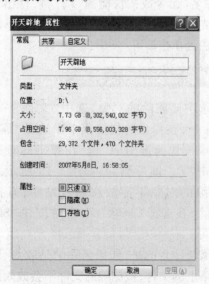

图 1-15　文件夹属性对话框

笔记栏

文件夹属性对话框中的"共享"选项卡，用来设定文件夹的共享属性，以供网络上其他用户访问。如果选中"共享该文件夹"，则"共享名"文本框显示了当前文件夹的名称。"用户数限制"可设定为"最多用户"，即所有的用户都可访问，而"允许"是限制用户个数的。"权限"可以设定网络注册用户对该文件夹的权限。

（七）文件的查找

文件的查找是按文件的某些特点在指定的范围内查找文件。

打开"搜索"对话框的方法：

● 在文件夹窗口中单击工具栏中的搜索按钮 🔍搜索。

● 右击文件夹或驱动器图标，在快捷菜单中选中"搜索"命令。

● 选中"开始"—"搜索"命令。

在搜索文件或文件夹时，可按照搜索对象的类型、设定搜索条件来查找。在搜索条件的设定中，支持通配符的使用、设定搜索范围和搜索选项等，来方便用户的使用。

五、磁盘管理

硬盘是文件存储的主要介质，常见的磁盘有硬盘、光盘、U 盘和移动硬盘等。磁盘管理主要包括格式化磁盘、属性设置等。

（一）格式化磁盘

格式化磁盘指按照规定的格式划分磁道和扇区、检测磁道和扇区和建立初始的文件结构。新的硬盘需经过格式化后才能使用，有些品牌的硬盘在出厂时就格式化过了，用户可直接使用。格式化磁盘后将会删除磁盘中的所有文件，并且不可恢复。因此，在格式化硬盘时，需要注意。

在"我的电脑"或"资源管理器"中选中U 盘盘符后，右击磁盘图标后，在弹出的快捷菜单中选中"格式化"命令，弹出"格式化磁盘"对话框，如图 1-16 所示，各选项的含义如下：

图 1-16　"格式化磁盘"对话

● 容量：显示磁盘的格式化容量。
● 文件系统：显示磁盘格式化后的文件系统格式，一般有 FAT、FAT32。FAT 是较早使用的 16 位文件系统，适于管理容量较小的磁盘；FAT32 是 32 位的文件系统，可以管理容量较大的磁盘。
● 卷标：是磁盘的逻辑名称，可在此文本框中输入本磁盘的卷标。
● 快速格式化：仅清除文件分配表，不检测磁道，用于快速删除磁盘原有内容。

设置好各项参数后，单击"开始"按钮，开始格式化。格式化过程中，对话框下边会出现进度条。格式化完毕后，单击"关闭"按钮，关闭对话框。

（二）显示、修改磁盘属性

在磁盘快捷菜单中选中"属性"命令，弹出"磁盘属性"对话框，该对话框中包含"常规"、"工具"、"硬件"和"共享"选项卡。
● 常规：包含卷标、磁盘类型、文件系统、已用和可用空间，以及用饼型图表示的磁盘空间占用比例。利用"常规"选项卡可修改磁盘的卷标。对于硬盘，可单击"磁盘清理"按钮清理磁盘，如图 1-17 所示。磁盘清理程序是用于查找无用缓存文件和临时文件的实用程序，可释放磁盘空间。

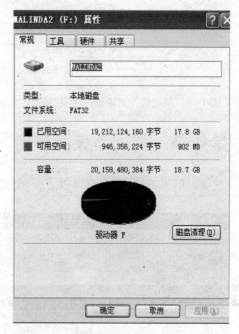

图 1-17　磁盘属性对话框—常规选项卡

● 工具：包含"查错状态"、"碎片整理"和"备份状态"三部分，如图 1-18 所示。单击"开始检查"按钮检查磁盘上坏的磁道和扇区并标示；单击"开始整理"按钮对碎片进行整理（碎片指对磁盘上的文件进行删除、创建等操作后，某一文件的存放空间分布在不连续的磁道和扇区中，读写这样的文件时会造成磁头的多次定位，会影响读写效率。整理后可使用磁盘上的文件都连续存放，有效提高存取效率）；单击"开始备份"按钮对文件进行备份。
● 共享：设置是否允许互联网上计算机访问用户的磁盘信息及访问的方式（只读、完全），还可指共享的权限。
● 硬件：显示所有磁盘设备列表，包括制造商的名称和设备类型。

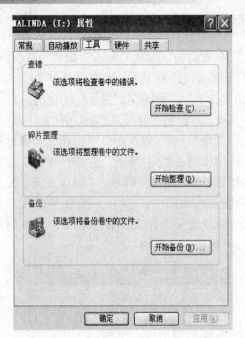

图 1-18   磁盘属性对话框—工具选项卡

第4节   控制面板的使用

在 Windows 系统中,用户可以方便、舒适地来个性化计算机的工作环境,如设置显示属性、键盘和鼠标的操作速度、添加字体、输入法的设置、添加和删除程序等,这些设置都是在控制面板中来实现的。当用户改变了设置之后,信息将保存在 Windows 注册表中,以后每次启动系统时都将按修改后的设置进行。

(一) 控制面板的启动

启动控制面板的常用方法如下:

● 选中"开始"—"控制面板"命令。

● 在"我的电脑"窗口中,双击控制面板图标。

● 在"资源管理器"左窗格中,单击控制面板图标。

控制面板启动后,出现如图 1-19、图 1-20 所示的窗口,控制面板窗口中列出了 Windows 系统提供的所有用来设置计算机的选项,常用的选项有显示、系统、键盘、鼠标、输入法、声音和添加和删除程序等。

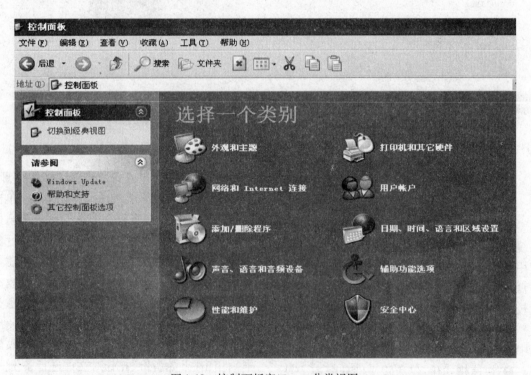

图 1-19   控制面板窗口——分类视图

图 1-20　控制面板窗口——经典视图

(二) 显示属性的设置

双击控制面板窗口中"显示"图标(经典视图)或单击"外观与主题"(分类视图)选项,弹出"显示"属性对话框,如图 1-21 所示。该对话框中有六个选项卡,可分别设置不同类别的显示属性。

● 主题:是为背景添加一组声音、图标以及只需要单击即可进行的个性化设置计算机的元素。

● 桌面:可用来设置桌面的背景和自定义桌面的图标。用户可选取系统提供的图片

或其他图片(通过"浏览"按钮选择)作为桌面墙纸;也可选择图片的显示方式:居中、平铺(从左上角开始按照图片原来大小依次摆放)、拉伸(将图片放大至与桌面等大后摆放),如图 1-22 所示。

● 屏幕保护程序:显示器长时间高亮显示静止的画面会将屏幕灼伤而导致局部老化,影响系统安全。为了避免这种损害,当用户在一段指定的时间内没有使用计算机时,屏幕会显示一些动态画面。在该选项卡中,可以设置屏幕保护程序、等待时间和屏保的口令等。

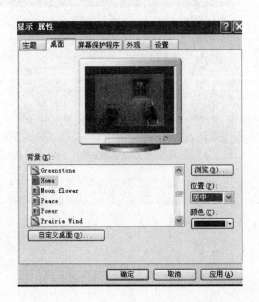 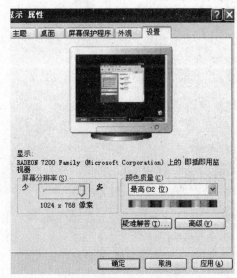

图 1-21　"显示属性"对话框——桌面、设置选项卡

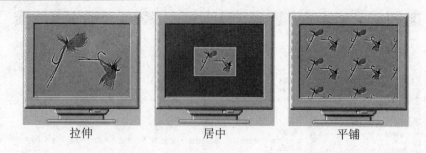

| 拉伸 | 居中 | 平铺 |

图 1-22   三种桌面图片显示效果比较

● 外观:是用来设置桌面和窗口各元素的显示属性,包括桌面上图标大小、间距、菜单字体和颜色、标题栏颜色大小等属性。

● 设置:是用来设置显示颜色质量和屏幕的分辨率。颜色的质量从"颜色质量"下拉列表中选择,颜色数越多,显示的图像越逼真;分辨率可通过"屏幕分辨率"的游标改变,像素值越大,屏幕中所能显示的信息越多,窗口文字和图像越小,一般在 Windows XP 系统中,显示器的分辨率设置为 1024×768 像素。

(三) 鼠标的设置

启动控制面板后,双击"鼠标"图标,进入"鼠标属性"对话框,如图 1-23 所示。该对话框中有五个选项卡,可分别对鼠标的属性进行设置。

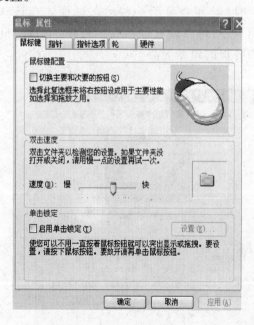

图 1-23   "鼠标属性"对话框

"切换主要和次要按钮"复选框,则选择左手使用鼠标。当使用鼠标时,一般所说的"单击"和"双击"则为鼠标的右键,而快捷菜单的点击则按左键。在"双击速度"组中,还可调整双击的时间间隔,以满足不同用户的需求。

● 指针:通过"方案"和"自定义"来选择不同的鼠标外形方案。

● 指针选项:设置指针移动速度、是否隐藏指针和是否显示指针移动轨迹等。

● 轮:对鼠标中的滚动轮进行翻页设置。

(四) 键盘的设置

启动控制面板后,双击"键盘"图标,进入"键盘属性"对话框,如图 1-24 所示。"速度"选项卡,用来设置按下一个键后经过多长时间开始连续重复输入字符、设置重复速度和光标闪烁的速度。

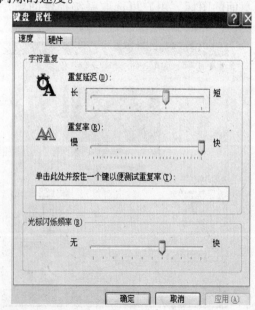

图 1-24   "键盘属性"对话框

笔记栏

● 鼠标键:在"鼠标键配置"组中,选择

(五) 添加/删除程序

1. 安装新程序 一般情况下,安装应用程序有三种方法:直接安装法、光盘启动安装法及使用控制面板的"添加/删除程序"安装法。其中,"添加/删除程序"安装法是使用较多的一种方法,具体步骤如下:

(1) 把应用软件安装光盘放入光驱。

(2) 启动控制面板后,双击"添加/删除程序"图标,打开"添加/删除程序"对话框,如图1-25所示。

(3) 单击"添加新程序"按钮,打开"添加新程序"窗口,如图1-26所示。

图1-25 "添加/删除程序"窗口

图1-26 "添加新程序"窗口

(4) 单击"CD或软盘"按钮,出现安装向导,按提示即可完成安装。

2. 删除程序 对于要删除的程序,一般应使用软件自带的卸载程序或使用"添加/删除程序"的方法,而不要直接删除。对于直接删除的程序,仅仅是删除了安装文件夹中的文件,而一些安装在系统目录下的系统文件和注册表中的信息仍然保留,造成系统资源的浪费。操作方法如下:

(1) 打开"添加/删除程序"窗口,在程序列表中选中要删除的程序。

(2) 单击"删除"按钮,进行删除。

(六) 打印机的安装

打印机是一种常用的输出设备,它的安装也是通过控制面板来完成的。

(1) 在控制面板窗口中,双击"打印机和传真"图标,然后在"打印机任务"中选择"添加打印机"选项,进入添加打印机向导程序,如图1-27所示。

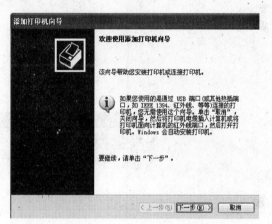

图1-27 添加打印机向导

(2) 单击"下一步"按钮,进行本地和网络打印机的选择。

(3) 单击"下一步"按钮,设定打印机的端口。

(4) 单击"下一步"按钮,选择打印机的厂商和型号,并为打印机设定一个名称。

(5) 单击"下一步"按钮,选择是否打印测试页。

(6) 单击"完成"按钮,给出了刚安装完的打印机的有关信息。

第5节 附件的使用

Windows中提供了一些常用的附件工具,包括画图、写字板、记事本、媒体播放器、录音机、计算器和游戏等。这些工具操作简单,使用方便。启动相应的附件工具的方法：单击"开始"—"程序"—"附件"命令，在子菜单中选择相应的工具即可。

一、画　图

"画图"是 Windows 系统自带的一个位图绘制程序，可用于绘制简单的图形、标志和示意图等。

"画图"窗口，如图 1-28 所示，主要由绘图区、工具箱和调色板组成。

（一）绘图区

绘图区中的图片大小是可以设置的，选择"图像"—"属性"命令，在弹出的对话框中，选定高度和宽度的度量单位（英寸、厘米或像素），在"宽度"和"高度"中输入数值；另外，通过拖动位于图片右下角、底部和右侧的三个图像大小调整柄也可缩放图像。

图 1-28　"画图"窗口

（二）工具箱

工具箱提供了一套绘图工具，绘图时只要单击选中其中一种工具，然后在绘图区中点击，即可绘制编辑图形。常用的绘图工具的名称和功能如下：

● 矩形选定工具：用于剪取方形或矩形绘图区域。

● 橡皮擦：把所经过的图形区域变成当前的背景颜色，即擦除图形。

● 颜色填充工具：用当前选取的颜色填充封闭的区域。单击左键使用"前景色"填充；点击右键则使用"背景色"填充。

● 铅笔：用于画点和线等基本线条。在缺省情况下，"画图"启动时把铅笔工具作为选择的工具，此时绘图区内的鼠标指针将变为铅笔形状。

● 喷枪：用于喷出当前所选颜色的点形图案，并可以调节喷射宽度。

● 直线：绘制各种角度的直线。画精确的水平线、垂直线或 45°斜线，按住"Shift"键，同时拖动指针。

● 矩形：绘制方形或矩形图案。绘制正方形时，在拖动指针时按住"Shift"键。

● 椭圆：绘制圆或椭圆。绘制圆时，在拖动指针时按住"Shift"键。

（三）调色板

调色板是位于窗口下部的颜色框，用于选择颜色。单击其中任一种颜色方块后，它就出现在调色板左边的方框内，这个方框称为颜色显示框。它有上下两个颜色框，分别为前景颜色框和背景颜色框。用鼠标左键单击一种颜色，则这种颜色出现在前景颜色框中；用鼠标右键单击一种颜色,则这种颜色出现在背景颜色框中。

在"画图"中绘制图形时,一般先确定图片大小,接着选择绘图工具、颜色和线宽,然后就可以在绘图区内开始画图。绘图的过程就是鼠标的移动、单击和拖动等操作。这时所绘图形的颜色是调色板中选定的颜色,所绘图形的线型为线型选择框中的线型,而图形的形状则是由绘图工具决定。

二、写字板

"写字板"是 Windows 所附带的一个小型字处理程序,可以创建普通无格式文本文档或带有简单格式的文档,还可以打开、保存多种格式的文档,包括 Word 格式的文档等。

由于写字板的编辑方式是所见及所得方式,即在编辑窗口内看到的文档样式就是打印出来的效果,且使用灵活,所以,写字板是一个非常实用的程序。但是,写字板并不具备 Word 字处理软件的高级功能,但它占用的系统资源较少,所以很实用。

写字板启动后将打开一默认的文档窗口,如图 1-29 所示,写字板的窗口由标题栏、菜单栏、常用工具栏、格式栏、状态栏和标尺等组成。

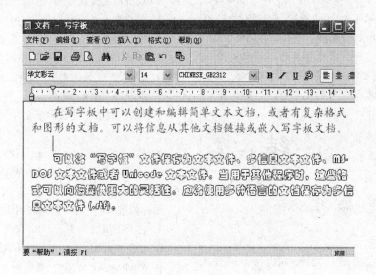

图 1-29 "写字板"窗口

三、记 事 本

"记事本"是一个编辑 ASCII 文本文件的程序,是没有任何特殊格式代码或控制字符的文件,常用来编辑简单的文本文件,如书写便条和简单的备忘录,特别是用来临时处理程序的源程序。

记事本具有生成时间记录文件的独特功能,当在记事本文件的第一行开头处写入大写的". LOG"后,每当打开这个文件,记事本就会自动在文件结尾处添加当前的日期和时间。

四、计 算 器

计算器包含标准计算器和科学计算器两种。使用标准计算器可进行简单的算术运算,并把结果保存在存储器中;而科学计算器扩充了数学运算(取模、取整、指数、对数和三角函数等),支持位运算和二进制、八进制和十六进制运算,还能完成常用的统计运算。

五、系 统 工 具

系统工具是 Windows 对计算机系统进行维护,确保系统高效和正常运行的一组程序。系统工具主要包括磁盘备份、磁盘扫描和磁盘碎片整理程序等。

● 磁盘备份:可帮助用户备份数据,如原始文件损坏或丢失,可以通过备份恢复这些文件。应该养成对重要文件备份的良好习惯,避免损失。

● 磁盘扫描:可检查驱动器中和文件夹的逻辑错误和磁盘表面的物理完整性,然后通过"磁盘扫描程序"修复已损坏的区域。

● 磁盘碎片整理程序:可整理磁盘上文件和未使用的空间,以加速程序运行。

操作系统是用户和计算机进行信息交流的桥梁,用户通过操作系统管理计算机的硬件、软件。学好操作系统是学习其他软件的基础和前提。

本章学生应熟练掌握 Windows XP 的常用操作,主要为 Windows 基本操作(桌面、窗口、对话框等操作)、文件和文件夹的管理、磁盘管理、控制面板的设置、常用附件的使用(画板、写字板、计算器等),都应重点掌握。尤其是文件和文件夹管理、磁盘管理的使用应达到熟能生巧、举一反三的程度。文件和文件夹的管理包括重命名、属性设置、删除、创建文件夹、复制、移动、创建快捷方式等操作,具体操作方法有鼠标右键法、菜单命令法、鼠标左键拖动法、鼠标右键拖动法、组合键法、工具栏工具法、发送对象到指定位置等,应根据具体操作选择相应操作方法。磁盘的管理包括格式化磁盘、复制磁盘、查看磁盘属性与更改卷标、清理磁盘、磁盘扫描操作等。

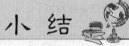

一、判断题

1. Windows XP 环境中,窗口的位置可以移动,但是大小不能改变。

2. 任务栏是固定在窗口最下的,不可移动。

3. 开始菜单包含了 Windows XP 的全部功能选项。

4. Windows XP 中文件的名字可以是任意长度。

5. 在 Windows XP 中,打开"资源管理器"窗口后,要改变文件或文件夹的显示方式,应选用"查看"菜单。

6. 关闭应用程序的快捷键是 Ctrl + F4。

7. 在 Windows XP 操作系统中,同时可以有多个应用程序在运行,但只有一个活动窗口。

8. 表示所有文件名第一个字母为 A,且为 WORD 文档的文件名是 A?.DOC。

9. 回收站的功能是临时存放用户删除的文件和文件夹。

10. 由于写字板具备 Word 字处理软件的高级功能,占用的系统资源较少,所以是很实用的。

二、选择题

1. 可以出现快捷菜单的操作是下面的　　（　　）
   - A. 鼠标左键单击　　　B. 鼠标右键单击
   - C. 鼠标左键双击　　　D. 鼠标右键双击

2. 单击用户打开的菜单中含有下列哪个符号的命令一定可以打开对话框　　　　　　　　（　　）
   - A. "…"符号
   - B. 向右三角箭头"▶"
   - C. 类似"(A)"的字母符号
   - D. 命令前有"√"的符号

3. 在 Windows XP 环境下,能实现移动窗口的操作是　　　　　　　　　　　　　　　　（　　）
   - A. 用鼠标拖动窗口的标题栏
   - B. 用鼠标拖动窗口中的控制按钮
   - C. 用鼠标拖动窗口中的边框
   - D. 用鼠标拖动窗口的任何位置

4. 下列不能打开"显示 属性"对话框的操作是　　　　　　　　　　　　　　　　　　　（　　）
   - A. 双击控制面板里的"显示"图标
   - B. 右键单击桌面空白处,在弹出的快捷菜单中选择"属性"命令
   - C. 选择"活动桌面"子菜单中的"自定义桌面"
   - D. 右键单击"我的电脑"图标,在弹出的快捷菜单中选择"属性"命令

5. 下列的扩展名中能表示该文件为可执行文件的是　　　　　　　　　　　　　　　　　（　　）
   - A. .TXT　　　　　　　B. .DOC
   - C. .EXE　　　　　　　D. .WAV

6. 在资源管理器的文件夹窗口中,若显示的文件夹图标前带有(+)符号,则表明该文件夹　（　　）
   - A. 含有下级文件夹　　B. 仅含有文件
   - C. 是空文件夹　　　　D. 不含下级文件夹

7. 在 Windows XP 环境中,要安装一个应用程序,正确的操作应该是　　　　　　　　（　　）
   - A. 打开"资源管理器"窗口,使用鼠标拖动
   - B. 打开"控制面板"窗口,双击"添加/删除程序"图标
   - C. 打开 MS-DOS 窗口,使用 copy 命令
   - D. 打开"开始"菜单,选中"运行"项,在弹出的"运行"对话框中输入 copy 命令

8. 使用"磁盘清理"工具不可以清理的文件是（　　）
   - A. Internet 缓存文件
   - B. 临时文件
   - C. 可以安全删除的不需要的文件
   - D. 系统目录下长久使用的文件

9. 在 Windows XP 操作系统中,在选用中文输入法后,要进行半角与全角的切换,应按哪些键　（　　）
   - A. Ctrl + 空格　　　　B. Ctrl + Shift
   - C. Shift + 空格　　　　D. Alt + F 功能键

10. 关于格式化的说法正确的是　　　　　（　　）
   - A. 只能在 Windows 下格式化磁盘
   - B. 既能在 Windows 下格式化磁盘,也能在 DOS 下格式化磁盘
   - C. 只能在 DOS 下格式化磁盘

D. 以上说法都不对

三、简答题

1. Windows XP 桌面的基本组成元素有哪些？各有什么功能？

2. Windows XP 的窗口和对话框各有哪些组成元素？

3. 在 Windows XP 中运行应用程序有哪几种途径？

4. 简述 Windows XP 有哪些命名规则？

5. 在"资源管理器"中，如何复制、删除、移动文件和文件夹？

6. 屏幕保护程序有什么功能？

7. 简述 Windows XP 中有哪些多媒体功能？

8. 在 Windows XP 环境中，有哪些方法可以运行"资源管理器"程序？

9. Windows XP 的基本运行环境是什么？

10. 如何理解"地址"这一概念？

第 ② 章　Word 2003 文字处理系统

第 ① 节　Word 2003 概述

目前流行着许多种文字处理软件，其中以 Microsoft Word 2003 的使用范围最广，它是 Office 2003 软件包中最重要的成员之一，是一款功能强大的文字处理软件。利用它可以创建和编排各种图文并茂的文档以及网页。与以前版本相比，Word 2003 增加了一些新的功能，使其功能变得更加完善、更加全面。

一、Word 2003 的特点和功能

Word 2003 适用于制作各种文档，如信件、传真、公文、报纸、书刊和简历等。初看上去，Word 2003 与其前一版本几乎没有什么变化，只是界面显得更加友好，但实质上 Word 2003 有很大变动。Word 2003 与以往版本的最大不同之处也就是 Word 2003 最大的特点，用 Word 2003 与他人交流更加方便，能够很好的进行协同工作。其主要功能表现在以下几个方面：

1. 文字编辑和自动更正　包括文档的创建、打开和保存；文本的输入、修改、删除、移动、复制、查找、替换；英文输入拼写检查、语法检查等。

2. 格式编排和文档打印　包括文本格式、段落格式以及页面格式的编排；打印设置、预览和打印输出等。

3. 图片编辑和表格制作　包括插入图片、绘制图形、制作艺术字；图形的放大、缩小、裁剪、移动、复制；表格的创建、绘制和修改，表中数据的排列和计算等。

4. 图文混排　图文混排功能非常易于生成图文并茂的文档，可以很方便地润色文字和图形，如图 2-1 所示。可以制作具有三维效果、阴影效果、纹理和透明填充以及使用自选图形装饰的多彩文档，从而使图文混排达到炉火纯青的境界。

图 2-1　图文混排版面

5. 链接与嵌入　Word 2003 可以轻松地将其他应用软件创建的文本和数据等信息对象链接或嵌入到 Word 文档中，从而使 Word 功能间接地得到扩展。

6. 即时帮助　Office 小助手可以在用户需要的任何时刻出现，并提供最及时有效的帮助。

7. 任务窗格　Word 2003 中最常用的任务现在被组织在与文档一起显示的窗口中，如图 2-2 所示。在下列几种情况下，该任务窗格

可继续工作:使用"搜索"任务窗格搜索文件,从项目库中选取项目并粘贴在"Office 剪贴板",以及启动程序时使用任务窗格创建新文档或打开文件。

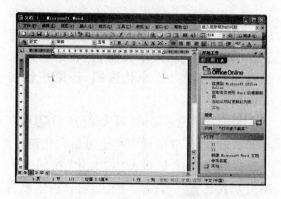

图 2-2 Word 2003 中的任务窗格

8. 智能标记 利用增强的智能标记执行操作可以节省时间,而这些操作通常需要打开其他程序来完成。例如,可以从文档中将人名和地址添加到 Microsoft Outlook 联系人文件夹中,只需要单击智能标记,再选择操作即可完成。

9. 创建协作文档 创建协作文档将使你与同事之间的协作变得更容易。可以使用经过改进的"审阅"工具栏进行文档协作,以清晰、易读的标记表示,而不再遮盖原文档或影响其布局。

10. 语音和手写识别 在 Word 2003 中除了使用鼠标和键盘外,还可以通过朗读来选择菜单、工具栏和对话框,并通过朗读输入文本。Word 2003 支持手写体输入,使用手写体可将文字输入到 Office 文档中。

11. 文档恢复功能 如果程序遇到错误或停止响应,正在处理的文档也可以恢复。下一次打开程序时该文档将显示在"文档恢复"任务窗格中。

12. 对 XML 的支持 对 XML 的支持,使得 Word 2003 变成了一个强大的 XML 编辑器。用户可以保存和打开 XML 文件,将组织中的关键业务数据进行整合。

二、Word 2003 的运行环境、安装与启动

(一) Word 2003 的运行环境

所有 2003 版的 Microsoft Office 产品具有近乎相同的最低系统要求。处理器 Pentium 233 MHz 或更高频率的处理器;推荐使用 Pentium III 操作系统 Microsoft Windows 2000 SP3 或更高版本,或者使用 Windows XP 或更高版本(推荐)。内存 64 MB RAM(最低),128 MB RAM(推荐)。磁盘空间 245 MB,其中安装操作系统的硬盘上必须具有 115 MB 的可用磁盘空间。硬盘空间使用量随配置的不同而不同。在安装过程中,本地安装文件大约需要 2 GB 的硬盘空间;除安装 Office 文件所需的硬盘空间外,保留在用户计算机中的本地安装文件还需要大约 240 MB 的硬盘空间。

注意,所有 2003 版的 Microsoft Office 产品均不能运行于 Microsoft Windows ME、Windows 98 或 Windows NT 操作系统上。对于运行这些操作系统的客户端计算机,在安装 Microsoft Office 之前,必须升级操作系统。

(二) Word 2003 的安装

要使用 Word 2003 进行文字处理和编辑,首先需要安装该软件,然后才能启动该应用程序。

安装 Office 2003 需要较大的磁盘空间,但是用户可以根据自己的需要有选择地安装相应的组件。安装该软件的步骤如下:

(1)关闭当前计算机上运行的其他应用程序,尤其是防毒软件。将 Microsoft Office 2003 的安装盘放入 CD-ROM 驱动器中,系统会自动运行安装程序,也可以在 CD-ROM 中打开 Setup 文件,此时会看到一个自动的初始化安装界面。稍等片刻,系统进行完初始化安装后,会弹出进一步安装对话框,在此对话框中用户必须输入安装信息。

(2)输入完安装信息后,单击"下一步"按钮,会弹出选择安装类型对话框,对于一般的用户可以选择典型安装;然后单击"下一步"按钮,弹出将要安装的所有程序摘要信息界面,单击"安装"按钮,则进入安装进度界面。

(3)当安装完成后,会弹出安装成功对话框,在此,用户可以选择是否检查网站上的程序和其他下载内容。一般情况下,用户只需要保持默认设置即可。单击"完成"按钮,有时会弹出重新启动系统对话框。单击"是"按钮,系统将自动重新启动。

(三) Word 2003 的启动与退出

启动 Word 2003 有多种方法,常用以下两

种方法：

（1）单击任务栏中的"开始"按钮，然后选择"所有程序"→"Microsoft Office"→"Microsoft Office Word 2003"菜单，即可进入 Word 2003 的工作界面。

（2）双击桌面上 Word 2003 的快捷方式图标。

在 Windows 资源管理器中双击某一 Word 文档，即可打开该文档，同时打开 Word 2003 应用程序。

退出 Word 2003 可用以下几种方法：

方法一：执行菜单命令"文件"→"退出"。

方法二：单击 Word 2003 窗口右上角的关闭按钮。

方法三：单击窗口控制菜单或标题栏的快捷菜单中的"关闭"命令。

方法四：双击窗口控制按钮。

方法五：使用快捷键"Alt + F4"。

第 2 节　Word 2003 的窗口组成及操作

一、Word 2003 的窗口组成

启动 Word 2003 时，首先会看到 Word 的标题屏幕，随后便进入 Word 2003 的工作环境，如图 2-3 所示。其中主要包括以下一些组成部分：标题栏、菜单栏、各种工具栏、标尺、编辑区、滚动条、状态栏、任务窗格等。

1. 标题栏　位于窗口的最上方，激活状态时呈现蓝色，未被激活时呈现灰色，标题栏包含了控制菜单按钮、正在编辑的文档名、程序名称、最小化按钮、还原按钮和关闭按钮。

单击标题栏右端的"最大化"按钮□可以将窗口最大化，双击标题栏也可最大化窗口。当窗口处于最大化状态"最大化"按钮变为"还原"按钮。单击该按钮，窗口被还原为原来的大小。如果单击标题栏中的"最小化"按钮，窗口则缩小为一个图标显示在任务栏中，单击该图标，又可以恢复为原窗口的大小。单击标题栏中的"关闭"按钮，可以退出 Word。

2. 菜单栏　位于窗口的第二行。Word 2003 窗口提供了九个菜单，分别是"文件"、"编辑"、"视图"、"插入"、"格式"、"工具"、"表格"、"窗口"和"帮助"菜单，如图 2-4 所示，菜单的操作和使用与 Windows 菜单相似。

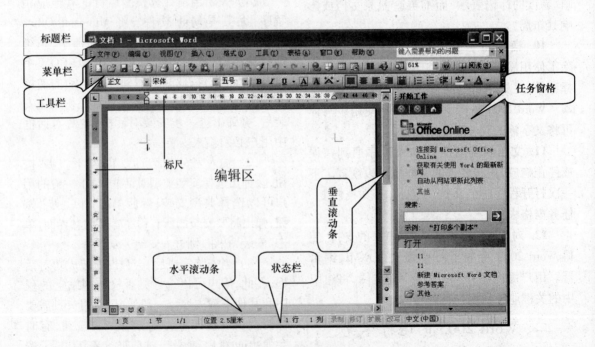

图 2-3　Word 2003 的工作界面

图 2-4　菜单栏

用鼠标单击菜单栏中的菜单名或按"Alt"+"菜单名中带下划线的字母"键，即可打开对应的菜单项，然后选择菜单中的命令项，如图 2-5 所示。

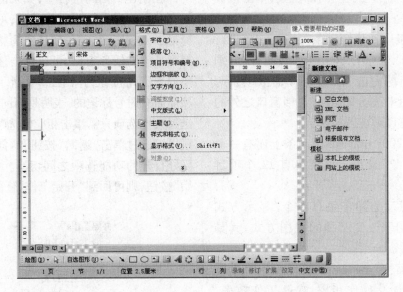

图 2-5　打开下拉菜单

3. 工具栏　工具栏提供了 Word 2003 的各种常用的操作，这些工具按钮的运用也可以通过菜单栏上提供的命令来完成，如图 2-6 所示。

启动 Word 2003，屏幕上显示"常用"工具栏和"格式"工具栏，Word 2003 提供了多种工具栏，要显示系统的其他工具栏有两种方法：

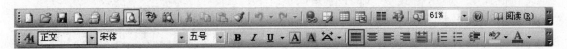

图 2-6　工具栏

（1）单击"视图"菜单下的"工具栏"命令，显示出所有的工具栏。左侧出现"√"，表示它们已显示在屏幕上。要取消显示某工具栏，只要在该菜单处单击。

（2）用鼠标右击工具栏，则显示工具栏快捷菜单，再单击所需要的工具栏。工具栏可用鼠标拖放到屏幕的任意位置，或改变排列方式。当移动鼠标指针指向某一工具按钮时，稍停留片刻，Word 将提示该工具的功能名称。

4. 标尺　标尺也是一个可选择的栏目，通过"视图"菜单的"标尺"命令前有无"√"来控制，如图 2-7 所示。使用标尺可以查看正文的宽度和高度，也可以调整文本段落的缩进，在左、右两边分别有左缩进标志和右缩进标志，文本的内容被限制在左、右缩进标志之间。随着左、右缩进标志的移动，文本可自动地进行相应的调整。

悬挂缩进　　首行缩进　　　　　　　　　　　　　　　右缩进

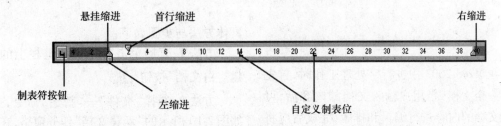

制表符按钮　　　　左缩进　　　　自定义制表位

图 2-7　标尺

5. 编辑区　又称文本区，在标尺行的下边。在该区除了可输入文本外，还可以输入表格和图形。编辑和排版工作也在编辑区中进行。

编辑区中闪烁的"｜"，称为"插入点"，表示当前输入文字将要出现的位置。

当鼠标在编辑区操作时，鼠标指针变成

笔记栏

"I"的形状,其作用可快速地重新定位插入点。将鼠标指针移动到所需的位置,单击鼠标按钮,插入点将在该位置闪烁。

6. 滚动条 使用滚动条可以对文档进行定位,分垂直滚动条和水平滚动条两种,分别位于文档窗口的右边和下边。单击滚动条两端的箭头可用来滚动文档,将文档窗口之外的文本移动到窗口可视区域中。

在 Word 2003 中,垂直滚动条上还有一个"选择浏览对象"菜单。该菜单有 12 个项目(如编辑、定位、图形等)。

在水平滚动条的左侧有四个"显示方式切换"按钮,用于改变文档的视图方式,其具体功能将在后面介绍。

7. 任务窗格 是 Word 2003 的一个重要功能,它可以简化操作步骤,提高工作效率。Word 2003 的任务窗格显示在编辑区的右侧,包括"开始工作"、"帮助"、"新建文档"、"剪贴画"、"剪贴板"、"信息检索"、"搜索结果"、"共享工作区"、"文档更新"、"保护文档"、"样式和格式"、"显示格式"、"邮件合并"、"XML 结构"等 14 个任务窗格选项,如图 2-5 所示。默认情况下,第一次启动 Word 2003 时打开的是"开始工作"任务窗格,如果在启动 Word 2003 时没有出现任务窗格,可以执行"视图"—"任务窗格"命令,将其调出。在任务窗格中,每个任务都以超级链接的形式给出。单击相应的超级链接即可执行相应的任务。任务窗格给文档的编辑带来了极大的方便。用户可以在任务窗格中快捷地选择所要进行的部分操作,从而摆脱单一的从菜单栏中进行操作的模式。

在创建文档的过程中,如果因为任务窗格的存在影响对文档的整体效果,可以单击任务窗格退出按钮,暂时关闭任务窗格。如果要切换到其他的任务窗格,可以单击任务窗格右上角的下三角按钮,弹出图 2-8 所示的菜单。选项前面有对号标记的,表明是当前的选择项,要选择其他选项只需单击相应的选项即可。用户还可以通过单击"返回"按钮和"向前"按钮,在已经打开的功能选项之间切换。如果单击"开始"按钮,则可回到"开始工作"任务窗格。

图 2-8 创建空白文档

8. 状态栏 状态栏位于窗口的底部,显示文档的有关信息(如页码、行号、列号及当前光标定位在文档中的位置等),如图 2-9 所示。

1 页	1 节	1/1	位置 2.5厘米		1 行	1 列	录制	修订	扩展	改写	中文(中国)

图 2-9 状态栏

二、文档的基本操作

在 Word 2003 中进行字处理工作时,首先创建一个文档,当用户输入文档的内容后,可以对文档的内容进行编辑和排版,完成后应将文档以文件的形式保存起来,以便今后使用。

1. 创建空白文档 空白文档是最常用的一种文档。创建空白文档就像在普通纸上进行写作之前,要铺好稿纸一样,用 Word 2003 书写通告之前也要先创建一个空白的文档。

具体方法与步骤如下:

方法 1:直接单击"常用"工具栏上的"新建空白文档"按钮 。

方法 2:选择"文件"—"新建"命令,打开如图 2-10 所示的"新建文档"任务窗格,在"新建"选项区中选择"空白文档"选项。

2. 文档输入 输入文档内容时,可在插入点处输入。输入文本后,插入点自动后移,同时文本被显示在屏幕上。当用户输入文本到达右边界时会自动换行,插入点移到下一行开头,用户可继续输入,当输入满一屏时,自动下移。

图2-10 "新建文档"任务窗格

在输入文档内容时要注意:

(1) 为了段落排版方便起见,建议每行结尾处不要按回车键,每一段结束时才按回车键。

(2) 每段开始时不要用空格键进行缩进,要用首行缩进方式。

(3) 如果发现有输入错误时,须将插入点定位到错误的文本处,按 < Del > 键删除插入点右边的错字,按 < Backspace > 键删除插入点左边的错字。

(4) 如果需要在输入的文本中间插入内容,可将插入点定位到需要插入处,然后输入内容。

3. 保存文档 文档的编辑完成后,所输入的文档存放在内存中并显示在屏幕上,需要将其保存到硬盘上,以备日后使用。随时保存文档,可以减少死机、断电等意外情况带来的损失。在保存文档时经常会遇到两种情况,保存新建文档或者保存已有的文档。

(1) 保存新建文档。Word 虽然在建立新文档时赋予了临时的名称,但是没有为它分配在磁盘上的文件名。因此,在要保存新文档时,需要给新文档指定一个文件名。

保存新建文档的操作步骤如下:

1) 执行"文件"—"保存"命令或单击常用工具栏上的"保存"按钮,弹出"另存为"对话框,如图2-11 所示。

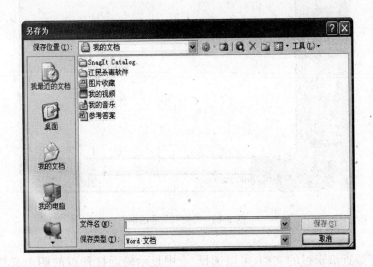

图2-11 "另存为"对话框

2) 在"文件名"文本框中,Word 会根据文档第一行的内容,自动给出默认的文件名。如果不想用这个文件名,可以直接输入一个新的文件名。

3) 默认情况下 Word 会自动将文件保存为"Word 文档"的文件类型,如果要以其他文件类型保存文件,则单击"保存类型"下拉列表框的下拉箭头,在显示的列表中选择文件类型。

4) 在"保存位置"下拉列表中选择驱动器的名称,该驱动器中所有的文件夹会显示在下面的列表框中,然后选择具体的保存位置。

5）单击"保存"按钮 保存(S) 。

（2）保存已有文档。当打开一个已命名的文档并对文档的处理工作完成后，也需要将所做的工作保存起来。如果要以现有文件的名字、文件类型来保存修改过的文件，可执行"文件"菜单的"保存"命令或单击常用工具栏上的 即可。如果要改变现有文件的名字或文件类型，可使用"文件"菜单中的"另存为"命令，弹出"另存为"对话框，在"另存为"对话框进行设置保存。

4. 文档的关闭 文档编辑工作完成后就可以关闭文档了，关闭 Word 2003 文档的方法有三种：

（1）选择"文件"—"关闭"命令。

（2）直接单击 Word 2003 窗口右上角的"关闭"按钮 关闭文档。

（3）单击"常用"工具栏上的"关闭"按钮 。

5. 打开文档 文档以文件形式存放后，可以重新打开、编辑和打印输出。

我们可以采用下列方法之一打开文档。

（1）单击"常用"工具栏中的"打开"按钮，或选择"文件"—"打开"菜单，这时将有一个"打开"对话框出现，如图 2-12 所示。在对话框中，"查找范围"列表框显示当前的文件夹，用户可以通过列表框选择不同的驱动器和不同的文件夹以选择文件所在位置，在列表框中选择要打开的文件（默认为 Word 文档），单击"打开"按钮。若要打开其他类型的文件，可以在"文件类型"框中，选择所需打开的文件的类型。Word 2003 中，打开的文档个数没有限定，每个文档都在各自独立的文档窗口中。操作时，可根据需要按以上方法逐个打开每个文档。在打开多个文档时，某一时刻只能有一个文档是活动的。即只有一个窗口是活动窗口。通过"窗口"菜单可选择某一文档窗口为活动的窗口。但要注意的是打开的文档太多，会影响速度和过多地占用内存。

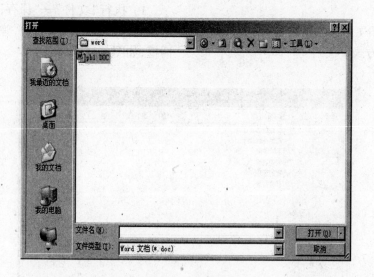

图 2-12 "打开"对话框

（2）要打开最近编辑过的文档，可以选择"视图"—"任务窗格"命令，在 Word 2003 界面右侧开启任务窗格，如图 2-13 所示。单击"开始"按钮，同时可以在下方的"打开"栏中看到最近在 Word 2003 中开启过的文档。

（3）默认情况下，Word 会在"文件"菜单中显示最近打开过的四个文档名称。要打开这些文件，我们可从"文件"菜单中进行选择，如图 2-14 所示。

（4）打开文件夹窗口，找到要打开的文件，然后双击该文件，系统会自动运行 Word 2003 并打开该文件。

笔记栏

图 2-13　"任务窗格"

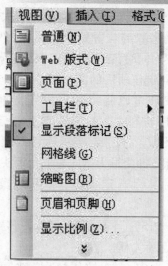

图 2-15　在"视图"菜单中选择"页面"

图 2-16　切换到"页面"视图

第③节　文档的编辑技巧

在编辑文档时,用户不但要注意文档语言流畅,版面风格鲜明,同时还应注意工作效率。在编辑文档的过程中用户可以使用一些技巧来提高工作效率。例如用户可以使用复制、移动文本等方法加快文本的输入速度.

一、选 定 文 本

在文档中进行编辑操作时,应遵循"先选定,后操作"的原则,在对文本进行编辑时,首先应学会选定文本。被选定(也称被定义)的文本以反白显示在屏幕上,比如在白底黑色文字中选定的文本呈现黑底色白文字。

选定文本可用鼠标选定或使用键盘选定,一般用鼠标进行操作比较方便,这里只介绍使用鼠标选定文本的常用方法。

把 I 形的鼠标指针指向要选定的文本开始处,按住左键并扫过要选定的文本。当拖动到选定文本的末尾时,松开鼠标左键,选定的文本呈现反白。

如果要选择不连续的多块文本,在选定了一块文本之后,按下"Ctrl"键的同时进行另一块文本的选择,这样这两块文本就被同时选

图 2-14　"文件"菜单

三、选择文档的视图方式

文档视图指文档的显示方式,在编辑文档过程中,Word 2003 提供了多种视图方式供用户使用,不同视图方式的显示效果不同。用户可以根据不同需要,选择最适合自己的视图方式来显示文档。例如,可以使用"普通视图"来快速输入、编辑文本;使用页面视图对文档版面进行编排;使用"大纲视图"来查看文档结构;使用"阅读版式视图"对文档进行浏览等。为了在操作时可以直观的看到操作的效果,建议用户在书写通知时使用页面视图。在"视图"菜单中选择"页面"如图 2-15 所示,或单击"页面视图"按钮,即可切换到"页面"视图,如图 2-16 所示。

定。此外如果要选定的文本范围较大,用户可以在开始选取的位置处单击鼠标,然后按下"Shift"键的同时,在要结束选取的位置处单击鼠标,即可选定所需的文本。

用户还可以将鼠标定位在文本选定区(行首)中,进行文本的选择,文本选定区紧挨垂直标尺的空白区域,当鼠标移入此区域后,此时鼠标指针变形为指向右上角箭头状。

使用鼠标选定文本,常用的操作方法还有:

(1)选定一个单词,鼠标指针移到该单词前,双击鼠标左键。

(2)选定一句,按住"Ctrl"键,再单击句中的任意位置,可选中两个句号中间的一个完整的句子。

(3)选定一行文本。在文本选定区上单击鼠标,箭头所指的行被选中。

(4)选定连续多行文本,在文本选定区上按下鼠标左键,然后向上或向下拖动鼠标。

(5)选定一段,在文本选定区上双击鼠标,箭头所指的段被选中,也可连续三击该段中的任意部分。

(6)选定多段,将鼠标移到文本选定区中,双击鼠标并在文本选定区向上或向下拖动鼠标。

(7)选定整篇文档,按住"Ctrl"键并单击文档中任意位置的文本选定区或在文本选定区处单击鼠标三次。

(8)选定矩形文本区域,按下"Alt"键的同时,在要选择的文本上拖动鼠标,可以选定一个文本区域。

二、移 动 文 本

(一)利用鼠标拖动移动文本

如果要近距离地移动文本,用户可以利用鼠标拖动的方法快速移动,具体步骤如下:

(1)选定要移动的文本。

(2)将鼠标指针指向选定文本,当鼠标指针呈现箭头状时,按住鼠标左键,拖动鼠标时指针将变成 形状,同时还会出现一条虚线插入点。

(3)虚线插入点表示要移动的目标位置,松开鼠标左键,被选定的文本就从原来的位置移动到了新的位置。

(二)利用剪贴板移动文本

如果要长距离地移动文本,例如将文本从当前页移到另一页,此时,如果再用鼠标拖放的办法,将会变得非常不方便。此时,用户可以利用剪贴板来移动文本。

使用剪贴板移动文本的具体操作步骤如下:

(1)选定要移动的文本。

(2)执行"编辑"—"剪切"命令,或单击"常用"工具栏上的"剪切"按钮 。此时,选择的文本已从原位置处删除,并将其存放到剪贴板中。

(3)将插入点定位到欲插入的目标处。

(4)选择"编辑"菜单中的"粘贴"命令或单击"常用"工具栏上的"粘贴"按钮。

三、复 制 文 本

复制文本与移动文本相类似,只是复制后,选定的文本仍在原处。

复制操作与移动操作不同的是,只要将"剪切"改为"复制"即可。

使用鼠标拖放的方法可以复制文本,它适用于复制短距离的文本,具体操作步骤如下:

(1)选定要复制的文本。

(2)将鼠标指针指向选定文本,按住"Ctrl"键,然后再按鼠标左键,指针将变成箭头下带一个加号矩形的形状,同时还会出现一条虚线插入点。

(3)拖动鼠标时,将虚线插入点移动粘贴的位置,松开鼠标左键,再松开"Ctrl"键,被选定的文本就复制到了新的位置。

如果要长距离地复制文本,使用拖放的方法就不太方便了,此时可以使用剪贴板来复制长距离的文本,具体操作步骤如下:

(1)选定要复制的文本。

(2)单击"常用"工具栏中的"复制"按钮,或者使用快捷键"Ctrl + C",选定的文本的副本暂时被存放到剪贴板中。

(3)把插入点移动到想粘贴的位置,单击"常用"工具栏中的"粘贴"按钮,或者使用快捷键"Ctrl + V"。

四、删 除 文 本

删除文本步骤如下:

（1）选定欲删除的文本。

（2）按"Del"键或"Backspace"键。

五、撤销和恢复

在编辑文档中如果出现错误操作,可以使用撤销操作和重复操作来避免。Word 会自动记录最近的一系列操作,这样可以方便地撤销前几步的操作、恢复被撤销的步骤或是重复刚才做的操作。例如,当改变了一段文本的格式后发现这种操作是错误的,可以单击"常用"工具栏中的"撤销"按钮 或者选择"编辑"菜单中的"撤销"命令把刚刚所作的操作撤销;如果又突然发现刚才撤销的操作是正确的,可以单击"常用"工具栏中的"恢复"按钮

或者选择"编辑"菜单中的"恢复"命令恢复刚才撤销的操作。

六、查找与替换

查找与替换是极为高效的编辑手段,可成批替换相同字符或选择性地查找与替换文本。

（一）查找文本

（1）将插入点移至待查找文本块的起始处。

（2）单击"编辑"—"查找",打开"查找和替换"对话框,如图 2-17 所示。

（3）输入要查找的内容后,单击"查找下一处"按钮,查到的内容会以高亮显示。重复单击该按钮,直到查找完毕。

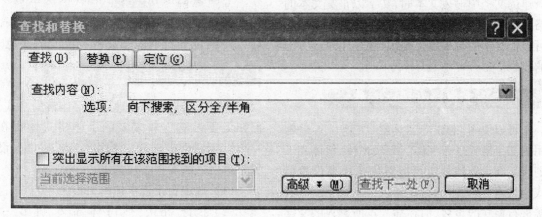

图 2-17 查找文本

（二）替换文本

（1）将插入点移至待查找文本块的起始处。

（2）单击"编辑"—"替换",打开"查找和替换"对话框,如图 2-18 所示。

（3）在"查找内容"框中输入要查找的文本,在"替换为"框中输入将要替换的新文本。

（4）单击"查找下一处"按钮,查找到的内容会以高亮显示。

（5）根据需要单击"替换"或"查找下一处"按钮。

（6）重复执行以上两个步骤,直到替换完毕。

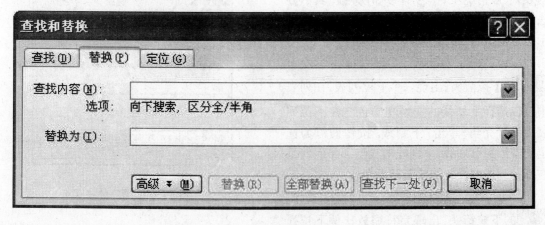

图 2-18 替换文本

第4节 文档版面设计

在 Word 2003 中可以非常方便地设置出丰富多彩的文档格式,如为文本设置边框和底纹突出文本,为段落创建项目符号使段落层次分明等。设置了格式的文档主次分明,段落层次清晰,阅读起来赏心悦目。本节主要介绍文本格式和段落格式的设置,将对 Word 2003 的功能有进一步的了解。

一、字体设置

字体格式包括了字体、字形、颜色、大小、字符间距、动态效果等属性。默认情况下,在新建的文档中输入文本时,文字以正文文本的格式输入,即宋体五号字。通过设置字体格式可以使文字的效果更加突出,满足用户多方面的要求。

(一) 使用工具栏设置文字格式

可以使用"格式"工具栏,快速设置最常用的文字格式——字体、字号、粗体、斜体和下划线。在设置格式时可以首先选中要设置格式的文本,然后进行设置。也可不选中文本直接进行格式的设置,但在插入点所键入的文字将是设置的格式。

单击"格式"工具栏上"字体"下拉列表框 `宋体 ▼` 右侧的下拉箭头出现一个字体下拉列表。在字体列表中列出了常用的中文、英文字体,可以根据需要进行选择。

单击"格式"工具栏上"字号"下拉列表框 `五号 ▼` 右侧的下拉箭头出现一个字号下拉列表,一般情况下,字号有号和磅两种表示方法,在字号列表中列出了系统提供的这两种表示方法的所有字号。

单击"格式"工具栏上的"下划线"按钮 `U ▼` 的下拉箭头,出现一个下拉列表,在列表中可以选择下划线的线型和颜色。在下拉列表中设置完毕,单击"下划线"按钮即可为选定文本添加下划线,下划线的线型和颜色就是在下拉列表中设置的线型和颜色。

单击"格式"工具栏上的"字符缩放"按钮 `A ▼` 的下拉箭头,出现字符缩放比例下拉列表。在列表中选择一种比例,即可扩展或压缩文本。

另外,在工具栏上还提供了下列按钮供设置字体使用:.

加粗按钮 **B**:单击该按钮可以实现字体的加粗效果。

倾斜按钮 *I*:单击该按钮可以实现字体的倾斜效果。

字符边框按钮 `A`:单击该按钮可以为字体添加单线边框。

字符底纹按钮 `A`:单击该按钮可以为字体添加底纹。

字体颜色按钮 `A ▼`:单击该按钮可以改变字体的颜色,单击该按钮的下拉箭头,可以在颜色下拉列表中设置要改变的颜色。

(二) 使用对话框设置字体格式

使用工具栏可以快速设置字体常用格式,但如果要设置比较复杂的字体格式还得在"字体"对话框中进行。使用"字体"对话框设置字体格式的操作步骤如下:

(1) 选定要设置字体的文本。

(2) 执行"格式"—"字体"命令,弹出"字体"对话框,如图 2-19 所示。在对话框中可以进行下述设置:在"中文字体"或"西文字体"的下拉列表框中设置一种字体。

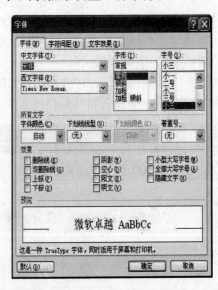

图 2-19 设置字体格式

在"字形"列表框中,可以设置文本的字形;在"字号"列表框中,可以设置文本的字号。

在"字体颜色"下拉列表框中,可以设置文本的字符颜色。如果选择下拉列表中的"自动设置",通常将文字的颜色设置为黑色;但如果选定文字所在的段落带有底纹,则选择"自动设置"选项会将所选择的文字颜色设置为白色。

在"着重号"下拉列表框中,可以选择是否在文字下方添加圆点着重号。

在"下划线线型"下拉列表框中可以选择一种下划线的线型,选择下划线线型后可以在"下划线颜色"下拉列表框中选择下划线的颜色。

在"效果"设置区域提供了 11 个复选项,用来设置文档文本的各种显示效果。

(3) 设置完毕单击"确定"按钮。

(三) 设置字符间距

字符间距指文档中两个相邻字符之间的距离。通常情况下,采用单位"磅"来度量字符间距。调整字符间距操作指按照规定的值均等地增大或缩小所选本文中字符之间的距离设置字符间距,操作步骤如下:

(1) 选定要设置字体的文本。

(2) 执行"格式"—"字体"命令,弹出"字体"对话框,在对话框中选择"字符间距"选项卡,如图 2-20 所示。在对话框中可以进行下述的设置:

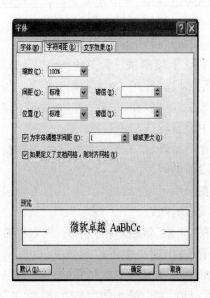

图 2-20　设置字符间距

可以在"缩放"下拉列表框中扩展或压缩

所选文本,它和工具栏中"字符缩放"按钮的功能相同,可以选择 Word 里面已经设定的比例,也可以通过直接单击文本框输入所需的百分比。需要注意的是,如果通过键盘输入一个字体缩放的百分比(例如 60%)后,又要将文本尺寸改回 100%,必须同样通过键盘输入。

可以在"间距"下拉列表框中选择字符间距的类型是"标准"、"加宽"或"紧缩",如果为字符间距设置了"加宽"或"紧缩"选项,还可以在右侧的"磅值"文本框中设置"加宽"或"紧缩"的值。

可以在"位置"下拉列表框中选择字符位置的类型是"标准"、"提升"或"降低",如果为字符间距设置了"提升"或"降低"选项,还可以在右侧的"磅值"文本框中设置"提升"或"降低"的值。

(3) 设置完毕后,单击"确定"按钮。

二、设置段落格式

段落就是以"Enter"键结束的一段文字,它是独立的信息单位,字符格式表现的是文档中局部文本的格式化效果,而段落格式的设置则将帮助设计文档的整体外观。一般一篇文章由很多段落组成,每个段落都可以有它的格式。这种格式包括段落缩进、段落行间距、对齐方式、制表位等,也可以为段落设置边框和底纹。

选中要设置的段落或将光标定位在要设置段落格式的段落中,执行"格式"—"段落"命令选项,弹出"段落"对话框,如图 2-21 所示。

图 2-21　"段落"对话框——缩进和间距

也可以在文本中单击右键,在弹出的快捷菜单中选择"段落"命令来打开"段落"对话框。

(一) 段落对齐方式

当在一个新文档中开始输入时,所有的文本都从左边界开始,并随着输入向右移动,这表明默认的对齐方式是左对齐。左对齐即文本的左边界是对齐的,而右边界不是对齐的。

在"段落"对话框的"对齐方式"下拉列表框中,可以选择段落的对齐方式,文档中段落的对齐方式有下面五种:

● 右对齐是文本在文档右边界被对齐。

● 居中对齐是文本位于文档左右边界的中间。

● 分散对齐是把段落的所有行的文本的左右两端分别沿文档的左右两边界对齐。

● 两端对齐是把段落中除了最后一行文本外,其余行的文本的左右两端分别以文档的左右边界为基准向两端对齐。这种对齐方式是文档中最常用的,平时看到的书籍的正文都采用该对齐方式。

● 左对齐是把段落中每行文本一律以文档的左边界为基准向左对齐。对于中文文本来说,左对齐方式和两端对齐方式没有什么区别。但是如果文档中有英文单词,左对齐将会使得英文文本的右边缘参差不齐,此时如果使用"两端对齐"的方式,右边缘就可以对齐了。

段落对齐设置还可通过"格式"工具栏上的对齐方式工具按键来实现。首先将光标定位在需要设置段落对齐格式的段落中;单击"格式"工具栏上的对齐方式按钮,即可设置相应的对齐方式。在"格式"工具栏只有四种对齐方式,如图 2-22 所示。

图 2-22 "格式"工具栏上的对齐方式

当工具栏上某一对齐方式按键呈按下的状态时,表示目前的段落编辑状态是相应的对齐方式。

(二) 段落缩进

段落缩进可分为首行缩进、左缩进、右缩进、悬挂缩进。在"段落"对话框的"缩进"区内有"左"、"右"和"特殊格式"三个文本框,可以在文本框中分别给定数值。在"左"文本框中设置段落从文档左边界缩进的距离。在"右"文本框中设置段落从文档右边界缩进的距离。在"特殊格式"下拉列表框中可以选择"首行缩进"或"悬挂缩进"中的一项,选好后在度量值中输入缩进量。设置段落缩进还可以在标尺上进行,水平标尺上有四个缩进滑块。拖动缩进滑快可以快速灵活地设置段落的缩进。把鼠标放在缩进滑块上,鼠标变成箭头状,稍停片刻将会显示该滑块的名称。在使用鼠标拖动滑块时可以根据标尺上的尺寸确定缩进的位置。

(三) 调整段落间距

段落间距指两个段落之间的间隔。设置合适的段落间距,可以增加文档的可读性。段落的间距包括行间距和段间距。行间距是一个段落中行与行之间的距离,段间距是当前段落与下一个段落或上一个段落之间的距离。行间距和段间距的大小直接影响整个版面的排版效果。可以在"段落"对话框的"间距"选项卡中设置段落间距和行间距:

在间距区域"段前"文本框中可以输入或选择段前的间距。

在间距区域"段后"文本框中可以输入或选择段后的间距。

在"间距"区域单击"行距"列表框右边的下拉箭头,出现一个下拉列表框,可以从下拉列表框中选择所需要的行距选项。如果选择了"固定值"或"最小值"选项,需要在"设置值"框中键入所需值;如果选择"多倍行距"选项,需要在"设置值"框中键入所需行数。

三、边框和底纹

为了突出文档中某些文本、段落、表格、单元格的打印效果，可以给它们添加边框或底纹，也可以同时添加边框和底纹。还可以为整页或整篇文档添加页面边框，美化文档。具体的操作步骤如下：

（1）选中要添加边框的文本或段落。

（2）执行"格式"—"边框和底纹"命令，弹出"边框和底纹"对话框，在对话框中选择"边框"选项卡，如图 2-23 所示。

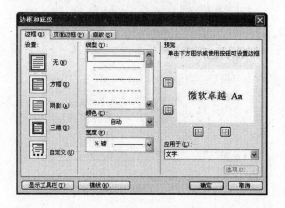

图 2-23　边框

（3）在对话框的"设置"区域中，有五个设置选项。有"无"、"方框"、"阴影"，"三维"、"自定义"。其中，"无"是默认值，它可以用来消除文档当前的其他所有边框设置。其中的"自定义"设置具有很强的灵活性，可以方便地设置适合的边框。

（4）在"线型"列表框中可以选择边框线的线型。

（5）在"颜色"下拉列表框中可以选择边框的颜色。

（6）在"宽度"列表框中可以选择边框的宽度。选择的线型不同，则在宽度文本框中供选择的宽度值也不同。当选择"双波浪线"时只有 1/4 磅一种选择。

（7）在"预览"区域中的"应用范围"文本框中选择边框的应用范围。

（8）添加底纹不同于添加边框，底纹只能对文字、段落添加，而不能对页面添加。在"边框和底纹"对话框中选择"底纹"选项卡，如图 2-24 所示。

（9）在"填充"区域中，可以选取所需的

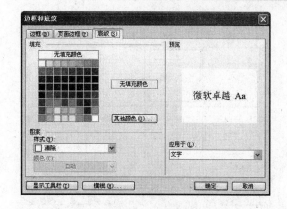

图 2-24　底纹

底纹填充颜色。在给出的颜色列表中单击选择一种颜色即可，如果选择"无填充色"将取消所有的底纹填充。

（10）在"图案"区域中，可以设置应用于底纹的样式。在"样式"下拉列表中，可以选择一种满意的底纹样式。如选择"清除"选项，只在文档中填充前面设置的颜色不使用任何底纹样式。

（11）在"应用于"文本框中选择所设底纹应用的范围。

（12）单击"确定"按钮，为选中段落添加边框和底纹。

四、项目符号和编号

在编写文档时，为了使各段落之间的逻辑关系更加清楚，使叙述更有层次性，经常需要给一组连续段落添加项目符号或编号。Word 2003 具有自动添加项目符号和编号的功能，可以在输入内容时自动产生项目符号或编号，也可在输入完成后再进行添加。要为文档中的段落加上项目符号，具体步骤如下：

（1）在文档中选中要添加项目符号的段落。

（2）执行"格式"—"项目符号和编号"命令，打开"项目符号和编号"对话框，在对话框中选择"编号"选项卡，如图 2-25 所示。

（3）用户选择除"无"以外的其余七个选项中的一个。

（4）单击"自定义"按钮，弹出"自定义编号列表"对话框，如图 2-26 所示。

（5）在"编号样式"下拉列表中选择图中所示的样式。

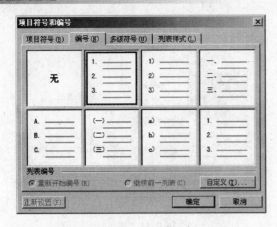

图 2-25　"项目符号和编号"对话框

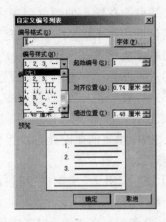

图 2-26　"自定义编号列表"对话框

（6）单击"确定"按钮，返回"项目符号和编号"对话框。

（7）单击"确定"按钮。

五、版面编排

在编辑文档时，应该对文档的版面进行设置，使整篇文档看起来更漂亮和整齐。例如，在文档中插入脚注和尾注。设置分栏版面，在文档中应用首字下沉和中文版式，为文档添加页眉页脚，为文档设置水印背景及添加页面边框效果，文档的更名保存。

（一）设置分栏版面

在报纸和杂志中，页面一般采用分栏的版式。分栏排版可以使文本从一栏的底端连续接到下一栏的顶端，用户只有在"页面"视图方式和"打印预览"视图方式下才能看到分栏的效果。在"普通"视图方式下，只能看到按一栏宽度显示的文本。为了使示例文档具有单栏和多栏混排的效果，在分栏之前可以首先

笔记栏

对文档进行分节。

1. 插入分节符　"节"是一篇文档的最小单位，通常用"分节符"来表示。要对文档进行分节，可首先定位要分节的插入点，具体步骤如下：

（1）将插入点定位在文档正文第一段的起始处。

（2）执行"插入"—"分隔符"命令，打开"分隔符"对话框，如图 2-27 所示。

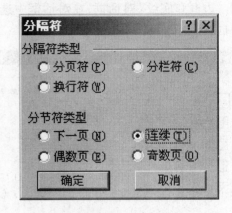

图 2-27　"分隔符"对话框

（3）在"分节符类型"选项区域中，选中"连续"按钮。

（4）单击"确定"按钮，即可将分节符插入到文档中。

在"分隔符"对话框的"分节符类型"区域，提供了四种不同类型的分节符，用户可以根据需要选择分节符类型：

● 下一页：表示在当前插入点处插入一个分节符，新的一节从下一页开始。

连续：表示在当前插入点处插入一个分节符，新的一节从下一行开始。

● 偶数页：表示在当前插入点处插入一个分节符，新的一节从偶数页开始，如果这个分节符已经在偶数页上，那么下面的奇数页是一个空页。

● 奇数页：表示在当前插入点插入一个分节符，新的一节从奇数页开始，如果这个分节符已经在奇数页上，那么下面的偶数页是一个空页。

2. 设置分栏　对文档进行分节后，用户就可以利用 Word 的分栏排版功能在不同的书中设置不同的分栏效果了，用户可以控制栏数、栏宽以及栏间距。具体步骤如下：

（1）将插入点定位在文档正文中。

（2）执行"格式"—"分栏"命令，打开"分栏"对话框，如图 2-28 所示。

（3）在"预设"选项区域中选中一种预设的分栏方式，在"栏数"编辑框中设置所需的栏数。

（4）选中"栏宽相等"复选框，在"宽度"文本框中选择或输入数值，此时，"间距"文本框中的数值会自动地改变。

（5）选中"分隔线"复选框。

（6）在"应用于"下拉列表中可作选择。

（7）单击"确定"按钮。

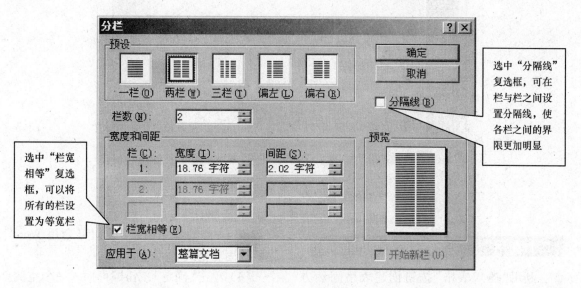

> 选中"栏宽相等"复选框，可以将所有的栏设置为等宽栏

> 选中"分隔线"复选框，可在栏与栏之间设置分隔线，使各栏之间的界限更加明显

图 2-28　"分栏"对话框

（二）设置首字下沉

首字下沉是文档中常用到的一种排版方式，就是可以将段落开头的第一个或若干个字母、文字变为大号字，从而使版面更美观。用户可以为段落开头的一个或多个文字设置下沉效果。

设置首字下沉的具体步骤如下：

（1）将插入点置于要设置首字下沉的段落中。

（2）执行"格式"—"首字下沉"命令，打开"首字下沉"对话框，如图 2-29 所示。

图 2-29　"首字下沉"对话框

（3）存"位置"区域中选中"下沉"选项。

（4）在"字体"下拉列表框中选择一种字体。

（5）在"下沉行数"编辑框中设置下沉的行数。

（6）单击"确定"按钮。

第 5 节　表格和图形

表格是编辑文档的常见的文字信息组织形式，它的优点就是结构严谨、效果直观。以表格的方式组织和显示信息，可以给人一种清晰、简洁、明了的感觉。

一、创 建 表 格

（一）利用"插入表格"按钮创建表格

创建表格最简单快速的方法就是使用"常用"工具栏中的"插入表格"按钮。打开文档，把插入点定位在要插入表格的位置，单击"常用"工具栏中的"插入表格"按钮，此时屏幕上会出现一个网格，按住鼠标左键沿网格右下角向右拖动指定表格的列数，向下拖动指定表格的行数，释放鼠标。此时得到一张有表格线的空表，如图 2-30 所示。

笔记栏

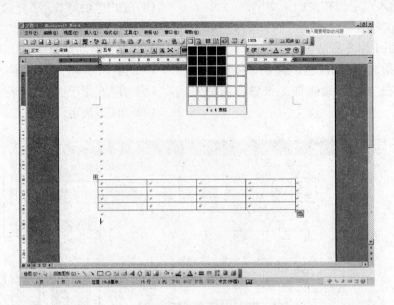

图 2-30　插入表格

（二）利用"插入表格"命令创建表格

利用"插入表格"按钮创建表格固然方便，但只能创建简单的表格，如果创建的表格较为复杂，可以利用"插入表格"命令创建表格，利用"插入表格"命令创建表格可以不受表格行、列数的限制，而且还可以设置表格格式，利用"插入表格"命令创建表格的具体步骤如下：

（1）把插入点定位在要插入表格的位置。

（2）执行"表格"—"插入"—"表格"命令，打开"插入表格"对话框，如图 2-31 所示。

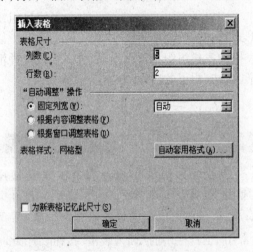

图 2-31　"插入表格"对话框

（3）在"列数"文本框中，选择或输入表格的列数值，在"行数"文本框中选择或输入

行数值。"自动套用格式"按钮可套用 Word 提供的固有格式。

（4）单击"确定"按钮即可插入一个空的表格。

（三）手工绘制表格

Word 2003 提供了用鼠标绘制任意不规则的自由表格的强大功能。如果直接插入的表格不能满足用户的要求，可以利用"表格和边框"工具栏上的按钮来绘制一个符合要求的表格，绘制表格适用于不规则表格的创建和带有斜线表头的复杂表格的创建。打开的"表格和边框"工具栏如图 2-31所示。

二、输入内容

建立好表格后，接着就可以输入表格中的内容。在单元格中单击即可将插入点定位在单元格中，然后可以在表格中输入数据。输完一个单元格的内容后，按"Tab"键，插入点移动到下一个单元格，继续输入。使用键盘的上、下、左、右键和快捷键也可以帮助在表格中快速定位光标。

在表格中编辑内容和普通文本编辑类似，键入时如果内容的宽度超过了单元格的列宽，会自动换行并增加行高。如果按"Enter"键则新起一个段落，但可以像对普通文本一样对单元格中的文本进行格式设置。

表格和边框

图 2-31 "表格和边框"工具栏

三、表格的编辑

很显然,创建的表格经常不能符合要求。为了使表格的结构更加合理,用户还需要对表格的结构进行调整。用户可以通过调整表格的宽度和高度,增加单元格、行或列,删除多余的单元格、行或列,合并单元格等操作。修改表格结构,使表格的结构更加合理。像对文档操作一样,对表格操作也必须"先选定,后操作"。

1. 选定表格 要调整表格,首先选中要调整的表格。选定单元格是编辑表格中最基本的操作之一。在对表格中的单元格、行或列进行操作时必须先选定它们。

(1)选定单元格。鼠标指针移到单元格与左边界第一个字符之间,待指针变成 ➷ 形状后,单击可选定该单元格。

(2)选定行。鼠标指针指向表格左边界

的外侧,待指针变成 ⤢ 形状后,单击鼠标左键。

(3)选定列。鼠标指针指向列边界的选择区,此时指针变为指向下方的黑色实心箭头 ↓,单击可选定该列。

(4)选定块。按鼠标左键在表格中从左上角单元格拖动到右下角单元格。

(5)按住"Alt"键的同时双击表格内的任意位置,或单击表格左上角的 ⊞ 符号。

另外,表格的选定还可以从"表格"菜单的"选择"命令中找到相应的选项。

2. 行与列的插入 在编辑表格的过程中,常常需要在表格中插入行、列、单元格或表格。在表格中插入这些对象时,首先要指定插入位置,然后单击"表格"—"插入"命令,弹出如图 2-32 所示的"插入"下拉子菜单,根据实际需要插入对象。

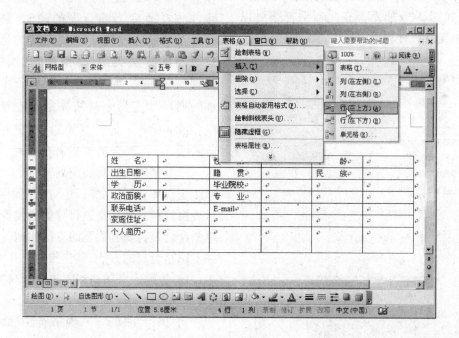

图 2-32

(1)插入行或列:如果选中一行,可在选中行的上方或下方插入一行;如果选中多行,则在选中行的上方或下方插入多行。也就是

说,在表格中插入行或列,在指定插入位置时所选中的行、列数,决定着插入的行、列数。因此,在表格中插入行或列时,所选中的行、列数

应该与所要插入的行、列数相一致。

（2）插入单元格：在表格中不但可以插入行或列，还可以插入单元格。插入单元格与插入行、列有所区别，方法是先选定单元格，单击"表格"—"插入"—"单元格"命令，弹出如图2-33所示的"插入单元格"对话框，在此对话框中可以选择其中任意一种插入方式。

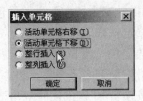

图 2-33

3. 删除行（列）、单元格　如果在插入表格时，对表格的行或列控制不好出现多余的行或列，可以根据需要删除多余的行或列。在删除单元格、行或列时，单元格、行或列中的内容也将同时被删除。

将插入点定位在表格中，执行"表格"—"删除"命令，弹出子菜单，如图2-34所示。

选择"单元格"命令，弹出"删除单元格"对话框，如图2-35所示。在此对话框中可以选择其中任意一种删除方式。

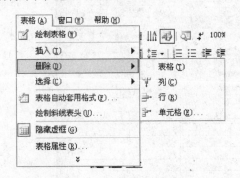

图 2-34

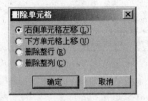

图 2-35

4. 行、列的移动或复制　移动或复制行

或列指不但要插入新的行或是列，同时也要将单元格内的数据复制过去。

移动或复制行或列的操作方法如下：

（1）选择想要移动或复制的行或列，使其呈现反白状态。

（2）再选择工具栏的剪切按钮或"复制"按钮，将选中的内容存放到剪贴板中。

（3）把插入符置于目标行或目标列的第一个单元格上或选中该行。

（4）单击工具栏的"粘贴"按钮，或单击"编辑"—"粘贴行（列）"命令，要移动或复制的内容即被插入到目标行的上方或目标列的左侧，且不替换原有内容。

5. 设置表格的行高与列宽

（1）利用鼠标手工拖动的方法改变行高或列宽：使用鼠标改变行高的方法很简单，将鼠标指针移到要调整行高的行边框线上，当出现一个改变大小的行尺寸工具时按住鼠标左键拖动鼠标。此时出现一条水平的虚线，显示行改变后的大小，移到合适位置释放鼠标，行的高度被改变。这种方法在改变当前行高的同时，整个表格的高度也随之改变。改变列宽的方法和改变行高的方法类似，将鼠标指针移到要调整列宽的列边框线上，当出现一个改变大小的列尺寸工具时按住鼠标左键拖动鼠标，此时出现一条垂直的虚线，显示列改变后的大小，移到合适位置释放鼠标。

（2）精确设置行高或列宽：除了可以用鼠标改变行高和列宽之外，还可以使用菜单命令对表格的行高和列宽进行精确的设置，使用菜单命令调整行高和列宽的方法相似，这里介绍一下调整行高的方法，其步骤如下：

1）将插入点移动到要改变行高的单元格中，可以选定一行或者多行。

2）执行"表格"—"表格属性"命令，弹出"表格属性"对话框。在对话框中选择"行"选项卡，如图2-36所示。

3）选中"指定高度"复选框，并在其后面的编辑框中指定具体的行高值。

4）单击"确定"按钮。

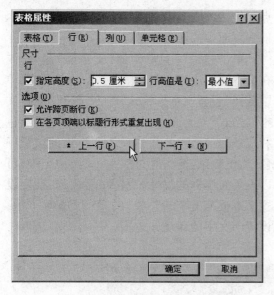

图2-36 "表格属性"对话框

四、图 形

在写东西的时候，有时会感到词不达意，或者意犹未尽。此时，如果使用图形、图片，可以把自己的意思更好地表达出来。在文档中把图形对象与文字结合在一个版面上，设计出图文并茂的文档，主要包括图片的插入与设置、艺术字的插入与设置、文本框的应用及图形的绘制与设置。Word中最大的优点之一是能够在文档中插入图形，实现图文混排。

(一) 利用自选图形绘制图案

选择常用工具栏的"绘图"按钮，如图2-37所示的"绘图"工具栏便会显示出来（或隐藏起来），而"绘图"工具栏中的"自选图形"包含了多类图形，有线条、连接符、基本形状、箭头总汇、流程图、星与旗帜、标注等七类，利用自选图形中的各类工具，可快速绘制出所要的图案。

选择"绘图"工具栏的 自选图形(U)▼ 按钮，弹出"自选图形"菜单后，从菜单中选择一种类型，再从类型图案菜单中选择一种图案样式，如图2-38所示。

图2-37 "绘图"工具栏

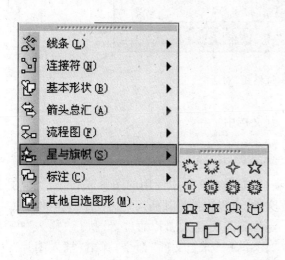

图2-38 "自选图形"菜单

移动鼠标到绘图编辑区，选择插入图案的位置，此时，鼠标指针变成"十"形，按住鼠标左键拖移弹出图案，确定后放开左键绘出图案，配合线条、颜色、阴影等效果设置，可产生多姿多彩的变化。

要改变图形尺寸，可将鼠标指针移到图形某个控制点上（呈双向箭头状←→）后拖动鼠标。如果要对图形添加填充色、边框颜色、阴影、三维效果等，单击工具栏中的相应按钮。

将鼠标指针移到该图形上，指针变为十字箭头形状，按住鼠标左键可以拖动图形到文档中的任意位置，如果要删除，直接按"Delete"键或单击"剪切"按钮。

某些图形中可以添加文字。用鼠标右键单击图形，再从快捷菜单中选择"添加文字"命令即可开始键入文字。

(二) 使用文本框

在文档中灵活使用Word中的文本框对象，可以将文字和其他各种图形、图片、表格等对象在页面中独立于正文放置并方便地定位。若要将图形和文字一起进行图文混排，就要用到文本框。文本框如同容器，任何文档中的内容，一段文字、一个表格、一幅图形或者它们的混合物，只要被装进文本框，就如同被装进一个容器,可以随时被鼠标带到页面的任何地方,还可让正文置于它的四周。它们还可以很方便地进行缩小、放大等编辑操作。

利用"绘图"工具栏中的"文本框"按钮或"插入"菜单中的"文本框"命令,鼠标指针变成"十"形;按住鼠标左键拖动可以在文档中绘制一个文本框。

文本框具有图形的属性,所有对其操作相似于图形的格式设置,文本框的格式可以根据需要进行编辑修改。单击需要修改的文本框,使其处于选中状态,即出现控制点,拖动控制

点可直接改变大小,也可以利用鼠标拖动文本框到页面中的任意位置。

单击"格式"菜单中的"文本框"命令,或在文本框的边线上单击鼠标右键,在快捷菜单中选择"设置文本框格式"命令,打开"设置文本框格式"对话框,如图 2-39 所示。在"颜色和线条"选项卡中,可以设置文本框的填充颜色、边框线条、箭头等;在"大小"选项卡中,可以设置文本框的尺寸、旋转和缩放,如果要设置文本框与文字的叠放,在"版式"选项卡中,设置与文字的环绕方式。

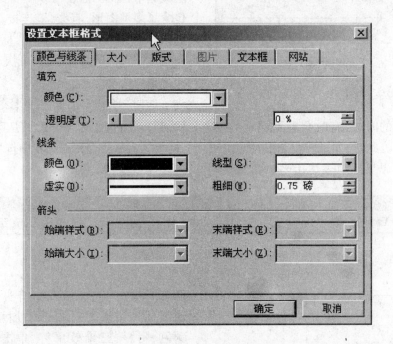

图 2-39　"设置文本框格式"对话框

如果要删除文本框,先选中然后按"Delete"键。

(三) 插入剪贴画

剪贴画是 Office 内含的图案集,里面有许多可爱的图案,可按如下方法插入剪贴画:在文件中选择要插入图案的位置,然后从菜单栏的"插入"菜单中选择"图片",出现子菜单后,再选择"剪贴画"。出现"剪贴画"任务窗格后,在"搜索文字"文本框中输入想要查找剪贴画的关键字,然后选择 搜索 按钮。单击需要插入到文档中的剪贴画,即可将其插入

到文档中。

(四) 插入图片文件

如果在文档中使用的图片来自于已知的文件,可以直接将其插入到文档中。把插入点定位到需要插入图片的位置,执行"插入"—"图片"—"来自文件"命令,弹出"插入图片"对话框,如图 2-40 所示。使用查找范围框来查找图片文件的位置。在选定要插入的文件之后,单击位于插入图片对话框右下角的"插入"按钮。

图 2-40　"插入图片"对话框

（五）编辑图片

如果插入得合适，图片和剪贴画可以显著地提高文档质量，但如果插入得不合适，将会使文档变乱，这时需要对图片进行编辑修改。

右击插入的图形，在弹出的快捷菜单中选择 **显示"图片"工具栏(L)** 命令，窗口中便会出现如图 2-41 所示的"图片"工具栏，此时可对图形进行缩放、移动、裁剪、文字环绕等格式的设置。

图 2-41　"图片"工具栏

1. 调整图片尺寸　要修改一个图片首先应选中它，单击图片的任意位置，即可选中该图片。图片被选中后，在四周会出现八个控制点。移动鼠标到所选图片的某个控制点上，当鼠标指针变为双向箭头状时，拖动鼠标可以改变图片的形状和大小。

2. 裁剪图片　使用图片工具栏上的"裁剪"按钮可以对图片进行裁剪，方法非常简单。首先选中要裁剪修改的图片，然后单击"图片"工具栏上的"裁剪"按钮，鼠标指针变为状，将该形状的鼠标指针移到一个尺寸控制点当鼠标变为状时按住鼠标左键并向图片内部拖动鼠标，位置合适时松开鼠标左键，被鼠标拖过的部分将被裁减掉。

3. 图片的环绕方式　若要使插入的图片的周围环绕文字，若要使插入的图片的周围环绕文字，单击"图片"工具栏的"文字环绕"按钮；或在如图 2-42 所示的"设置图片格

式"对话框的"版式"选项卡中进行设置。

（六）艺术字的使用

在编辑文档时，为了使标题更加醒目、活泼，可以应用 Word 提供的艺术字功能来绘制特殊的文字。Word 中的艺术字是图形对象，所以可以像对待图形那样来编辑艺术字，也可以给艺术字加边框、底纹、纹理、填充颜色、阴影和三维效果等。

1. 插入艺术字　在文档中插入艺术字可按如下步骤进行：

（1）把插入点定位到要插入艺术字的位置。

（2）单击"绘图"工具栏中的"插入艺术字"按钮，也可以执行"插入"—"图片"—"艺术字"命令，弹出"艺术字库"对话框，如图 2-43 所示。

（3）在对话框中选择一种艺术字样式，单击"确定"按钮，弹出"编辑'艺术字'文字"对话框，如图 2-44 所示。

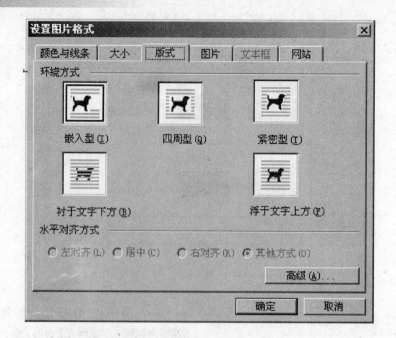

图 2-42 "设置图片格式"对话框

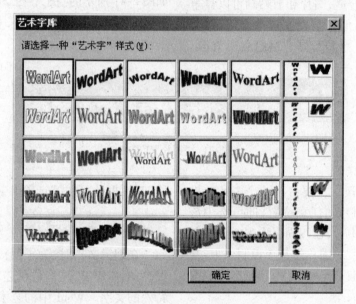

图 2-43 "艺术字库"对话框

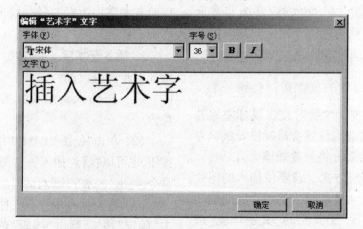

图 2-44 "编辑'艺术字'文字"对话框

（4）在"文字"文本框中输入要编辑的艺术文字。另外，还可以设艺术文字的字体、字号、加粗和斜体等属性。

（5）单击"确定"按钮。

2. 编辑艺术字　插入艺术字后，还可以对艺术字进行编辑。对艺术字的编辑可以使用艺术字工具栏，也可在艺术字上单击右键，在弹出的快捷菜单上选择命令。单击艺术字图形或执行"视图"—"工具栏"—"艺术字"命令，即可弹出"艺术字"工具栏，如图 2-45 所示。

图 2-45　"艺术字"工具栏

第 6 节　文 档 输 出

打印处理好的文档可以说是制作文档的最后一项工作，要想打印出满意的文档，还需要设置相关打印的各种参数。中文版 Office Word 2003 提供了多种查看打印效果和多种打印方式，包括打印输出到文件、手动双面打印等功能。

一、打印预览

打印预览是一种所见即所得的功能，即打印预览显示的效果和打印出的实际效果是一致的。通过打印预览功能，可以事先知道打印的效果，以便将文档调整成最佳状态，再打印输出。

执行"文件"—"打印预览"命令，或者是单击"常用"工具栏上的"打印预览"按钮，就可以预览打印的效果，如图 2-46 所示。

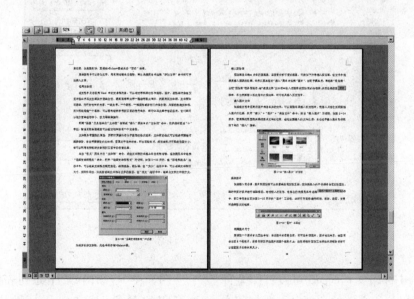

图 2-46　打印预览窗口

打印预览窗口上方有一个"打印预览"工具栏，通过单击上面的按钮可以进行一些打印预览的设置：

（1）单击"打印"按钮，可以打印当前预览的文档。

（2）单击"多页"按钮，然后在弹出的菜单中选择要显示的页面数目，就可以实现多页的预览。

（3）单击"单页"按钮，可以回到单页预览状态。

（4）单击"放大镜"按钮，将鼠标移动到预览文档的上方，鼠标指针将变成放大镜形状。当放大镜是带有加号的放大镜时,单击文档可以将文档放大预览;当放大镜是带有减号的放大镜时,单击文档可以将文档缩小预览。如果"放大镜"按钮没有被按下,系统将允许对文档进行编辑。

(5)在"显示比例" 52% 下拉列表中可以选择预览文档的大小比例。

(6)单击"查看标尺"按钮 ,可以使标尺在显示和隐藏之间切换,在打印预览的状态下,使用标尺可以很容易地调节页面边距等设置。

(7)单击"缩小字体填充"按钮 ,可以将放大预览文档缩小至整页显示。

(8)单击"全屏显示"按钮 ,可以使用全屏方式来预览文档。

(9)单击"关闭预览"按钮 关闭(C) ,可以

退出预览方式,回到正常的编辑状态。

二、打印文档

在打印文档之前,要确信打印机的电源已经接通并且安装了所需的驱动程序,并处于联机状态。如果对打印机的状态和文档的打印效果有把握,可以直接单击"常用"工具栏中的"打印"按钮将整个文档打印出来。如果不太确信打印机的属性设置,则最好先查看或重新设置一下。

(1)执行"文件"—"打印"命令,弹出"打印"对话框,如图2-47所示。这时看到当前打印机的型号和端口已经显示在对话框顶部了。

(2)"打印机"区中,单击"名称"列表框右边的下拉箭头,从下拉列表框中选择要使用的打印机。

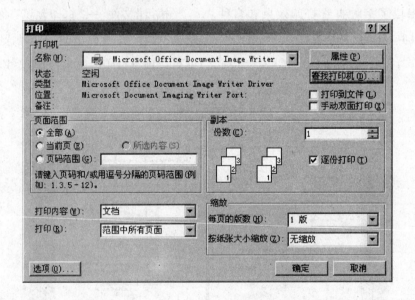

图2-47 "打印"对话框

(3)Word打印文档时,既可以打印全部的文档,也可以打印文档的一部分。要打印文档的全部内容,可以在页面范围选项组中选择"全部"选项按钮;要打印插入点所在的页,可以选择"当前页"选项按钮,要打印文档指定页码范围的内容,可以首先选择"页码范围"选项按钮,然后在后面的文本框中输入需要打印的页码范围;如果在文档中选定了一部分内容,还可以选择"所选内容"选项按钮打印在文档中选定的内容。

(4)在"打印内容"下拉列表框中可选择要打印的对象,是文档还是批注等其他的内容。

(5)在"打印"下拉列表框,可选择打印的是奇数页还是偶数页或者是在前面所选的全部页面。

(6)在"副本"区域可选打印的份数,如果打印多份,最好选中逐份打印复选框。

(7)单击"选项"按钮还可更加详细地设置打印各项。

（8）单击"确定"按钮开始打印文档。

（9）有时，需要把文档打印到一个文件中，而不是打印到打印机上，这样就可以把原来设定用于打印到打印机的一个文档打印到一个文件中，然后可以将得到的文件送到打印中心，执行高质量的打印。

（10）如果打印到文件，则可在"打印"对话框中选定"打印到文件"选项，然后选择"确定"按钮，弹出"打印到文件"对话框。在"保存位置"列表中选定驱动器和文件夹，在文件名文本框中键入文件名。单击"确定"按钮，发送到打印机上的信息就会被存储到指定的文件中。

Microsoft Word 2003 是目前众多文字处理软件中使用范围最广的文字处理软件。它是 Office 2003 软件包中最重要成员之一，它功能强大，可创建和编排各种图文并茂的文档以及网页。与以前版本相比，Word 2003 增加了一些新的功能，使其功能变得更加完善、更加全面。

通过本章的学习，应熟练掌握最基本的操作方法。如：创建新文档、打开已有文档、文档输入、在插入点输入文档内容、中西输入的切换方法；保存文档的各种方法；文本编辑技巧，如：文本的选择、复制、移动、删除、撤消与恢复操作、文本的替换；字体字形的变化；文本及段落的格式；表格的处理；插入图片（图形）、文本框、自选图形的使用、图文混排等。

在 Microsoft Word 2003 中，有众多的菜单操作和组合键的使用，应熟练使用一些常用的组合键，熟练掌握和使用常用图标，并了解其调整方法，了解怪异生僻字和特殊符号的插入方法，了解菜单中各子菜单的含义，为相关软件的使用打下基础。

一、填空题

1. 如果编辑的文件是新建的文件，则不管是执行"文件"菜单中的"保存"命令或"另存为"命令，都将会出现_____对话框。

2. 在文档的编辑过程中，如果先选定了文档内容，再拖动鼠标至另一位置，相当于完成一个文档内容的_____操作。

3. 要在插入与改写状态之间切换，单击状态栏上的_____字样，或者按下_____键。

4. Word 2003 文档编辑时，每按一次回车键出现的标记为_____。

5. 在编辑文档的过程中，经常要用到"编辑"菜单中的"剪切"、"复制"和"粘贴"命令，它们的快捷键分别是_____、_____和_____。

6. 在 Word 2003 中，段落的对齐方式有五种，分别是_____、_____、居中对齐、_____和分散对齐。

7. 选定一段的方法：鼠标定位于文本选定区中要选择的段中任一行之前，_____左键。

8. 用户使用 Word 提供的默认模板来建立文档时，系统默认的页面纸张大小为_____纸，默认字体为_____体，默认字号为_____号。

9. 若想执行强行分页，需执行_____菜单中的_____命令。

10. 当部分文档内容的字符格式已经确定，希望文档其他部分也使用该格式，可以使用"常用"工具栏中的_____按钮。

11. 在 Word 中，如果要调整字间距，可使用"格式"菜单中的_____命令。

12. 如果想在文档中加入页眉、页脚，应当使用_____菜单中的"页眉和页脚"命令。

二、选择题

1. 在 Word 2003 中，"文件"菜单底部列出的文件名表明这些文件（　　）
   A. 目前处于打开状态　　B. 最近曾经打开过
   C. 都是 Word 文档　　D. 已被删除了

2. 若选定的文本块中包含几种字号的汉字，则"格式"工具栏的"字号"框中显示（　　）
   A. 文本中最小的字号　　B. 文本中最大的字号
   C. 空白　　D. 首字符的字号

3. 在 Word 2003 中，要使用绘图工具栏上的椭圆形工具绘制出正圆，则绘制时需按住（　　）
   A. Ctrl 键　　B. Shift 键
   C. Alt 键　　D. Enter 键

4. 要选定几段文本，先单击所选文本的起始处，然后按住键盘上的哪个键，再单击所选文本的结尾处即可（　　）
   A. Ctrl 键　　B. Shift 键
   C. Alt 键　　D. Enter 键

5. 要复制选定的文档内容，可使用鼠标指针指向被选定的内容并按住哪个键，拖动鼠标至目标处（　　）
   A. Ctrl 键　　B. Shift 键
   C. Alt 键　　D. Enter 键

6. 在 Word 2003 中，为观察文本的分栏和页眉页脚等的效果，应选用何种显示方式（　　）
   A. 普通视图　　B. 页面视图
   C. 大纲视图　　D. Web 版式视图

7. 进入 Word 2003 后,打开了一个已有文档 w6. doc,又进行了"新建"操作,则 （ ）
   A. w6. doc 被关闭
   B. w6. doc 和新建文档均处于打开状态
   C. "新建"操作失败
   D. 新建文档被打开但 w6. doc 被关闭

8. 在 Word 2003 中,按哪些键可以选定文档中的所有内容 （ ）
   A. Ctrl + C 键
   B. Ctrl + V 键
   C. Ctrl + A 键
   D. Ctrl + S 键

9. 在默认情况下,输入了错误的英语单词时,Word XP 会 （ ）
   A. 自动更正
   B. 在单词下划绿色波浪线
   C. 在单词下划红色波浪线
   D. 无任何措施

10. 在"打印"对话框中页码范围是:"4-8,20,28",表示打印的是 （ ）
    A. 第 4 页,第 8 页,第 20 页,第 28 页
    B. 第 4 页至第 8 页,第 20 页至 28 页
    C. 第 4 页至第 8 页,第 20 页,第 28 页
    D. 第 4 页,第 8 页,第 20 页到 28 页

三、简答题

1. 简述 Word 2003 的窗口组成。
2. 如何设置页眉页脚?
3. 什么情况下需要对文档进行分节? 如何设置?
4. 如何给文本添加边框和底纹?
5. 如果要在文档中插入符号"◆",应如何操作?
6. 在 Word 2003 中,插入表格有哪些常用的方法?

四、操作题

1. 录入一篇含有三个段落的文档,要求如下:
   （1）将文档标题设置为二号、黑体、加粗、缩放 150%、空心、加底纹并居中。
   （2）正文设置为小四号、宋体。
   （3）第 1 段两端对齐,首行缩进 2 个字符;第 2 段首字下沉;第三段设置为双栏,栏间加分隔线。
   （4）全篇文档段前间距 6 磅,段后间距 10 磅,1.5 倍行距。
   （5）整个页面加红色"阴影"边框,框线宽度 0.5 磅。

2. 按照下图所示样文,创建表格,并按要求完成操作。

借 款 单

借款理由			
借款部门		借款时间	年 月 日
借款数额	人民币（大写）	￥:	
财务主管经理批示:		出纳签字:	
付款记录:	年 月 日以现金/支票（号码: ）给付		

（1）创建一个 5 行 4 列的表格,按样文合并或拆分单元格,给表格添加边框线。
（2）表格标题。字体:楷体;字号:小三;加下划线;水平居中。
（3）按样文在单元格中输入内容。字体:宋体;字号:小四;对齐方式如样文所示。
（4）适当调整单元格的宽度,使输入的内容如样文所示。调整行高为 1cm。

3. 利用绘图工具栏中的自选图形绘制某项工作的流程图,内容如下:

开始 → 输入数据 → 处理数据 ⇔ 输出结果 → 结束

第3章 Excel 2003 电子表格系统

学习目标

1. 知道：Excel 2003 的特点、功能、运行环境及安装方法

2. 掌握：Excel 2003 的启动和退出方法

3. 知道：Word 2003 的窗口组成及操作

4. 掌握：工作簿的操作（包括新建、打开、保存、加存为、关闭工作簿）；工作表的操作（包括选定工作表、插入/删除工作表、插入/删除行与列、调整行高与列宽）；单元格操作（包括选定单元格、合并/拆分单元格、设置单元格格式）；输入数据操作（包括输入基本数据、输入公式与自动填充、修改、移动、复制与删除数据）

5. 掌握：图表的创建、编辑和修改

6. 掌握：数据排序、筛选操作、打印工作表

7. 理解：数据清单的基本概念和基本处理方法

第1节 Excel 2003 概述

Excel 2003 是美国微软公司推出的 Office 2003 办公软件包的组成部分，是日常工作、学习、生活中最常用的电子表格处理软件。与以前的版本相比，Excel 2003 进行了多方面的改进，它能够使用户在任何地点，以任何方式接收、处理和发布信息，彰显了网络化、集成化的特点，宣告了群组办公时代的到来。

本章将详细介绍 Excel 的基本概念、基本功能和使用方法。通过本章的学习，应掌握：

（1）Excel 的基本概念、启动和退出。

（2）表格的创建、编辑和保存、工作表格式的设置、页面的设置和打印等基本操作。

（3）工作表中函数和表达式的应用、表格数据排序、筛选及分类汇总等数据处理操作。

（4）Excel 图表的建立、编辑和修改。

（5）有关数据库的基本概念及基本处理方法。

一、Excel 的运行环境

运行 Excel 2003 软件的最低系统配置要求：

● 处理器：带有 Pentium 233 MHz 或更高频率的处理器，推荐使用 Pentium III 或更高档处理器的 PC 兼容机。

● 操作系统：Microsoft Windows 2000 SP3 或更高版本，推荐使用 Windows XP 或更高版本。

● 内存：64 MB 以上的内存，建议使用 128 MB 内存。

● 磁盘空间：需要 245 MB 的硬盘空间。其中安装操作系统的硬盘上必须具有 115 MB 的可用磁盘空间。

● 需要一个鼠标、一个光盘驱动器，推荐使用 VGA 或更高分辨率的监视器。

二、Excel 的安装、启动和退出

（一）Excel 的安装

中文版 Excel 2003 是中文版 Office 2003 办公软件包的一个重要组件，因此安装中文版 Office 2003 的过程实际上已经包括了安装中文版 Excel 2003 的过程。

中文版 Office 2003 的安装过程非常简单，具体操作步骤如下：

（1）启动计算机，进入操作系统，将中文版 Office 2003 的安装光盘放入光盘驱动器中。

（2）系统自动运行安装程序，屏幕上将弹出"Microsoft Office 2003 安装"窗口，系统开始复制安装向导文件，帮助用户安装中文版 Office 2003，整个过程所需时间要根据用户计算机的速度而定。如果用户不想马上安装，则可单击"取消"按钮退出。

（3）安装向导档复制完成后，将弹出如图 3-1 所示的窗口，输入正确的产品密钥。

图 3-1　输入正确的产品密钥

（4）单击"下一步"按钮，在弹出的如图 3-2 所示的窗口中输入正确的用户名、缩写和单位。

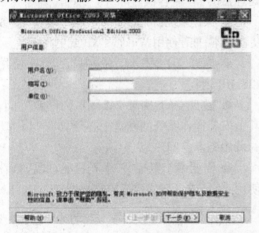

图 3-2　输入用户信息

（5）单击"下一步"按钮，在弹出的窗口中选中"我接受《许可协议》中的条款"复选框，如图 3-3 所示。

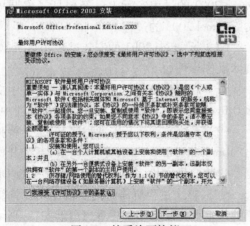

图 3-3　接受许可协议

 笔记栏

（6）单击"下一步"按钮，在弹出的窗口中设置需要安装的类型和位置，如图 3-4 所示。

如果不采用默认安装位置，可单击"浏览"按钮，在打开的对话框中重新设置安装路径。

图 3-4　设置安装类型和位置

（7）单击"下一步"按钮，弹出如图 3-5 所示的对话框。

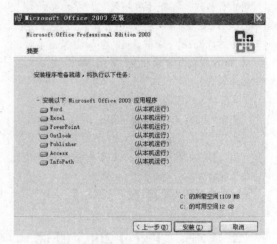

图 3-5　显示要安装的 Office 组件

（8）单击"安装"按钮，系统开始复制文件并显示其安装进度，如图 3-6 所示。

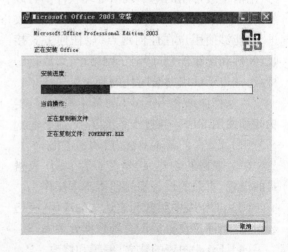

图 3-6　显示安装进度

（9）安装完成后，将显示 Office 2003 成功安装的信息，单击"完成"按钮即可。

（二）Excel 的启动与退出

1. 启动 Excel

（1）单击"开始"按钮，鼠标指针移动到"程序"菜单处。

（2）在"程序"菜单中，将鼠标指针移动到"Microsoft Excel"活页夹处，在其下级子菜单中单击"Microsoft Excel 2003"项，则出现 Excel 窗口。

若桌面上有 Excel 快捷方式图标，双击它，也可启动 Excel。另外，还可以通过双击 Excel 文档启动 Excel。

2. 退出 Excel　下列四种方法均可退出 Excel：

（1）单击标题栏右端 Excel 窗口的关闭按钮"×"。

（2）单击 Excel 窗口"文件"菜单中的"退出"命令。

（3）单击标题栏左端 Excel 窗口的控制菜单按钮，并选中"关闭"命令。

（4）按快捷键"Alt + F4"。

三、Excel 的工作窗口

（一）Excel 窗口

启动 Excel 2003，即可进入其工作窗口，中文版 Excel 2003 的窗口主要包括标题栏、菜单栏、工具栏、工作表区和状态区等，如图 3-7 所示。

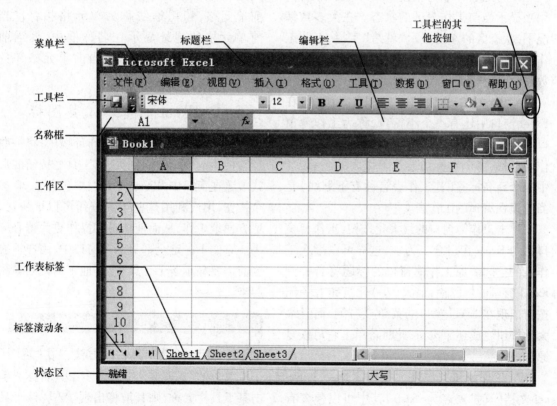

图 3-7　Excel 的工作窗口

1. 标题栏　标题字段在窗口顶部，用来显示 Microsoft Excel 及当前工作簿文件名，标题栏最左端是 Excel 2003 的窗口控制图标，单击该图标会弹出 Excel 窗口控制菜单，如图3-8所示，利用该控制菜单可以进行还原窗口、移动窗口、最小化窗口、最大化窗口、关闭打开的 Excel 文件并退出 Excel 程序等操作。

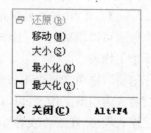

图 3-8　控制按钮菜单

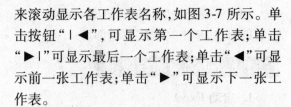

2. 菜单栏 菜单栏包含一组下拉式菜单,各菜单中均包含若干命令,用它们可进行绝大多数的 Excel 操作。使用时,先单击含有所需命令的菜单,然后在弹出的下拉菜单中单击所需命令,Excel 将自动执行该命令。

3. 工具栏 工具栏由许多工具按钮组成,每个工具按钮分别代表不同的常用操作命令,利用它们可方便、快捷地完成某些常用操作。这些工具按钮按功能分组,如分为“常用”、“格式”、“绘图”等工具栏。

4. 编辑栏 编辑栏用来输入或编辑当前单元格的值或公式,其左边有“√”、“×”和“=”按钮,用于对输入数据的确认、取消和编辑公式。该区的左侧为名称框,它显示当前单元格(或区域)的地址或名称。

5. 状态区 状态字段于 Excel 窗口底部,用来显示当前工作表区的状态。在大多数情况下,状态区的左端显示“就绪”字栏,表明工作表正在准备接收新的资料;在单元格中输入数据时,则显示“输入”字样。

6. Excel 工作窗口 如图 3-7 所示,在 Excel 窗口中还有一个小窗口,称为工作簿窗口。工作簿窗口下方左侧是当前工作簿的工作表卷标,每个卷标均显示工作表的名称,其中一个高亮标签(其工作表名称有下划线)是当前正在编辑的工作表。

单击工作簿窗口的最大化按钮,工作簿窗口将与 Excel 窗口合二为一,这样可以增大工作表的空间。原工作簿窗口的标题将合并到 Excel 窗口的标题栏,最大(小)化按钮有关闭按钮出现在 Excel 窗口的菜单栏右侧,而且最大化按钮变成还原按钮,此时若单击它可恢复原样。

7. 工作簿和工作表 工作簿是一个 Excel 文档(其扩展名为 .xls),其中可以包含有一个或多个表格(称为工作表)。一个新工作簿默认有三个工作表,分别命名为 Sheet 1、Sheet 2 和 Sheet 3。工作表的名字可以修改,工作表的个数也可以增减,一个工作簿最多可以含有 255 个工作表。

在工作簿窗口中单击某个工作表标签,则该工作表就会成为当前工作表,可以对它进行编辑。若工作表较多,在工作表卷标行显示不下,可利用工作表窗口左下角的卷标滚动按钮

来滚动显示各工作表名称,如图 3-7 所示。单击按钮“|◄”,可显示第一个工作表;单击“►|”可显示最后一个工作表;单击“◄”可显示前一张工作表;单击“►”可显示下一张工作表。

工作表像一个表格,由 65 536 行和 256 列组成。行列交汇处的区域称为单元格,它可以保存数值、文字、声音等数据。如图 3-7 所示,窗口左侧的 1,2,3,…,65 536 表示工作表行号,上方的 A,B,C,…,AA,AB,…,BA,BB,…,IV 表示工作表列号,它们构成单元格的地址。例如,D4 表示第 4 行第 D 列处的单元格地址。

在工作表中的鼠标指针为空心十字“十”,把它移动到某单元格并单击,则该单元格的框线变成粗黑线,称此单元格为当前单元格,粗黑框线称为单元格指针。当前单元格的地址显示在名称框中,而当前单元格的内容同时显示在当前单元格和数据编辑栏中。

四、Excel 的基本工具图标

在中文版 Excel 2003 工作环境中,将一些经常使用的命令分门别类,以工具栏按钮的形式放置在窗口中,Excel 工具栏中包含了 20 多个按钮,用户利用这些工具按钮可以更快速、更方便地工作,从而使得日常操作更为得心应手。它们不一定全部显示在窗口中,用户根据当前需要显示若干工具栏,其他工具栏则隐藏起来。

(一) 显示/隐藏工具栏或工具按钮的方法

1. 显示/隐藏工具栏的方法 在“视图”下拉菜单的“工具栏”中有许多工具名称。单击某工具栏名称,则其前将出现“√”(该工具栏将显示);再次单击,其前的“√”又消失了(该工具栏将隐藏)。在工具栏上右击鼠标也能出现“工具栏”子菜单。

当把鼠标指针悬停在按钮上时,系统会自动显示出该按钮的功能提示;有些按钮旁有下拉按钮,单击此下拉按钮可弹出下拉列表或下拉菜单。另外,工具栏的按钮也可能根据需要有选择地显示。

2. 显示/隐藏工具按钮的方法 单击

图 3-7 所示的工具栏右侧的"其他按钮",出现该工具栏未显示的工具按钮列表,单击目标按钮即可显示。若未出现所需按钮,可以将鼠标指针移到"添加或删除按钮"处,将会出现该工具栏的全部其他按钮,按钮前有"√"的已经显示,单击目标按钮,使其前出现"√"即可显示,反之使其前"√"消失,则不显示。

默认情况下,Excel 菜单栏下面有两个工具栏:一个"常用"工具栏,它包含许多常用命令按钮,单击其中的按钮就可以执行相应的菜单命令;另一个是"格式"工具栏,与"常用"工具栏相似,只是各个按钮的功能不一样。

(二) 工具栏

1. "常用"工具栏　在"常用"工具栏中集中了 26 个 Excel 操作的常用命令按钮,如"新建"、"保存"等命令,它们以形象化的图示表示,如图 3-9 所示。每个图示对应一个命令,单击一个图示即可执行某个命令,提高了工作效率。

2. "格式"工具栏　在"格式"工具栏中,以下拉列表框和形象化的图示方式列出了常用的格式设置命令,可对单元格的数字格式、字体、字号、对齐方式、颜色、边框底纹等进行排版设置,如图 3-10 所示。

图 3-9　"常用"工具栏

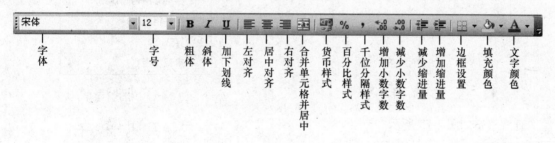

图 3-10　"格式"工具栏

第 2 节　Excel 2003 菜单

Excel 2003 中文版的主菜单包括文件、编辑、查看、插入、格式、工具、数据、窗口和帮助等九个下拉菜单。其中包含了 Excel 数据处理的所有命令与功能。单击菜单栏中的菜单名,即可打开下拉菜单。在下拉菜单中显示了各种功能选项,包含执行该项功能的热键和快捷键。

一、文件菜单

"文件"菜单提供各种文件操作命令,如图 3-11 所示。

图 3-11　"文件"菜单

二、编辑菜单

编辑菜单如图3-12所示。

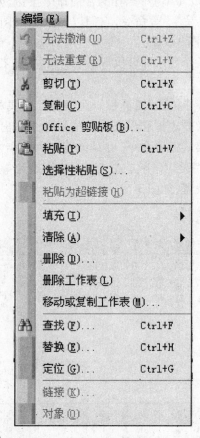

图3-12　"编辑"菜单

三、查看菜单

查看菜单如图3-13所示。

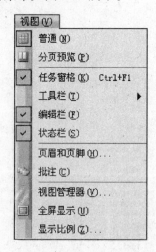

图3-13　"查看"菜单

四、插入菜单

插入菜单如图3-14所示。

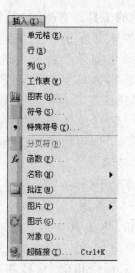

图3-14　"插入"菜单

五、格式菜单

格式菜单如图3-15所示。

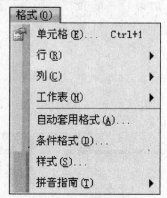

图3-15　"格式"菜单

六、工具菜单

工具菜单如图3-16所示。

图3-16　"工具"菜单

七、数据菜单

数据菜单如图 3-17 所示。

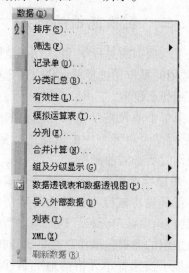

图 3-17　"数据"菜单

八、窗口菜单

窗口菜单如图 3-18 所示。

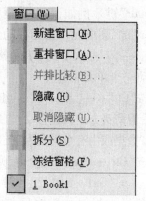

图 3-18　"窗口"菜单

九、帮助菜单

帮助菜单如图 3-19 所示。

图 3-19　"帮助"菜单

第3节　工作表的编辑和输出

一、建立与保存工作簿

1. 建立工作簿　启动中文版 Excel 2003 时,系统将自动创建一个新的工作簿,文件名为 Book1.xls。用户保存工作簿时可换成合适的文件名存盘。如果用户需要创建一个新的工作簿,可以用以下三种方法来实现:

(1) 单击"文件"菜单的"新建"命令,在弹出的"新建工作簿"任务窗格中单击"新建"选项中的"空白工作簿"超链接。

(2) 单击"常用"工具栏中的"新建"按钮。

(3) 如果需要创建一个基于范本的工作簿,则在"新建工作簿"任务窗格中单击"模板"选项区中的"本机上的模板"超链接,在弹出的"模板"对话框中单击"电子方案表格"选项卡,在列表框中选择需要的模板,单击"确定"按钮。

2. 保存工作簿　建立工作簿并编辑后,需要将其保存在磁盘上。常用的保存方法有四种:

(1) 单击"文件"菜单的"保存"命令。若工作簿是新建的,则出现"另存为"对话框,其形式与 Word 中"另存为"对话框类似。

在对话框的"文件名"栏中输入工作簿文件名,单击"保存位置"栏右侧的下拉按钮"▼",从中选择存放工作簿的文件夹,最后,单击"保存"按钮。

若工作簿不是新建的,则按原来的路径和文件名存盘,不会出现"另存为"对话框。

(2) 单击"常用"工具栏的"保存"按钮。若工作簿是新建的,则出现"另存为"对话框,操作方法同上。否则自动按原来的路径和文件名存盘。

(3) 按快捷键"Ctrl + S"。若工作簿是新建的,则出现"另存为"对话框,操作方法同上。否则自动按原来的路径和文件名存盘。

(4) 换名保存。单击"文件"菜单的"另存为"命令,出现"另存为"对话框,输入新文件名后单击"保存"按钮。若要存放到另一活页夹,则应指定文件夹名。

使用"保存"操作与"另存为"操作的区别

在于:"保存"操作是以最新的内容覆盖当前打开的工作簿,不产生新的文件;而"另存为"操作是将这些内容保存为另一个由用户指定类型的新文件,不会影响已经打开的文件。

二、打开与关闭工作簿

(一) 打开工作簿

要查看或编辑某个工作簿时,必须先打开它。对于已有的工作簿,可以使用基本方法将其打开,也可以使用一些快捷方法将其打开。

(1) 打开工作簿的基本方法。打开已有的工作簿的具体步骤如下:

1) 执行下列操作之一打开"打开"对话框:

① 选择"文件"菜单中的"打开"菜单项。

② 按快捷键"Ctrl + O"。

③ 单击"常用"工具栏中的"打开"按钮。

此时的"打开"对话框如图 3-20 所示。

图 3-20　"打开"对话框

2) 在"查找范围"栏中确定工作簿文件所在的活页夹,并单击要打开的工作簿文件。也可以直接在"文件名"栏中输入工作簿的文件名(含盘符路径)。

3) 单击对话框下方的"打开"按钮,打开文件。

(2) 打开最近使用的工作簿:默认情况下,在"文件"菜单的下方列出了最近使用过的四个文件,选择这些文件就可以直接打开工作簿。

(3) 在资源管理器中双击要打开的工作簿文件名。

(二) 关闭工作簿

有三种方法关闭当前工作簿文件。

(1) 单击"文件"菜单的"关闭"命令。

(2) 单击工作簿窗口的"关闭"按钮"×"。

(3) 双击工作簿窗口左上角的"按制菜单"按钮。

三、表项范围的选定

在录入数据的过程中,除了用键盘输入数据外,常用的操作是选择单元格以确定要将数据输入到什么位置。

选择单个单元格是输入数据前的必要操作,也是对某个单元格中的数据进行复制、粘贴等操作时所必需的操作。

1. 用鼠标选择单个单元格　用鼠标选择单元格就是先将鼠标指针移动到某个单元格中,然后再单击该单元格。这时可以看到该单元格以加粗的黑框包围作高亮显示,同时名称框中会显示被选择单元格的地址名称。有如下几种移动鼠标指针的方法:

(1) 利用滚动条,使目标单元格出现在屏幕上,然后单击它。

(2) 在名称框中输入目标单元格的地址,然后按"Enter"键。例如,在名称框中输入 H3 并按"Enter"键,则单元格指标移动到 H3。

(3) 按←、↑、→、↓键,单元格指标向箭头方向移动一个单元格。

(4) 按"Ctrl + ←(↑、→、↓)"组合键,则单元格指针沿着箭头方向快速移动,直到单元格从空白变为有数据或由有数据变为空白为止。

(5) 按"Ctrl + Home"组合键,则单元格指针移到 A1。按"Ctrl + End"组合键,则单元格指针移到曾经编辑过的数据区域的右下角。按"Home"键,则单元格指针移到本行最左侧单元格。

2. 在单元格之间切换　在输入过程中,当输入完一个单元格的内容后需要切换到下一相邻的单元格,通常是相同行或相同列中的相邻单元格。

在相邻单元格间进行切换有以下两种常用的方法:

(1) 同行相邻单元格的切换:按"Tab"键可以切换到同行相邻的下一个单元格,按快捷键"Shift + Tab"可以切换到同行相邻的上一个单元格。

(2) 同列相邻单元格的切换:按"Enter"键可以切换到同列相邻的下一个单元格,按快捷键"Shift + Enter"可以切换到同列相邻的上一个单元格。

3. 选择连续的单元格　在电子表格数据处理中,有时需要同时对多个单元格进行操作,这时就要先选定多个单元格,比较常见的是选择某一连续区间内的单元格。

(1) 行列选择。如果要选择的单元格全都位于同一行或同一列中,就可以使用行列选择的方式。

对于行列选择又可以细分为以下几种情况:

1) 选择单行(列):单击要选择的某行(列)的行(列)号,则选中该行(列)。

2) 选择连续的多行(列):将鼠标指针移到要选择的行的首行(列)号,然后按鼠标左键拖动到末行(列)号。

(2) 矩形选择。有时要操作的数据不是位于整行或整列中,而是在一个矩形的范围内,这时可以使用矩形选择方式。选择矩形区域有如下几种方法(以选择 A3:E7 为例):

1) 鼠标指针移到该区域的左上角单元格 A3,按住鼠标左键拖动到该区域的右下角 E7。

2) 单击该区域的左上角单元格 A3,按住"Shift"键单击中该区域的右下角单元格 E7。

3) 在名称框中输入单元格区域 A3:E7(或该区域的名称),然后按"Enter"键。

为单元格区域命名的方法:选择要命名的单元格区域,在名称框中输入区域名字并按"Enter"键。命名后,选择该区域时,直接在名称框中输入该区域名称即可。

4) 单击"编辑"菜单的"定位"命令,出现"定位"对话框,在对话框"引用位置"栏输入单元格区域(A3:E7),并按"确定"按钮。

(3) 选择整个工作表。单击"全选"按钮(在行号 1 上方和列号 A 的左边),则选中整个工作表。

(4) 选择分散的单元格。在某些比较特殊的情况下,还会用到同时选择多个不相邻单元格的情况。同时选择多个不相邻单元格的方法是:按住"Ctrl"键,采用矩形区域选择的第一种方法,分别选定各单元格区域。

(5) 条件选定。有时要把工作表或某个区域中的所有字符串居中对齐,而这些字符串的分布又不规则,若按方法(4)选定效率不高。对此,可以采用"条件选定"方法,即在指定区域中只选定满足条件的单元格。具体操作如下:

1) 选定"条件选定"的作用范围(如 D3:H9)。

2) 单击"编辑"菜单的"定位"命令,出现"定位"对话框。单击对话框的"定位条件"按钮,出现"定位条件"对话框。

3) 在对话框中确定定位条件,如:选"常量"单选框,并选"文本"复选框,表示定位条件是字符串。

4) 单击"确定"按钮。

操作完成后,D3:H9 区域中所有数据类型为字符串的单元格均被选中,而其他数据类型的单元格及区域之外的单元格将显示未选中状态。

四、工作表的数据输入

工作表是用户在 Excel 中输入和处理资料的工作平台。要使用 Excel 处理数据,必须先将数据输入到工作表中,再根据需要使用有关的计算公式以及函数,以达到数据自动处理的目的。

1. 输入字符型数据　字符型数据指汉字以及英文字母这样的数据,也就是通常所说的文本。在单元格中输入字符型数据,按照一贯的习惯,都是先选单元格,然后再在单元格中输入相应的数据。输入的字符串在单元格中左对齐。输入数据的具体步骤如下:

(1) 选择要输入数据的单元格(通常是用鼠标单击该单元格)。

(2) 在单元格中或编辑栏中输入文本。如果要输入多行文本,可以按快捷键"Alt + Enter"实现换行。

(3) 输入完毕后,将数据存入当前单元格。

1) 数据输入后存入当前单元格的方法:

① 按箭头键(←、→、↑、↓)则存储当前单元格中输入的字符串,并使箭头方向的相邻单元格成为当前单元格。

② 单击数据编辑区的"√"按钮,存储当前单元格中输入的字符串。

③ 按"Enter"键,存储当前单元格中输入

笔记栏

的字符串,下方相邻单元格成为当前单元格。

2）取消当前单元格中刚输入的字符串,恢复输入前状况的方法:

① 按"ESC"键。

② 单击数据编辑栏上的"×"按钮。

3）字符串的输入:单元格的宽度有限,输入的字符串超出单元格的宽度时,存在两种情况:

① 右侧单元格是空的,则多出的字符就会"溢出"到右边的单元格中,好像后面的字符属于右边的单元格。其实,这只是为了显示更多的数据,实际上它们都是当前单元格的内容,如图3-21(A)所示。

② 右侧单元格不是空的,则字符串无不完全显示,超出列宽部分将被隐藏,不在右侧单元格中显示,但编辑栏中会显示出当前单元格中的全部内容,如图3-21(B)所示。

F1		▼	子体	fx 工龄工资		
	A	B	C	D	E	F	G
1	编号	姓名	性别	职称	基本工资	工龄工资	
2	0001	王力洞	男	副教授	188.00	32	
3	0002	张泽民	男	助教	111.00	5	
4	0003	魏军	女	助教	132.00	17	
5	0004	叶枫	女	讲师	156.00	28	

（A）　右侧单元格为空

F1		▼		fx 工龄工资		
	A	B	C	D	E	F	G
1	编号	姓名	性别	职称	基本工资	工龄	总工资
2	0001	王力洞	男	副教授	188.00	32	
3	0002	张泽民	男	助教	111.00	5	
4	0003	魏军	女	助教	132.00	17	
5	0004	叶枫	女	讲师	156.00	28	

（B）　右侧单元格不为空

图 3-21　字符串的输入

4）数字字符串的输入:有些数值是无须计算的代码,如电话号码、邮政编码等,往往把它们处理为由数字字符组成的字符串。为了与数值区别,先输入单撇号"'",然后再输入数字字符串。数字字符串不参加计算(如求和、求平均值等)。如图3-22所示,A2单元格中为字符串"0001",而在编辑栏中显示输入数据为"'0001"。

A2		▼		fx '0001		
	A	B	C	D	E	F	G
1	编号	姓名	性别	职称	基本工资	工龄	总工资
2	0001	力洞	男	副教授	188.00	32	
3	0002	张泽民	男	助教	111.00	5	
4	0003	魏军	女	助教	132.00	17	
5	0004	叶枫	女	讲师	156.00	28	

图 3-22　数字字符串的输入

2. 输入数值型数据　数值型数据是Excel中所用的主要数据,通常用于记录成绩、数量、资金等,从而可以对这些数值数据进行分析。

输入数值时,默认形式为常规表示法,如56,56.234等。当长度超过单元格宽度时自动转换成科学计数法表示,如在单元格C2中输入"1234567890123",则单元格中显示为"1.234567E+12"。数值型资料在单元格中右对齐。

输入数值时可出现数字0,1,…,9和+,−,,(),E,e,%,$(或¥,货币符号)。例如,+10,−1.23,1,234,1.23E−2,$1.23,30%,(123)等,其中"1,234"中逗号","表示千位分隔符,30%表示百分之三十(即0.3),(123)表示−123。

分数的输入方法:

要在单元格中输入分数的方法:先输入整数部分,再按"Space"键(空格键),接着依次输入分子、"/"、分母。

如要在A3单元格中输入 $1\frac{3}{4}$,具体步骤:

（1）先选择A3单元格,使其成为当前单元格。

（2）在单元格中依次输入"1"、按空格键、"3"、"/"、"4",输入完后,单元格中显示数据内容为"1 3/4",而编辑栏中显示数据内容为"1.75"。

3. 输入日期和时间　工作表中的日期和时间数据不仅可以作为说明性文字,同时也可以用于计算和分析操作。例如,计算一批商品的订货时间与发货时间的时间间隔。Excel中给出了多种表示输入时间的方法。

（1）输入日期。在Excel中允许用户使用斜线、文字以及破折号和数字纵使的方式来输入日期。

以输入2007年6月1日为例,最常用的输入日期的方法有如下几种:

2007-6-1或07-6-1,2007/06/01,07/6/1,2007年6月1日,1-Jun-07等。

日期在Excel系统内部是用1900年1月1日起至该日期的天数存储的。例如,1900-1-5在Excel内部存储的是5。即数值与日期型资料之间是可以相互转换资料格式的。

笔记栏

按下"Ctrl+;"组合键可输入系统当前日期。

（2）输入时间。时间由小时、分和秒三个部分构成,在输入时间时要以冒号将这三个部分隔开,如 9:30:10。

由于上午 8 点与下午 8 点是不同的,但在工作表中有时需要将时间表示成 12 小时制,这样就容易造成误解。为了确保时间表述的准确性,Excel 使用 AM 和 PM 来表示上午和下午。如,下午 8:30:00 用 12 小时制可表示成 8:30:00 PM,用 24 小时制可表示成 20:30:00。

按下组合键"Ctrl+Shift+;"可输入系统当前时间。

（3）日期与时间组合输入。在很多时候,工作表中的日期和时间都是同时输入的,这只需要将前面所做的工作合并,即在输入日期后再输入时间即可,日期和时间之间用空格分隔。

4. 智能填充数据 当数据输入的过程中需要用到大量的相同数据或具有某种规律性的同类型资料时,可以使用自动填充数据功能。自动填充数据是根据当前单元格中的资料自动填充其他单元格中的数据,从而大大提高数据输入的效率。在当前单元格的右下角有一小黑块,称为填充句柄,如图 3-23 所示。

例如,要输入学生的学号,需要连续输入"'0601201"到"'0601251";如果使用自动填充数据功能,则只需要在第一个单元格中输入"'0601201",然后将数据自动填充到其他单元格中即可。

（1）填充相同数据。如果同行或同列的多个单元格中要输入相同的数据,可以使用自动填充数据功能将已有的数据复制到其他单元格中。

对时间和日期数据或含数字的字符串,按住"Ctrl"键拖动当前单元格填充句柄,所经之处均填充该单元格的内容。对一般字符串或数值型数据应直接拖动填充句柄。

例如,学生成绩表中前四位学生的附加分是 10 分,已经输入第一位学生的附加分,则可以按照如下操作步骤来填充下面几位学生的附加分成绩:

1）选择已经输入数据的单元格。

2）将鼠标指针放在填充柄上,这时鼠标指针变为"十"字形状。

3）按住鼠标左键并拖动,直到拉出的矩形框覆盖要填充的所有单元格后,释放鼠标。

执行上述操作后,结果如图 3-23 所示。

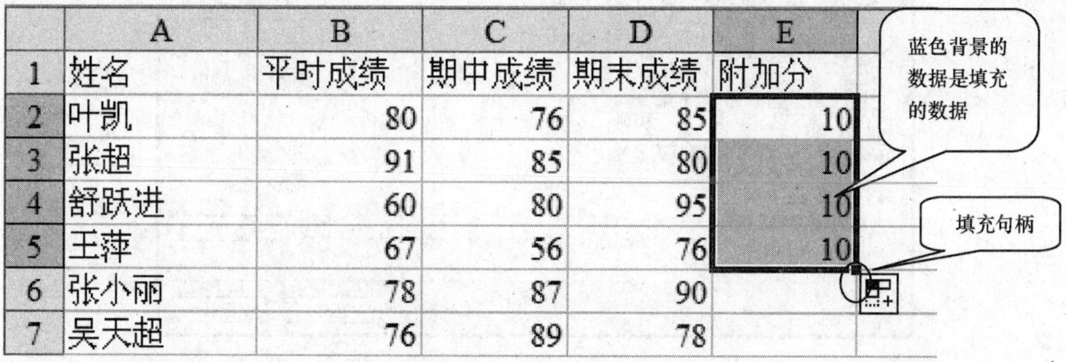

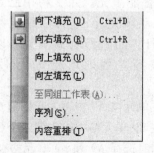

	A	B	C	D	E
1	姓名	平时成绩	期中成绩	期末成绩	附加分
2	叶凯	80	76	85	10
3	张超	91	85	80	10
4	舒跃进	60	80	95	10
5	王萍	67	56	76	10
6	张小丽	78	87	90	
7	吴天超	76	89	78	

（蓝色背景的数据是填充的数据）

（填充句柄）

图 3-23 填充相同数据

除了使用鼠标完成自动填充数据的功能以外,也可以通过菜单项来实现该功能。

选择"编辑"—"填充"菜单项,将会显示"填充"子菜单,如图 3-24 所示。

向下填充:利用当前单元格上方的单元格数据自动填充。要注意的是,这里的"向下填充"指数据填充方向是向下的。

向右填充:利用当前单元格左侧的单元格数据自动填充。

向下填充(D)	Ctrl+D
向右填充(R)	Ctrl+R
向上填充(U)	
向左填充(L)	
至同组工作表(A)...	
序列(S)...	
内容重排(J)	

图 3-24 "填充"菜单项

笔记栏

向上填充:利用当前单元格下方的单元格数据自动填充。

向左填充:利用当前单元格右侧的单元格数据自动填充。

(2)填充序列数据。除了填充相同数据外,可能用到序列数据的情况也不少。例如,在填充完前四位学生的附加分 10 后,下两位学生的附加分分别是 11 和 12,这几个资料构成了一个序列,这时就可以使用自动填充数据功能来填充序列数据,具体步骤如下:

1)选择 E5 单元格。

2)将鼠标指针悬停在填充句柄上,当它变为"十"字形时,按住鼠标左键并拖动,直到拉出的矩形框覆盖住要填充的下面两个单元格,释放鼠标。

再如,在单元格 A10 单元格中输入"一月",拖动填充句柄向右直到单元格 H10,松开鼠标键,则从 A10 起,各单元格内容依次为"一月","二月",…,"八月"。

数据序列:"一月,二月,…,十二月"事先已定义,所以,当在 A7 单元格中输入"一月"并拖动填充句柄时,Excel 就按该数据序列依次填充"二月","三月",…。若数据序列用完,再从头开始,即"一月,二月,…,十二月,一月,…"。Excel 中已定义的填充序列如图 3-25 所示。

用户也可以自定义填充序列,方法如下:

① 单击"工具"菜单中的"选项"命令,出现"选项"对话框。

② 选择"自定义序列"选项卡,可以看到"自定义序列"框中显示了已经定义的各种填充序列,选中"新序列"并在"输入序列"框中输入填充序列(如:办公室,人事部,护理部,后勤处,…)。注意,输入序列时,每一数据分行输入。

③ 单击"添加"按钮,新定义的序列出现在"自定义序列"框中,如图 3-25 所示。

④ 单击"确定"按钮。

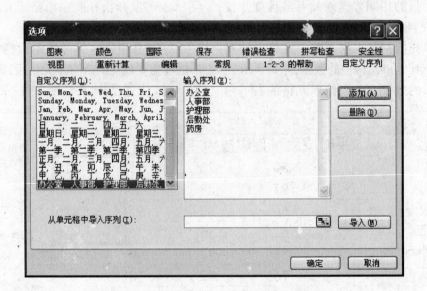

图 3-25　用户自定义新序列

(3)智能填充。除了利用已定义的序列进行自动填充外,还可以指定某种规律(等差、等比等)进行智慧填充。以 A9:E9 中依次按等差数列填充 6,9,12,15,18 为例:

1)在单元格 A9 中输入起始值 6。

2)在 B9 单元格中输入第二个数据 9。

3)同时选择 A9 和 B9 单元格,将鼠标指针放在该单元格区域的填充柄处,当鼠标指

针变为"十"字形时,按住鼠标左键并拖动至 E9 单元格,释放鼠标。

除了使用鼠标完成自动填充数据的功能以外,也可以通过菜单项来实现该功能。

1)在单元格 A9 中输入起始值 6。

2)选定要填充的单元格区域 A9:E9(鼠标自 A9 一直拖动到 E9)。

3)单击"编辑"菜单"填充"命令的"序列"项,出现"序列"对话框,如图 3-26 所示。

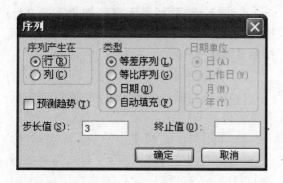

图 3-26 "序列"对话框

4）在"序列产生在"栏中选定填充方式（按行或按列）。本例中选择按"行"填充。

5）在"类型"栏中选择填充规律，本例中选择"等差数列"。

6）在"步长值"栏中输入公差3。

7）单击"确定"按钮。

注意：若需要输入的数据为类似"2，4，8，16，…"的等比序列，则不能使用鼠标拖动填充句柄进行填充，而只能采用填充序列菜单命令来完成。

五、编辑工作表

当前输入的数据错误或有了更新时，就需要对单元格中已有的数据进行编辑，编辑数据通常包括删除、复制、修改等操作。

1. 清除或更改单元格内容 如果在单元格中输入数据时发生了错误，或者要更改单元格中的数据时，则需要对数据进行编辑，用户可以方便地清除单元格中的内容，用全新的数据替换原数据，或者对数据进行一些小的改动。

（1）清除单元格资料。清除单元格数据不是删除单元格本身，而是清除单元格中的数据内容、格式、批注之一，或三者均清除。

要清除单元格中的数据内容，只要选中该单元格，然后按"Delete"键即可；要清除多个单元格中的内容，可先选定这些单元格，然后按"Delete"键。

当按"Delete"键清除单元格（或一组单元格）时，只有输入的内容从单元格中被清除，单元格的其他属性（如格式、批注等）仍然保留。

如果想清除单元格的格式或批注等，则要采用如下方法进行清除：

1）选定要清除数据的单元格区域。

2）单击"编辑"菜单，在"清除"命令的四个选项中选择一个，如图 3-27 所示。

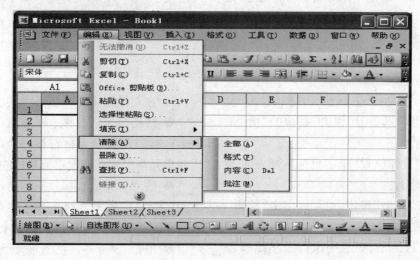

图 3-27 清除命令的四个选项

● 全部——清除单元格中的格式、数据内容和批注。

● 格式——只清除单元格中的格式。

● 内容——只清除单元格中的数据内容。

● 批注——只清除单元格中的批注。

（2）更改单元格数据。在工作中，用户可能需要替换以前在单元格中输入的内容，要做到这一点非常容易，只需单击单元格使其成为当前单元格，单元格中的内容将会被自动选取,一旦开始输入,单元格中原来的内容就会被新输入的内容替换。

如果单元格中包含大量的字符或复杂的公式,而用户只想修改其中的一小部分,那么可以按以下三种方法进行编辑:

1)双击要修改的单元格,然后在单元格中进行编辑。

2)单击要修改的单元格使其成为当前单元格,再按"F2"键,然后在单元格中进行编辑。

3)单击要修改的单元格使其成为当前单元格,然后单击编辑栏,在编辑栏中进行编辑。

2. 移动和复制单元格 移动单元格数据指将输入在某些单元格中的数据移至其他单元格中;复制单元格或单元格区域数据指将某个单元格或单元格区域数据复制到指定的位置,原位置的数据依然存在。

移动(复制)单元格数据有两种方法:

(1)拖动法。

1)选定要移动(复制)数据的单元格区域。

2)鼠标指针移到所选区域的边界线,指针呈指向左上方的箭头"↖",然后拖动(移动)或按"Ctrl"键拖动(复制)到目标位置即可。

(2)剪贴法。

1)选定要移动(复制)数据的单元格区域。

2)单击"常用"工具栏中"剪切"("复制")按钮(也可以单击"编辑"菜单的"剪切"或"复制"命令)。

3)选定目标位置(单击目标区域左上角第一个单元格)。

4)单击"粘贴"按钮(也可以单击"编辑"菜单中的"粘贴"命令)。

需要注意的是,在刚刚执行完粘贴操作后,被复制的单元数据区域仍然被闪动的虚线框所包围,这表示粘贴操作还可以进行。按"Esc"键或做其他任何操作,单元格区域周围闪动的虚线框将会消失,这时如果再选择其他单元格执行粘贴操作将不会再有任何结果。只有当闪动的虚线框存在时粘贴操作才有效。

3. 插入行、列和单元格 如果需要在已输入数据的工作表中插入行、列或单元格,可按如下方法操作:

(1)插入一行(列)。

1)在需要插入新行(列)的位置单击任意单元格。

2)单击"插入"菜单中的"行"("列")命令,即可在当前位置插入一行(列),原有的行(列)自动下(右)移。

(2)插入多行(列)。

1)选定与需要插入的新行下侧(新列右侧)相邻的若干行(行)。(选定的行或列数应与要插入的行或列数相等。)

2)单击"插入"菜单中的"行"("列")命令,即可插入新行(列)。

(3)插入单元格或单元格区域。

1)在要插入单元格的位置选定单元格或单元格区域。

2)单击"插入"菜单中的"单元格"命令,将弹出"插入"对话框,如图 3-28 所示。

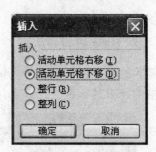

图 3-28　插入对话框

3)在对话框中选择插入方式。

● 活动单元格右移——当前单元格及其右侧(本行)所有单元格右移一个单元格。插入的单元格出现在选定单元格的左侧。

● 活动单元格右移——当前单元格及其下面(本列)所有单元格下移一个单元格。插入的单元格出现在选定单元格的上方。

● 整行(列)——在当前单元格所在行(列)前出现空行(列)。插入的行(列)出现在选定行(列)的上方(左侧)。

3)单击"确定"按钮。

4. 删除行、列和单元格 当工作表的某些数据及其位置不再需要时,可以将它们删除,使用命令与按"Delete"键删除的内容不一样,按"Delete"键仅清除单元格中的内容,其空白单元格仍保留在工作表中,而使用"删除"命令则其内容和单元格将一起从工作表中清除,空出的位置由周围的单元格补充。

使用"删除"命令在当前工作表中删除不需要的行、列或单元格的具体操作步骤如下:

（1）删除行(列)。

1）单击要删除的行(列)号。

2）单击"编辑"菜单中的"删除"命令,即可在删除选中的行或列。

（2）删除单元格。

1）选定要删除的单元格或单元格区域。

2）单击"编辑"菜单中的"删除"命令,出现"删除"对话框,如图 3-29 所示。

图 3-29　删除对话框

3）在对话框中选择插入方式:

(A) 常规查找对话框

● 右侧单元格左移——删除选定的单元格或单元格区域,其右侧已存在的单元格或单元格区域将填充到该位置。

● 下方单元格上移——删除选定的单元格或单元格区域,其下方已存在的单元格或单元格区域将填充到该位置。

● 整行(列)——删除当前单元格或单元格区域所在行(列)。

4）单击"确定"按钮。

5. 查找与替换　在存放了大量数据的工作表中,手工查找某个数据显然是不太明智的做法,使用 Excel 中提供的查找操作可以快速地对指定范围内的所有资料进行查找。而替换操作经常与查找操作同时使用,用于在查找的同时将找到的数据替换为新的数据,从而加快对数据的批量修改。

（1）查找。

1）选定查找范围(即需查找数据的单元格区域)。

2）单击"编辑"菜单中的"查找"命令,出现"查找"对话框,此时可进行常规查找操作,如图 3-30(A)所示。也可单击"查找"对话框中的"选项"按钮,进行高级查找操作,如图 3-30(B)所示。

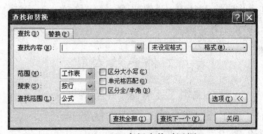

(B) 高级查找对话框

图 3-30　查找对话框

3）在对话框中输入查找内容,并指定查找范围(工作表或工作簿)、搜索方式(按行或按列)和查找范围(如值、公式或批注)。(若要进行高级查找,可单击"格式"按钮对查找内容进行格式设置)。

输入查找内容时,可以采用"～"和通配符"?"、"＊"。

? 表示一个任意字符。如:? A 可以表示 BA、2A 等第二个字符为 A 且长度为 2 的任意字符串。

＊表示多个任意字符。如:A＊可以表示 ABC、A23C 等第一个字符为 A 的任意字符串。

～是一个控制符,～?、～＊、～分别表示?、＊、～本身,而不是通配符。

4）单击"查找下一个"按钮。从当前单元格开始找,找到第一个满足查找内容的单元格后停下来,该单元格成为当前单元格。若再单击"查找下一个"按钮,将继续查找下一个满足查找内容的单元格。到达查找范围末尾时会自动从该范围开始位置继续查找。

（2）替换。

1）选定查找范围。

2）单击"编辑"菜单的"替换"命令，出现"替换"对话框，此时可进行常规替换操作，如图3-31（A）所示。也可单击对话框中的"选项"按钮，进行高级替换操作，如图3-31（B）所示。

（A）常规替换对话框

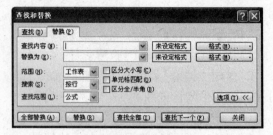

（B）高级替换对话框

图3-31　替换对话框

3）在对话框中输入查找内容和替换它的新数据（替换为），若要进行高级替换可单击"格式"按钮分别对查找内容和替换值进行格式设置。

4）单击"全部替换"按钮，将把所有找到的指定内容均用新数据替换。

有时不需要全部替换，只替换其中一部分，则先单击"查找下一个"按钮，找到后，若不想替换，可再单击"查找下一个"按钮，表示该单元格数据不替换，继续找下一个目标；若单击"替换"按钮，则以新数据替换之，并自动查找下一个目标。

六、工作表格式化

创建并编辑了工作表，并不等于完成了所有的工作，还必须对工作表中的数据进行一定的格式化。中文版 Excel 2003 为用户提供了丰富的格式编排功能，使用这些功能既可以使工作表的内容正确显示，便于阅读，又可以美化工作表，使其更加赏心悦目。

1. 数据显示格式设置　若单元格从未输入过数据，则该单元格为常规格式，输入数据时，Excel 会自动判断数值并格式化。

在 Excel 内部，数字、日期和时间都是以纯数字存储的。例如，某单元格中已经输入了日期 1900 年 1 月 5 日，实际上存储的是 5，若该单元格设置为日期格式，则显示：1900-1-5，若该单元格设置为数值格式，则显示：5。

用户可利用"单元格格式"设置命令来更改单元格的数据显示格式。

设单元格 A4 中已有日期 2007 年 5 月 21日，在此将其改为数值格式为例说明，具体步骤如下：

（1）选定要格式化的单元格区域（如A4）。

（2）单击"格式"菜单的"单元格"命令，出现"单元格格式"对话框，单击对话框的"数字"选项卡，可以看到单元格目前是日期格式。

（3）在"分类"栏中单击"数值"项，可以在"示例"栏中看到该格式显示的实际情况（39223.0），还是以设置小数位数（如:1）及负数显示的形式（如：-1234，(1234)，或用红色表示的 -1234，(1234)，1234 等），如图 3-32所示。

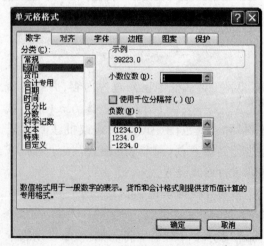

图3-32　"单元格格式"对话框

（4）单击"确定"按钮。

可以看到 A4 中按数值格式显示：39223.0，而不是 2007 年 5 月 21 日。

如要将单元格数据显示格式设置为其他样式（如：百分比样式），只需在"单元格格式"对话框中选择相应的分类样式（如：百分比），再进行相关设置即可。

用格式化工具设置数字格式：

在"格式"工具栏中有 5 个工具按钮可用来设置数字格式，如图 3-33 所示。

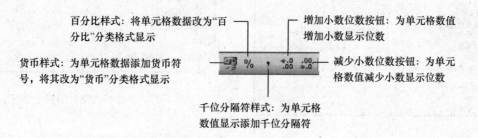

图 3-33　数字格式化工具按钮

2. 字符格式设置　为了使表格的标题和重要的数据等更加醒目、直观，就需要对工作表中的单元格进行设置。字符格式化有两种方法：

（1）使用"格式"工具栏设置字符格式。在"格式"工具栏中有几个字符格式化工具按钮，如图 3-34 所示。

图 3-34　字符格式化工具按钮

现以对图 3-35 中的招生情况表进行字符格式化为例进行说明。

1）选中表格标题单元格。

2）单击"字体"列表框的下拉按钮"▼"，在下拉列表中选择"华文行楷"。

3）单击"字号"列表框的下拉按钮"▼"，在下拉列表中选择"20"。

4）单击"加粗"按钮。

5）单击"字体颜色"列表框的下拉按钮"▼"，在下拉列表中选择"酸橙色"。

选择表格各栏目标题，单击"加粗"按钮，得到如图 3-35 所示效果。

（2）用菜单命令设置字符格式。以对图 3-35 中的招生情况表中 A3：A5 区域进行字符格式化为例进行说明。

1）选择要格式化的单元格区域（如 A3：A5 单元格区域）。

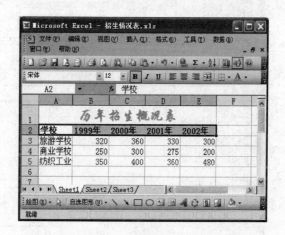

图 3-35　字符格式化后的招生情况表

2）单击"格式"菜单的"单元格"命令，在出现的对话框中单击"字体"选项卡，如图 3-36 所示。

图 3-36　"单元格格式"对话框中的"字体选项卡"

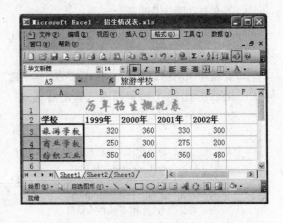

图 3-37　字符格式化后的招生情况表

3）在"字体"栏中选择字体（如华文新魏）；在"字形"栏中选择字形（如加粗）；在"字号"栏中选择字号（如 14）。另外，还可以规定字符颜色、是否要加下划线等。

4）单击"确定"按钮，结果如图 3-37 所示。

3. 标题居中与单元格数据对齐

（1）标题居中。表格的标题通常在一个单元格中输入，在该单元格中居中对齐是无意义的，而应该按表格的宽度跨单元格居中，这就需要先对表格宽度内的单元格进行合并，然后再居中。

有两种方法使表格标题居中：

1）用"格式"工具栏中的"合并及居中"按钮。

① 在标题所在的行，选中包括标题的表格宽度内的单元格区域（如 A1:E1）。

② 单击"格式"工具栏中的"合并及居中"按钮，结果如图 3-38 所示。

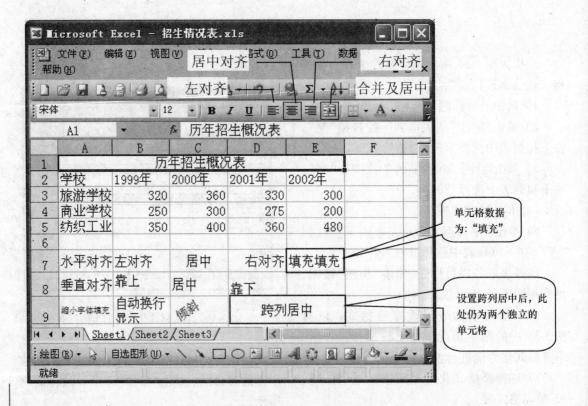

图 3-38　表格标题居中与数据对齐按钮

2）用菜单命令。

① 在标题所在的行,选中包括标题的表格宽度内的单元格区域(如 A1:E1)。

② 单击"格式"菜单的"单元格"命令,在出现的对话框中单击"对齐"选项卡,如图3-39所示。

③ 在"水平对齐"和"垂直对齐"栏中选择"居中"。

④ 选定"合并单元格"前的复选框。

⑤ 单击"确定"按钮。

(2) 数据对齐。单元格中的数据在水平方向可以左对齐、居中或右对齐,还可以填充对齐或跨列居中对齐;在垂直方向可以靠上、居中或靠下对齐。此外,数据还可以旋转一个角度。

1）数据对齐方式。在"格式"工具栏中有三个水平方向对齐工具按钮。首先选定要对齐的单元格区域,然后单击其中的"左对齐"按钮,就会看到所选区域中的数据均左对齐。同样,可以右对齐或居中,如图3-38 所示。

用菜单命令也可以进行数据的水平(垂直)方向对齐:

① 选定要对齐的单元格区域。

② 单击"格式"菜单的"单元格"命令,在出现的对话框中单击"对齐"选项卡,如图3-39所示。

③ 单击"水平对齐"("垂直对齐")栏的下拉按钮"▼",在出现的下拉列表中选择对齐方式。

④ 单击"确定"按钮。

在对话框中还可以设置文本控制、文字方向等其他文本对齐方式。数据对齐的效果如图 3-38 所示。

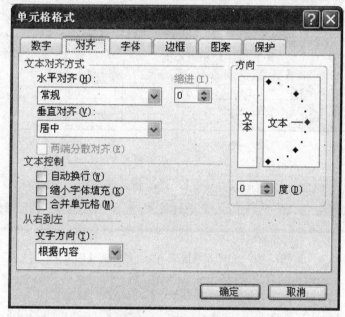

图 3-39　"单元格格式"对话框中的"对齐"选项卡

● 自动换行:若选中该复选框,则当单元格中的数据长度超过单元格的宽度时会自动换行。

● 缩小字体填充:若选中该复选框,则当单元格中的数据长度超过单元格的宽度时,单元格中的字体会自动缩小使文本始终保存在单元格内。

● 合并单元格:将多个单元格合并为一个单元格。

● 文字方向:设置文字输入的方向。

2）数据倾斜显示。在单元格中的数据除了水平显示外,也可以旋转一个角度倾斜显示。其方法如下:

① 选定要旋转数据所在的单元格区域。

② 单击"格式"菜单的"单元格"命令,在出现的对话框中单击"对齐"选项卡,如图3-39所示。

③ 在"方向"栏中拖动红色标志到目标角度,也可以单击微调按钮设置角度。

④ 单击"确定"按钮。

数据倾斜显示效果见图 3-39。

4. 边框与图案设置　为了加强工作表视觉效果使其更加美观,可以为工作表添加边框和图案。

(1) 设置边框。Excel 工作表中显示的灰色网格线不是实际表格线,在表格中增加实际表格线(边框)才能打印出表格线。Excel 中有如下两种加边框的方法。

1）使用工具按钮。在"格式"工具栏中有"边框"按钮 ，单击它的下拉按钮"▼"，会出现12种加边框的方式。

① 选定要加表格线的单元格区域。

② 单击"边框"按钮下的下拉按钮"▼"，根据需要选择一种加边框的方式。例如外框线，可使该区域外围增加外框线。同样也可以使单元格区域增加全部表格线。边框设置效果如图3-40所示。

2）使用菜单命令。

① 选定要加表格框线的单元格区域。

② 单击"格式"菜单的"单元格"命令，在出现的"单元格格式"对话框中单击"边框"选项卡，如图3-41所示。

③ 若必要，单击"颜色"栏的下拉按钮"▼"，从中选择边框线的颜色；在"线条"栏中选择边框线的样式。

④ 在"预置"栏中有三个按钮：

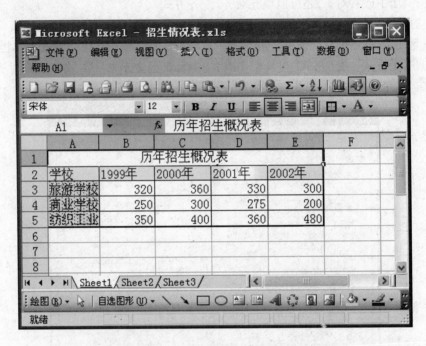

图3-40　对单元格区域增加边框和底纹图案

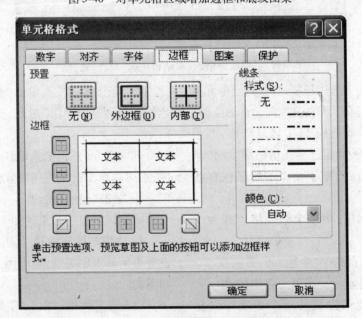

图3-41　"单元格格式"对话框的"边框"选项卡

● 单击"无"按钮,取消所选区域的边框。

● 单击"外边框"按钮,在所选区域的外围加边框。

● 单击"内部"按钮,在所选区域的内部加边框。

若同时选择"外边框"和"内部",则内外均加边框。

在"边框"栏中提供八种边框形式,用来确定所选区域的左、右、上、下及内部的框形式。预览区是用来显示设置的实际效果。例如,某区域已经加了边框(单线),现在要把该区域的下边框改为双线。首先选定该区域;用上述步骤①、②弹出"单元格格式"对话框,在"边框"选项卡的"线条"栏中选择双线样式;单击"边框"栏中的下框线按钮。在预览区可以看到区域的下方出现了双线。单击"确定"按钮。可以看到该区域的下方出现了双线。

(2)底纹图案设置。单元格区域可以增加底纹图案和颜色以美化表格,其方法如下:

① 选择要加底纹图案的单元格区域。

② 单击"格式"菜单的"单元格"命令,在出现的对话框中单击"图案"选项卡。

③ 单击"图案"栏的下拉按钮"▼",出现图案和颜色,如图 3-42 所示。选择图案和颜色,在"示例"栏中显示相应的效果。

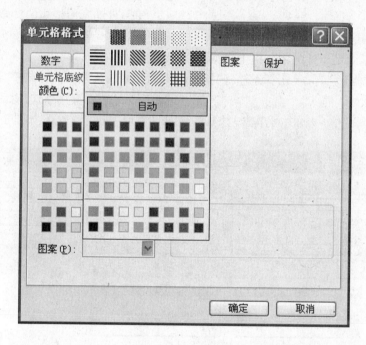

图 3-42 "单元格格式"对话框的"图案"选项卡

④ 单击"确定"按钮。

5. 改变行高与列宽 改变行高(列宽)的方法有两种:鼠标拖动法和菜单命令法。

(1)鼠标拖动法。鼠标指针移到目标行(列)号的边线上,指针呈上下(左右)双向箭头,然后上下(左右)拖动,即可改变行高(列宽)。

(2)菜单命令法。

① 选定目标行(列)。

② 单击"格式"菜单"行"("列")命令的"行高"("列宽")项,出现"行高"("列宽")对话框。

③ 输入行高(列宽)值,并单击"确定"按钮。

6. 条件格式 顾名思义,条件格式就是使用某种条件进行限制的设置格式的方法。在所选的多个单元格中,符合条件的单元格将会应用设置的条件格式,不符合条件的单元格不会应用条件格式。

例如学生成绩,小于 60 的成绩用红色显示,大于等于 60 的成绩用黑色显示。具体步骤如下:

① 选定要使用条件格式的单元格区域(如 B3:E7)。

② 单击"格式"菜单的"条件格式"命令,出现"条件格式"对话框,如图 3-43 所示。

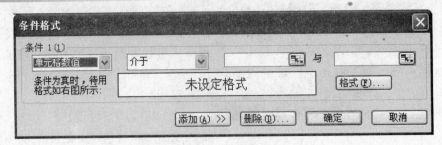

图 3-43 "条件格式"对话框

③ 单击左框的下拉按钮"▼",在出现的列表中选择"单元格数值"(或"公式");再单击第二框的下拉按钮"▼",选择比较运算符(如:小于);在右框中输入目标比较值。目标比较值可以是常量(如:60),也可以是以"="开头的公式。

④ 单击"格式"按钮,出现"单元格格式"对话框,从中确定满足条件的单元格中数据的显示格式(如选择红色)。单击"确定"按钮,返回"条件格式"对话框。

⑤ 若还要规定另一条件,可单击"添加"按钮。

⑥ 单击"确定"按钮。

7. 自动套用格式 为了提高工作效率,Excel 中已经预先存放了许多常用的格式,使用这些预先定义好的格式的方法称为自动套用格式。

使用自动套用格式的具体步骤如下:

(1) 选择要使用自动套用格式的单元格区域。

(2) 选择"格式"菜单的"自动套用格式"命令,将打开"自动套用格式"对话框,单击"选项"按钮将可用的选项展开,如图 3-44 所示。

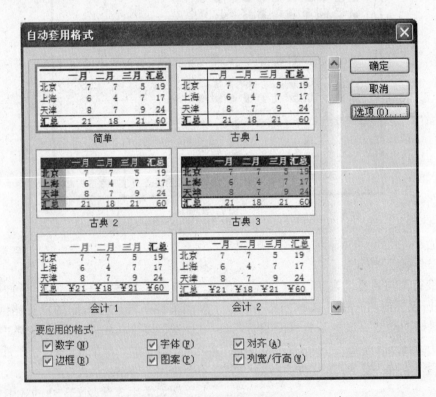

图 3-44 "自动套用格式"对话框

(3) 选择一种格式并在"要应用的格式"选项中选中或取消选择要应用的格式对应的复选框。例如,不使用预定义格式中的边框格式,则可以取消选择边框复选框。

(4) 单击"确定"按钮。

8. 格式复制 若工作表的两部分格式相同,则只要制作其中一部分,另一部分可用复制格式的方法产生其格式,然后填入数据;若要生成的工作表的格式与已存在的某工作表一样,则复制该工作表的格式,然后填入数据。

这样可节省大量格式化表格的时间和精力。

复制格式的步骤如下：

（1）选定要复制的源单元格区域。

（2）单击"常用"工具栏中的"格式刷"工具按钮，此时，鼠标指针带有一个刷子。

（3）鼠标指针移到目标区域的左上角，并单击，则该区域用源区域的格式进行格式化。若目标区域在另一工作表，则选择该工作表，鼠标指针移到目标的左上角并单击。

若要多次重复复制同一格式，可双击"格式刷"。

七、工作表的管理

工作表是由多个单元格构成的，在利用 Excel 进行数据处理的过程中，对于单元格的操作是最常使用的，很多情况下也需要对工作表进行操作，如工作表的插入、删除、重命名、隐藏和显示等。

1. 选定工作表　在编辑工作表前，必须先选定它使之成为当前工作表。选定工作表的方法：单击目标工作表卷标，则该工作表成为当前工作表，其名字以白底显示，且有下划线。若目标工作表未显示在工作表卷标行，可以通过单击工作表卷标滚动按钮，使目标工作表卷标出现并单击它。

有时需要同时对多个工作表进行操作，如复制多个工作表等。选定多个工作表的方法：

（1）选定多个相邻的工作表。单击这几个工作表中的第一个工作表标签，然后按住"Shift"键并单击这几个工作表中的最后一个工作表标签，此时这几个工作表卷标均以白底显示，工作簿标题出现"［工作组］"字样。

（2）选定多个不相邻的工作表。按住"Ctrl"键并单击每一个要选定的工作表标签。

2. 插入新工作表　一个工作簿默认有三个工作表，但在实际使用中，所需的工作表数目可能各不相同，有时需要向工作簿中添加工作表，具体操作步骤如下：

（1）选定当前工作表（新的工作表将插入在该工作表的前面）。

（2）将鼠标指针指向该工作表卷标，并单击鼠标右键，在弹出的快捷菜单中选择"插入"选项，将出现"插入"对话框，在对话框中选择"工作表"，如图 3-45 所示。

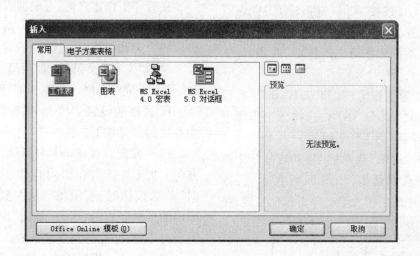

图 3-45　"插入"对话框

（3）单击"确定"按钮，即可新建一个新的工作表。

另外，在选择当前工作表后，单击"插入"菜单中的"工作表"命令，也可在选定工作表的前面插入新的工作表。

3. 工作表重命名　为了直观表达工作表的内容，往往不采用默认的工作表名字 Sheet 1、Sheet 2 和 Sheet 3，而重新给工作表命名。

为工作表重命名的方法：双击要重命名的工作表标签，使其反白显示，再单击，在其中输入新的名称并按"Enter"键即可。也可以使用菜单命令重命名工作表，具体操作步骤如下：

（1）单击要更改名称的工作表的标签，使其成为当前工作表。

（2）单击"格式"菜单中的"工作表"选项下的"重命名"命令，此时选定的工作表卷标呈高亮度显示,即处于编辑状态,在其中输入新的工作表名称。

(3)在该卷标以外的任何位置单击鼠标左键或者按"Enter"键结束重命名工作表的操作。

4. 删除工作表 删除工作表的具体步骤如下:

(1)单击要删除的工作表标签,使其成为当前工作表。

(2)单击"编辑"菜单中的"删除工作表"命令。此时当前工作被删除,同时和它相邻的后面的工作表成为当前工作表。

另外,用户也可以在要删除的工作表的卷标上单击鼠标右键,在弹出的快捷菜单中选择"删除"选项,来删除工作表。

5. 移动、复制工作表 在实际工作中,有时会遇到十分相似的两张表格,它们只有很少不同点。若已经制作好其中一张表格,另一张表格可用复制表格再进行编辑的方法来完成,以提高效率。工作表的移动和复制操作方法如下:

(1)在同一工作簿中移动(或复制)工作表。单击要移动(或复制)的工作表卷标,沿着卷标行拖动(或按"Ctrl"键拖动)工作表卷标到目标位置。

(2)在不同工作簿之间移动(或复制)工作表。

1)打开源工作簿(如"Excel1. xls")和目标工作簿(如"Excel2. xls"),选择源工作簿中要移动(或复制)的工作表标签。

2)单击"编辑"菜单的"移动或复制工作表"命令,出现对话框,如图 3-46 所示。(或者指向被选中的工作表卷标单击鼠标右键,在

弹出的快捷菜单中选择"移动或复制工作表"选项。)

3)在对话框的"工作簿"栏中选中目标工作簿(如"Excel2. xls"),在"下列选定工作表之前"栏中选定在目标工作簿中的插入位置(如 Sheet 2)。

4)单击"确定"按钮。(若复制,则先选中"建立副本"复选框,再单击"确定"按钮。)

按上述步骤可把"Excel1. xls"中的指定工作表移动(如 Sheet1)复制到"Excel2. xls"中的 Sheet2 之前。为了与原工作表 Sheet1 相区别,刚移入的 Sheet1 变成 Sheet1(2)。

八、工作表的输出

通常在完成对工作表数据的输入和编辑后,就可以将其打印输出了。为了使打印出的工作表准确和清晰,往往要在打印之前做一些准备工作,如页面设置、页眉和页脚的设置、图片和打印区域的设置等。

(一)页面设置

在打印工作表之前,可根据需要对工作表进行一些必要的设置,如页面方向、纸张大小、页眉或页脚和页边距等。

单击"文件"菜单的"页面设置"命令,打开"页面设置对话框",如图 3-47 所示。

1. 页面的设置 单击"页面"选项卡,其中各项的含义如下:

(1)方向。在 Excel 中提供了两种打印方向,即纵向打印和横向打印。当选中"纵向"单选按钮时,表示每行从左到右打印,打印出的页是竖直的;当选"横向"时,表示从上到下打印,打印出的页是水平的。

(2)缩放。当打印工作表时,可以对工作表进行放大或缩小,以便在指定的纸张上打印出全部的工作表内容。

打印时的缩放有两种方式:

● 比例缩放:选中"缩放比例"单选按钮,然后在"正常尺寸"前面的数值框中输入缩放比例(10%~400%)。

● 自动按要求的页宽和页高打印:选中"调整为"单选按钮,然后在单选按钮右侧的"页高"数值框和"页宽"数值框中设置页高和页宽。

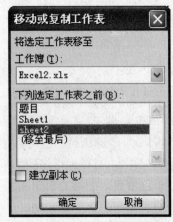

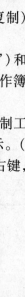

图 3-46 移动或复制工作表对话框

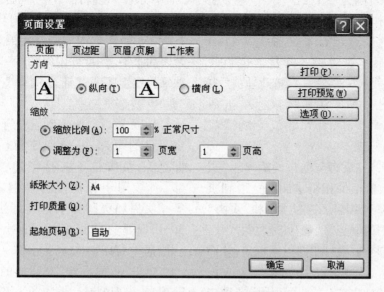

图 3-47 "页面设置"对话框的"页面"选项卡

（3）纸张大小。确定纸张大小的作用是保证整个工作表能被完全打印出来。单击"纸张大小"的下拉按钮"▼"，在出现的下拉列表中选择纸张的规格（如 A4、A3、B4、B5 等）。

（4）打印质量。单击"打印质量"的下拉按钮"▼"，在出现的下拉列表中选择一种打印质量，如 300 点/英寸等。点数越大，打印的质量越高。

（5）起始页码。在默认情况下，Excel 是按照从第 1 页开始的打印方式进行打印的（"起始页码"文本框中的默认值为"自动"）。

若在"起始页码"文本框中输入需开始的页码，如输入 3，则当进行打印时，Excel 将会从该页开始打印。

2. 页边距设置　页边距指在一个工作表中要打印的内容与纸张边缘的距离。用户可以通过设置页边距来调整页面布置，从而调整要打印的工作表中的各列在打印页面中的宽度，安置页眉和页脚所占的页面空间等。

单击"页面设置"对话框的"页边距"选项卡，出现的对话框如图 3-48 所示。

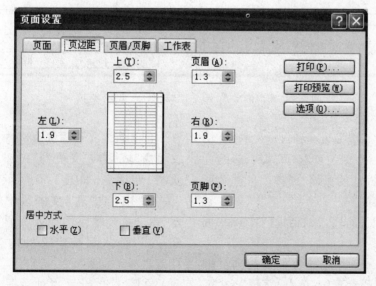

图 3-48 "页面设置"对话框的"页边距"选项卡

（1）设置页边距。"上"、"下"、"左"和"右"数值框的作用为调整打印数据与页边之间的距离，这些选项设置必须大于打印机所能达到的最小页边距。调整页边距的方法有两种：一种方法是直接在数值框中输入页边距；另一种方法是用鼠标单击数值框右侧的微调按钮，直到数值为所需数值时为止。

（2）设置页眉/页脚与纸边的距离。"页眉"和"页脚"数值框的作用是调整页眉和页脚与页面上下边的距离。在"页眉"和"页脚"数值框中设置的数值必须小于页边距的尺寸，否则页首和页脚会被要打印的数据覆盖，从而无法显示。

（3）设置居中方式。在"页边距"选项中"居中方式"处有两个复选框："水平"和"居中"。这两个复选框设置要打印的文档内容是否在页边距之内居中。如果要在左右页边距之间水平居中，可以将"水平"复选框选中；如果想在上下页边距之间垂直居中，可以将"垂直"复选框选中。

3. 页眉/页脚　页眉位于被打印文档每一页的顶部，一般用于标注名称和报表标题等；页脚位于被打印文档每一面的底部，一般用于标注页号及打印日期、时间等。页眉和页脚并不是实际工作表中的一部分，而是打印页上的一部分。页眉/页脚一般居中打印。

单击"页面设置"对话框的"页眉/页脚"选项卡，出现的对话框如图3-49所示。

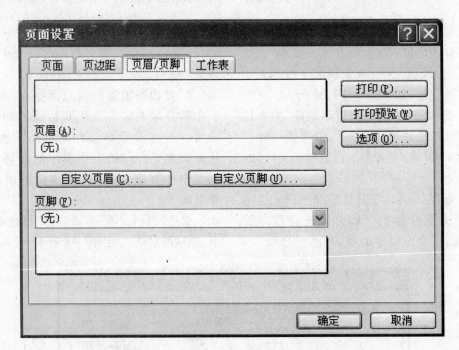

图3-49　"页面设置"对话框的"页眉/页脚"选项卡

在工作表中只能设置一种自定义的页眉/页脚，即创建了一个新的页眉/页脚后，新的页眉/页脚会替代以前的页眉/页脚。自定义页眉和页脚的步骤如下：

（1）打开"页面设置"对话框的"页眉/页脚"选项卡。

（2）根据 Excel 中已定义的页眉和页脚来创建自定义页眉和页脚：单击"页眉"和"页脚"栏右侧的下拉按钮"▼"，在出现的下拉列表中选择所需的页眉和页脚内容。

（3）自定义页眉和页脚内容：单击"自定义页眉"或"自定义页脚"按钮，出现页眉（或页脚）对话框，如图3-50所示。在对话框的"左"、"中"或"右"文本区中输入相应的文本，单击系统提供的插入页眉页脚内容的按钮，可以输入系统定义的内容，如页码、日期等。

在图3-50所示的对话框中含有多个按钮，各个按钮的能如表3-1所示。

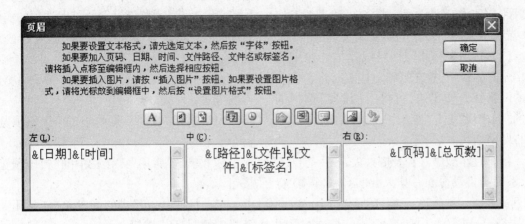

图 3-50 "页眉"对话框

表 3-1 "页眉"选项卡中各按钮的功能

按钮图标	按钮名称	功　能
A	字体	用来设置页眉或页脚的文本格式
	页码	在页眉或页脚中插入页码
	总页数	在页眉或页脚中插入总页数
	日期	在页眉或页脚中插入当前系统日期
	时间	在页眉或页脚中插入当前系统时间
	路径	在页眉或页脚中插入当前工作簿的路径
	文件名	在页眉或页脚中当前工作簿的名称
	标签	在页眉或页脚中插入标签
	图片	在页眉或页脚中插入图片

4. 工作表　单击"页面设置"对话框的"工作表"选项卡,打开的对话框如图 3-51 所示。在该选项卡中可以对工作表的打印区域、打印标题以及打印顺序等选项进行设置。

(1) 打印区域。若只打印部分区域,则在"打印区域"框中输入要打印的单元格区域,如 $C$1:$G$18,也可以单击右侧的折叠按钮,然后到工作表中选定打印区域。

(2) 每页打印标题。若工作表有多页,要求每页均打印表头(顶标题或左标题),则在"顶端标题行"或"左端标题列"栏中输入相应的单元格地址,也可以直接到工作表中选择表头区域。

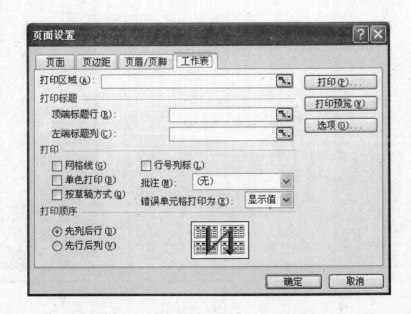

图 3-51 "页面设置"对话框的"工作表"选项卡

（3）打印行号和列标。若想在打印工作表打印出工作表行号和列标，可以将"工作表"选项卡中的"行号列标"复选框选中。

（4）打印网格线。网格线是描绘每个单元格轮廓的线，若想在打印工作表时将工作表中的网格线打印出来，可将"工作表"选项卡中的"网格线"复选框选中；否则，在打印时将不打印网格线。

（5）打印顺序。若表格太大，一页容纳不下，系统会自动分页。如果要打印一个 80 行 40 列的表格，而打印纸只能打印 40 行 20 列，则该表格被分成 4 页。打印顺序指的是这 4 页的打印顺序，如图 3-51 中显示了这种打印顺序：

先列后行——依次打印前 40 行前 20 列，后 40 行前 20 列，前 40 行后 20 列，后 40 行后 20 列。

先行后列——依次打印前 40 行前 20 列，前 40 行后 20 列，后 40 行前 20 列，后 40 行后 20 列。

（二）打印预览

对一个工作表进行了页面设置后，工作表的页边距等格式基本上便被确定了，在打印之前用户还可以预览一下打印效果。通过打印预览，用户可以预览所设置的打印选项的实际打印效果，对打印选项进行最后的修改和调整。

在 Excel 中提供了多种打开打印预览窗口的方法：

（1）选择"文件"菜单中的"打印预览"命令。

（2）单击"常用"工作栏中的"打印预览"按钮。

（3）按住"Shift"键的同时单击"常用"工具栏中的"打印"按钮。

（4）单击"页面设置"对话框中"打印预览"按钮。

（5）选择"文件"菜单中"打印"菜单项，在弹出的"打印"对话框中单击"打印预览"按钮。

按照上述任意一种方法打开打印预览窗口后的效果如图 3-52 所示。

在"打印预览"窗口中有许多按钮，在表 3-2 中详细列出了这些按钮的功能。

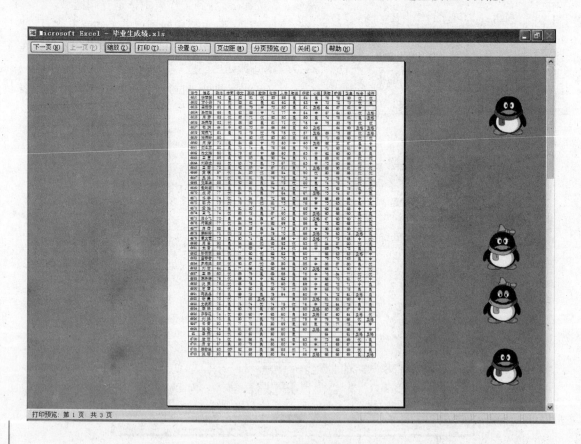

图 3-52　打印预览窗口

表3-2　"打印预览"窗口中按钮的功能

按钮图标	功　能
下一页(N)	显示下一页。若无下一页,则该按钮呈灰色,表示不可用
上一页(P)	显示上一页。若无上一页,则该按钮呈灰色,表示不可用
缩放(Z)	在缩小视图和放大视图之间进行切换
打印(T)...	设置打印选项,然后打印工作表
设置(S)...	单击该按钮可以打开"页面设置"对话框,设置用于控制打印工作表外观的选项
页边距(M)	显示或隐藏通过拖动来调整页边距、页眉和页脚边距以及列宽的操作柄
分页预览(V)	切换到分页预览视图,显示要打印的区域和分页符位置的工作表视图。在分页预览视图中可以调整当前工作表的分页符
关闭(C)	关闭打印预览窗口,并返回活动工作表的以前显示状态
帮助(H)	打开 Office Excel 帮助窗口,显示有关的帮助信息

(三) 打印文档

用户对打印预览中显示的效果满意后就可进行打印输出了,单击"文件"菜单中的"打印"命令,弹出"打印内容"对话框,如图3-53所示。

1. 设置打印机　若配备多台打印机,单击"名称"栏的下拉按钮"▼",在出现的下拉列表中选择一台当前要使用的打印机。

2. 设置打印范围　在"范围"栏中有两个单选按钮,单击"全部"单选按钮表示打印全部内容;而"页"单选按钮则表示打印部分页,此时应在"由"和"至"栏中分别输入起始页号和终止页号。若仅打印一页,如第3页,则起始页号和终止页号均输入3。

3. 设置打印份数　在"打印份数"栏输入打印份数。一般情况下是采用逐页打印,若打印2份以上;还可以选择"逐份打印"。逐页打印和逐份打印的区别可举例说明,如逐页打印2份的顺序:1页,1页,2页,2页;而逐份打印的顺序:1页,2页,1页,2页。

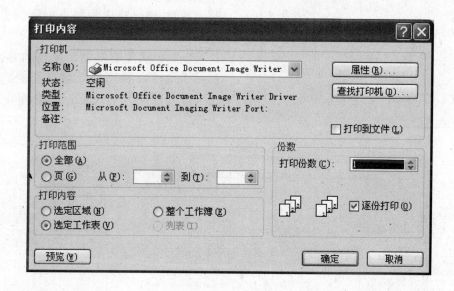

图 3-53　"打印"对话框

第 4 节　工作表的数据处理

一、公式与函数的使用

分析和处理 Excel 工作表中的数据,离不开公式和函数。公式是函数的基础,它是单元格中的一系列值、单元格引用、名称或运算符的组合,可以生成新的值;函数是 Excel 预定义的内置公式,可以进行数学、文本、逻辑的运算或者查找工作表的信息,与直接使用公式相比,使用函数进行计算的速度更快,同时减少了错误的发生。

1. 使用公式　公式是在工作表中对数据进行分析的等式,它可以对工作表数值进行加、减、乘或除等操作,公式可以引用同一工作表中的其他单元格、同一工作簿不同工作表中的单元格或者其他工作簿中工作表的单元格。

(1)运算符及优先级。运算符用于对公式中的元素进行特定类型的运算。常用运算符有算术运算、字符连接运算和关系运算三类。运算符具有优先级。例如,$=4+3*2$,此公式的计算顺序:先计算 $3*2$ 结果是6,然后再将4和6相加,最后的结果是10。

在公式中经常要用到括号,括号的作用是改变公式的优先级,这是因为在 Excel 中总是先计算括号内的部分,然后再计算括号外的部分。

表3-3中按优先级从高到低列出了各运算符及其功能。

表3-3 常用运算符

运算符	功 能	举 例
+、-	正、负号	$+3$、-2
%	百分数	5%(即0.05)
^	乘方	5^2(即 5^2)
*、/	乘、除	$5*3$、$5/3$
+、-	加、减	$5+3$、$5-3$
&	字符串连接符	"Good" & "morning" (即"Good morning")
=、< >	等于、不等于	$5=3$ 的值为假,$5<>3$ 的值为真
>、> =	大于、大于或等于	$5>3$ 的值为真,$5>=3$ 的值为真
<、< =	小于、小于或等于	$5<3$ 的值为真,$5<=3$ 的值为真

(2)输入公式。输入公式的操作类似输入字符型数据,不同的是在输入公式的时候总是以" = "号作为开头,然后才是公式的表达式。在工作表中输入公式后,单元格中显示的是公式计算的结果,而在编辑栏中显示输入的公式。

设招生情况表如图3-54(A1:E5 单元格区域)所示,现在要计算1999年招生人数总和。具体操作步骤如下:

1)单击单元格 B6 使其成为当前单元格,并输入" = "号。

2)单击单元格 B3,并输入" + "号。

3)单击单元格 B4,并输入" + "号。

4)单击单元格 B5。

5)按"Enter"或单击编辑栏中的"√"按钮,此时,在单元格中显示计算的结果,而在编辑栏中显示输入的公式" = B3 + B4 + B5",如图3-54所示。

(3)移动和复制公式。在中文版 Excel 2003 中可以移动和复制公式。当移动公式时,公式内的单元格引用不会更改;而当复制公式时,单元格引用将根据所用引用类型而变化。

复制公式类似复制单元格内容,相邻的单元格也可以利用自动填充功能来复制公式。以复制单元格 B6 中公式到单元格 C6 为例:

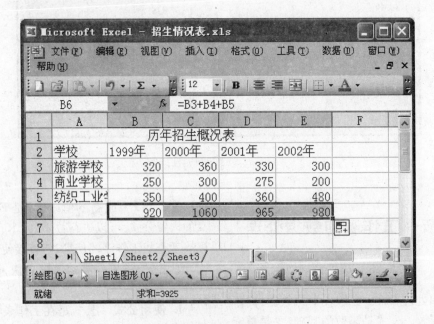

图3-54 招生情况表

1）单击单元格B6。

2）鼠标指针移到B6单元格边框，并按"Ctrl"键拖动到单元格C6（或鼠标指针指向B6单元格的填充句柄，按下鼠标左键向左拖动至单元格C6）。结果如图3-54所示。

用同样的方法可分别为单元格D6、E6复制公式。

可以看到复制公式后，单元格C6中出现1060，数据编辑区出现"＝C3＋C4＋C5"。之所以会发生这种变化，是因为在复制公式的过程中，Excel自动启动了引用的功能。引用的作用在于表示工作表上的单元格或单元格区域，并指明公式中所引用的数据位置，通过引用可以在公式中使用工作表不同部分的数据，或者在多个公式中使用同一单元格的数值。

在Excel中，根据引用的单元格与被引用的单元格之间的位置关系可以将引用分为三种：相对引用、绝对引用和混合引用。

① 相对引用。所谓相对引用，就是基于包含公式的单元格与被引用的单元格之间的相对位置的单元格地址引用。如果将公式从一个单元格复制到另一个单元格，相对引用将自动调整计算结果。在形式上相对引用直接输入单元格的名称，如单元格B6中的公式"＝B3＋B4＋B5"，复制到单元格C6后，公式自动变为"＝C3＋C4＋C5"。

② 绝对引用。所谓绝对引用，就是在公式中引用的单元格的地址与单元格的位置无关，单元格的地址不随单元格位置的变化而变化，无论将这个公式粘贴到任何单元格，公式所引用的还是原来单元格的数据。

绝对引用的单元格的行和列前都有美元符号＄，如："＝＄B＄3＋＄B＄4＋＄B＄5"，公式中＄B＄3、＄B＄4和＄B＄5就是绝对引用。美元符号的作用在于通知Excel在引用公式时，不要对引用进行调整。如果将上面的公式粘贴到C6、D6、E6单元格中，公式运行后返回的数值仍是B3、B4和B5三个单元格的值之和。

③ 混合引用。所谓混合引用，指行固定而列不固定或列固定而行不固定的单元格引用。

若＄符号在字母前，而数字前没有＄，那么被引用的单元格列的位置是绝对的，而行的位置是相对的。反之，则列的位置是相对的，而行的位置是绝对的。如公式"＝＄A3＋2"和公式"＝A＄3＋2"都是混合引用。

公式"＝＄A3＋2"（假设该公式在单元格B3中）被复制到单元格H6时，单元格H6中的公式将引用A列的值，引用行部分将根据被复制到的单元格的位置发生变化，即公式变为"＝＄A6＋2"，因为行的前面没有美元符号，即行不固定。

公式"＝A＄3＋2"（假设该公式在单元格C3中）被复制到单元格F6时，该公式将引用第3行的值，而该引用列部分将发生变化，即公式变为"＝D＄3＋2"，因为列的前面没有美元符号，即列不固定。

绝对引用和相对引用之间的切换。在使用相对引用、绝对引用和混合引用时，可以根据需要在三者之间进行切换。具体步骤如下：

● 选中包含公式的单元格。

● 在编辑栏中选择要更改的引用。

● 按"F4"键即可在引用组合中切换。

跨工作表的单元格地址引用。单元格地址的一般形式：[工作簿文件名]工作表名!单元格地址。

当前工作簿的各工作表单元格地址可以省略"[工作簿文件名]"。当前工作表单元格的地址可以省略"工作表名!"。例如，单元格F4中的公式"＝（C4＋D4＋E4）＊Sheet2!B1"，其中"Sheet2!B1"表示当前工作簿Sheet2工作表中的B1单元格地址，而C4、D4和E4分别表示当前工作表中C4、D4和E4单元格地址。这个公式表示计算当前工作表中单元格C4、D4和E4数据之和与当前工作簿Sheet2工作表中的单元格B1数据的乘积，结果存入当前工作表的单元格F4中。

用户不但可以引用当前工作簿另一工作表的单元格，而且可以引用同一工作簿中多个工作表的单元格。如"＝[Excel1.xls]sheet2!＄E＄3＋[Excel2.xls]Sheet1!＄C＄4"表示Excel1.xls工作簿的Sheet2工作表中单元格E3的数据与Excel2.xls工作簿的Sheet1工作表中单元格C4的数据求和。

（4）自动求和。单击"常用"工具栏中的"自动求和"按钮，Excel将自动对活动单元格上方或左侧的数据进行求和计算。中文版 Excel 2003"自动求和"的实用功能扩充为包含了大部分常用函数的下拉菜单,如图 3-55 所示。

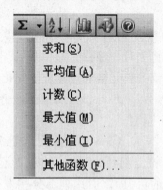

图 3-55   "自动求和"按钮的下拉菜单

如图 3-56 所示,求各年招生人数总和。利用"自动求和"按钮进行求和的具体步骤如下:

1)选定存放计算求和结果的单元格 B6。

2)单击"常用"工具栏中的"自动求和"按钮,Excel 将自动给出求和函数以及求和数据区域。

3)若 Excel 自动给出的求和数据区域错误,可重新选择求和的各个区域(按鼠标左键拖动选择连续区域,按住"Ctrl"键再拖动鼠标可选择不连续数据区域)。

4)按"Enter"键或者单击编辑栏中的"√"按钮,结果如图 3-56 所示。

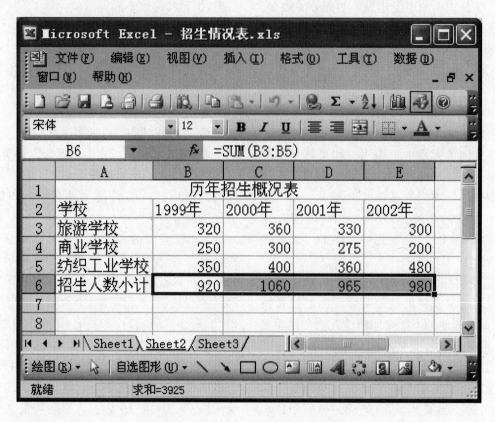

图 3-56   "自动求和"按钮的使用

(5)常用函数。所谓函数,就是预定义的内置公式。函数是按照特定的顺序进行运算的,这个特定的运算顺序就是语法。函数的语法是以函数的名称开始的,在函数名之后是左圆括号,右圆括号代表着该函数的结束,在两个括号之间是函数的参数。

函数的形式如下:

函数名([参数1][,参数2…])

上述形式中的方括号表示方括号内的内容可以不出现。所以函数可以有一个或多个参数,也可以没有参数,但函数名后的一对圆括号是必须的。

在 Excel 提供的众多函数中,有些是经常使用的。下面介绍几个常用函数:

SUM(number1 , number2 , …)

功能:求各参数的和。number1 , number2 等参数可以是数值或含有数值的单元格的引用。

AVERAGE(number1,number2,…)

功能：求各参数的平均。number1，number2 等参数可以是数值或含有数值的单元格的引用。

MAX(number1,number2,…)

功能：求各参数的最大值。

MIN(number1,number2,…)

功能：求各参数的最小值。

COUNT(number1,number2,…)

功能：求各参数的中数值型数据的个数。参数的类型不限。

如 " = COUNT(12,D1:D3," CHINA ")"，若 D1:D3 中存放的是数值，则函数的结果是 4，若 D1:D3 中只有一个单元格存放的是数值，则函数的结果是 2。

ROUND(number,num_digits)

功能：根据 num_digits 对数值项 number 进行四舍五入。num_digits 大于 0，则四舍五入到指定的小数位，即保留 num_digits 位小数；num_digits 等于 0，则四舍五入到最接近的整数；num_digits 小于 0，则在小数点左侧按指定位数四舍五入，即从整数的个位开始向左对第 K 位进行舍入，其中 K 是 num_digits 的绝对值。

如：ROUND（125.2353，1）的结果是 125.2，ROUND（125.2353，2）的结果是 125.24；

ROUND（125.2353，0）的结果是 125，ROUND（125.5353，0）的结果是 126；

ROUND（125.2353，-1）的结果是 130，ROUND（125.2353，-2）的结果是 100。

INT(number)

功能：取不大于数值 number 的最大整数。

如：INT（129.53）的结果是 129，INT（-129.53）的结果是 -130。

ABS(number)

功能：取数值 number 的绝对值。

如：ABS（129.53）的结果是 129.53，ABS（-129.53）的结果是 129.53。

IF(logical_test,value_if_true,value_if_false)

其中，logical_test 是结果为 true（真）或

false（假）的表达式；value_if_true 和 value_if_false 是表达式。

功能：若 logical_test 是结果为 true（真）时，则取 value_if_true 表达式的值；否则，取 value_if_false 的值。

如：IF(5>2,10,1)的结果为 10。

函数与公式的区别在于，公式是以等号开始的，当函数名前加上一个等号时，函数就当成公式使用。

（6）输入函数。公式中可以出现函数，例如 " = ABS(B2-C2)"。可以采用手工输入函数。但有些函数名较长，输入时易出错。为此，系统提供了插入函数的命令和工具按钮。

设要在单元格 B3 中插入函数 " = ABS（B2-C2）"，具体操作步骤如下：

1）单击需要插入函数的单元格 B3，使之成为当前单元格。

2）单击编辑栏中的"插入函数"按钮，将弹出"插入函数"对话框，在"或选择类别"下拉列表框中选择"全部"函数类型，在"选择函数"列表框中选择"ABS( )"函数。

3）单击"确定"按钮，将弹出"函数参数"对话框，其中显示了函数的名称、函数的功能、参数、参数的描述、函数的当前结果等。

4）在参数文本框中输入表达式"B2-C2"，单击"确定"按钮，在单元中显示出函数计算的结果。

也可以利用"常用"工具栏中的自动求和下拉按钮"▼"中的"其他函数"或"插入"菜单中的"函数"命令在单元格中插入函数。

（7）关于错误信息。在 Excel 工作表的编辑栏中输入公式时，如果输入的公式不符合格式或其他要求，公式的运行结果就不能显示出来，并且在单元格中会出现相应的出错信息，如"########"或"#VALUE!"等。

在 Excel 中，公式返回的出错值有多种，了解这些出错值信息的含义可以帮助用户纠正公式中的错误。表 3-4 列出了几种常见的错误信息。

表3-4 错误信息和出错原因

错误信息	产生的原因	纠正的办法
########	I 单元格所在的列不够宽	①调整列宽。②缩小字体。③变换数字格式
	II 单元格的日期时间公式产生了一个负值	①输入错误:去除负号。②公式正确:变换数字格式为数值型
#VALUE!	I 使用错误的参数或运算对象类型	编辑修改公式
	II 自动更正功能不能更正公式	
#DIV/0!	公式中的除数引用了零值单元格或空白单元格	编辑修改公式,将除数改为非零值或非空白的单元格
#NUM!	函数中需要数字参数的地方使用了非数字的参数	编辑修改公式,保证函数中需要数字参数的地方使用的参数是数字
#NAME?	I 在单元格中输入了一些 Excel 不可识别的值	改正输入错误
	II 使用了不存在的名称	先定义名称再使用
	III 使用了错误的函数名称	输入正确的函数名称
	IV 在公式中文本没加双引号	在公式中输入文本时用双引号括起来
	V 缺少区域引用的冒号	在公式中使用半角冒号替换全角冒号
	VI 引用了未经说明的工作表	在公式中引用工作表时用单括号括起来
#N/A	在引用单元格时,单元格里没有可以使用的数值	在引用单元格时,如果缺少数据,可以在相应的单元格中输入#N/A
#NULL	为公式中两个不相交的区域指定了交叉点	清除公式中使用的不正确区域、操作或不正确的单元引用
#REF!	引用了无效的单元格	①移动或复制公式中的引用区域时改变单元格引用。②避免公式中出现无效的单元格引用

二、排　序

数据排序指按一定规则对数据进行整理、排列,这样可以为进一步的处理数据做好准备。中文版 Excel 2003 提供了多种对数据清单进行排序的方法,如升序、降序,用户也可以自定义排序方法。

1. 简单排序　如果要针对某一列数据进行排序,可以单击"常用"工具栏中的"升序"按钮或"降序"按钮进行操作,具体操作步骤如下:

(1) 在工作表中选定某字段名所在单元格(如"基本工资"所在单元格 D1)。

(2) 根据需要,单击"常用"工具栏中的"升序"或"降序"按钮(如:要按降序排列,单击"降序"按钮,结果如图 3-57 所示)。

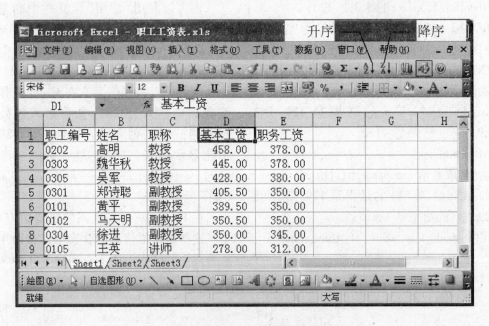

图3-57　职工工资表按基本工资关键字降序排列

2. 多重排序 也可以使用"排序"对话框对工作表中的数据进行排序,具体操作步骤如下:

(1)选择要进行排序的工作表,单击"数据"菜单中的"排序"命令,将弹出"排序"对话框,如图 3-58 所示。

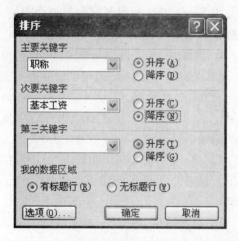

图 3-58 "排序"对话框

(2)在"主要关键字"下拉列表框中选择或输入排序主关键字(如:职称),并在其右侧选择排序顺序(如:升序),在"次要关键字"下拉列表框中选择或输入排序次要关键字(如:基本工资),并在其右侧选择排序顺序(如:降序)。

(3)在"我的数据区域"栏中选中"有标题行"单选框,表示标题行不参加排序,否则标题行也参加排序。

(4)单击"确定"按钮。

排序结果如图 3-59 所示,可以看到,当"职称"相同时再按"基本工资"的降序排列。

3. 自定义排序 若要将图 3-59 中的数据按职称从高到低顺序排列(即"教授"、"副教授"、"讲师"、"助教"),则要采用自定义排序。具体操作步骤如下:

(1)单击"工具"菜单中的"选项"命令,在弹出的"选项"对话框中选择"自定义序列"标签项。

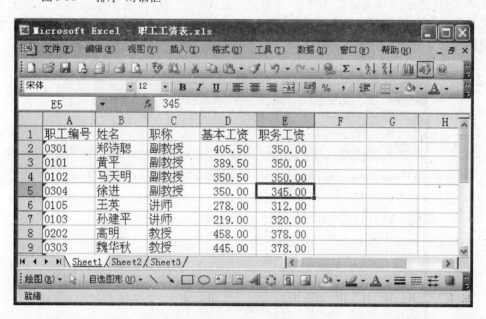

图 3-59 以职称升序和基本工资降序排列

(2)单击"自定义序列"中的"新序列"命令,在右侧的"输入序列"编辑框中依次输入"教授"、"副教授"、"讲师"、"助教"。

(3)单击"添加"按钮,再单击"确定"按钮。

现在已经定义好了职称序列,下面将对职称字段进行排序。

(4)选择工作表,单击"数据"菜单中的"排序"命令,将弹出"排序"对话框,如图 3-60

所示。

(5)在"主要关键字"下拉列表框中选择或输入排序主关键字"职称",并在其右侧选择排序顺序"升序",再单击"选项"按钮,将弹出"排序选项"对话框,如图 3-60 所示。

(6)在"排序选项"对话框的"自定义排序次序"下拉列表中选择已定义好的序列"教授、副教授、讲师、助教",再单击"确定"按钮。

(7)单击"确定"按钮。结果如图 3-61 所示。

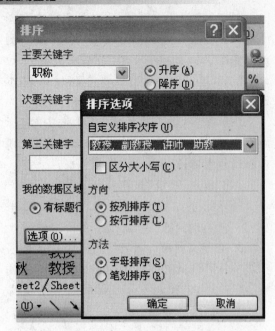

图 3-60   排序及排序选项对话框

从图 3-60 排序选项对话框中可以看出，自定义排序除了自定义序列排序外，还可按字母或笔画数目进行排序。

三、筛　　选

筛选是从数据表中查找和分析符合特定条件的记录数据的快捷方法，经过筛选的数据表只显示满足条件的行，而把那些不满足条件的行隐藏起来，该条件由用户针对某列指定。中文版 Excel 2003 提供了两种筛选命令：自动筛选和高级筛选。

1. 自动筛选　自动筛选适用于简单条件，通常是在一个数据表的一个列中查找相同的值。利用"自动筛选"功能，用户可在具有大量记录的数据表中快速查找出符合多重条件的记录。

（1）自动筛选数据。在图 3-61 所示的职工工资表中，以筛选职称为"教授"的记录为例：

1）单击数据表中任一单元格（如：A1）。

2）单击"数据"菜单"筛选"命令的"自动筛选"项。此时，数据表的每个字段名旁边出现了下拉按钮"▼"。单击下拉按钮"▼"，将出现下拉列表，如图 3-61 所示。

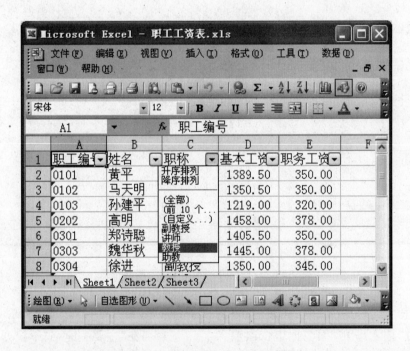

图 3-61   执行自动筛选命令后的工作表

3）单击与筛选条件有关的字段（如"职称"）的下拉按钮"▼"。在出现的下拉列表中选择"教授"，则筛选结果中只显示职称为"教授"的几条记录。

（2）自定义条件筛选数据。以上"步骤3）"中若在下拉列表中单击"自定义"，则出现"自定义自动筛选方式"对话框，如图 3-62 所示。单击第一框的下拉按钮"▼"，在出现的下拉列表中选择运算符(如等于),在第二框中选择或输入运算对象值(如"教授");用同样的方法还可以指定第二个条件(如等于"副教授"),由中间的单选按钮确定这两个条件的关系:"与"表示两个条件必须同时成立,而"或"表示两个条件之一成立即可。

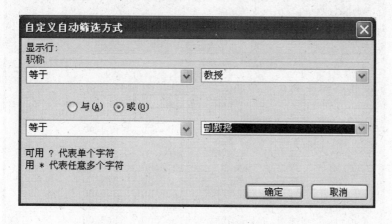

图 3-62　自定义自动筛选方式对话框

可以看出,在筛选结果中,字段名"职称"右边的下拉按钮显示蓝色,表示在"职称"字段中设置了自动筛选的条件。还可在图 3-61 所示的筛选结果的基础上,重复"步骤 3)"的操作去设置其他字段中的自动筛选条件。

(3) 取消筛选。有两种方法可以取消筛选:

1) 单击"数据"菜单"筛选"命令的"全部显示"项。

2) 单击自动筛选的数据区域中被设置条件的字段名的下拉按钮"▼"(该按钮呈蓝色显示),在出现的下拉列表中单击"(全部)"项。

(4) 清除筛选。要清除本次自动筛选操作,只需单击"数据"菜单"筛选"命令的"自动筛选"命令,"自动筛选"命令前的复选框被选中说明进行自动筛选,而未被选中则是清除本次自动筛选操作。

2. 高级筛选　自动筛选只能对筛选的条件进行简单的限制,如果要使用更加复杂的筛选条件,则需要使用高级筛选方式。

(1) 构造筛选条件。高级筛选的条件不是在对话框中设置的,而是在工作表的某个区域中给定的,因此,在使用高级筛选之间需要建立一个条件区域。条件区域的第一行是作为筛选条件的字段名,这些字段名必须与数据表中的字段名完全相同,条件区域的其他行则用来输入筛选条件。

需要注意:条件区域和数据表不能连接,必须用一个空行或空列将其隔开;条件区域中不能存有空行。

多个条件的"与"、"或"关系用如下方法实现:

1) "与"关系的条件必须出现在同一行。如表示条件"职称为副教授且基本工资在 1380 元以上":

职工编号	姓名	职称	基本工资	职务工资
		副教授	>1380	

2) "或"关系的条件不能出现在同一行。如表示条件"职称为副教授或基本工资在 1380 元以上":

职工编号	姓名	职称	基本工资	职务工资
		副教授	>1380	

(2) 高级筛选。以筛选条件"职称为副教授且基本工资在 1380 元以上"为例:

1) 在数据表前插入三个空行作为条件区域。(也可不插入空行,而将条件区域存放在数据表的下方或右侧区域。)

2) 在第一行复制数据表标题,在 C2 单元格(即"职称"标题下方)中输入"副教授"(相当于"="副教授""),在 D2 单元格(即"基本工资"标题下方)中输入">1200",如图 3-63 所示。

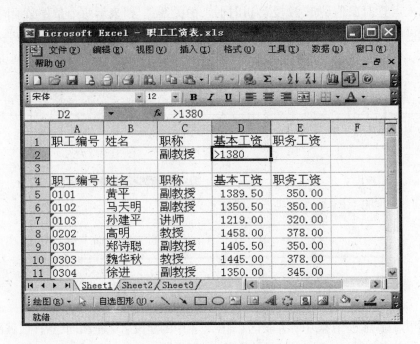

图 3-63 构造筛选条件

3) 单击数据表中任一单元格,然后单击"数据"菜单"筛选"命令的"高级筛选"项,出现"高级筛选"对话框,如图 3-64 所示。

图 3-64 高级筛选对话框

其中各选项的含义如下:

● 在原有区域显示筛选结果:筛选结果显示在原数据表位置。

● 将筛选结果复制到其他位置:筛选后的结果将显示在"复制到"文本框中指定的区域,与原工作表并存。

● 列表区域:指定要筛选的数据区域,可以直接在该文本框中输入区域引用,也可以鼠标在工作表中选定数据区域。

● 条件区域:指定含有筛选条件的区域,

如果要筛选不重复的记录,则选中"选择不重复的记录"复选框。

4) 在"方式"栏中选择"在原有区域显示筛选结果",在"数据区域"栏中指定数据区域(一定要包含字段名的行),可以直接输入"＄Ａ＄4:＄Ｅ＄14",也可以单击右侧的折叠按钮,然后在数据表中选定数据区域。用同样的方法在"条件区域"栏指定条件区域(C1:D2)。

5) 单击"确定"按钮。

结果如图 3-65 所示。原有数据区域中只显示满足条件的记录。

图 3-65 在原有区域显示高级筛选的结果

四、分　类　汇　总

当数据表中包含大量数据时,需要一个工具分门别类地进行统计操作,分类汇总功能正是 Excel 为这一目的而提供的工具。

1. 自动分类汇总　在对数据表中的某个字段进行分类汇总操作之前,首先要对该字段进行一次排序操作。排序主要关键字必须与分类字段完成相同。

以图 3-57 的职工工资表为例,按性别汇总各类职称的职工平均基本工资和平均职务工资。具体操作步骤如下:

（1）按前面所讲的方法对分类字段（如"性别"）进行排序操作。

（2）在数据表中选择任一单元格,单击"数据"菜单中的"分类汇总"命令;打开"分类汇总"对话框,如图 3-66 所示。

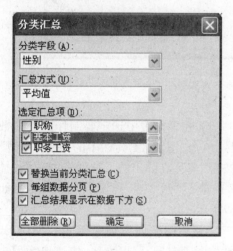

图 3-66　"分类汇总"对话框

"分类汇总"对话框中的各项功能如下:

● 分类字段:在该下拉列表框中可以指定进行分类汇总的字段。

● 汇总方式:在该下拉列表框中可以选择的汇总方式,包括求和、求平均值、计数、求方差等。

● 选定汇总项:在该列表框中可以选择多个要执行汇总操作的字段。

● 替换当前分类汇总:如果已经执行过分类汇总操作,选中该复选框,会以本次操作的分类汇总结果替换上一次的结果。

● 每组数据分类:如果选中该复选框,则分类汇总的结果按照不同类别的汇总结果分

页,在打印时也将分类打印。

● 汇总结果显示在数据下方:如果选中该复选框,则分类汇总的每一类会显示在本类数据的下方,否则会显示在本类数据的上方。

● 全部删除:单击该按钮,可以将当前的分类结果清除。

（3）单击"分类字段"栏的下拉按钮"▼",在下拉列表中选择分类字段（如"性别"）。

（4）单击"汇总方式"栏的下拉按钮"▼",在下拉列表中选择汇总方式（如"平均值"）。

（5）在"选定汇总项"列表框中选定要汇总的一个或多个字段（如选择"基本工资"和"职务工资"两项）。

（6）单击"确定"按钮。

汇总结果如图 3-67 所示。可以看到各个性别均有平均数据（基本工资和职务工资）,而且出现在各类的下方,最后还出现总平均基本工资和总平均职务工资。

2. 屏蔽明细数据　完成分类汇总后,在分类汇总表的左侧出现了"摘要"按钮"－"。"摘要"按钮出现的行就是汇总数据所在的行。单击该按钮,则该按钮变成"＋",且隐藏了该类明细数据,只显示该类数据的汇总结果。单击"＋"按钮,会使隐藏的明细数据恢复显示。

在汇总表的左上方有层次按钮"1","2","3"。单击按钮"1",只显示总的汇总结果,不显示分类汇总结果和明细数据;单击按钮"2",显示总的汇总结果和分类汇总结果,不显示明细数据;单击按钮"3",显示全部明细数据和汇总结果。

3. 删除分类汇总　对数据进行分类汇总后,还可以恢复工作表的原始数据,方法:再次选定工作表,单击"数据"菜单中的"分类汇总"命令,在弹出的"分类汇总"对话框中单击"全部删除"按钮,即可将工作表恢复到原始数据状态。需要注意的是,排序操作不能恢复。

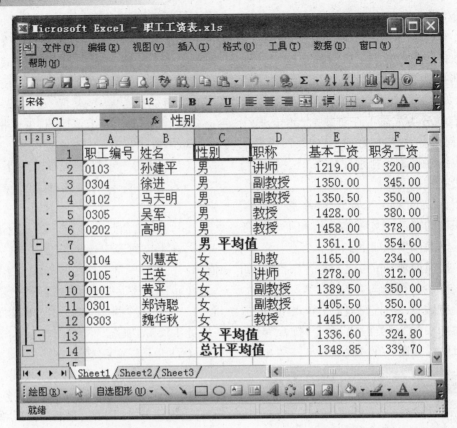

图 3-67　按性别汇总平均基本工资和职务工资

第 ⑤ 节　图表的编辑与输出

在中文版 Excel 2003 中,不仅可以编辑工作表,还可以绘制和插入图形、对图形进行编辑,增强工作表的视觉效果,使报表显示得更加生动。

一、图表的建立

用户要创建图表,可以使用"图表"工具栏和"图表向导"两种方法来创建。根据图表放置的位置不同,可以将图表分为嵌入式图表和工作表图表。

1. 使用"图表"工具栏　使用图表工具栏创建图表的具体操作步骤如下:

(1) 打开或创建一个需要创建图表的工作表,如图 3-68 所示。

(2) 单击"视图"菜单中"工具栏"命令的"图表"项,弹出"图表"工具栏。

(3) 在工作表中选定要制作图表的数据区域,单击"图表"工具栏中的"图表类型"下拉按钮"▼",在弹出的下拉列表中选择"柱形图"选项,如图 3-68 所示,创建的图表如图 3-69 所示。

2. 使用图表向导创建图表　使用 Excel 提供的图表向导,可以方便、快速地为用户创建一个标准类型或自定义类型的图表,而且在图表创建完成后可继续修改,以使整个图表趋于完善。使用图表向导创建图表的具体操作步骤如下:

(1) 选定需要创建图表的单元格区域,如 A2:E5 单元格区域,其中包括行、列标题。

(2) 单击"插入"菜单的"图表"命令,或直接单击"常用"工具栏中的"图表向导"按钮,弹出"图表向导 – 4 步骤之 1 – 图表类型"对话框,如图 3-70 所示。该对话框中显示了中文版 Excel 2003 内置的 14 种图表类型,用户可以根据需要选择相应的图表类型。

图 3-68　"图形"工具栏的"图表类型"下拉列表

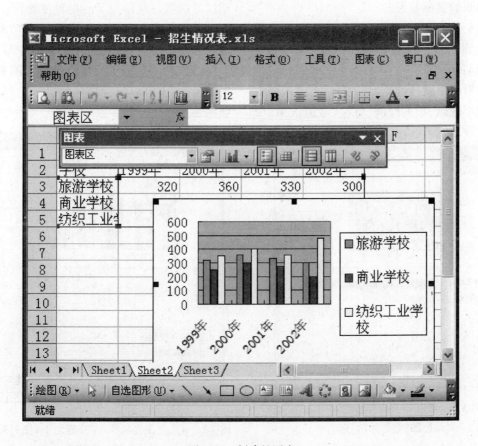

图 3-69　创建的图表

图 3-70   "图表向导－4 步骤之 1－图表类型"对话框

在"图表类型"栏中选择一种（如柱形图），并在右侧"子图表类型"中选一种（如三维柱形图）。将鼠标指针移到"按下不放可查看示例（V）"按钮上，并按住鼠标左键，能看到所选图表的实际效果。

（3）单击"下一步"按钮，出现"图表向导－4 步骤之 2－图表源数据"对话框，如图3-71（A）所示。

该对话框默认使用图表向导之前用户选取的数据区域，如需修改，可在"数据区域"文本框中重新输入数据区域的引用，并在"系列产生在"选项区中设置数据系列是横向（"行"）还是纵向（"列"），其中，选中"行"单选按钮指将所选数据区域的第一行作为 X 轴的刻度单位；选中"列"单选按钮指将所选数据区域的第一列作为 Y 轴的刻度单位。

若用户在步骤（1）选定数据区域时未选择行标题（或列标题），可在对话框中单击"系列"选项卡。这里可以增加或减少图表中的数据系列，也可以修改坐标轴显示数据区域。如图 3-71（B）所示。

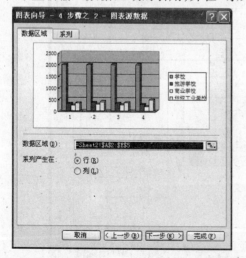

图3-71(A)   "图表向导－4 步骤之 2－图表源数据"对话框的"数据区域"选项卡

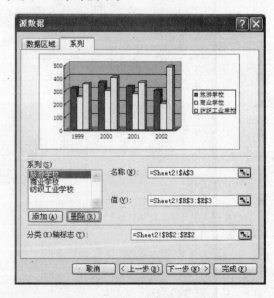

图3-71(B)   "图表向导－4 步骤之 2－图表源数据"对话框的"系列"选项卡

例如,在图 3-71(B)所示对话框中图表预览框显示该图表 X 轴坐标标签为"1,2,3,4",图例项为"学校,旅游学校,商业学校,纺织工业学校"。要更改 X 轴坐标标签值及数据系列值,可单击"系列"选项卡,在"系列"列表框中选择"学校",并单击"删除"按钮,删除该数据系列;在"分类 X 轴标志"右侧文本框中输入"＝Sheet2!$B$2:$E$2",也可以通过单击折叠按钮到工作表中选定 X 轴标签数据。完成设置后图表效果如图 3-71

(B)所示。

(4)设置图表源数据后,单击"下一步"按钮,将弹出"图表向导－4 步骤之 3－图表选项"对话框。该对话框包括六个选项卡,主要是对图表中的一些选项进行设置,包括图表标题、坐标轴刻度、坐标网格线、图例、数据表等。

单击"标题"选项卡,如图 3-72 所示,在"图表标题"栏输入"三校招生情况统计";在"分类(X)轴"栏输入"年份";在"数值(Z)轴"栏输入"人数"。

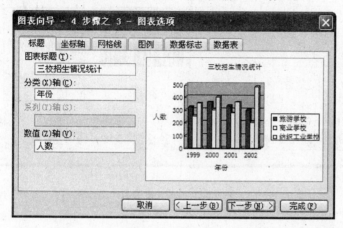

图 3-72　"图表向导－4 步骤之 3－图表类型"对话框的"标题"选项卡

单击"坐标轴"选项卡,选中"分类轴"复选框和"自动"单选框,为使数值轴上出现数值刻度应选中"数值(Z)轴"复选框。

单击"网格线"选项卡,一般只设置 Z 轴的"主要网格线",以便看清柱顶相应的数值大小。不要选择"次要网格线",密集的网格线往往显得较乱。

单击"图例"选项卡,并选中"显示图例"复选框,指定在图表中显示图例,然后在"位置"栏选择图例的位置。

单击"数据标志"选项卡,若选中"系列名称"复选框,表示在柱顶显示对应的数据系列名称;若选中"类别名称",表示在柱顶显示系

列对应的 X 轴刻度标签;若选中"值",表示在柱顶显示系列对应的数值。

单击"数据表"选项卡,若选中"显示数据表"复选框,表示图表中出现数据表,否则不会显示数据表。

(5)单击"下一步"按钮,出现"图表向导 4－步骤之 4－图表位置"对话框,如图 3-73 所示。选择"作为其中的对象插入",则图表嵌入指定的工作表中;若选择"作为新工作表插入",则图表单独存放在新工作表,并可在该项右侧的文本框中输入新工作表的工作表名。

(6)单击"完成"按钮,结果如图 3-74 所示。

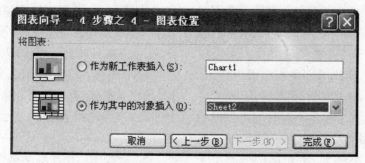

图 3-73　"图表向导－4 步骤之 4－图表位置"对话框

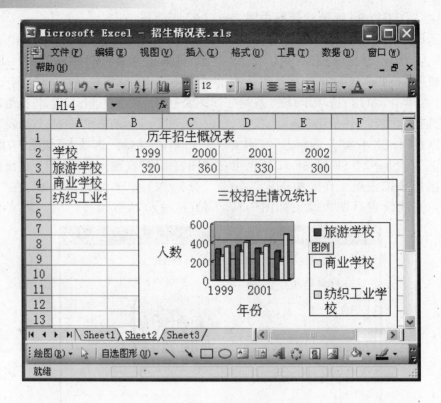

图 3-74　嵌入式图表

若在"图表向导 – 4 步骤之 4 – 图表位置"对话框中选中"作为新工作表插入"单选按钮时,创建的便是工作表图表。

3. 图表的移动和缩放　嵌入式图表建立后,如果对其位置不满意,可以将它移动到目标位置;如果觉得图表大小不合适,也可以将其放大或缩小。在图表上单击,图表边框上出现 8 个小黑块,鼠标指针移到小黑块上,指针变成双向箭头,拖动鼠标就能使图表沿着箭头方向放大或缩小。鼠标指针移到图表空白处,拖动鼠标能使图表移动位置。

二、图表的种类

中文版 Excel 2003 包含了 14 种基本图表类型,每种图表类型中又都包含着若干种不同的子类型。用户在创建图表时,可以根据自己的需要来选择一种恰当的图表类型。下面以图 3-69 所示的工作表所创建的图表为例,来对一些常用的图表类型进行简单介绍。

1. 柱形图　用来显示不同时间内数据的变化情况,或者用于对各项数据进行比较,是最普遍的商用图表种类。柱形图的分类位于横轴,数值位于纵轴,如图 3-75 所示。

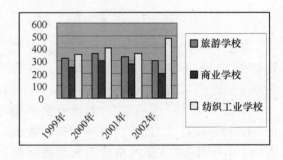

图 3-75　柱形图示例

柱形图包含七种子类型,分别是簇状柱形图、堆积柱形图、百分比堆积柱形图、三维簇状柱形图、三维堆积柱形图、三维百分比堆积柱形图和三维柱形图。

2. 条形图　用于比较不连续的无关对象的差别情况,它淡化数值项随时间的变化,突出数值项之间的比较。条形图中的分类位于纵轴,数值位于横轴,如图 3-76 所示。

条形图包含六种子类型,分别是簇状条形图、堆积条形图、百分比堆积条形图、三维簇状条形图、三维堆积条形图和三维百分比堆积条形图。

3. 折线图　用于显示某个时期内的数据在相等时间间隔内的变化趋势。折线图与面

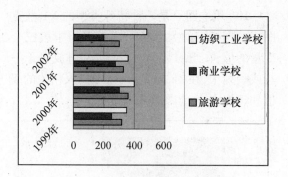

图 3-76　条形图示例

积图相似,但它更强调变化率,而不是变化量,如图 3-77 所示。

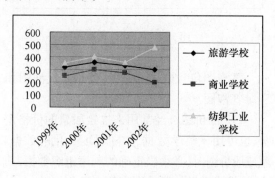

图 3-77　折线图示例

折线图包含七种子类型,分别是折线图、堆积折线图、百分比堆积折线图、数据点折线图、堆积数据点折线图、百分比堆积数据点折线图和三维折线图。

4. 饼图　用于显示数据系列中每一项占该系列数值总和的比例关系,它通常只包含一个数据系列,用于强调重要的元素,这对突出某个很重要的项目中的数据是十分有用的,如图 3-78 所示。

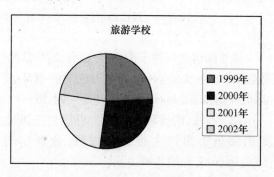

图 3-78　饼图示例

饼图包含六种子类型,分别是饼图、三维饼图、复合饼图、分离型饼图、分离型三维饼图

和复合条饼图。

5. XY 散点图　既可用来比较几个数据系列中的数值,也可将两组数值显示为 XY 坐标系中的一个系列,如图 3-79 所示。

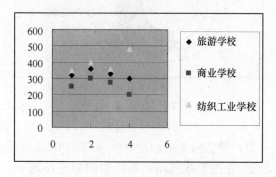

图 3-79　XY 散点图示例

XY 散点图包含五种子类型,分别是散点图、平滑线散点图、无数据点平滑线散点图、折线散点图和无数据点折线散点图。

6. 面积图　强调的是变化量,而不是变化的时间和变化率,它通过曲线(即每一个数据系列所建立的曲线)下面区域的面积来显示数据的总和、说明各部分相对于整体的变化,如图 3-80 所示。

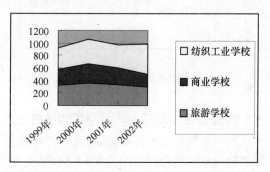

图 3-80　面积图示例

面积图包含六种子类型,分别是面积图、堆积面积图、百分比堆积面积图、三维面积图、三维堆积面积图和三维百分比堆积面积图。

7. 圆环图　与饼图相似,用来显示部分与整体的关系。与饼图相比,圆环图能显示多个数据系列,而饼图仅能显示一个数据系列,如图 3-81 所示。

圆环图包含两种子类型,分别是:圆环图和分离型圆环图。

8. 雷达图　在雷达图中,每个分类都拥

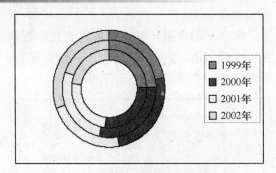

图 3-81 圆环图示例

有自己的数值坐标轴,这些坐标轴中的点向外辐射,并由折线将同一系列中的值连接起来。使用雷达图可以显示独立的数据系列之间以及某个特定的系列与其他系列之间的关系,如图 3-82 所示。

雷达图包含三种子类型,分别是雷达图、数据点雷达图和填充雷达图。

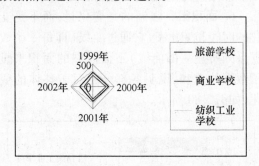

图 3-82 雷达图示例

9. 曲面图 使用不同的颜色和图案来指示在同一取值范围的区域,适合在寻找两组数据之间的最佳组合时使用,如图 3-83 所示。

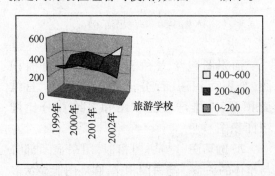

图 3-83 曲面图示例

曲面图包含四种子类型,分别是三维曲面图、三维曲面图(框架图)、曲面图(俯视)和曲面图(俯视框架图)。

10. 气泡图 是一种特殊类型的 XY 散点图。数据标记的大小标示出数据组中第三个变量的值;在组织数据时,可将 X 值放置于一行或一列中,在相邻的行或列中输入相关的 Y 值和气泡大小,如图 3-84 所示。

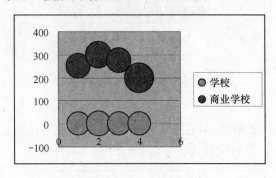

图 3-84 气泡图示例

气泡图包含两种子类型,分别是气泡图和三维气泡图。

11. 股价图 经常用来描绘股票的价格走势,也可用于科学数据,如随温度变化的数据。生成股价图时,必须以正确的顺序组织数据,其中,计算成交量的股价图有两个数值标轴,一个代表成交量,另一个代表股票价格,在股价图中可以包含成交量,如图 3-85 所示。

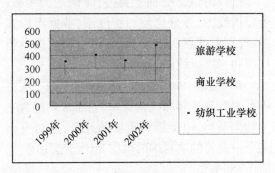

图 3-85 股价图示例

股价图包含四种子类型,分别是盘高-盘低-收盘图、开盘-盘高-盘低-收盘图、成交量-盘高-盘低-收盘图和成交量-开盘-盘高-盘低-收盘图。

12. 圆柱、圆锥和棱锥图 可以使三维柱形图和条形图产生很好的效果,分别如图 3-86、图 3-87 和图 3-88 所示。

圆柱图包含七种子类型,分别是柱形圆柱图、堆积柱形圆柱图、百分比堆积柱形圆柱图、条形圆柱图、堆积条形圆柱图、百分比堆积条形圆柱图和三维柱形圆柱图。

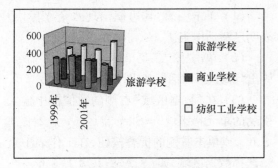

图 3-86　圆柱图示例

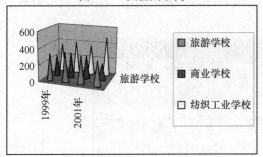

图 3-87　圆锥图示例

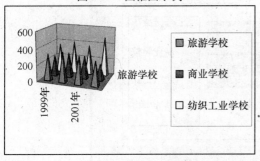

图 3-88　棱锥图示例

圆锥图包含七种子类型,分别是柱形圆锥图、堆积柱形圆锥图、百分比堆积柱形圆锥图、条形圆锥图、堆积条形圆锥图、百分比堆积条形圆锥图和三维柱形圆锥图。

棱锥图包含七种子类型,分别是柱形棱锥图、堆积柱形棱锥图、百分比堆积柱形棱锥图、条形棱锥图、堆积条形棱锥图、百分比堆积条形棱锥图和三维柱形棱锥图。

三、图表的编辑

创建了图表之后,常常还需对其进行更改,例如,更改背景颜色、增加或删除数据系列、更改图例等。

1. 更改图表类型　在创建图表后,用户可能需要为图表更改图表类型。如将图 3-69 中招生情况表中的图表将其类型由柱形图改为数据点折线图。具体操作步骤如下:

(1) 选中要更改类型的图表。

(2) 单击"图表"菜单中的"图表类型"命令,弹出"图表类型"对话框,如图 3-70 所示。

(3) 在"图表类型"列表框中选择"折线图",在子图表类型中选择"数据点折线图"。

(4) 单击"确定"按钮。结果如图 3-89 所示。

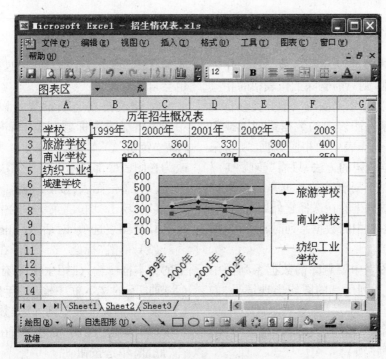

图 3-89　数据点折线图

2. 增加图表数据 创建图表时,设置图表数据源"系列产生在""行",则一行数据为一个数据系列,而一列数据则为一个数据分类。若设置为"列",则列为数据系列,行为数据分类。

设在图 3-89 所示工作表中增加一行记录"城建学校,420,360,350,450",并在 F2:F6 中增加一列数据"2003 年,400,350,380,360"。下面将新数据加入至图表中。

(1)单击图表,其边框出现八个小黑块,表明已激活图表。

(2)单击"图表"菜单中的"源数据"命令,弹出"源数据"对话框,如图 3-71(A)所示。

(3)在"数据区域"右侧的数值框中输入引用的单元格区域"=Sheet2!\$A\$2:\$F\$6",或单击右侧的折叠按钮,在工作表中重新选择数据区域,如:\$A\$2:\$F\$6。

(4)单击"确定"按钮。结果如图 3-90 所示。

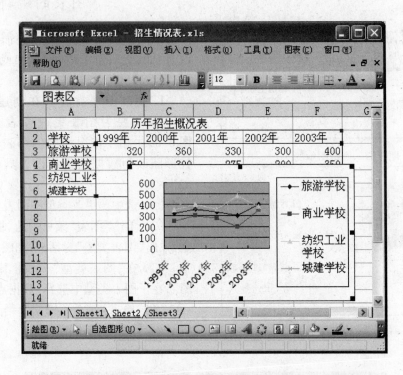

图 3-90　添加数据系列"城建学校"及数据分类"2003 年"后的图表

3. 删除图表数据 若要同时删除工作表及图表中的数据,则只需删除工作表中的相应数据,图表中的数据系列图或数据分类会自动消失。若只要删除图表中的数据系列图或数据分类,并保留工作表中的相应数据,则可采用与增图表数据相同的方法,只需"步骤(1)"选择数据区域时将要删除的数据系列或数据分类所对应的数据排除在选择之外即可。

若只删除图表中的数据系列时,也可以采用如下方法:

(1)单击图表中要删除的数据系列图中任意一个,则该系列所有的图均出现记号,如图 3-91所示。

(2)按删除键(或单击"编辑"菜单中"清除"命令的"系列"项)。

4. 修改图表数据 图表与相应的数据区是关联的,因此,修改表格中的数据,相应图表也会自动修改。

5. 修改图表选项设置 设需为图 3-91 中图表增加图表标题"招生情况统计",X 轴标题"年份",Y 轴标题"人数",并将图例位置改为在图表底部显示。操作方法如下:

(1)单击图表,激活图表。

(2)单击"图表"菜单中的"图表选项"命令,弹出"图表选项"对话框,如图 3-72 所示。

(3)单击"标题"选项卡,在"图表标题"下的文本框中输入"招生情况统计",在"分类(X)轴"下的文本框中输入"年份",在"数值(Y)轴"下的文本框中输入"人数"。

(4)单击"图例"选项卡,在"位置"中选择"底部"单选按钮。

(5)单击"确定"按钮。结果如图 3-92 所示。

笔记栏

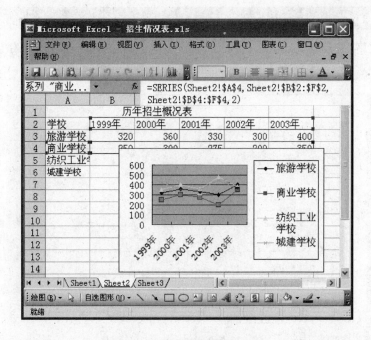

图 3-91　选择图表数据系列

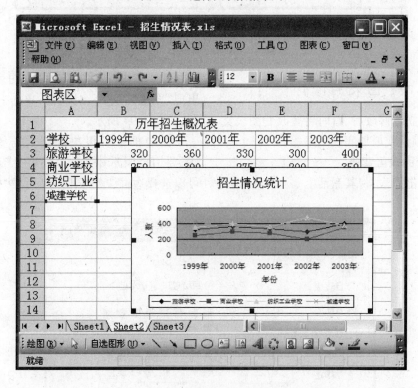

图 3-92　修改图表选项示例

6. 更改图表位置　根据图表放置的位置不同,可以将图表分为嵌入式图表和工作表图表。这两类图表位置可相互更改,如将图 3-92 中图表位置改为在新图表工作表"招生统计"中显示。操作方法如下:

(1) 单击图表,激活图表。

(2) 单击"图表"菜单中的"图表位置"命令,弹出"图表位置"对话框,如图 3-73 所示。

(3) 单击"作为新工作表插入"单选按钮,在其右侧的文本框中输入新工作表名称"招生统计"。

(4) 单击"确定"按钮。结果如图 3-93 所示。

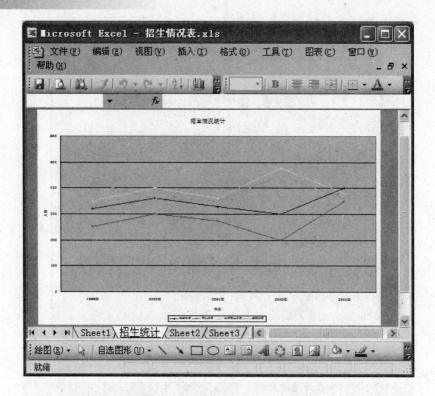

图 3-93　工作表图表"招生统计"

四、图表的修饰

图表建立或修改后，有时希望改变图表文字的字体、颜色或增加底纹图案等。

1. 改变图表区背景

（1）单击图表，将其激活。

（2）单击"格式"菜单的"图表区"命令，出现"图表区格式"对话框，单击"图案"选项卡，如图 3-94 所示。

在边框中可以决定是否需要图表边框（不要边框时选中"无"）。需要图表边框时，可以选择边框线的线形、颜色及边框阴影等。

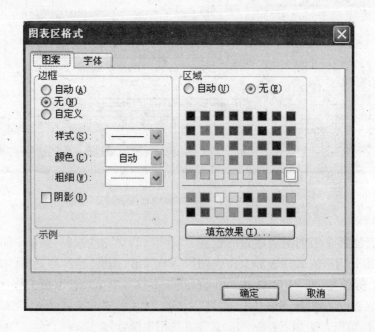

图 3-94　"图表区格式"对话框

在"区域"栏可以单击某种颜色,以决定图表区的颜色。

(3)单击"填充效果"按钮,出现"填充效果"对话框,其中有四个选项卡:"过渡"、"纹理"、"图案"和"图片",它们都用来设置图表区的背景图案。

(4)单击"确定"按钮。

2. 改变图表文字字体和颜色

(1)单击图表,激活将其。

(2)单击"格式"菜单的"图表区"命令,出现"图表区格式"对话框。单击"字体"选项卡,在此可以设置图表区文字的字体、字形、字号和颜色等。

(3)单击"确定"按钮。

第6节　数 据 清 单

工作表中的数据会随着时间不断增加,它所包含的数据量很快就会庞大到令人无法忍受的地步。虽然每项数据对于一个工作表来说都是必要的,但可能用户在一定的时间内只需要使用其中部分的数据,数据清单的功能就是有逻辑地将需要的数据组织起来以便于使用。

一、数据清单的基本概念

数据清单相当于一张完整的报表,这张报表中的数据是整个工作表中数据的一部分,并且是逻辑相关的。使用数据清单可以进行简单的数据库操作,如排序、查询等。

数据清单中的数据是以逻辑关系按照行和列进行划分(如职工工资数据清单),如图3-95 所示。

每一列中的数据是具有相同属性的数据的集合,相当于数据库中的字段,如:B 列中的数据全部都是职工的姓名。

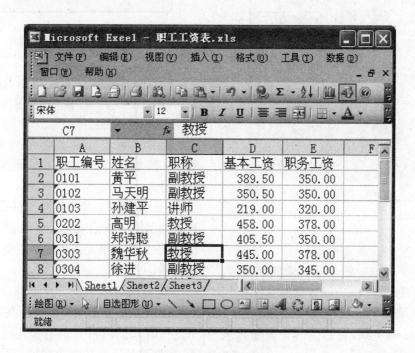

图 3-95　职工工资数据清单

每一行中的数据是具有现实意义的各种属性的集合,相当于数据库中的一条记录,如:第二行中的数据是职工编号、姓名、职工及各级工资的集合,它们共同构成了职工黄平的工资。

从上面的说明可以看出,一个数据清单主要由字段名和记录两个部分构成。

二、数据清单的基本处理方法

1. 建立数据清单　与前面章节介绍的向工作表中输入数据的操作没有太大的区别,完全可以直接向工作表中输入数据清单的数据,只是要注意数据清单在结构上的逻辑性,并且其中数据不能是杂乱无章的。在创建数据清单时应该注意以下事项：

（1）数据清单中不能出现空白行或列。

（2）在数据清单的第一行建立各列标题。

（3）字段名最好用文字表示且具有唯一性。

（4）一个工作表只建立一个数据清单。

（5）同一列数据的类型应一致。

在数据清单中输入数据可以直接在字段行的下一行开始逐行输入记录数据。也可用"记录单"命令输入记录数据。方法如下：

1）单击首行记录的任一单元格。

2）单击"数据"菜单的"记录单"命令，出现确认对话框，以确定首行作为数据表的标题字段。单击"确定"按钮，出现如图3-96所示的记录单对话框。

图 3-96　记录单对话框

3）在各字段框中输入新记录的字段值，用"Tab"键或用鼠标单击的方法转到下一字段，各字段值输入完毕可按"Enter"键转达下一记录。重复本步骤，直到全部记录输入完毕。所建的工资表如图3-95所示。

2. 查找记录　为了对记录数据进行增、删、改操作，首先要找到待编辑的记录，即记录定位。

记录定位有两种方法：

（1）在数据表中直接移动单元格指针到目标记录；或在记录单对话框中，单击"上一条"或"下一条"；或利用滚动条也能定位到目标记录。

（2）条件定位。根据目标记录满足的条件查找目标记录。方法如下：

1）单击查找范围的起始记录（查找从该记录开始）。

2）单击"数据"菜单的"记录单"命令，打开如图3-96所示的记录单对话框。

3）单击对话框中的"条件"按钮，出现"条件"对话框，如图3-97所示。

图 3-97　条件对话框

4）在与条件相关的字段输入条件值。

如：在"姓名"字段输入"王＊"，表示找姓王的人员，通配符"？"、"＊"分别代表一个任意字符和多个任意字符。又如：在"工资"字段输入"＞400"，表示找工资超过400的人员。

5）单击"下一条"按钮，就可以定位在满足条件的第一条记录上。再单击"下一条"按钮，可以定位在满足条件的第二条记录上。以此类推。

3. 修改记录　定位在要修改的记录，然后直接修改有关字段值即可。在记录单方式下定位时，记录单中的具有公式的字段不能修改，当修改与之有关的字段时，它的值也随之发生变化。

4. 插入记录

（1）选定某记录，将在该记录前面插入记录。

（2）单击"插入"菜单的"单元格"命令，在"插入"对话框中选择"整行"，然后按"确定"按钮。当前记录前插入一空记录。

（3）在空记录中输入新记录数据。

5. 追加记录　指在数据表末尾增加新记

录,追加记录的方法如下：

（1）单击"数据"菜单的"记录单"命令,在打开如图3-96所示的记录单对话框。

（2）单击对话框中的"新建"按钮,左侧出现空记录,依次输入新记录数据。

（3）单击"确定"按钮。

6. 删除记录

（1）单击"数据"菜单的"记录单"命令,打开如图3-96所示的记录单对话框。

（2）定位在要删除的记录。

（3）单击"删除"按钮,并在出现的删除确认对话框中单击"确定"按钮。

Excel 是当前最流行的电子表格处理软件之一,它的界面友好、操作简单、功能很强大,可以应用于各个方面。本章主要介绍电子表格软件 Excel 的基本功能、基本特点和基本操作:创建和编辑常用的电子表格工作簿和工作表,使用 Excel 公式和函数进行基本的数据计算和处理,建立和编辑 Excel 图表,对工作表数据进行排序、筛选、查找、分类汇总等操作,初步掌握管理多工作表的方法,掌握单元格格式的设置和页面格式的设置,并可以通过填充自动化、绝对引用、跨列居中、条件格式等小技巧进一步完善电子表格。其中,建立和编辑工作表,Excel 公式和函数的使用,工作表数据的处理,Excel 图表的建立和编辑是本章的重点。

此外,Excel 还有强大的数字处理功能、自动化实现、分析和报表功能、还有开放式的定制和扩展等特性,如果我们掌握了 Excel 的这些知识并善加利用,可以有效的提高工作效率,对我们以后的学习和工作都有很大帮助。

小结

目标检测

一、选择题

1. 在 Excel 2003 中建立一个数据库列表时,以下说法中不正确的是　　　　（　　）
   A. 最好让每一数据库列表独占一个工作表
   B. 一个数据库列表中不得有空列,但可以有空行
   C. 最好把列表的字段名行作为一窗格冻结起来
   D. 建立了列表的标题行,就是建立了数据库的结构

2. 在 Excel 2003 中,一个单元格的信息包括　（　　）
   A. 数据、公式和批注　　B. 内容、格式和批注

   C. 公式、格式和批注　　D. 数据、格式和公式

3. 在 Excel 2003 中,当在某一单元格中输入的字符内容超出该单元格的宽度时,以下说法中正确的是　　　　　　　　　　　（　　）
   A. 超出的内容,肯定显示在右侧相邻的单元格中
   B. 超出的内容,肯定不显示在右侧相邻的单元格中
   C. 超出的内容,不一定显示在右侧相邻的单元格中
   D. 超出的内容可能被丢失。

4. 要利用自动筛选,筛选出工资在 1000 元以上的职工,应单击"工资"旁的下拉箭头,然后选择（　　）
   A. 1000　　　　　　　B. ≥1000
   C. 自定义　　　　　　D. 前 10 个

5. 在 Excel 2003 中,三维区域指　　　（　　）
   A. 若干个工作簿中同一个区域
   B. 一个工作簿中的几个区域
   C. 一个工作簿的若干张工作表中几个区域
   D. 一个工作簿的若干张工作表中同一个区域

6. 在 Excel 2003 中,当选取一个单元格或（区域）后,以下说法正确的是　　　　　　（　　）
   A. 使用 < Del > 键与使用"编辑"菜单中的"删除"命令功能相同
   B. 使用 < Del > 键与使用"编辑/清除"命令中的"全部"功能相同
   C. 使用 < Del > 键与使用"编辑/清除"命令中的"内容"功能相同
   D. 使用 < Del > 键与使用"编辑/清除"命令中的"批注"功能相同

7. 在 Excel 中,已知单元格 A1 到 A3 中存放数值为 10,20,50,B1 到 B3 中存放数值为 100,200,500,在 C4 单元格中输入公式: $=SUM(A1:B3)$,确定后 C4 单元格中显示的是　　　　　　　（　　）
   A. 880　　　　　　　B. $=SUM(A1,B3)$
   C. $SUM(A1,B3)$　　D. 510

8. 设置两个条件的排序目的是　　　（　　）
   A. 第一排序条件完全相同的记录,以第二排序条件确定记录的排列顺序
   B. 记录的排列顺序必须同时满足这两个条件
   C. 先确定两列排序条件的逻辑关系,再对数据表进行排序
   D. 记录的排序必须符合这两个条件之一

9. 要对 Excel 2003 图表进行修改,下列说法正确的是　　　　　　　　　　　（　　）
   A. 先修改工作表的数据,再对图表作相应的修改
   B. 先修改图表中的数据点,再对工作表中相关数据进行修改
   C. 工作表的数据和相应的图表是关联的,用户对工作表的数据进行修改,则图表会自动作相应

更改

D. 当在图表中删除了某个数据点或数据系列的标
示后,则工作表中相关数据也被删除

10. 关于数据透视表,下列说法不正确的是　　(　　)
A. 数据透视表是依赖于已建立的数据列表,并重
新组成新结构的表格
B. 可以对已建立的数据透视表修改结构、更改统
计方式
C. 数据透视表产生的数据不能生成图表
D. 数据透视表中的字段既可以被显示,也可以被
隐藏

11. 工作表的改名,正确的操作是　　　　　(　　)
A. 在资源管理器中,选择"文件"/"重命名"命令
B. 在 Excel 中,双击工作表表签后,输入新工作
表名
C. 在 Excel 中,选择"文件"/"另存为"命令
D. 在 Excel 中,选择"文件"/"页面设置"命令

12. 关于列宽的描述,不正确的是　　　　　(　　)
A. 可以用多种方法改变列宽
B. 列宽可以调整
C. 不同列的列宽可以不一样
D. 同一列中不同单元格的宽度可以不一样

13. 在 Excel 2003 中,选择性粘贴不可以复制(　　)
A. 公式　　　　　　　B. 数值
C. 文本框　　　　　　D. 批注

14. 在 Excel 2003 中,有关自动填充柄的说法正确的
是　　　　　　　　　　　　　　(　　)
A. 拖动填充柄只能根据数据趋势,自动填充数据
序列
B. 拖动填充柄,只可以填充文字序列
C. 拖动填充柄,只可以进行反复的复制操作
D. 拖动填充柄可以扩展或复制单元序列的内容

15. 在 Excel 2003 数据图表基本概念中,以下哪些说
法是不正确的　　　　　　　　　(　　)
A. 图表中一个数据点就是工作表的一个单元格
中的数
B. 图表中每个数据点是用不同的图案及颜色来
加以区分的
C. 图表中的数据系列指工作表中的一行或一列
数据
D. 图表中的数据点可以用条形、柱形、饼图等形
状来表示

16. 在 Excel 2003 中,以下关于跨列居中对齐方式的
说法中,正确的是　　　　　　　(　　)
A. 居中对齐方式与跨列居中对齐方式的效果是
一样的
B. 跨列居中对齐方式是将几个单元格合并成一
个单元格并居中
C. 虽然执行跨列居中后的数据显示在所选区域

的中间,但其内容仍存储在原单元格中
D. 执行了跨列居中后的数据显示并且存储在所
选区域的中间

17. Excel 2003 中输入一公式时应先在单元格中输入
　　　　　　　　　　　　　　　(　　)
A. :　　　　　　　　　B. =
C. ?　　　　　　　　　D. ="

18. Excel 2003 中,默认的数字格式为　　　(　　)
A. 右对齐　　　　　　B. 左对齐
C. 居中　　　　　　　D. 不确定

19. 在 Excel 2003 中,有关行、列隐藏的说法不正确的
是　　　　　　　　　　　　　　(　　)
A. 工作表中的行、列都可以被隐藏,这时它们不
再被显示
B. 工作表中的行、列被隐藏时,它们没有被删除
C. 工作表中的行、列被隐藏时,它们将不参加任
何操作
D. 要重新显示被隐藏的行、列时,可以用"取消隐
藏"命令来恢复显示

20. 在 Excel 2003 中,为了在数据列表中更快地找到
所需的记录,应该使用　　　　　　(　　)
A. 数据排序　　　　　B. 数据筛选
C. 分类汇总　　　　　D. 数据透视表

21. 如果将 A2 单元格的公式"= B2 * $ C4"复制到
C6 单元格中,该单元格公式为　　　(　　)
A. = B2 * $ C4　　　　B. = D6 * $ C8
C. = D6 * $ C4　　　　D. = D6 * $ E8

22. 要选择 Sheet1、Sheet2、Sheet3 三个工作表,以下操
作不正确的是　　　　　　　　　(　　)
A. 按住 < Shift > 键,分别单击 Sheet1、Sheet2、
Sheet3
B. 按住 < Ctrl > 键,分别单击 Sheet1、Sheet2、
Sheet3
C. 分别单击 Sheet1、Sheet2、Sheet3
D. 单击 Sheet1,再按住 < Shift > 键,同时单击
Sheet3

23. 要在单元格中输入数字字符"123",应在编辑栏
中输入　　　　　　　　　　　　(　　)
A. "123"　　　　　　　B. = 123
C. 123　　　　　　　　D. '123

24. 要在 Excel 2003 工作表的 A1:A10 输入完全相同
的文字,以下不正确的操作是　　　(　　)
A. 选择 A1,输入内容,指针指向 A1 单元格填充
柄,拖曳到 A10
B. 选取 A1,输入内容,指针指向 A1 单元格,按住
< Ctrl > 键拖曳到 A10
C. 选取 A1,输入内容,再选取 A1:A10,使用"填
充"命令中的"向下填充"
D. 选取 A1,输入内容,单击"复制"按钮,再选取

A2：A10,单击"粘贴"按钮

25. 在 Excel 2003 中,复制单元格内容,应按住鼠标按钮,并按下哪个键　　　　　　　　（　　）
　A. ＜Ctrl＞　　　　　B. ＜Alt＞
　C. ＜Space＞　　　　D. ＜Del＞

26. 在 Excel 2003 中,按哪个键可以清除剪贴板　　　　　　　　　　　　　　　　　（　　）
　A. ＜Del＞　　　　　B. ＜Esc＞
　C. ＜Space＞　　　　D. ＜Alt＞+＜Del＞

27. 先要制作 10 张的学生成绩单的框架,下列哪种方法最好　　　　　　　　　　　　（　　）
　A. 分别建立 10 个工作簿文件,再制作 10 张的学生成绩单的框架
　B. 在一个工作簿中分别建立 10 个工作表,再分别制作 10 张的学生成绩单的框架
　C. 在一个工作簿中先建立 10 个工作表,再制作 1 张的学生成绩单的框架,然后再复制到其余 9 张工作表中
　D. 在一个工作簿中先将 10 个工作表建立工作表组,再制作 1 张的学生成绩单的框架

28. 在 Excel 2003 中,自定义序列是通过下列哪项操作来完成定义的　　　　　　　　（　　）
　A. 选择"编辑/填充/序列"命令
　B. 选择"工具/选项"命令
　C. 选择"插入/名称/定义"命令
　D. 选择"工具/自定义"命令

29. 在 Excel 2003 中,下面表述正确的是　　　（　　）
　A. 对工作表中数据分类汇总前应先排序
　B. 只要选定区域即可分类汇总
　C. 不必排序也可对工作表数据分类汇总
　D. 直接可对工作表进行分类汇总

30. 在 Excel 2003 中,激活图表后,在主菜单栏上增加的菜单项是　　　　　　　　　　（　　）
　A. 数据　　　　　　　B. 数据表
　C. 数据透视　　　　　D. 图表

二、操作题

　打开 A:\ 下的 Excel.xls 文件,按下列要求操作,将结果以原文件名存入 A:\下。

1. 计算所有职工的实发工资（条件为:工龄＞15 年者,其实发工资为:基本工资×1.3＋奖金,工龄＜15 年者,其实发工资为:基本工资×1.1＋奖金）,计算基本工资和奖金的平均值（含隐藏项）。

2. 将标题"职工工资统计汇总表"占据工作表的 A1、A2 二行,并使该标题在 A1:G2 区域中垂直居中,所有金额数据采用"货币样式",并调整合适列宽。

3. 将"工资"区域中的字体设置为加粗、倾斜,隐藏 H 列。

4. 为 A7 单元格插入批注,批注内容为"农业大学毕业",设置显示批注,为 Sheet1 工作表的 A1:G13 区域设置边框线,外框为最粗实线,内框为双线。

5. 取消"罗庆"记录的隐藏,对 Sheet1 工作表中的数据列表,建立如【Excel 样张】所示分类汇总。

Sheet1 内容

	A	B	C	D	E	F	G	H	I	J	K
1	职工工资统计汇总表							部门系数大于0小于1			
2	姓名	性别	职称	工龄	基本工资	奖金	实发工资				
3	张川	女	高工	30	432	66					
4	李洪	女	高工	25	488	75					
5	罗庆	女	助工	8	423	24					
6	秦汉	男	工程师	12	356	72					
7	刘少文	女	高工	21	530	114					
8	苏南昌	女	工程师	20	488	87					
9	孙红	男	高工	16	530	102					
10	王国庆	男	工程师	14	456	57					
11	张江川	男	助工	6	311	33					
12	平均值										
13											

【Excel 样张】注意:表格中的"#"应为实际数据。

职工工资统计汇总表

姓名	性别	职称	工龄	基本工资	奖金	实发工资
秦汉	男	工程师	##	¥ ###.##	¥ ###.##	¥ ###.##
孙红	男	高工	##	¥ ###.##	¥ ###.##	¥ ###.##
王国庆	男	工程师	##	¥ ###.##	¥ ###.##	¥ ###.##
张江川	男	助工	##	¥ ###.##	¥ ###.##	¥ ###.##
男　分类汇总					¥ ###.##	
罗庆	女	助工	##	¥ ###.##	¥ ###.##	¥ ###.##
张川	女	高工	##	¥ ###.##	¥ ###.##	¥ ###.##
李洪	女	高工	##	¥ ###.##	¥ ###.##	¥ ###.##
刘少文	女	高工	##	¥ ###.##	¥ ###.##	¥ ###.##
苏南昌	女	工程师	##	¥ ###.##	¥ ###.##	¥ ###.##
女　分类汇总					¥ ###.##	
总计					¥ ###.##	
平均值				¥ ###.##	¥ ##.##	

学习目标

1. 理解：多媒体的概念、构成多媒体的基本要素、多媒体的特征及关键技术

2. 知道：多媒体计算机系统的组成（包括硬件的功能、外部设备的性能指标和软件的组成和功能）

3. 理解：音频、图像和视频数字化的含义，知道常用的多媒体文件格式、了解常用的图像和视频编辑软件、多媒体数据压缩技术和常用的声音和图像压缩标准

4. 理解：多媒体创作工具的特点和类型

5. 掌握：使用 Authorware 创作简单的多媒体作品

多媒体技术是一种覆盖面很宽的技术，是多种技术，特别是通信、广播电视和计算机技术发展、融合、相互渗透的结果。多媒体技术将计算机技术的交互性和可视化的真实感结合起来，使计算机可以处理人类生活中最直接、最普遍的信息，从而使得计算机应用领域及功能得到极大扩展。

从 20 世纪 80 年代中期开始，多媒体计算机技术及其产业的迅猛发展，加速了计算机进入家庭和社会的进程。今天，多媒体技术已融入人们生活的各个领域，给人们的生活、工作和娱乐带来了翻天覆地的变化。

第①节 多媒体技术的基本概念

一、多媒体概念

我们通常所说的媒体（medium）包括两种含义：一种含义指信息的载体，即存储和传递信息的实体，如书本、挂图、磁盘、光盘和磁带以及相关的播放设备等；另一种含义指信息的表现形式或传播形式，如文字、声音、图像和动画等。多媒体计算机中所说的媒体指后者而言。

1. 多媒体的概念 多媒体一词来源于英文"multimedia"，而该词又是由"multiple"和"media"复合而成的，从字面上理解，即为多种媒体的集合。多媒体实际上就是多种媒体的集成。多媒体的"多"指其多种媒体表现，多种感官作用，多种设备，多学科交汇，多领域应用；"媒"指人与客观事物的中介；"体"指其综合、集成一体化。

目前，多数多媒体技术只利用了人的视觉和听觉，"虚拟现实"中也只用到了触觉，而味觉、嗅觉尚未集成进来，对于视觉也主要在可见光部分。随着技术的进步，多媒体的含义和范围还将扩展。

2. 什么是多媒体技术 多媒体技术就是将文本、音频、图形、图像、动画和视频等多种媒体通过计算机进行数字化采集、编码、存储、传输、处理和再现等，使多种媒体信息建立逻辑连接，并集成为一个具有交互性的系统。

多媒体技术是一种基于计算机科学的综合技术，它包括数字化信息处理技术、音频和视频技术、计算机软件和硬件技术、人工智能和模式识别技术、通信和网络技术等。换言之，所谓多媒体技术是以计算机为中心，把语音、图像处理技术和视频技术等集成在一起的技术。

3. 媒体的种类 在日常生活中，媒体的种类是很繁多的。国际电信联盟（ITU-T）将各种媒体作了如下的分类和定义：

（1）感觉媒体（perception medium）。感觉媒体直接作用于人的感官，使人能产生感觉。例如：人类和自然界的各种语音、音乐和声音；图形和静止或运动的图像、动画、文本等，感觉媒体帮助人类感知环境的信息。

（2）表示媒体（representation medium）。为加工、处理和传输感觉媒体而人为开发研究出来的中间手段，即用于数据交换的媒体。表示媒体包括各种语音编码、音乐编码、图像编码、文本编码、静止图像编码和活动图像编码等。

（3）显示媒体（presentation medium）。显示媒体指在通信中使感觉媒体与电信号之间

转换的一类媒体,也称为呈现媒体。如键盘、话筒、鼠标、扫描仪等输入类显示媒体和显示器、音箱、打印机、投影仪等输出类呈现媒体。

（4）存储媒体（storage medium）。用于存储数据的物理介质。如纸张、磁带、磁盘和光盘等。

（5）传输媒体（transmission medium）。传输媒体是把信息从一个地方传送到另一个地方的物理介质,如同轴电缆、电话线、双绞线、光纤、红外线、微波和无线电等。

二、构成多媒体的基本要素

多媒体技术是将文本、图形、图像、音频、动画和视频等多种媒体通过计算机进行数字化处理,并且将这些基本要素建立逻辑连接,并集成为一个具有交互性的系统。多媒体技术中能显示给用户的媒体元素称之为多媒体信息元素,目前主要有文本、图形和图像、音频、视频等。

1. 文本（text）　文本是以各种文字和符号表达的信息集合,它是现实生活中使用最多的一种信息存储和传递方式。在多媒体计算机中,文本主要用于对知识的描述性表示。可利用文字处理软件对文本进行一系列处理,如输入、输出、存储和格式化等。

2. 图形（graphic）**和图像**（image）　图形和图像也是多媒体计算机中重要的信息表现形式。

图形一般指计算机绘制的画面,描述的是点、线、面到三维空间等几何图形的大小、形状和位置,在文件中记录的是所生成图形的算法和基本特征。一般是用图形编辑器产生或者由程序产生,因此也常被称作计算机图形。

图像指由输入设备所摄取的实际场景的画面,或以数字化形式存储的画面。图像有两种来源:扫描静态图像和合成静态图像,前者是通过扫描仪、普通相机与模数转换装置、数码相机等从现实生活中捕捉;后者是由计算机辅助创建或生成,即通过图像处理软件或程序、屏幕截取等生成。

3. 音频（audio）　在多媒体技术中,音频也泛称声音,是人们用来传递信息、交流感情最方便、最熟悉的方式之一。在多媒体计算机中,按其表达形式,可将声音分为语音、音乐、音效三类。计算机的音频处理技术主要包括

声音的采集、无失真数字化、压缩及解压缩、声音的播放等。

4. 视频（video）　多媒体中的视频非常类似于我们熟知的电影和电视,有声有色,在多媒体中充当重要的角色。

视频是一系列图像连续播放形成的,具有丰富的信息内涵。视频信号具有时序性,是由多幅连续的、顺序的图像序列构成的动态图像,序列中的每幅图像称为一"帧"。若每帧图像为实时获取的自然景物图像时,就称为动态影像视频,简称视频。

视频信号可以来自录像带、摄像机等视频信号源,但由于这些视频信号的输出大多是标准的彩色全电视信号,要将其输入计算机不仅要进行视频捕捉,实现由模拟信号向数字信号的转换,还要有压缩、快速解压缩及播放的相应的软硬件处理设备。

5. 动画（animation）　动画利用了人眼的视觉暂留特性,当快速播放一连串的静态图像时,就会在人的视觉上产生平滑流畅的动态效果。计算机动画是利用计算机来创作的动画,根据计算机动画制作方法及其产生的画面图像的不同,有两种基本的动画类型:一种是通过创建物体,然后进行三维渲染（render）的三维动画（3D animation）技术;另一种就是使用动画绘图工具软件绘制序列化的动画画面,然后将它们组合起来,保存为动画或者视频文件的二维动画技术,如矢量动画（vector animation）。

视频是一系列的静态图像或者图形在一定时间内连续变化的结果,按照这个定义,动画实际上也是视频,只是动画里的静态图像是由计算机动画制作软件按照一定的算法计算生成的图像,而不是摄取的自然图像。目前,在多媒体应用中有将计算机动画和数字视频混同的趋势。

三、多媒体的特征及关键技术

1. 多媒体的特征　多媒体技术是计算机综合处理多种媒体信息,使多种信息建立逻辑连接,集成为一个系统并具有交互性的技术。多媒体技术所处理的文字、声音、图像、图形等媒体数据是一个有机的整体,而不是一个个"分立"信息类的简单堆积,多种媒体间无论在时间上还是在空间上都存在着紧密的联系,

是具有同步性和协调性的群体。因此,多媒体技术的关键特性在于信息载体的集成性、多样性和交互性,这也是多媒体技术研究中必须解决的主要问题。

(1) 集成性。多媒体技术是多种媒体的有机集成,也包括传输、存储和呈现媒体设备的集成。集成性指多种媒体信息的集成以及与这些媒体相关的设备集成。前者指将多种不同的媒体信息有机地进行同步组合,使之成为一个完整的多媒体信息系统,充分利用各媒体之间的关系和蕴涵的大量信息,使它们能够发挥综合作用,随着多媒体技术的发展,这种综合系统效应越来越明显;后者指多媒体设备应该成为一体,包括多媒体硬件设备、多媒体操作系统和创作工具等。

(2) 多样性。多样性指多媒体技术具有对处理信息的范围实行空间扩展和综合处理的能力,体现在信息采集、传输、处理和呈现的过程中,涉及多种表示媒体、呈现媒体、存储媒体和传输媒体,或者多个信源或信宿的交互作用。信息载体的多样性使计算机所能处理的信息空间范围扩展和放大,而不再局限于数值、文本或特殊领域的图形和图像。多媒体就是要将机器处理的信息多维化,通过信息的捕获、处理与展现,使之交互过程中具有更加广阔和更加自由的空间,满足人类感官空间全方位的多媒体信息要求。

(3) 交互性。交互性指人与人、人与机器、机器与机器间的交互,即人机对话的能力,也就是机器与使用者之间的沟通能力。这也是多媒体计算机系统与传统的电视、音响等家电设备的区别。人能根据需要对系统进行控制、选择、检索,并参与多媒体信息的播放和节目的组织,不再像传统的电视那样,人只能被动地接收编排好的节目。交互性的特点使人们有了使用和控制多媒体信息的手段,并借助这种交互式的沟通达到交流、咨询、学习的目的,也为多媒体信息的应用开辟了广阔的领域。

2. 多媒体关键技术 多媒体技术、计算机通信网络技术和面向对象的编程技术构成了新一代信息系统的三大支柱。多媒体技术的发展是领先许多基础技术的进步而发展起来的。

多媒体技术是正处于发展过程中的一门跨学科的综合性的高新技术,是科技进步的必然结果,它融合了当今世界上一系列先进技术,也涉及许多传统的而且近年来发展很快的技术,如声音、图像、视频处理等技术,也涉及近十几年来新发展起来的技术,如数字处理、网络通信、数据库等。可以把多媒体关键技术归纳为以下几个方面。

(1) 数据压缩与编码技术。多媒体信息,如音频和视频等,数据量大,存储和传输都需要大量的空间和时间。因此,必须考虑对数据进行压缩编码。音频、视频数字信号的编码和压缩算法则成为一个重要的技术领域。选用合适的数据压缩与编码技术,可以将图像、音频、视频数据量压缩到原来的几十分之一。目前,数据压缩与编码及解码技术已日渐完善,并且在不断发展和深化。

(2) 大规模集成电路技术。大规模集成电路(VLSI)技术是支持多媒体硬件系统结构的关键技术。多媒体计算机所实现的快速、实时地对音频信号和视频信号的压缩、解压缩、存储与播放,离不开大量的高速运算。而实现多媒体信息的一些特殊的生成效果,也需要较快的运算处理速度,因此,目前的技术条件下,想取得满意的效果只有采用专用芯片。

多媒体计算机的专用芯片可分为两类,一类是固定功能芯片,另一类是可编程数字信号处理器芯片(DSP)。VLSI 技术的发展使生产低价的数字信号处理器芯片(DSP 芯片)成为可能,这将极大促进多媒体计算机硬件的开发利用。

(3) 多媒体存储技术。多媒体信息的特点是信息量大,实时性强。图像、声音和视频等多媒体信息,即使经过压缩处理,仍然需要相当大的存储空间。因此,发展大容量的、高速的、使用方便可靠的存储器也是关键技术之一。利用光存储技术,可以有效地解决这个问题。光存储技术是通过光学的方法读、写数据,使用的光源基本上是激光,所以又称为激光存储。

大容量光盘存储 CD-ROM 的出现,满足了多媒体系统应用的需要,CD-ROM 光盘直径只有 120mm,可以存放 650MB 数据。目前存储容量比 CD 大得多的 DVD(digital video disc 数字化视频光盘)存储器已开始大量使用,DVD 光盘在形状、尺寸、面积等方面和 CD 基本一样,但 DVD 的存储容量大大高于 CD。目前定义的 DVD 存储容量最高可达到 17GB,DVD 光盘存储技术已经逐渐成熟,不仅可以存储交互视频信息,还可以存储其他类型的数据。

（4）多媒体网络通信技术。在信息技术飞速发展的今天,传统媒体提供的单一的信息服务已远远不能满足人们的需要,人们向往着集声音、图像、视频等多种媒体于一身,具有交互功能的信息服务。在这种需求下,多媒体通信技术应运而生。多媒体通信技术使计算机、通信网络和广播电视三者有机地融为一体,是多媒体技术和网络通信技术的完善结合,它使人们的工作效率大大提高,改变了人们的生活和娱乐方式,如可视电话、视频会议、视频点播以及分布式网络系统等,都是多媒体通信技术的应用。

（5）超文本与超媒体技术。超文本是一种使用于文本、图形和图像等计算机信息之间的组织形式。它使得单一的信息元素之间相互交叉"引用"。这种"引用"并不是通过复制来实现的,而是通过指向对方的地址字符串来指引用户获取相应的信息。这是一种非线性的信息组织形式。它使得 Internet 真正成为大多数人能够接受的交互式的网络。利用超文本形式组织起来的文件不仅仅是文本,也可以是图、文、声、像以及视频等多媒体形式的文件,这种多媒体信息就构成了超媒体。超媒体的准确定义是:一种信息的集合体,在多媒体信息之间建立的非线性网状链接关系。超文本和超媒体技术应用于 Internet,大大促进了 Internet 的发展,也造就了 Internet 的 WWW 服务今天的地位。

（6）多媒体数据库技术。多媒体数据库技术要解决的关键技术有多媒体数据库的存储和管理技术、分布式技术、多媒体信息再现和良好的用户界面处理技术等。由于多媒体信息占用的存储空间大,数据源广泛,结构复杂,致使传统的关系数据库已不适用于多媒体的信息管理,需要从多媒体数据模型、多媒体数据及存取方法、用户接口等方面进行研究。

多媒体数据库模型主要采用关系数据库模型的扩充和面向对象的设计方法。面向对象技术的发展推动了数据库技术的发展,面向对象技术与数据库技术的结合导致了基于面向对象数据模型和超媒体模型的数据库的研究和开发。

（7）虚拟现实技术。虚拟现实技术是一项综合集成技术,它综合了计算机图形学、人机交互技术、传感技术、人工智能等领域最先进的技术,生成模拟现实环境的三维的视觉、听觉、触觉和嗅觉的虚拟环境。在虚拟环境中,使用者戴上特殊的头盔、数据手套等传感设备,或利用键盘、鼠标等输入设备,便可以进入虚拟空间,成为虚拟环境的一员,进行实时交互,感知和操作虚拟世界中的各种对象,从而获得身临其境的感受和体会。

目前,虚拟现实技术已广泛应用于航空航天、医学实习、建筑设计、军事训练、体育训练和娱乐游戏等许多领域。

第2节　多媒体计算机系统的组成

多媒体计算机系统是一种支持多种来源、多种类型和多种格式的多媒体数据,使多种信息建立逻辑连接,进而集成为一个具有交互性能的计算机系统。与普通计算机一样,多媒体计算机系统也是由硬件和软件两大部分组成的。

多媒体硬件系统主要包括多媒体电脑和外部多媒体输入、输出设备,其核心是一台高性能的多媒体电脑,外部设备主要包括能够采集文字、音频、视频、图形、图像、动画并能进行存储的设备。多媒体软件系统主要由多媒体操作系统、多媒体素材采集编辑制作工具、多媒体创作平台和应用系统组成。

一、多媒体计算机的硬件系统

多媒体硬件系统由多媒体计算机、可以接收和播放多媒体信息的各种多媒体外部设备及其接口板卡组成。

1. 多媒体计算机　多媒体计算机可以是 MPC(multimedia person computer,多媒体个人计算机),也可以是工作站。MPC 是目前市场上最流行的多媒体开发系统。目前市场上任何一款电脑均具备 MPC 功能,无论是品牌电脑还是组装电脑,其基本配置通常包括:

（1）运算速度高的 CPU,目前多采用 Intel 或 AMD 公司产品。

（2）较大的内存空间。

（3）存储量大且运行速度快的硬盘。

（4）高分辨率的显卡。

（5）CD/DVD-ROM 驱动器或刻录机。

（6）网卡。

（7）内置集成声卡。

笔记栏

（8）高分辨率显示器。

（9）音箱、耳麦等。

多媒体工作站采用已形成的工业标准 POSE 和 XPG3，其特点是整体运算速度高、存储量大、具有较强的图形处理能力、支持 TCP/IP 网络传输协议、拥有配套软件包等。例如美国 SGI 公司研制的 SGI Indigo 多媒体工作站，能够同步进行三维图形、静止图像、动画、视频和音频等多媒体操作和应用。它与 MPC 的区别在于，不是通过在主机上增加多媒体板卡的办法来获得视频和音频功能，而是从总体设计上采用先进的均衡体系结构，使系统的硬件和软件相互协调工作，各自发挥最大效能，满足较高层次的多媒体应用要求。

2. 多媒体板卡、接口卡　多媒体板卡根据多媒体计算机系统获取或处理各种媒体信息的需要插接在电脑内的主板上，以解决输入和输出问题。多媒体板卡是建立多媒体应用程序工作环境必不可少的设备，它主要包括音频卡和视频卡等。

（1）音频卡。音频卡又称为声卡，是实现计算机对声音处理功能的部件。借助它，计算机可以录制、编辑、回放数字音频文件，对音频文件进行压缩和解压缩；控制各个声源的音量并加以混合，以及输入信号的功能放大；采用语音处理技术实现语音合成和语音识别；提供 MIDI（乐器数字接口）等。声卡由专用的处理音频的集成电路组成，通常是做成插件卡插入主板的扩展槽中，也有的是直接将电路安装在主板上。现在一些芯片组中，也有采用将声卡功能集成在芯片内的技术。

（2）视频卡。视频卡是对视频信号进行处理的接口，它可以汇集视频源（如电视信号）、音频源、录像机、激光视盘机、摄像机等信息，进行编辑、存储、输出等。按其功能又分为图像加速卡、视频播放卡、电视卡、非线性编辑卡等。

非线性编辑卡是为完成非线性编辑功能而开发的专业板卡，是专业的视音频处理板卡，如图 4-1 所示。非线性编辑是视频节目的一种编辑方式，由于它能实现对原素材任意部分的随机存取、修改和处理，开创了原来磁带编辑系统所没有的新天地，具有突出的优点，所以受到了人们的重视。近年来非线性编辑系统已经有了很大的发展，得到了广泛应用。"非线性"在这里的含义指，素材的长短和顺序可以不按制作的先后和长短而进行任意的编排和剪辑。对于存储于存储设备中的素材，进行非线性编辑时，只需要定下素材的长短并按连接的顺序编一个节目表，即可完成对所有节目的编辑。编辑成的节目其实只是素材的连接表，所以无论进行多少次编辑，都不会对信号质量产生任何影响。

3. 多媒体存储设备　由于多种形式的信息同时存在，多媒体计算机需要处理的信息量很大，尤其对动态的声音、图像更为明显。这些信息即使经过压缩，所需要的存储空间仍然十分庞大，传统使用的计算机存储设备如软盘、磁带等，无法满足这种大信息量的存储要求。多媒体计算机基本的存储设备除硬盘外，通常还有光盘（CD/DVD-ROM、CD/DVD-R、CD/DVD-RW）等。

图 4-1　非线性编辑卡

（1）硬盘。多媒体计算机的硬盘要求是高速读写的。目前硬盘的转数通常在 7200r/min 以上，缓存也应较大，一般在 4MB 以上。多媒体计算机对硬盘容量的要求也大，如果考虑简单的数码编辑，硬盘容量至少也应在 250GB 以上。图 4-2 所示为硬盘外观和内部结构。

图 4-2　硬盘外观和内部结构

（2）光盘。通常所说的光盘包括光盘驱动器（简称光驱）和光盘两部分。光驱是对光盘上存储的信息进行读写操作的设备，由光盘驱动部件和光盘转速控制电路、读写激光头、读写电路、聚焦控制、寻道控制和接口电路等部分组成。光盘上用"凸区"和"凹坑"来表示二进制信息，通过激光的反射来读出存储的信息。光盘上无论是"凸区"还是"凹坑"都表示数字 0，而在凹凸变化之处才表示数字 1。从光盘上读出的数字还要通过处理才能变成实际输入的信息。光盘上的信息沿光道存放，光道是一条螺旋线，从内到外存放信息。光盘的优点是存储量大，制作成本低，不怕磁和热，寿命长。

CD-ROM（Compact Disc-Read Only Memory）和 DVD-ROM（Digital Video Disc-Read Only Memory）指只读光盘，它的信息事先制作到光盘上，用户只能读取其中的信息。CD-ROM 光盘可以存储 650MB 数据，这些数据可以是文本、表格、图形、图像、视频和音频等各种类型的文件。DVD-ROM 在存储容量和带宽方面都有很大的提高，DVD 盘片能存储 4.7 ~ 17GB 的数据，4.7GB 能存储 133min 的 MPEG-2 标准的视频信息，并配备 Dilby AC-3/MPEG2 Audio 质量的声音和不同语言的字幕。

CD-R（Compact Disc-Recordable）和 DVD-R（Digital Video Disc-Recordable）是一种允许对光盘进行一次刻写的特殊存储技术。CD/DVD-R 光盘又叫一次写入型光盘或追记型光盘，使用 CD/DVD-R 刻录机刻录 CD/DVD-R 光盘后，光盘中的数据不可更改，光盘也是一次性的。CD/DVD-R 刻录机的刻录格式和 CD/DVD-ROM 驱动器的读取格式是相同的，所以 CD/DVD-ROM 驱动器可以读取 CD/DVD-R 光盘，CD/DVD-R 刻录机也可以作为 CD/DVD-ROM 驱动器使用。

CD-RW（Compact Disc-Rewritable）和 DVD-RW（Digital Video Disc-Rewritable）是可擦写 CD/DVD 的缩写，意为重复写入技术。CD/DVD-RW 光盘又叫可擦写型光盘或可改写型光盘，用户可以自己写入信息，也可以擦除或更改写入的信息，就像软盘一样能反复使用，目前使用的刻录机均可使用 CD/DVD-R 和 CD/DVD-RW 光盘。图 4-3 为 DVD 刻录光驱和光盘。

图 4-3　DVD 光驱和光盘

4. 多媒体外部设备　常用的外部设备有扫描仪、数码相机、数码摄像机、数字摄像头等,另外还可配有其他音频设备和视频设备,音频设备如激光唱机和乐器数字接口(MIDI)合成器等,视频设备如摄像机、录像机以及各种制式的电视视频信号源。除了以上常用的输入设备外,还有多媒体投影仪、触摸屏、手写输入板、语音输入设备等。

(1) 扫描仪。扫描仪是一种静态图像采集设备。它内部有一套光电转换系统,可以将各种图片信息转换成数字图像数据,并传送给计算机。如果再配上光学字符识别(OCR)软件,扫描仪就可快速地把各种打印文稿录入到计算机中。

常见的扫描仪类型有滚筒式扫描仪、平板式扫描仪和手持式扫描仪三种,分别适用于不同的场合。滚筒式扫描仪适用于大幅面图纸的扫描,扫描头在扫描仪上,图纸滚动。平板式扫描仪同复印机一样,如图 4-4 所示,原稿不动,成像系统移动,它是应用最广泛的一种。手持式扫描仪用于移动控制扫描,其体积小,用于精度要求不高的环境。往往需要对图像进行拼接,目前已很少使用。

图 4-4　平板式扫描仪

扫描仪的主要技术参数:

1) 分辨率是扫描仪最重要的技术指标之一。分辨率的单位为 DPI(Dot Per Inch,每英寸像素点数),其数值的高低既能反映扫描仪记录图像信息的能力,又能反映扫描仪的档次和质量。比如目前办公用的平台式扫描仪的分辨率大都在 1200×2400 dpi,而专业级扫描仪可高达 8000dpi。较高的分辨率能记录更多的图像细节。扫描仪的分辨率分为光学分辨率和最大分辨率。光学分辨率是扫描仪光电转换器件的物理精度,最大分辨率是利用软件技术在硬件产生的像点之间插入另外像点而获得的较高的分辨率。在选购扫描仪时应以光学分辨率为准。

2) 色彩深度指扫描仪所能产生的颜色范围。通常用表示每个像素点上颜色的数据位数(bit)表示。色彩深度越高,说明颜色的范围越宽,扫描的图像越真实。扫描仪的色彩深度是通过扫描仪内部的模数转换器的精度来实现的。现在主流扫描仪的色彩深度已达 48 位。理论上,24 位扫描仪能区分 256 级灰度和 1677 万种颜色;48 位扫描仪能区分 65 536 级灰度和 281 兆种颜色。因此,扫描仪的颜色位数越高,捕获的色彩越丰富,扫描的图像层次越多,动态范围也越大。

3) 扫描幅面和扫描速度。扫描幅面指扫描仪能够扫描最大原稿的尺寸,又称扫描面积。大多数平台式扫描仪的扫描面积为 A4 幅面。扫描速度指在指定分辨率和图像尺寸下的扫描时间。多数产品是用扫描标准 A4 幅面彩色或黑白图像所用的时间来表示,这一指标决定着扫描仪的工作效率,越高越好。

(2) 数码相机。数码相机是利用电荷耦合器件(charge coupled device, CCD)进行图像传感,将光信号转变为电信号在存储器或存储卡上,然后借助于计算机对图像进行加工处理,以达到图像制作的需要。图 4-5 为两款数码相机。

数码相机的主要参数:

图 4-5　数码相机

1）感光器件。传统相机使用"胶卷"作为其记录信息的载体，而数码相机的"胶卷"就是成像感光器件，而且是与相机一体的，是数码相机的心脏。感光器件是数码相机的核心，也是最关键的技术。数码相机的发展道路，可以说就是感光器件的发展道路。目前数码相机的核心成像部件有两种：一种是广泛使用的 CCD（电荷耦合）元件；另一种是 CMOS（互补金属氧化物导体）器件。感光组件的表面具有储存电荷的能力，并以矩阵的方式排列。当其表面感受到光线时，会将电荷反应在组件上，整个感光器件上的所有感光组件所产生的信号，就构成了一个完整的画面。

2）CCD 的尺寸。CCD 的尺寸就是感光器件的面积大小，这里就包括了 CCD 和 CMOS。感光器件的面积越大，捕获的光子越多，感光性能越好，信噪比越低，成像效果越好。现在市面上的消费级数码相机主要有2/3英寸、1/1.8 英寸、1/2.7 英寸、1/3.2 英寸四种。1/1.8 英寸的 300 万像素相机效果通常好于 1/2.7 英寸的 400 万像素相机（后者的感光面积只有前者的 55%）。而相同尺寸的 CCD/CMOS 像素增加固然是件好事，但这也会导致单个像素的感光面积缩小，有曝光不足的可能。但如果在增加 CCD/CMOS 像素的同时想维持现有的图像质量，就必须在至少维持单个像素面积不减小的基础上增大 CCD/CMOS 的总面积。目前更大尺寸 CCD/CMOS加工制造比较困难，成本也非常高。因此，CCD/CMOS 尺寸较大的数码相机，价格也较高。感光器件的大小直接影响数码相机的体积重量。超薄、超轻的数码相机一般 CCD/CMOS 尺寸也小，而越专业的数码相机，CCD/CMOS 尺寸也越大。

3）有效像素。有效像素数英文名称为 Effective Pixels。有效像素数指真正参与感光成像的像素值。最高像素的数值是感光器件的真实像素，这个数据通常包含了感光器件的非成像部分，而有效像素是在镜头变焦倍率下所换算出来的值。以美能达的 DiMAGE7 为例，其CCD 像素为 524 万（5.24 Megapixel），因为 CCD有一部分并不参与成像，有效像素只为 490 万。数码图片的储存方式一般以像素（Pixel）为单位，每个像素是数码图片里面积最小的单位。

像素越大，图片的面积越大。要增加一个图片的面积大小，如果没有更多的光进入感光器件，唯一的办法就是把像素的面积增大，这样一来，可能会影响图片的锐利度和清晰度。所以，在像素面积不变的情况下，数码相机能获得最大的图片像素，即为有效像素。

4）最高分辨率。分辨率是用于度量位图图像内数据量多少的一个参数。通常表示成 ppi（pixel per inch，每英寸像素）和 dpi（dot per inch，每英寸点）。包含的数据越多，图形文件的长度就越大，也能表现更丰富的细节。但更大的文件也需要耗用更多的计算机资源，更多的内存，更大的硬盘空间等。在另一方面，假如图像包含的数据不够充分（图形分辨率较低），就会显得相当粗糙，特别是把图像放大为一个较大尺寸观看的时候。所以在图片创建期间，我们必须根据图像最终的用途决定正确的分辨率。这里的技巧是要首先保证图像包含足够多的数据，能满足最终输出的需要。同时也要适量，尽量少占用一些计算机的资源。从技术角度说，"像素"（p）只存在于计算机显示领域，而"点"（d）只出现于打印或印刷领域，请注意分辨。分辨率和图像的像素有直接的关系，我们来算一算，一张分辨率为640 × 480 的图片，那它的分辨率就达到了 307 200 像素，也就是我们常说的 30 万像素，而一张分辨率为 1600 × 1200 的图片，它的像素就是 200万。这样，我们就知道，分辨率的两个数字表示的是图片在长和宽上占的点数的单位。一张数码图片的长宽比通常是 4:3。

数码相机能够拍摄最大图片的分辨率，就是这台数码相机的最高分辨率，分辨率越大，图片的面积越大，文件（容量）也越大。

5）光学变焦。光学变焦（optical zoom）是数码相机依靠光学镜头结构来实现变焦。数码相机的光学变焦方式与传统 35mm 相机差不多，就是通过镜片移动来放大与缩小需要拍摄的景物，光学变焦倍数越大，能拍摄的景物就越远。光学变焦是通过镜头、物体和焦点三方的位置发生变化而产生的。当成像面在水平方向运动的时候，视觉和焦距就会发生变化，更远的景物变得更清晰，让人感觉像物体递进的感觉。显而易见，要改变视角必然有两种办法：一种是改变镜头的焦距，通过改变变

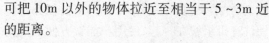

焦镜头中的各镜片的相对位置来改变镜头的焦距,这就是光学变焦。另一种就是改变成像面的大小,即成像面的对角线长短,在目前的数码摄影中,这就叫做数码变焦。实际上数码变焦并没有改变镜头的焦距,只是通过改变成像面对角线的长度来改变视角,从而产生了"相当于"镜头焦距变化的效果。如今的数码相机的光学变焦倍数大多在 2 ~ 5 倍之间,即可把 10m 以外的物体拉近至相当于 5 ~ 3m 近的距离。

（3）数码摄像机。数码摄像机是一种记录声音和活动图像的数码视频采集设备。它不仅可以记录活动图像、拍摄静止图像,而且记录的数字图像可以直接输入计算机进行处理,从而使其应用领域大大拓展。图 4-6 所示为两款数码摄像机。

图 4-6　数码摄像机

数码摄像机主要参数有 CCD 像素数、光学变焦、数字变焦,其含义和数码相机相同。目前,数码摄像机的 CCD 元件像素一般为 80 万以上,光学变焦倍数为 20 倍以上,数字变焦倍数更大。

数字摄像头又称为网络摄像机或计算机摄像机,它用于网上传送实时影像,在网络视频电话和视频电子邮件中实现实时影像捕捉。它作为数码摄像机的一个特殊分支,在网络视频方面发挥着数码相机和数码摄像机的双重作用。图 4-7 所示为数字摄像头。

图 4-7　数字摄像头

（4）触摸屏。触摸屏是一种新型的、交互式的输入和显示设备,提供了最简单、最直观的交互手段。触摸屏是一种定位设备,它外形像一台显示器,用户可以用手指直接指点(触及)屏幕上的菜单、光标、图标等按钮,通过屏幕上的压力传感器探测用户的触摸动作,向计算机输入控制信息。触摸屏比较直观方便,不懂计算机操作的人也能立即使用,可以有效地提高了人机对话的效率。现在,触摸屏广泛用于银行、商场、车站等公共场合,用于进行信息检索、查询和商品导购等。图 4-8 为触摸屏应用查询系统。

图 4-8　触摸屏应用

二、多媒体计算机的软件系统

构建一个多媒体计算机系统,硬件是基

础,软件是灵魂。多媒体软件的主要任务是将硬件有机组织在一起,使用户能够方便地使用多媒体信息。多媒体软件按功能可分为多媒体计算机系统软件、多媒体支持软件和多媒体应用软件。

1. 多媒体系统软件　多媒体计算机系统软件除了具有一般系统软件的特点外,还具备了多媒体技术的特点,如数据压缩、媒体硬件接口的驱动、新型交互方式等。多媒体计算机系统软件包括多媒体操作系统和多媒体驱动程序等。

多媒体操作系统包括多任务实时操作系统和接口管理系统两部分。它是软件的核心,负责多媒体环境下的多任务的调度,保证音频、视频信号同步控制和信息处理的实时性,提供多媒体信息的各种基本操作管理,还具有对设备的相对独立性和可扩展性功能。

Windows 是 Microsoft 公司开发的一个高性能的操作系统,现在广为使用的 Windows XP 及更高的版本都为多媒体提供了基本的软件环境,是多媒体的操作平台,也是多媒体个人计算机(MPC)的主流操作系统。Windows 提供了多媒体应用程序接口,包括多媒体控制接口(media control interface, MCI),它控制媒体信息,可接受任何音频、视频等外部设备,提供了与设备无关的应用程序,用来协调事件及与 MCI 设备驱动程序间的通信。动态链接库(dynamic link library, DLL),它是一些子程序的集合,允许 Windows 应用程序共享资源和代码。一个 DLL 被当作一个可执行模块,可以实现一个或多个功能。其他多媒体接口,包括声音的音频接口、动画文件接口等。

2. 多媒体支持软件　多媒体支持软件指多媒体创作工具或开发工具等软件,是多媒体开发人员用于获取、编辑和处理多媒体信息,编制多媒体应用软件的一系列工具软件的统称。它可以对文本、音频、图形、图像、动画和视频等多媒体信息进行控制和管理,并将它们按要求制作成完整的多媒体应用软件。多媒体支持软件大致可分为多媒体素材编辑制作工具、多媒体创作工具和多媒体编程语言等三种。

多媒体素材编辑制作工具是为多媒体应用软件进行素材准备的软件,实际上就是多媒

体数据处理软件,是各种媒体的处理工作平台,用来采集多媒体数据。主要包括文字采集编辑处理软件,声音的录制和编辑软件,MIDI 文件的录制和编辑软件,图形的绘制、视频信息的采集编辑软件,动画制作软件,图像扫描及预处理软件等。常用的有文字特效制作软件 Word,音频处理软件 CoolEdit 和 Goldwave,图形与图像处理软件 CorelDraw 和 Photoshop,二维和三维动画制作软件 Animator Studio、Flash、3ds max,视频编辑软件 Adobe Premiere、Meida Studio Pro 等。

多媒体创作工具是利用编程语言调用多媒体硬件开发工具或函数库来实现的,并能被用户方便地编制程序、组合各种媒体,最终生成多媒体应用程序的工具软件。常用的多媒体创作工具有 Authorware、Tool Book,另外有时也把 PowerPoint、FrontPage 等当作多媒体创作工具。它们主要用于创作多媒体应用软件,由专业人员在多媒体操作系统之上开发,能够对声音文本、图形、图像、动画、视频等多媒体信息流进行控制、管理和编辑,生成用户满意的应用软件,要求功能齐全、方便实用。

多媒体编程语言可用来直接开发多媒体应用软件,不过对开发人员的编程能力要求较高。它有较大的灵活性,适用于开发各种类型的多媒体应用软件。常用的多媒体编程语言有 Visual Basic、Visual C++等。

3. 多媒体应用软件　多媒体应用软件又称多媒体应用系统或多媒体产品,它是由各种应用领域的专家或开发人员利用多媒体编程语言或多媒体创作工具编制的最终多媒体产品,是直接面向用户的。多媒体开发系统就是通过多媒体应用软件来向用户展现其强大的、丰富多彩的视听功能。

第❸节　多媒体信息的数字化

一、音频数字化

声音是人类使用最多、最熟悉的传达、交流信息的方式。生活中的声音种类繁多,如语音、音乐、动物的叫声及自然界的雷声、风声和雨声等。多媒体制作中需要加入声音以增强其效果,因此,音频处理是多媒体技术研究中的一个重要内容。用计算机产生音乐以及语

音识别、语音合成技术得到了越来越广泛的研究和应用。多媒体数字音频处理技术在音频数字化、语音处理、合成及识别等诸方面都起到了关键作用。

（一）声音信号的基础知识

1. 数字音频的特点　声音作为一种波，有两种基本参数：频率和振幅。频率指声音信号每秒钟变化的次数，振幅表示声音的强弱。

在计算机中，"音频"常常泛指"音频信号"或"声音"。"音频信号"指在 20Hz ~ 20kHz 的频率范围内的声音信号。

数字音频是通过采样和量化，把模拟量表示的声音信号转换成由二进制数组成的数字化的音频文件。数字音频信号的特点如下：

（1）数字音频信号是一种基于时间的连续媒体。处理是要求有很高的时序性，在时间上如果有 25ms 的延迟，人就会感到声音的断续。

（2）数字音频信号的质量是通过采样频率、样本精度和信道数来反应的。上述的三项指标越高，声音失真越小、越真实，但用于存储音频的数据量就越大，所占存储空间也越大。

（3）由于人类的语音信号不仅是声音的载体，还承载了丰富的感情色彩，因此对语音信号的处理，不仅仅是数据处理，还要考虑语义、情感等信息，这就涉及声学、语言学等知识，同时还要考虑声音立体化的问题。

2. 音频文件的存储格式　在多媒体计算机处理音频信号时，涉及采集、存储和编辑的过程。存储音频文件和存储文本文件一样要有存储格式。当前在网络上和各类机器上运行文件格式很多，在此简单介绍几种常见的文件格式及其特点。

（1）WAV 格式。WAV（Wave Audio Files）格式的文件又称声音波形文件，是微软开发的一种声音文件格式，WAV 文件作为经典的多媒体声音格式，用于保存 Windows 平台的音频信息资源，所有音频软件多能够提供对它的支持。因此，在开发多媒体软件时，往往大量采用 WAV 格式用作事件声效和背景音乐。WAV 格式的音频可以得到同样采样率和采样大小条件下的最好音质，因此，也被大量用于音频编辑、非线性编辑等领域。

WAV 格式是数字音频技术中最常用的格式，它还原的音质较好，但所需存储空间较大。

（2）MIDI 格式。MIDI 是 Musical Instrument Interface（乐器数字接口）的缩写，是 20 世纪 80 年代提出来的，是数字音乐和电子合成器的国际标准。

MIDI 信息实际上是一段乐谱的数字描述，当 MIDI 信息通过一个音乐或声音合成器进行播放时，该合成器对一系列的 MIDI 信息进行解释，然后产生相应的一段音乐或声音。MIDI 能提供详细描述乐谱的协议（音符、音调、使用什么乐器等）。MIDI 规定了各种电子乐器、计算机之间连接的电缆和硬件接口标准及设备间数据传输的规程。任何电子乐器只要有处理 MIDI 的处理器并配以合适的硬件接口，均可以成为一个 MIDI 设备。记录 MIDI 信息的标准文件称为 MIDI 文件。当演奏 MIDI文件时，音序器将 MIDI 信息从文件中取出并送至合成器中。由该合成器将这些信息转换成某种乐器的声音、合成音色及持续时间，在通过生成并修改波形将它们送至声音发声器和扬声器中输出。

MIDI 数据文件紧凑，所占空间小，MIDI 文件的大小与回放质量无关。通常，MIDI 文件比波形数字化声音文件小很多，它不占用较多的内外存储空间和 CPU 资源。在不需要改变音调或降低音质的情况下，可以通过改变其速度来改变 MIDI 文件的长度。

MIDI 文件是与设备有关的，即 MIDI 音乐文件所产生的声音与用来播放的特定的 MIDI 设备有关。

（3）MP3 格式。MP3 是对 MPEG-1 Layer3 的简称，其技术采用 MPEG-1 Layer3 标准对 WAV 音频文件进行压缩而成。

MP3 对音频信号采取有损压缩方式。但是它的声音失真极小，而压缩率比较高，因此它以较小的比特率、较大的压缩率达到接近 CD 的音质。MP3 的压缩率可达 1∶12，对于每分钟的 CD 音乐，大约需要 1MB 的磁盘空间。

（4）RM 格式。RM 格式是 Real Media 文件的简称。这种格式的特点是可以随网络带宽的不同而改变声音的质量。它是目前在网络上相当流行的跨平台的客户机/服务器结构多媒体应用标准。用最新版本的 Realplayer

可以找到几千个网上电台,有丰富的节目源。

Real Media 文件具有高压缩比,音质相对比较差。

(5) MOD 格式。MOD 是 MODULE 的缩写。MOD 文件最初产生于 Commodore 公司的 AMIGA 型计算机。这种机器配置了一种成为 PAULA 的智能音乐芯片,能够以不同的音程(采样率)和音量在四个独立的通道同时播放。

PC 机使用的 MOD 文件是移植过来的。另外,MOD 文件并不能像波形和 MIDI 那样是 PC 机上使用的标准文件,它主要由一些业余爱好者通过网络和 BBS 支持,所以 PC 机上用于播放 MOD 音乐的软件多数是分享软件或自由软件。

(二) 数字音频处理

1. 声音的采集 语音或音乐、音效的使用,使多媒体作品更具有活力和吸引力,因此,声音的采集就成为一个重要问题。

获取声音的方法很多,下面介绍一些常用的方法。

(1) 从声音素材库中选取。随着电子出版物的不断丰富,市面上有许多 WAV、MP3 和 MIDI 等格式的音乐、音效素材光盘,这些光盘中包含的声音文件范围很广泛,有各种各样的背景音乐,也有许多特效音乐,可以从中选取素材使用。

(2) 通过多媒体录音机获取声音。Windows 自带的软件"录音机"具有很好的声音编辑功能,它能够录音、放音,并且可以混合声音,如图4-9所示。

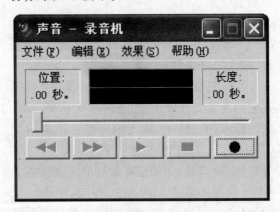

图4-9 Windows 自带的软件"录音机"

利用话筒,在 Windows 录音机的帮助下,我们可以录制自己需要的声音。下面,以录制

编辑一段波形声音为例来说明具体的使用方法。

操作步骤如下:

1)将话筒的插头插入声卡的"MIC"插孔。

2)选择"开始"菜单中的"程序"—"附件"—"娱乐"—"录音机"命令,打开录音机程序。

3)单击"编辑"—"音频属性"命令,打开"音频属性"对话框,根据需要对录音参数进行设置;在"编辑"菜单栏下还可以精选"复制"、"粘贴"、"插入"、"删除"等操作。

4)在录音主窗口中,单击"录音"按钮,开始录音。录音时,在窗口中会出现与声音相关的波形图,我们可以通过看是否出现波形图判断是否录音成功。录音过程中,若单击"暂停"按钮,就会停止录音。

5)录音完成后,可以通过"播放"键试听录音效果。如果不满意,选择"文件"—"新建"创建新的文件,重复第4)步,重新录音。

6)录音成功后,选择"文件"—"保存"菜单命令,在弹出的对话框中,输入一个文件名和存储路径,最后单击"确定"按钮即完成保存,保存的文件为 WAV 格式。

(3) 从磁带获取声音。从磁带获取声音的方法和话筒获取声音的方法类似,不同的是要将磁带播放器的线路输出插孔通过连线与声卡"MIC"接口或外部输入接口连接。

(4) 从网络获取声音。网络上有许多声音素材可以供人们下载使用,使用时要考虑文件的大小及格式。

(5) 从 CD 光盘中获取声音。CD 光盘中有极为丰富的音乐素材,但这种格式的声音文件不能直接在多媒体作品中使用,必须将其转换成其他的格式文件才能使用。

2. 数字音频文件格式的相互转换 我们已经知道数字音频文件存在多种格式,这些数字音频文件在实际使用中可以进行相互间的格式转换。数字音频文件格式转换时,最好采用权威公司开发的专用工具软件,这样可以尽量地减少声音失真。如果找不到专用转换工具,可以先将其转换成 WAV 格式,然后再生成目标格式。

一些常用的音频播放软件往往附带了转换格式的插件,例如 Winamp、豪杰解霸等软件

可以常见的声音格式互相转换。还可以使用音频编辑软件进行格式转换,这些软件都支持读取多种音频格式。转换方法比较简单,只需将要转换的文件打开,然后再另存为选择目标格式即可。下面介绍一些常用的格式转换软件:

(1) MP3 转换成 WAV:可用 MP32WAVProfessional、MP3toWAV、RightClick-MP3、DARTCD-Recorder 和 MP3Recorder 等软件。

(2) VCD 转换成 WAV:可用豪杰解霸和金山影霸等软件。

(3) WAV 转换成 MIDI:可用 Gama、WAVmid32、DigitalEar、AkoffMusicComposer 和 WIDIRecognitionSystem 等软件。

(4) WAV 转换成 MP3:可用 L3ENC、MPEGLayer-3AudioCodec、RightClick- MP3 和 MP3Creator 等软件。

二、图像数字化

人类接受的信息有 70% 来自视觉,视觉是人类最丰富的信息来源。

多媒体计算机中的图像处理主要是对图像进行编码、重视、分割、存储、压缩、恢复和传输等,从而生成人们所需的便于识别和应用的图像或信息。

(一) 图像的基础知识

1. 图像的特点

(1) 计算机中的图像指点阵图。点阵图由一些排成行列的点组成,这些点称之为像素点(pixel),点阵图也称位图。

位图中的位用来定义图中每个像素点的颜色和亮度。在计算机中用 1 位表示黑白线条图,用 4 位(16 种灰度等级)或 8 位(256 种灰度等级)表示灰度图的亮度。而色彩图像则有多种描述方法。

位图图像适合于表现层次和色彩比较丰富、包含大量细节的图像。彩色图像需要由硬件(显示卡)合成显示。

(2) 图像文件的存储格式很多,如 BMP、GIF、TIF 等,一般数据量都较大。

(3) 在计算机中可以改变图像的性质。对图像文件可进行改变尺寸大小、修改图像位置和调节颜色等处理。必要时可用软件技术

改变图像的亮度、对比度、明度,以求用适当的颜色描绘图像,并力求达到多媒体制作需要的效果。

2. 图像的格式　图像的格式有很多,下面简单介绍几种常见的图像格式。

(1) BMP 格式。BMP(Bitmap)位图格式是标准的 Windows 图像位图格式,其扩展名为 BMP。许多在 Windows 下运行的软件都支持这种格式。最典型的应用 BMP 格式的程序就是 Windows 自带的"画图"。BMP 图像文件格式可以存储单色、16 色、256 色以及真彩色 4 种图像数据,该格式是当今应用比较广泛的一种格式。其缺点是 BMP 文件几乎不压缩,占用磁盘空间较大,因此该格式文件比较大,不适于网络传输,常应用在单机上。

(2) GIF 格式。GIF(Graphics Interchange Format)图像格式主要用于网络传输和存储。它支持 24 位彩色,由一个最多 256 种颜色的调色板实现,256 种颜色已经能满足主页图形需要,而且文件较小,适合网络环境传输和使用。

(3) JPEG 格式。JPEG(Joint Photographic Experts Group)图像格式是一种由复杂的文件结构与编码方式构成的格式。可以用不同的压缩比例对这种文件压缩,其压缩技术十分先进。它是用有损压缩方式除去计算机内冗余的图像和色彩数据,压缩对图像质量影响较小,用最少的磁盘空间可以获得较好的图像质量。由于其性能优异,所以应用非常广泛,是网络上的主流图像格式。

(4) PCX 格式。PCX 格式是 ZSOFT 公司在开发图像处理软件 Paint brush 时开发的一种格式,存储格式从 1 ~ 24 位,它是经过压缩的格式,占用磁盘空间较小。

(5) PSD 格式。PSD(Photoshop Doument)格式是 Adobe 公司开发的图像处理软件Photoshop 中自建的标准文件格式,它是 Photoshop 的专用格式,里面可存放图层、通道、遮罩等多种设计草稿。在该软件所支持的各种格式中,PSD 格式功能强大,存取速度比其他格式快很多。由于 Photoshop 软件越来越广泛地被应用,所以这个格式也逐步流行起来。

(6) TIFF 格式。TIFF(Tag Image File Format)格式具有图形格式复杂、存储信息多

的特点。TIFF 支持从单色到 32 位真彩色的所有图像,具有多重数据压缩存储方式。

（7）PNG 格式。PNG（Portable Network Graphics）是一种新兴的网络图形格式,结合了 GIF 和 JPEG 的优点,具有存储形式丰富的特点。PNG 最大颜色深度为 48 位,采用无损方案存储,可以存储最多 16 位的 Alpha 通道。

(二) 图像处理技术

1. 图像的采集　图像是多媒体作品中使用频繁的素材,除通过图像软件的绘制、修改获取图像外,使用最多的还是直接获取图像,主要有以下几种方法:

（1）利用扫描仪和数码相机获取。扫描仪主要用来取得印刷品以及照片的图像,还可以借助识别软件进行文字的识别。目前市场上的扫描仪种类繁多,在多媒体制作中可以选择中高档类型。而数码相机可以直接产生景物的数字化图像,通过接口装置和专用软件完成图像输入计算机的工作。在使用数码相机之前,应有一些摄影知识准备,如用光、构图、色彩学等,这样就能更好地利用设备进行操作。

（2）从现有图片库中获取。多媒体电子出版物中有大量的图像素材资源。这些图像主要包括山水木石、花鸟鱼虫、动物世界、风土人情、边框水纹、墙纸图案、城市风光、科幻世界等,几乎应有尽有。另外,还要养成收集图像的习惯,将自己使用过的图像分类保存,形成自己的图片库,以便以后使用。

（3）在屏幕中截取。多媒体制作中,有时可以将计算机显示屏幕上的部分画面作为图像。从屏幕上截取部分画面的过程叫屏幕抓图。方法是在 Windows 环境下,单击键盘功能键中的"PrintScreen"键,然后进入 Windows 附件中的"画图"程序,用粘贴的方法将剪贴板上的图像拷贝到"画纸"上,最后保存。

（4）用豪杰超级解霸等软件捕获 VCD 画面。多媒体制作中,常常需要影片中的某一个图像,这时可以借助超级解霸等软件来完成。

（5）从网络上下载图片。网络上有很多图像素材,可以很好地利用。但使用时,应考虑图像文件的格式、大小等因素。

2. 图像格式的转换　利用一些专门的软件,可以在图像格式之间进行转换,从而达到多媒体制作要求。下面介绍两种转换软件:

（1）在 ACDSee 中转换格式。ACDSee 是目前最流行的数字图像处理软件之一,可应用于图片的获取、管理、浏览及优化等方面。在 ACDSee 中转换图像格式的方法如下:

1）在 ACDSee 中打开图像文件,选择"文件"—"另存为"菜单命令。

2）在"图像另存为"窗口中,选择保存的路径,并打开"保存类型"选项的下拉列表框,在其中选择所需的图像格式。

3）单击"保存"按钮,完成转换工作。

（2）在 Photoshop 中转换格式。Photoshop 是一款非常优秀的图像处理软件,尤其表现在位图的处理上,它几乎支持所有图像格式,利用它可以很方便地进行图像格式转换,转换方法与在 ACDSee 中的方法类似。

3. 图像处理软件简介　图像处理软件可以对图像进行编辑、加工和处理,使图像成为合乎要求的文件。下面简单介绍几种常见的图像处理软件。

（1）Windows 图画。"画图"是 Windows 下的一个小型绘图软件,可以用它创建简单的图像,或用"画图"程序查看和编辑扫描好的照片,可以用"画图"程序处理图片,例如 JPEG、GIF、BMP 文件,也可以将"画图"图片粘贴到其他已有文档中或将其用作桌面背景。

（2）Photoshop。Photoshop 是目前最流行的平面图像设计软件,它是针对位图图像进行操作的图像处理程序。它的工作主要是进行图像处理,而不是图形绘制。Photoshop 处理位图图像时,可以优化微小细节,进行显著改动,以增强效果。

（3）PhotoDraw。PhotoDraw 是 Microsoft 公司推出的图像处理软件,它有丰富的功能及良好的易用性,并且与 Office 及 Web 页可以无缝地链接和嵌入。

（4）CoreDRAW。Core DRAW 图像软件套装是一套屡获殊荣的图形、图像编辑软件,它包含两个绘图应用程序:一个用于矢量图及页面设计;一个用于图像编辑。这套绘图软件组合带来了强大的交互式工具,操作简单并能保证高质量的输出性能。

三、视频数字化

通常所说的视频指运动的图像。若干关联的图像连续播放便形成了视频。视频信号使多媒体系统功能更强大,效果更精彩。

视频信号处理技术主要包括视频信号数字化和视频信号编辑两个方面。由于视频信号多是标准的电视信号,在其输入计算机时,要涉及信号捕捉、模/数转换、压缩/解压缩等技术,避免不了受广播电视技术的影响。

(一) 视频信号基础知识

1. 从模拟信号到数字信号 通常我们在电视上看到的影像和摄像机录制的片段等视频信号都是模拟视频信号,模拟视频信号是涉及一维时间变量的电信号。根据不同的信号源,现有模拟视频信号标准可以分为三类:分量模拟视频信号、复合视频信号、S-video 信号,它们具有时间和空间分辨率等不同的图像参数以及不同的处理色彩的方法。

数字视频就是以数字信号方式处理视频信号,它不但更加高效而精确,并且提供了一系列交互视频通信和服务的机会。一旦视频信号被数字化和压缩,就可以被大多数处理静止图像的软件操作和管理。因此,每一个画面都可以得到精确的编辑并且达到较为完美的效果。

如果想在多媒体计算机中应用录像带、光盘等携带的视频信号,就要先将这些模拟信号转换成为数字视频信号。这种转换需要借助一些压缩方法,还要有硬件设备支持,如视频采集卡等,并且要有相应的软件配合来完成。

2. 数字视频信号的特点

(1) 数字视频信号具有时间连续性,表现力更强、更自然。它的信息量比较大,具有更强的感染力,善于表现事物细节。通常情况下,视频采用声像复合格式,即在呈现事物图像的时候,同时伴有解说效果或背景音乐。当然,视频在呈现丰富色彩的画面的同时,也可能传递大量的干扰信息。

(2) 视频是对现实世界的真实记录。借助计算机对多媒体的控制能力,可以实现数字视频的播放、暂停、快速播放、反序播放和单帧播放等功能。

(3) 视频影像在规定的时间内必须更换画面,处理时要求有很强的时续性。

(4) 数字视频信号可以进行复制,还可以进行格式转换、编辑等处理。

3. 视频信号处理环境 视频信号的特点对其处理环境提出了特殊的要求。

(1) 软件环境:处理视频信号,除了要有一般的多媒体操作系统外,还要有相应的视频处理工具软件,这些软件包括视频编辑软件、视频捕捉软件、视频格式转换软件及其他视频工具软件等,如 Premiere、QuickTime for Windows 等,这些软件都是进行视频处理必不可少的,可以提供视频获取、无硬件回放、支持各种视频格式播放,有的还可以提供若干个独立的视频编辑应用程序。

(2) 硬件环境:处理视频素材的计算机应该有较大的磁盘存储空间。除了多媒体计算机通常的硬件配置,如主机、声卡、显卡和外设等,还必须安装视频采集卡。

视频采集卡又称"视频捕捉卡"或"视频信号获取器"。其作用是将模拟视频信号转变为数字视频信号。用于视频采集的模拟信号可以来自有线电视、录像机、摄像机和光盘等,这些模拟信号通过视频采集卡,经过解码、调控、编程、数/模转换和信号叠加,被转换成数字视频信号而被保存在计算机中。

目前市场上有各种档次的视频采集卡,从几百元的家用型视频采集卡到十几万元的非线性编辑视频采集卡,让人们有很大的选择空间,也使视频信号进入多媒体制作领域得以轻松地实现。

4. 视频信号格式 在多媒体节目中常见的视频格式有 AVI 数字视频格式、MPEG 数字视频格式和其他一些格式。

(1) AVI 数字视频格式。AVI(Audio Video Interleave)数字视频格式是一种音频视频交叉记录的数字视频文件格式。1992 年初 Microsoft 公司推出了 AVI 技术及其应用软件 VFW(Video For Windows)。在 AVI 文件中,运动图像和伴音数据以交织的方式存储在同一文件中,并独立于硬件设备。

这种按交替方式组织音频和视频数据的方式,使得读取视频数据流时能更有效地从存储媒介得到连续的信息。构成一个 AVI 文件的主要参数包括视频参数、伴音参数和压缩参数等。

（2）MPEG 数字视频格式。MPEG 数字视频格式是 PC 机上的全屏活动视频的标准文件格式。可分为 MPEG-1、MPEG-2、MPEG-3、MPEG-4 和 MPEG-7 五个标准。其中 MPEG-4 制定于 1998 年，是当前主要使用的视频格式，它不仅针对一定比特率下的视频、音频编码，更加注重多媒体系统的交互性和灵活性。这个标准主要应用于可视电话、可视电子邮件和视频压缩参数等。

（3）流媒体格式。流媒体（Streaming Media）应用视频、音频流技术在网络上传输多媒体文件。其中，REAL VIDEIO（RA、RAM）格式较多地用于视频流应用方面，也可以说是视频流技术的开创者。它可以在用 56KB Modem 拨号上网的条件下实现不间断的视频播放，但其图像质量较差。

（4）MOV 格式。MOV 是 Apple 公司为在 Macintosh 微型计算机上应用视频而推出的文件格式。MOV 是 QuickTime for Windows 视频处理软件支持的格式。适合在本地播放或是作为视频流格式在网上传播。

（二）视频信号处理

1. 视频信号的采集　视频信号主要从以下途径获得：

（1）利用 CD-ROM 数字化视频素材库。可以直接购买数字化视频素材库光盘，还可以通过抓取软件从 VCD 影碟中节选一段视频作为素材。

（2）利用视频采集卡。将摄像机、录像机与视频采集卡相连，可以从现场拍摄的视频得到连续的帧图像，生成 AVI 文件。这种 AVI 文件承载的是实际画面，同时记录了音频信号。

（3）利用专门的硬件和软件设备，将录像带上的模拟视频转换为数字视频。当前这样的装置和软件很多，用户可以轻松方便地把录像带中的文件传送到电脑中，同时还可以编辑视频文件，最后将其保存输出。

（4）利用 Internet，从网上下载。

（5）捕捉屏幕上的活动画面。利用专门的视频捕捉软件，如 SnagIt 或超级解霸，可以

录制动态的屏幕操作，并保存为所需要的格式，成为视频素材。

（6）利用数码摄像机。数码摄像机可以直接拍摄数字形式的活动图像，不需任何转换，就可以输入到计算机中，并以 MPEG 形式存储下来。

（7）自行制作视频素材。利用 Autodesk Animator、3D Max 和 Gif Animator 等软件，可以制成二维或三维的动画，作为视频素材使用。

2. 视频信号的转换　在不同的场合，要用到不同格式的视频信号，一般在 PC 平台上要使用 AVI 格式，苹果机系列使用 Quick Time 格式，使用较大的视频素材时要选用 MPEG 高压缩比格式，在网上实时传输视频类素材时使用流媒体格式。

视频信号转换常用的软件有 Honestech MPEG Encoder、bbMPEG、XingMEG Encider 等，可以按照不同的需要选取不同的工具软件。

3. 视频信号编辑软件简介　视频信号的编辑离不开多媒体视频编辑制作软件。下面介绍几种常见的视频编辑制作软件：

（1）Adobe Premiere。Adobe Premiere 多媒体视频编辑制作软件是 Adobe 公司推出的软件，其功能强大，支持 MP3 格式的声音播放格式，并可以完成多个视频片段的编辑和特技效果添加，用户使用起来得心应手。Adobe Premiere 是一个非常优秀的视频编辑软件，能对视频、声音、动画、图片和文本进行编辑加工，并最终生成电影文件。

（2）Ulead VideoStudio（会声会影）。数字视频编辑制作通常只有专家才能掌握。但随着技术的进步，几乎任何人都可以创建视频作品。随着个人计算机的功能越来越强大，视频编辑制作软件也变得更智能化。

Ulead VideoStudio 提供了完整的剪辑、混合、运动字幕和添加特效等功能，从而将用户带入视频技术的前沿。由于 Ulead VideoStudio 将复杂的视频编辑制作过程变得相当简单和有趣，因此，初学者可以制作出专业化的作品。

（3）QuickTime。QuickTime 是苹果公司最早在苹果机上推出的视频处理软件。使用它可以不用附加硬件在电脑上回放原始质量的高清晰视频。QuickTime 以超级视频编码

笔记栏

为主要特征,使用户以极小的文件尺寸得到高清晰度的视频影像。其用户界面组合合理,操作简单易学,使用 QuickTime 可以轻易的创建幻灯片或视频节目,是一个很好的视频信号处理、编辑软件。

四、多媒体数据压缩技术

多媒体信息包括文本、声音、动画、图形图像和视频等多种媒体信息。经过数字化处理后其数据量是非常大的,如果不进行数据压缩处理,计算机系统就无法对它进行存储和传输,因此,数据压缩技术是多媒体技术中一项十分关键的技术。研究结果表明,选用合适的数据压缩技术,有可能将原始文字数据量压缩到原来的 1/2 左右,语音数据量压缩到原来的 1/10 ~ 1/2,图像数据量压缩到原来的 1/60 ~ 1/2。

数据压缩,通俗地说,就是用最少的数码来表示信源所发出的信号,减少给定消息集合或数据采样集合的信号空间。信号空间包括物理空间、时间空间和电磁频谱空间。

1. 数据压缩可行性 数据压缩的对象是数据。数据是信息的载体,用来记录和传送信息,真正有用的不是数据本身,而是数据所携带的信息。原始信源存在着很大的冗长余度(redundant)。

(1)空间冗余。在一幅图像中,规则物体和规则背景(所谓规则指表面颜色分布是有序的而不是完全杂乱无章的)的表面物理特征具有相关性,这些相关性在数字化图像中就表现为空间冗余。

(2)时间冗余。图像序列中的两幅相邻的图像,后一幅图像与前一幅图像之间有较大的相关性,这反映为时间冗余。同理,在言语中,由于人在说话时发音的音频是一连续的渐变过程,而不是一个完全在时间上独立的过程,因而也存在时间冗余。

(3)视觉冗余。人们在欣赏音像节目时,由于耳、目对信号的时间变化和幅度变化的感受能力都有一定的极限,如人眼对影视节目有视觉暂留效应,人眼或人耳对低于某一级限的幅度变化已无法感知。事实上人类视觉系统一般只能分辨 2^6 灰度等级,而一般图像的量化采用的是 2^8 灰度等级。像这样的冗余,我

们称之为视觉冗余。对于听觉,也存在类似的冗余。

(4)结构冗余。有些图像从大的区域上看存在着非常强的纹理结构,例如,布纹图案和草席图案,我们说它们在结构上存在冗余。

(5)知识冗余。有些图像的理解与某些知识有相当大的相关性。例如,人脸的图像有固定的结构,鼻子位于脸的中线上,上方是眼睛,下方是嘴等。这类规律性的结构可由先验知识和背景知识得到,我们称此冗余为知识冗余。

数据压缩就是解决信号数据的冗余性问题。

2. 数据压缩方法 数据压缩又称为数据信源编码,其目的是减少所需要的存储空间,缩短信息传输的时间;数据解压缩,也称为数据解码,是数据压缩的逆过程,即把压缩数据还原成原始数据或与原始数据相近的数据。编码压缩方法有许多种,从不同的角度出发有不同的分类方法,按照压缩方法是否产生失真分为以下几种:

(1)无损编码。压缩后的数据经过重构还原后与原始数据完全相同,压缩比在(2 ~ 5):1之间。主要编码有 Huffman 编码、算术编码、行程长度编码等。无损编码由于不会产生失真,常用于文本、工程(实验)数据及应用软件的压缩。

(2)有损编码。利用了人类视觉和听觉器官对图像或声音中某些频率成分不敏感的特性,允许压缩过程中损失一些信息,压缩后的数据经过重构还原后与原始数据有所不同,但压缩比可以从几倍到上百倍调节。常用的编码有变换编码和预测编码。有损压缩主要应用于图像、声音、动态视频等数据的压缩。

3. 数据压缩标准 由于多媒体数据压缩技术具有广阔的应用范围和良好的市场前景,因而一些著名的研究机构和大公司都不遗余力地开发自己的专利技术和产品,因此,压缩技术的标准化工作十分重要。

(1)音频压缩标准。按照压缩方案的不同,可将数字音频压缩方法分为时域压缩、变换压缩、子带压缩,以及多种技术相互融合的混合压缩等。各种不同的压缩技术,其算法的复杂程度(包括时间复杂度和空间复杂度)、

音频质量、算法效率（即压缩比例）以及编解码延时等都有很大的不同，其应用场合也因之而各不相同。

数字音频压缩技术标准分为以下三种。

1）电话（200Hz ～ 3.4kHz）语音压缩，主要有国际电信联盟（ITU）的 G.711（64KB/s）、G.721（32KB/s）、G.728（16KB/s）和 G.729（8KB/s）标准等，用于数字电话通信。

2）调幅广播（50Hz ～ 7kHz）语音压缩，采用 ITU 的 G.722（64KB/s）标准，用于优质语音、音乐、音频会议和视频会议等。

3）调频广播（20Hz ～ 15kHz）及 CD 音质（20Hz ～ 20kHz）的宽带音频压缩，主要采用 MPEG-1 或双杜比 AC-3 等标准，用于 CD、MD、MPC、VCD、DVD、HDTV 和电影配音等。

（2）图像压缩标准。目前，被国际社会广泛认可和应用的图像压缩编码标准主要有以下几种。

1）JPEG（Joint Photographic Experts Group，联合图像专家组）。静止图像压缩标准 JPEG 同 CCITT（国际电报咨询委员会）和 ISO（国际标准化组织）联合组成的专家组共同制定。尽管 JPEG 的目标主要针对静止图像，其应用并不局限于静止图像，它之所以称为图像压缩标准是因为它所处理的只限于帧内，而没有利用帧间的相关性处理。JPEG 标准定义了两种基本压缩算法：基于 DCT（离散余弦变换）的有损压缩算法与基于 DPCM（空间预测编码）的无损压缩算法。

2）MPEG（Moving Picture Experts Group，运动图像专家组）。MPEG 是 1988 年 ISO 和 IEC（国际电工委员会）共同组建的一个工作组，它的任务是开发运动图像及声音的数字编码标准。该标准旨在解决视频图像压缩、音频压缩及多种压缩数据流的复合与同步，它很好地解决了计算机系统对庞大的音像数据的吞吐、传输和存储问题，使影像的质量和音频的效果达到令人满意的程度。MPEG 系统标准对多媒体以及相关产业产生了重大的影响，并将极大地推动多媒体通信技术的发展。

① MPEG-1。1993 年 8 月公布，分为视频、音频和系统三部分。它可针对 SIF 标准分辨率（对于 NTSC 制为 352×240；对于 PAL 制为 352×288）的图像进行压缩，传输速率为

1.5Mb/s，每秒播放 30 帧，具有 CD 音质，质量级别基本与 VHS 相当。MPEG 的编码速度最高可达 4～5Mb/s，但随着速率的提高，其解码后的图像质量有所降低。MPEG-1 标准已广泛用于 VCD、因特网上的各种视音频存储传输（如非对称数字用户线路 ADSL、视频点播 VOD 以及教育网络）及电视节目的非线性编辑中。

② MPEG-2。制定于 1994 年，主要针对高清晰度电视（HDTV）所需要的视频及伴音信号，MPEG-2 所能提供的传输率在 3～10Mb/s，其在 NTSC 制式下的分辨率可达 720×486。MPEG-2 兼容 MPEG-1，且提供一个较广泛范围的可变压缩比，以适应不同的画面质量、存储容量以带宽的要求。MPEG-2 标准已广泛用于数字电视广播（DVB）、高清晰度电视（HDTV）、DVD 以及下一代电视节目的非线性编辑系统及数字存储中。

③ MPEG-4。2002 年 10 月公布，该标准的目标是支持多种多媒体应用（主要偏重于多媒体信息内容的访问），可根据应用的不同要求现场配置解码器。与 MPEG-1 和 MPEG-2 相比，MPGE-4 的特点是更适于交互 AV 服务以及远程监控，它是第一个有交互性的动态图像标准。如果用 MPEG-2 标准，图像被当成一个整体去压缩；而在 MPEG-4 标准下，对图像的每一个元素进行优化压缩。

④ MPEG-7。正式名称是多媒体内容描述接口（multimedia content description interface），其目标就是产生一种描述多媒体信息的标准，并将该描述与所描述的内容相联系，以实现快速有效的检索。

3）H.261。由 CCITT（国际电报电话咨询委员会）通过的用于音频视频服务的视频编码解码器（也称 Px64 标准）标准，它使用两种类型的压缩：帧中的有损压缩（基于 DCT）和用于帧间压缩的无损编码，并在此基础上使编码器采用带有运动估计的 DCT 和 DPCM（差分脉冲编码调制）的混合方式。这种标准与 JPEG 及 MPEG 标准间有明显的相似性，但关键区别是它是为动态使用设计的，并提供完全包含的组织和高水平的交互控制。

H.263 的编码算法与 H.261 一样，但做了一些改善和变化，以提高性能和纠错能力。

H.263 标准在低码率下能够提供比 H.261 更好的图像效果。

第 4 节 多媒体创作

一、多媒体创作工具的概述

多媒体创作工具又称多媒体著作工具,指用来集成、处理和统一管理文本、图形、动画、视频图像和声音等多媒体信息的编辑工具。多媒体创作工具基本上是一组综合的软件系统,其基本任务就是要能支持一系列音频与视频等数字信号的输入设备,形成文本、图形、动画、视频图像和声音文件,并能在同一屏幕画面内融合各种多媒体要素,并可提供循环等寻踪路径,使内容生动、活泼,具有真正的人机会话方式。

1. 多媒体创作工具的特点 多媒体创作工具产生的初衷是为不懂编程的应用人员制作多媒体应用软件提供一种便利的工具。由于多媒体创作工具用户的"非专业性",它必须具有概念清楚、界面简洁、操作简单、易用易学等特点。

目前,较为流行的多媒体创作工具普遍具有以下这些特点:

(1) 所见即所得的编辑环境。多媒体创作工具向创作人员提供了一个可视化、直观的创作环境,创作人员主要通过一些简单的鼠标点取、拖放等,便可完成多媒体素材的集成、画面的布局等工作,并且画面编辑时的效果与程序运行时的效果基本一致,达到了所谓的所见即所得。

(2) 各种多媒体数据的支持。多媒体创作工具一般具有很强的多媒体数据处理能力,能访问各种多媒体数据,如文字、图像、声音、动画和视频等,在生成最后的发布产品时,还可以把有关的多媒体数据进行压缩打包、优化存储,提高访问速度等。

(3) 具有超媒体链接能力。多媒体创作工具通过创建热区、热字、热物体等手段为实现信息的超媒体结构链接提供了简单的实现方式。

(4) 应用程序链接能力。创作工具能够把外部的应用程序与用户创作的软件进行链接,可以通过用户的程序激活外部的程序,让外部程序在进程外异步执行。此外,目前的创作工具普遍都提供了对 DDE(动态数据交换)等技术的支持。

(5) 操作简单、易学易用。由于多媒体创作工具主要是面对非计算机专业用户的,目前流行的各种创作工具的最大特点便是概念清楚、界面简洁、操作简单、易学易用,让普通的人员经过短期的学习培训即可掌握其使用方法。

(6) 良好的可扩充性。一个多媒体创作工具往往在某一领域有特长,如有的特别擅长于制作演示程序、有的擅长于制作电子书、有的擅长于制作灵活多变的动画节目等。但为了能满足不同用户不同层次的需求,目前一般的多媒体创作工具都提供了实现自身的功能扩展的途径,如有的通过自定义函数库,有的通过调用 DLL,有的通过标准的外部程序接口等,尽可能地满足一些复杂的需求。

2. 多媒体创作工具的类型 多媒体创作工具按其编辑工作方式可分为基于卡片式或页式的工具,基于图标、事件式的工具,基于时间轴的工具等;按设计思想又可分为面向场景对象的著作工具和面向多媒体书的著作工具。

(1) 面向对象的可视化编程控制工具。它们的突出特点是提供流程图式的可视化编程手段,可方便地生成显示画面的流程图,使各功能模块之间的关系清晰明了,生成的可执行文件能够脱离著作环境,直接作为 Windows 应用程序运行,特别适合制作具有复杂内部流程的多媒体演示。例如:Authorware、Icon Author 等。

(2) 面向场景对象的著作工具。它们的特点是很容易控制画面中每个对象(文本、图像、声音和动画等)的出现时刻和效果,同时还可以指定必要的动作序列,这类工具一般都生成(或由著作工具本身提供)一个播放器式的可执行文件,可在 Windows 环境下运行,解释播放相应的多媒体节目,例如 Director、Action 等。

(3) 面向多媒体书的著作工具。它们按著书的方式一页一页地创作,每页的内容可做到图文并茂,通过触发词可实现超文本的链接,还具有一定的文字检索功能,但生成的可执行文件一般需要运行库文件(一系列的动态链接库文件)的支持才可以执行,例如 ToolBook、Viewer 等。

3. 多媒体创作工具的介绍　常见的多媒体创作工具有 PowerPoint、Director、Authorware、Toolbook、Frontpage 等,借助于这些工具,可以快速、方便地制作多媒体教学软件。这些创作工具各有所长,有的适合制作花式多样、有动感的电子幻灯片,如 PowerPoint;有的适合制作 CBT 课件,如 Authorware、IconAuthor;有的合适制作动画或漂亮的推销广告,如 Director;有的擅长制作电子书、百科全书,如 Toolbool;有的合适用于数据库信息的发布,如 Innovus Multinedia;有的适合于网络运行,如 Frontpage。所以,要根据不同的教学软件的需求特点,选用合适的创作工具。

二、Authorware 的特点及工作环境

在各种多媒体应用软件的开发工具中,Macromedia 公司推出的多媒体制作软件 Authorware 是不可多得的开发工具之一。它使得不具有编程能力的用户也能创作出一些高水平的多媒体作品。

Authorware 采用面向对象的设计思想,是一种基于图标(icon)和流线(line)的多媒体开发工具。它把众多的多媒体素材交给其他软件处理,本身则主要承担多媒体素材的集成和组织工作。

Authorware 操作简单,程序流程明了,开发效率高,并且能够结合其他多种开发工具,共同实现多媒体的功能。它易学易用,不需大量编程,对于非专业开发人员和专业开发人员都是一个很好的选择。

1. Authorware 的主要特点

(1)面向对象的可视化编程。这是 Authorware 区别于其他软件的一大特色,它提供直观的图标流程控制界面,利用对各种图标逻辑结构的布局,来实现整个应用系统的制作。它一改传统的编程方式,采用鼠标对图标的拖放来替代复杂的编程语言。

(2)丰富的人机交互方式。提供多种内置的用户交互和响应方式及相关的函数、变量。人机交互是评估课件优劣的重要尺度。

(3)丰富的媒体素材的使用方法。Authorware 具有一定的绘图功能,能方便地编辑各种图形,能多样化地处理文字。Authorware 为多媒体作品制作提供了集成环境,能直接使

用其他软件制作的文字、图形、图像、声音和数字电影等多媒体信息。对多媒体素材文件的保存采用三种方式,即:保存在 Authorware 内部文件中;保存在库文件中;保存在外部文件中,以链接或直接调用的方式使用,还可以按指定的 URL 地址进行访问。

(4)强大的数据处理能力。利用系统提供的丰富的函数和变量来实现对用户的响应,允许用户自己定义变量和函数。

2. Authorware 的工作环境　Authorware 通过可视化流程图组合多种图标来创建、制作多媒体作品。其主界面如图 4-10 所示。

同许多 Windows 程序一样,Authorware 具有良好的用户界面。Authorware 的启动、文件的打开、保存和退出这些基本操作都和其他 Windows 程序类似。

下面介绍 Authorware 特有的菜单栏和工具栏。

(1)菜单栏。如图 4-11 所示为 Authorware 特有的菜单栏。

插入(Insert)菜单:用于引入知识对象、图像和 OLE 对象等。

修改(Modify)菜单:用于修改图标、图像和文件的属性,建组及改变前景和后景的设置等。

文本(Text)菜单:提供丰富的文字处理功能,用于设定文字的字体、大小、颜色、风格等。

控制(Control)菜单:用于调试程序。

特殊效果(Xtras)菜单:用于库的链接及查找显示图标中文本的拼写错误等。

命令(Command)菜单:里面有关于 Authorware 的相关内容,还有 RTF 编辑器和查找 xtras 等内容。

窗口(Window)菜单:用于打开展示窗口、库窗口、计算窗口、变量窗口、函数窗口及知识对象窗口等。

帮助(Help)命令:从中可获得更多有关 Authorware 信息。

(2)常用工具栏。常用工具栏如图 4-12 所示,是 Authorware 窗口的组成部分,其中每个按钮实质上是菜单栏的某一个命令,由于使用频率较高,故被放在常用工具栏中。熟练使用常用工具栏中的按钮,可以使工作更加快捷方便。

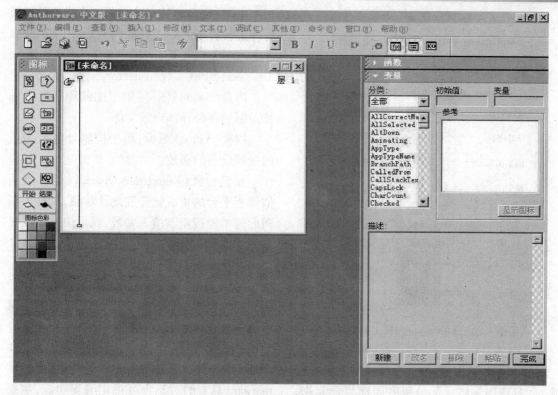

图 4-10　Authorware 主界面

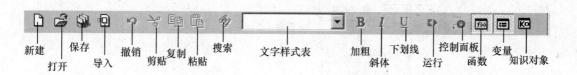

图 4-11　Authorware 特有的菜单栏

图 4-12　Authorware 常用工具栏

（3）图标工具栏。图标工具栏在 Authorware 窗口中的左侧，如图 4-13 所示，包括 14 个图标、开始旗、结束旗和图标调色板，是 Authorware 最常用也是最核心的部分。

显示（Display）图标：是 Authorware 中最重要、最基本的图标，可用来制作多媒体作品的静态画面、文字，可用来显示变量、函数值的即时变化。

移动（Motion）图标：与显示图标相配合，可制作出简单的二维动画效果。

擦除（Erase）图标：用来清除显示画面、对象。

等待（Wait）图标：其作用是暂停程序的运行，直到用户按键、单击鼠标或者经过一段时间的等待之后，程序在继续运行。

导航（Navigate）图标：其作用是控制程序从一个图标转跳到另一个图标去执行，常与框架图标配合使用。

框架（Framework）图标：用于建立页面系统、超文本和超媒体。

决策（Decision）图标：其作用是控制程序流程的走向、完成程序的条件设置、判断处理和循环操作等功能。

交互（Interaction）图标：用于设置交互作用的结构，以达到实现人机交互的目的。

计算（Calculation）图标：用于计算函数、变量和表达式的值以及编写 Authorware 的命令程序，以辅助程序的运行。

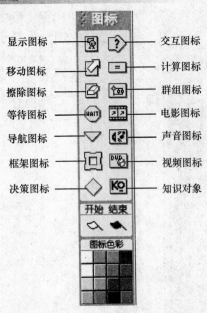

图 4-13 Authorware 图样工具栏

电影(Digital Movie)图标:用于加载和播放外部各种不同格式的动画和影片,如用 3ds max、Quicktime、Microsoft Video for Windows、Animator、MPEG 以及 Director 等制作的文件。

声音(Sound)图标:用于加载和播放音乐及录制的各种外部声音文件。

视频(Video)图标:用于控制计算机外接的视频设备的播放。

知识对象(Knowledge Object):是一个类似编程平台的集成化开发设计对象,只要根据向导简单地按步骤填入参数,就可快速完成复杂的功能,极大地方便开发设计工作。

开始(Start):用于设置调试程序的开始位置。

结束(Stop):用于设置调试程序的结束位置。

图标色彩(Icon Color):给设计的图标赋予不同颜色,以利于识别。

(4)程序设计窗口。程序设计窗口如图 4-14 所示,是 Authorware 的设计中心。Authorware 具有的对流程可视化编程功能,主要体现在程序设计窗口的风格上。

群组(Map)图标:是一个特殊的逻辑功能图标,其作用是将一部分程序图标组合起来,实现模块化子程序的设计。

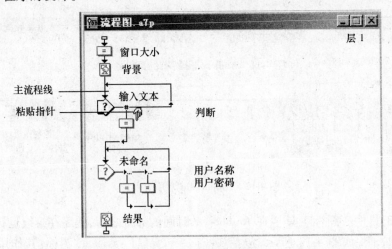

图 4-14 程序设计窗口

程序设计窗口其组成如下:

标题栏:显示被编辑的程序文件名。

主流程序:一条被两个小矩形框封闭的直线,用来放置设计图标。程序树执行时,沿主流程序依次执行各个设计图标。程序开始点和结束点两个小矩形,分别表示程序的开始和结束。

粘贴指针:一只小手,指示下一步设计图标在流程线上的位置。单击程序设计窗口的任意空白处,粘贴指针就会跳至相应的位置。Authorware 的这种流程图式的程序结构,

能直观形象地体现程序思想、反映程序执行的过程,使得不懂程序设计的人也能轻松地开发出漂亮的多媒体程序。

三、Authorware 中多媒体素材的集成

Authorware 是先进的多媒体集成制作解决方案,可用于制作网页和在线学习应用软件。Authorware 是制作交互学习与网页多媒体的最佳工具。

Authorware 本身具有一定的绘图功能,即能够方便地编辑各种图形,又能够多样化地处

理文字。Authorware 还为多媒体作品制作提供了集成环境,能直接使用其他软件制作的文字、图形、图像、声音和数字电影等多媒体信息。

向 Authorware 中导入外部多媒体素材的主要途径有如下三种:

1. 导入文本 Authorware 直接支持两种格式的文本文件:纯文本格式(. TXT 文件)和 Rich-Text 格式(. RTF 文件)。

(1) 导入纯文本格式文件。在通过"导入文件"对话框或者拖放方式导入纯文本文件时,Authorware 将自动为每32KB 大小的文件数据建立一个"显示"设计图标,"显示"设计图标以文本文件名和递增的序号进行命名。

(2) 导入 RTF 格式文件。导入 RTF 格式文件有两种方法:

1) 通过"导入文件"对话框导入 RTF 文件时,Authorware 会打开"RTF 导入"对话框,可以根据需要进行选择。

2) 通过拖放方式导入 RTF 文件。通过拖放方式导入 RTF 文件时,"显示"设计图标以 RTF 文件名进行命名,Authorware 不对分页符进行处理,仅根据文件的大小决定是否创建多个"显示"设计图标;自动为每32KB 大小的文本数据建立一个"显示"设计图标,并以 RTF 文档的标题和递增的序号进行命名。

2. 导入图像、声音、数字化电影

(1) 导入图像。Authorware 直接支持以下格式的图像文件:PICT、TIFF、xResLRG、GIF、PNG、BMP、JPEG、Photoshop3. 0、Targa、WMF、EMF。通过"导入文件"对话框窗口或者拖放操作,可以向打开的"显示"设计图标或"交互作用"设计图标中同时导入多幅图像,每一幅图像形成一个图像对象。如果直接将多个图像文件拖放到流程线上,Authorware会为每一个图像文件创建一个"显示"设计图标,每个"显示"设计图标都包含一个图像对象。在默认情况下,所有的图像对象都位于"演示"窗口的中央。

(2) 导入声音。通过"声音"设计图标导入声音。Authorware 直接支持六种格式的声音文件:AIFF、MP3、Sound、PCM、SWA、VOX、WAVE。通过 Active 控件或者 QuickTime "组件"设计图标,Authorware 也可以使用更加广泛的声音格式,包括各种新型的流式声音文件。

(3) 导入数字化电影。在各种驱动程序的支持下,利用"数字化电影"设计图标可以播放以下格式的数字化电影文件: Video for Windows 文件、Windows Media 文件、Director 文件、QuickTime for Windows 文件、Autodesk Animator 文件、Animator Pro 文件、3ds max 文件、MPEG 文件、位图序列等。

3. 导入 DVD 电影 在 Authorware 中,通过新增的"DVD"设计图标,可以播放高清晰度的 DVD 电影,在播放 DVD 电影之前,必须保证系统中安装了 Microsoft DirectX 与 Direct-Show 兼容的 MPEG-2 解码驱动程序,以及 DVD-ROM 驱动器。

四、Authorware 的动画

一般来说,Authorware 制作动画必须具备两个图标。首先是"显示"图标,该图标是 Authorware 动画对象的载体,有了"显示"图标,才能存储演示动画的人物、动物机械等对象。其次是"动画"图标,该图标常常位于"显示"图标下方,通过"动画"图标中的内部设置才能控制动画对象的运动。因此,在进行动画设置之前必须作好这两方面的准备工作。

1. "显示"图标 是 Authorware 程序中使用最频繁的一个图标,在该图标中不仅能够存储图片、文字等对象,而且能够存储变量、进行运算。

选择"显示"图标,然后打开显示图标的属性框。如图 4-15 所示,在属性框左上角的预览中可以看到该显示图标内存储的内容。在"层"文本框可以输入某一整数作为对象的现实层次,数值越大,层次越高,对象显示越会在前面;相反,数值越小,层次就越低,对象显示就越靠后。另外,在层也可以输入负整数和零。

选择"更新显示变量"复选框:Authorware 在执行该图标时将自动更新图标中的变量。

选择"禁止文本查找"复选框:在设置查找时,Authorware 将自动屏蔽该图标。

选择"防止自动擦除"复选框:该图标将阻止自动擦除功能,除非再使用一个"擦除"图标来将其擦除。

选择"擦除以前内容"复选框:Authorware 在执行该图标时,将擦掉上一个图标中的内容。

选择"直接写屏"复选框:Authorware 默认该图标的层数最高,图标中的内容将优先显示。

图 4-15 显示图标的属性框

单击"位置"下拉列表框,其中设有四个选项,它们是用来设置对象在窗口中的移动位置,这些选项通常与下面的"可移动"选项配合使用。有不改变位置、在屏蔽上移动、沿路径移动以及在一定范围内移动几个选项。

2. "动画"图标 属性框如图4-16所示。

图 4-16 动画图标的属性框

Authorware 提供的五种动画方式可由"动画"图标的设置来完成,这五种动画方式分别是:两点之间的动画方式、点到直线的动画方式、点到指定区域的动画方式、沿任意路径到终点的动画方式、沿制定路径到指定点的动画方式。打开动画图标的属性对话框,在对话框最上方的文本框中可以输入该图标的标题或名称。单击"类型"下拉列表框,便可以看到 Authorware 所支持的五种动画方式。

在"时间"列表框中有两个选项:

选择"时间"选项,在下面的文本框中可输入在整个流程中对象移动的时间,单位是秒。

选择"速率"选项,在下面的文本框中可输入对象移动的速率,数值越大,速率越小。

五、Authorware 的交互功能

Authorware 具有双向传递方式,即不仅可以向用户演示信息,同时允许用户向程序传递一些控制信息,这就是我们说的具有交互性。它改变了用户只能被动接受的局面,用户可以通过键盘、鼠标等来控制程序的运行。

1. Authorware 交互功能的组成特点 任何一个交互都具有以下组成部分:交互方法、响应和结果。

(1)交互方法。有许多不同的方法来实现用户的交互。例如:可以设置按钮让用户单击;设置文本输入让用户输入;设置下拉式菜单让用户选择等。在设计交互方式时,要尽量选择最有效的交互方式。例如:要实现地图的交互,让用户点击敲击区域要比输入地区名字有效得多。

(2)响应。响应就是用户采用的动作。根据不同的交互方法,用户采取不同的响应方法。

(3)结果。就是当程序接受到用户的响应后所采取的动作。Authorware 的交互性是通过交互图标来实现的,它不仅能够根据用户的响应选择正确的流程分支,而且具有显示交互界面的能力。

2. Authorware 交互功能的建立方法 在程序中加入交互功能,首先要创建交互图标。方法如下:

(1)使用拖放技术把交互图标放置到流

笔记栏

程上预定的位置。

（2）交互图标本身并不提供交互响应功能，为了实现交互功能，还必须再拖动其他类型的图标到交互图标的右边。拖动一个群组图标放到交互图标的右边。当释放鼠标左键时，系统会弹出"交互类型"对话框，如图 4-17 所示。

（3）在"交互类型"对话框中选取程序中需要的响应类型，默认情况下是按钮，确定后单击"确定"按钮，就可将一个群组图标添加到交互按钮的右方。

3. Authorware 交互图标的结构及其构成

"交互"图标的结构分为三层，如图 4-18 所示。

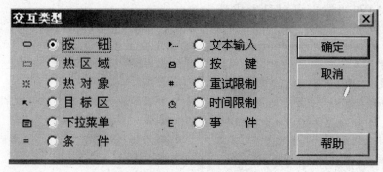

图 4-17　交互类型对话框

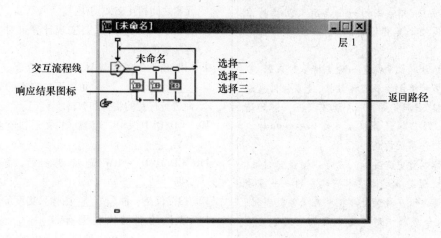

图 4-18　"交互"图标的结构

从上往下依次是交互流程线、响应结果图标和返回路径。响应类型标识符出现在交互流程线上，不同的响应类型标识符对应着不同的响应类型。结果图标与响应类型标识符是一一对应的，当一个交互发生时，程序先在交互流程线上反复查询等待，并判断是否有一项相应类型与用户的操作匹配。如果有，则进入到相应的响应结果图标中并执行相应的动作，然后根据不同的返回路径把程序的控制返回给"交互"图标以便进入下一个的查询判断，或者直接返回到交互流程线上继续寻找下一个匹配的目标或直接退出交互过程（依返回路径的设定进行）。

六、Authorware 多媒体作品的打包发行

打包多媒体作品，简单地讲就是把作品转

换成可执行的程序，可以脱离 Authorware 环境独立运行。当然我们在打包多媒体作品时不但需要主程序，还需要其他的支持文件，如DLL 文件、外部媒体文件等。缺少了所需文件，作品将不能正常运行。

1. 主程序的打包过程

（1）打开一个需要打包的多媒体作品，选择"文件"—"发布"—"打包"命令，出现"打包文件"对话框。

（2）"打包文件"对话框中下拉列表框，将作品打包成不同的类型。

（3）设置完毕后单击"保存文件并打包"按钮，弹出"文件保存"对话框，单击"保存"按钮后，Authorware 开始打包动作。

2. 发布

（1）选择"文件"—"发布"—"发布设置"

命令,设置发布选项。

　　(2) 然后出现"发布设置"对话框。一般不需要特别设定,如果有特殊的要求可以自行设定。设置好后,单击"发布"按钮,应用程序就成功发布了,发布成功一般会生成两个多媒体作品版本,一个是 Windows 9X 版本,一个是网络版,当然也可以只生成其中之一。

　　多媒体技术是多种技术,特别是通信、广播电视和计算机技术发展、融合、相互渗透的结果。使计算机可以处理人类生活中最直接、最普遍的信息。

　　多媒体实际上就是多种媒体的集成。多媒体技术就是将文本、音频、图形、图像、动画和视频等多种媒体通过计算机进行数字化采集、编码、存储、传输、处理和再现等,使多种媒体信息建立逻辑连接,并集成为一个具有交互性的系统。多媒体技术具有集成性、交互性、多样性的特点。

　　多媒体计算机系统是一种支持多种来源、多种类型和多种格式的多媒体数据,使多种信息建立逻辑连接,进而集成为一个具有交互性能的计算机系统。多媒体计算机由多媒体硬件和相应的多媒体软件系统构成。

　　多媒体制作中需要加入声音以增强其效果,因此音频处理是多媒体技术研究中的一个重要内容。多媒体数字音频处理技术在音频数字化、语音处理、合成及识别等诸方面都起到了关键作用。

　　多媒体计算机中的图像处理主要是对图像进行编码、重视、分割、存储、压缩、恢复和传输等,从而生成人们所需的便于识别和应用的图像或信息。

　　通常所说的视频指的是运动的图像。若干关联的图像连续播放便形成了视频。视频信号处理技术主要包括视频信号数字化和视频信号编辑两个方面。数据压缩技术是多媒体技术中一项十分关键的技术。

　　多媒体创作工具,又称多媒体著作工具,是指用来集成、处理和统一管理文本、图形、动画、视频图像和声音等多媒体信息的编辑工具。多媒体制作软件 Authorware 采用面向对象的设计思想,是一种基于图标(Icon)和流线(Line)的多媒体开发工具。

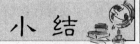

一、填空题

1. 媒体的种类有 _____、_____、_____、_____。

2. 构成多媒体的基本要素有 _____、_____、_____、_____。

3. 多媒体技术的关键特性有 _____、_____、_____。

4. 数码摄像机主要参数有 _____、_____ 和数字变焦。

5. 触摸屏是一种新型的、交互式的 _____ 和显示设备。

6. 视频是一系列图像 _____ 形成的,具有丰富的信息内涵。

7. 超文本是一种使用于 _____、_____ 和图像等计算机信息之间的组织形式。它使得单一的信息元素之间相互交叉"引用"。

8. 音频卡又称为声卡,是实现计算机对 _____ 处理功能的部件。

9. "非线性"在多媒体编辑中的含义指素材的 _____ 和 _____ 可以不按制作的先后和长短而进行任意的编排和剪辑。

10. CD/DVD – R 光盘刻录后,光盘中的数据 _____。

11. CD/DVD – RW 光盘刻录后,光盘中的数据 _____。

12. 扫描仪是一种 _____ 图像采集设备。

13. 常见的扫描仪类型有 _____、_____ 和 _____ 扫描仪三种,分别适用于不同的场合。

14. _____ 是扫描仪最重要的技术指标之一,单位为 DPI(Dot Per Inch,每英寸像素点数),其数值的高低既能反映扫描仪记录图像信息的能力,又能反映扫描仪的档次和质量。

15. 数码相机是利用 _____ 器件进行图像传感,将光信号转变为电信号,存储在存储卡上,然后借助于计算机对图像进行加工处理的多媒体采集输入设备。

16. 多媒体软件按功能可分为 _____、_____ 和多媒体应用软件。

17. 图像处理软件可以对图像进行 _____、_____ 和处理。

18. MPEG 数字视频格式是 PC 机上的 _____ 标准文件格式。可分为 MPEG-1、MPEG-2、MPEG-3、MPEG-4 和 MPEG-7 五个标准。

19. 流媒体(Streaming Media)应用视频、音频流技术在 _____ 上传输多媒体文件。

20. 数据压缩就是解决信号数据的_____性问题。

21. 数据压缩按照压缩方法是否产生失真分为_____和_____两种。

22. 在多媒体信息中包含了大量的冗余信息,将这些冗余信息去掉,就实现了_____。

23. 常见的_____有 PowerPoint、Director、Authorware、Toolbook、Frontpage 等。

24. Authorware 采用面向对象的设计思想,是一种基于_____和_____的多媒体开发工具。它把众多的多媒体素材交给其他软件处理,本身则主要承担多媒体素材的_____和_____工作。

25. "显示"图标是 Authorware 程序中使用最频繁的一个图标,在该图标中不仅能够存储_____、_____等对象,而且能够存储变量、进行运算。

26. Authorware 具有双向传递方式,即不仅可以向用户演示信息,同时允许用户向_____传递一些控制信息,这就是我们说的具有交互性。它改变了用户只能被动接受的局面,用户可以通过_____、_____等来控制程序的运行。

二、选择题

1. 下列哪项指用户接触信息的感觉形式,如视觉、听觉和触觉等 （　　）
   A. 表示媒体　　　　B. 感觉媒体
   C. 显示媒体　　　　D. 传输媒体

2. 文字编码是 （　　）
   A. 表示媒体　　　　B. 感觉媒体
   C. 显示媒体　　　　D. 传输媒体

3. 光纤、双绞线属于 （　　）
   A. 表示媒体　　　　B. 感觉媒体
   C. 显示媒体　　　　D. 传输媒体

4. 多媒体计算机系统是由多媒体硬件系统和下列哪项组成 （　　）
   A. 多媒体外设　　　B. 多媒体操作系统
   C. 多媒体软件系统　D. 软件

5. 下列哪项是多媒体创作工具 （　　）
   A. 3Ds max　　　　B. Photoshop
   C. Authorware　　　D. CorelDraw

6. 光盘属于 （　　）
   A. 采集设备　　　　B. 显示设备
   C. 输出设备　　　　D. 存储设备

7. 不属于多媒体动态图像文件格式的是 （　　）
   A. AVI　　　　　　B. MPG
   C. MOV　　　　　D. BMP

8. 光盘刻录后,数据可以擦除的是 （　　）
   A. CD　　　　　　B. CD-R
   C. DVD-RW　　　　D. DVD

9. 扫描仪是一种什么样的采集设备 （　　）

A. 视频　　　　　　B. 音频
C. 静态图像　　　　D. 动态图像

10. JPEG 文件格式是下列哪项的文件格式 （　　）
    A. 视频　　　　　B. 音频
    C. 图像　　　　　D. 动画

11. MPEG-4 文件格式是下列哪项的文件格式 （　　）
    A. 活动视频和音频　B. 视频
    C. 音频　　　　　D. 图像

12. AVI 文件格式是下列哪项的文件格式 （　　）
    A. 活动视频和音频　B. 视频
    C. 音频　　　　　D. 图像

13. MP3 文件格式是下列哪项的文件格式 （　　）
    A. 活动视频和音频　B. 视频
    C. 音频　　　　　D. 图像

14. 数据压缩就是解决信号数据的哪种问题 （　　）
    A. 活动性　　　　B. 集成性
    C. 冗余性　　　　D. 多样性

15. 打包多媒体作品,简单地讲就是把作品转换成下列哪项,可以脱离 Authorware 环境独立运行 （　　）
    A. 数字图像　　　　B. 文本文档
    C. WORD 文档　　　D. 可执行程序

三、简答题

1. 什么是多媒体?什么是多媒体技术?

2. 媒体分为几类?构成多媒体的基本要素有那些?

3. 简述多媒体的关键技术有那些?

4. 什么是多媒体计算机系统?

5. 怎样录制数字音频?

6. 概述常用音频文件的格式。

7. 列出常用的音频文件采集方式。

8. 简述常用的图像文件格式。

9. 简述常见用的视频文件格式。

10. 数字视频通常有那几种获取方式?

11. 简述数码相机的主要技术参数。

12. 分析多媒体数据压缩的可行性。

13. 无损压缩和有损压缩有什么异同?

14. 概述目前广泛认可和应用的几种图像压缩编码标准。

15. 解释多媒体创作的含义。

16. 一个好的多媒体创作工具应该具有那些特点?

17. 简述多媒体的制作流程。

18. 简述向 Authorware 中导入外部多媒体素材的主要途径和操作方法。

19. 简述 Authorware 交互功能的建立方法。

20. 利用 Authorware 的动画功能制作一个太阳移动的作品。

21. 利用 Authorware 的交互功能制作一个电子相册。

Photoshop 是通用平面美术设计软件，它提供了图像色彩调整、拼贴、修饰以及各种滤镜特效等功能，功能完善，性能稳定，使用方便。在摄影、广告设计、网页设计、印刷制版、效果图制作及动漫绘制等领域中都已被广泛采用。

第 1 节　图像文件基础知识

一、基本概念

1. 矢量图和点阵图　矢量图指使用数字方式描述的曲线绘制的各种图形，图形的基本组成部分是锚点和路径。由于图形在存储时保存的是其形状和填充属性，因此，矢量图的优点是占用的空间小，且放大后不会失真。但是，图形的色彩比较单调。矢量图尤其适用于制作企业标志。

点阵图指以点阵方式保存的图像。图形的基本组成部分是像素。由于系统在保存点阵图时保存的是图像中各点的色彩信息，因此，其优点是画面细腻，缺点是文件尺寸太大，且将尺寸放大到一定程度后，图像将变得模糊。点阵图主要用于保存各种照片图像、多媒体光盘图像及彩色印刷品图像等。

2. 像素　在点阵图中，像素是组成图像的最基本单元，也可以叫作一个点。可以把像素看成是一个极小的方形颜色块，每个像素都有不同的颜色值。一个图像通常由许多像素组成。

3. 图像分辨率　每单位长度上的像素数量叫作图像的分辨率。单位通常是像素/英寸（PPI），即每英寸所包含的像素数量。图像分辨率越高，意味着单位面积内的像素越多，图像会有越多的细节，图像的效果就越好。但是分辨率越高，图像的信息量越大，因而图像文件也就越大，占用越多的存储空间。

4. 色深　色深也称为色位深度或颜色深度，指在一个图像中颜色的数量，即每一个像素点可以有多少种色彩来描述，它的单位是"位"（bit）。常用的色深有 1 位、8 位、16 位、24 位和 32 位。当色深是 n 位时，每个像素点可以有 2^n 种色彩来描述。例如色深是 1 位的图像最多可由两种颜色组成，每个像素的颜色只能是黑或白，而一个色深是 8 位的图像，每个像素可能是 256 种颜色中的任意一种。

二、图像文件的分类和文件格式

1. 图像的分类　图像分为矢量图和点阵图两大类。点阵图是由不同亮度和颜色的像素所组成，适合表现大量的图像细节，可以很好地反映明暗的变化、复杂的场景和颜色，它的特点是能表现逼真的图像效果，但是文件比较大，并且缩放时清晰度会降低并出现锯齿。点阵图有种类繁多的文件格式，常见的有 JPEG、PCX、BMP、PSD、PIC、GIF 和 TIFF 等。而矢量图则使用直线和曲线来描述图形，这些图形的元素是一些点、线、矩形、多边形、圆和弧线等等，它们都是通过数学公式计算获得的，所以矢量图形文件一般较小。矢量图形的优点是无论放大、缩小或旋转等都不会失真；缺点是难以表现色彩层次丰富的逼真图像效果，而且显示矢量图也需要花费一些时间。矢量图形主要用于插图、文字和可以自由缩放的徽标等图形。一般常见的文件格式有 AI 等。

2. 常见的点阵图像文件格式及压缩

（1）JPEG。JPEG 文件格式是 Joint Photo-graphic Experts Group（联合图像专家组）的缩写，文件的后缀名是.JPG，这也是我们最常见的一种文件格式，几乎用所有的图像软件都可以打开它。现在，它已经成为印刷品和网页发布的压缩文件的主要格式。JPEG 格式能很好地再现全彩色图像。由于 JPEG 格式的压缩算法是采用平衡像素之间的亮度色彩来压缩的，因而更有利于表现带有渐变色彩且没有清晰轮廓的图像。

JPEG 文件格式是一种高效率的压缩格式，是面向连续色调静止图像的一种压缩标准，允许用可变压缩的方法，保存 8 位、24 位、32 位深度的图像。JPEG 使用了有损压缩格式，这就使它成为迅速显示图像并保存较好分辨率的理想格式。同样一幅画面，用 JPEG 格式储存的文件是其他格式图形文件的 1/20～1/10。也正是由于 JPEG 格式可以进行大幅度的压缩，使得它方便储存、通过网络进行传送，所以得到了广泛的应用，特别是在网络和光盘读物上都能经常看到它的身影。但采用 JPEG 格式的文件在压缩时丢失的资料无法在解压时还原，所以并不适合放大观看。

（2）GIF。GIF 是 Graphics Interchange Fot-mat（图像交换格式）的缩写，文件的后缀名是.GIF。这是由 CompuServe 公司在 1987 年开发的图像文件存储格式。GIF 格式是 Web 页上使用普遍的图像文件格式，并且有极少数低像素的数码相机拍摄的文件仍然用该格式存储。

GIF 格式只能保存最大 8 位色深的图像，所以它最多只能用 256 色来表现物体，对于色彩复杂的物体它就力不从心了。但也正因为色深小，所以它的文件比较小，适合网络传输，而且它还可以将数张图片存成一个文件，从而形成动画效果。

GIF 图像文件的数据是经过压缩的，而且是采用了可变长度等压缩算法。GIF 图像文件的压缩率一般在 50% 左右。GIF 解码较快，因为图像是采用隔行存放的，在边解码边显示的时候可以分成四遍扫描。在显示 GIF 图像时，隔行存放的图像使人感觉到它的显示速度似乎

要比其他图像快一些，这也是隔行存放的优点。

（3）BMP。BMP 是 Bitmap 的缩写，后缀名是.BMP。它是微软公司为 Windows 环境设置的标准图像格式，在 Windows 环境下运行的所有图像处理软件都支持这种格式。这种格式虽然是 Windows 环境下的标准图像格式，但是其体积庞大，不利于网络传输。

BMP 文件有压缩和不压缩两种形式。它以独立于设备的方法描述位图，可用非压缩格式存储图像数据，解码速度快，支持多种图像的存储。

（4）TIFF。TIFF 是 Tagged Image File For-mat（标记图像文件格式）的缩写，文件的后缀名是.TIF，这是现阶段印刷行业使用最广泛的文件格式。这种文件格式是由 Aldus 和 Mi-crosoft 公司为存储黑白图像、灰度图像和彩色图像而定义的存储格式，现在已经成为出版多媒体 CD-ROM 中的一个重要文件格式。TIFF 位图可具有任何大小的尺寸和分辨率。在理论上它能够有无限位深。几乎所有涉及点阵图的应用程序，都能处理 TIFF 文件格式。

TIFF 格式可包含压缩和非压缩图像数据，如使用无损压缩方法 LZW 来压缩文件，图像的数据不会减少，即信息在处理过程中不会损失，能够产生大约 2∶1 的压缩比，可将原稿文件消减到一半左右。所以 TIFF 格式存储的图像质量高，但占用的存储空间也较大，其大小是相应 GIF 图像的 3 倍，JPEG 图像的 10 倍。另外由于 TIFF 独特的可变结构，所以对 TIFF 文件解压缩非常困难。

（5）IFF。IFF 是 Image File Format（图像文件格式）的缩写，文件的后缀名是.IFF，它是 Amiga 等超级图形处理平台上使用的一种图形文件格式，好莱坞的特技大片多采用该格式进行处理，可逼真再现原景。当然，该格式耗用的内存、外存等计算机资源也十分巨大。

（6）PSD 和 PDD。PSD 是 Photoshop 中使用的一种标准图形文件格式，可以存储成 RGB 或 CMYK 模式，还能够自定义颜色数并加以存储。PSD 文件能够将不同的物件以层（layer）的方式来分离保存，便于修改和制作各种特殊效果。PDD 和 PSD 一样，都是 Photoshop 软件中专用的一种图形文件格式，能够保存图像数据的每一个细小部分，包括层、附加的蒙版通道以及其他内

容,而这些内容在转存成其他格式时将会丢失。另外,因为这两种格式是 Photoshop 支持的自身格式文件,所以 Photoshop 能以比其他格式更快的速度打开和存储它们。

Photoshop 在这两种格式的文件的计算过程中应用了压缩技术,但用这两种格式存储的图像文件仍然特别大。不过,用这两种格式存储图像不会造成任何的数据流失,所以在编辑过程中最好还是选择这两种格式存盘,以后再转换成占用磁盘空间较小、存储质量较好的其

他文件格式。

第 2 节　Photoshop 的基础操作

一、Photoshop 的操作界面

Photoshop 的整个操作界面按功能可分为标题栏、菜单栏、工具箱、选项栏、控制调板、状态栏、工作区和图像窗口等 8 个部分,如图 5-1 所示。

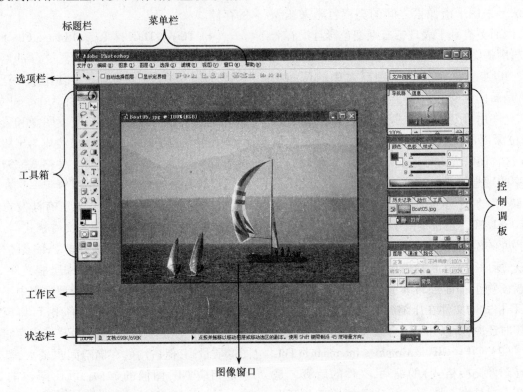

图 5-1

(1)标题栏。标题栏位于界面的顶部,左侧显示的是 Photoshop 系统的图标和名称,还有当前文件的文件名。右侧是最小化、最大化和关闭窗口三个标准按钮。

(2)菜单栏。菜单栏位于标题栏的下面,设有九类主菜单,分别是文件、编辑、图像、图层、选择、滤镜、视图、窗口、帮助。各菜单项中包括了 Photoshop 软件的各种图像处理命令。

(3)图像窗口。图像窗口即图像显示的区域。图像窗口可以放大、缩小和移动。单击图像窗口右上角的"最小化"或"最大化"按键可将图像窗口变为最小或最大。若需要任意地调节窗口的大小,可把光标放在图像窗口边界,此时光

标呈↔、↕形状,拖动光标即可改变窗口大小。

(4)状态栏。状态栏位于界面的底部。状态栏分三部分,最左边的区域用于显示图像编辑窗口的显示比例,可以在此框中输入数值后按"Enter"键来设置显示比例。中间区域用于显示图像文件信息,单击中间区域右侧的小三角符号,将弹出一个菜单,通过点击菜单,可选择要显示的信息类型,包括文件大小、文档配置文件、文档尺寸、暂存盘大小、效率、计时和当前工具等选项。右边的区域为所选工具的提示栏。

(5)工具箱。工具箱默认位置位于界面左侧。它包含了各种图像处理工具,如图 5-2 所示。

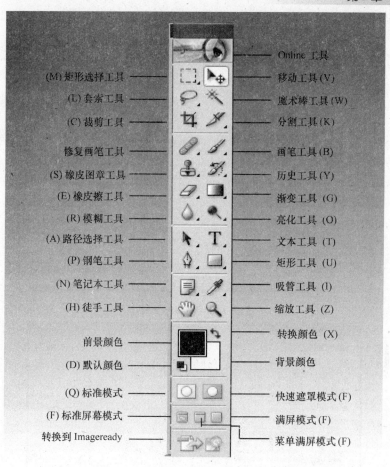

图 5-2　工具箱

工具箱标注（从上到下）：

左侧：
- (M) 矩形选择工具
- (L) 套索工具
- (C) 裁剪工具
- 修复画笔工具
- (S) 橡皮图章工具
- (E) 橡皮擦工具
- (R) 模糊工具
- (A) 路径选择工具
- (P) 钢笔工具
- (N) 笔记本工具
- (H) 徒手工具
- 前景颜色
- (D) 默认颜色
- (Q) 标准模式
- (F) 标准屏幕模式
- 转换到 Imageready

右侧：
- Online 工具
- 移动工具 (V)
- 魔术棒工具 (W)
- 分割工具 (K)
- 画笔工具 (B)
- 历史工具 (Y)
- 渐变工具 (G)
- 亮化工具 (O)
- 文本工具 (T)
- 矩形工具 (U)
- 吸管工具 (I)
- 缩放工具 (Z)
- 转换颜色 (X)
- 背景颜色
- 快速遮罩模式 (F)
- 满屏模式 (F)
- 菜单满屏模式 (F)

（6）选项栏。选项栏显示工具箱中当前所选择按钮的参数和选项设置。

（7）控制调板。控制调板的默认位置通常位于界面右侧,利用这些调板可以进行图像编辑操作和 Photoshop 的各种功能设置。执行菜单栏的【窗口】命令,可显示或隐藏各种控制调板。

（8）工作区。在界面中大片的灰色区域称为工作区。工具箱、控制调板和图像窗口都处于工作区内。

二、文件的基本操作

1. 新建图像文件　新建图像文件即新建一个空白的工作区域,具体操作步骤如下:

（1）选择【文件】—【新建】命令,打开【新建】对话框,如图 5-3 所示。

（2）在【名称】选项后面的文本框中输入新建图像文件的文件名。

（3）设置图像的预置尺寸。在【预置尺寸】选项后面的下拉菜单中有多种固定格式供选择,也可以在【宽度】和【高度】后面的文本框中输入具体的数值。

（4）在【分辨率】选项后面的数值框中输入需要设置的分辨率。

（5）选择图像的色彩模式。

（6）选择新图像的背景颜色:可选白色、工具箱中的背景色或透明色。

2. 打开图像文件　要打开已有的图像文件进行修改、编辑时,具体操作步骤如下:

（1）选择【文件】—【打开】命令,打开【打开】对话框,如图 5-4 所示。

（2）单击【查找范围】输入框右边的按钮,选择要打开的文件所在的路径。

（3）单击【文件类型】选项后面按钮选择文件类型。

（4）单击列表中要打开的文件的图标,然后单击【打开】按钮,即可打开图像文件。或者双击要打开的文件的图标也可打开相应的文件。

3. 保存图像文件　保存图像文件的具体操作步骤如下:

（1）选择【文件】—【存储】命令,打开【保存为】对话框,如图 5-5 所示。

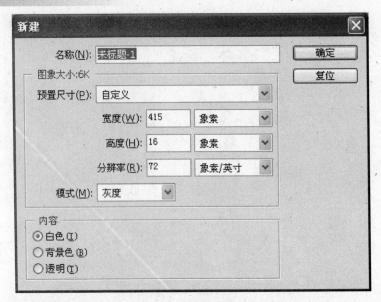

图 5-3　新建图像文件

图 5-4　打开图像文件

图 5-5　保存图像文件

（2）在该对话框中分别对保存的位置、文件名和文件格式等各项进行设置后单击"保存"按钮即可完成图像文件的保存。

三、图像的调整

1. 改变图像尺寸 选择【图像】—【图像大小】命令，打开【图像大小】对话框，如图 5-6 所示。在像素大小选项组或文档大小选项组中输入数值来改变图像的尺寸。如果不勾选【重定图像像素】复选框，则像素大小是不能修改的。如果勾选了【约束比例】复选框，在宽度和高度的选项后会出现"锁链"标志，改变其中的任意一项时，另外三项会成比例地同时改变。

2. 改变画布大小 改变画布大小就是对图像进行裁减或增加空白区域。选择【图像】—【画布大小】命令，打开【画布大小】对话框，如图 5-7 所示。

在【新建大小】选项组中输入数据重新设定图像画布的大小，当设定值大于原尺寸时，Photoshop 会在原图像的基础上增加工作区域；反之，会将缩小的部分裁剪掉。【定位】选项正中心有一个白色的正方形，周围有箭头指示，表示增加或者减少页面时图像中心的位置，增加或者减少的部分会由中心向外进行扩展。图 5-8 为不同的【画布大小】设置所产生的不同的图像效果。

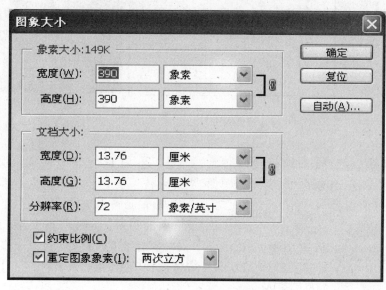

图 5-6 改变图像尺寸

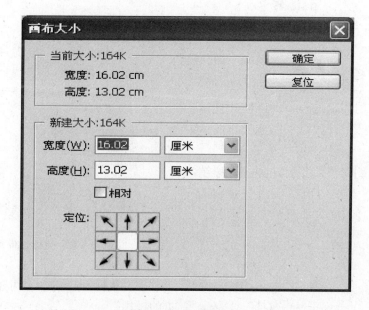

图 5-7 改变画布大小

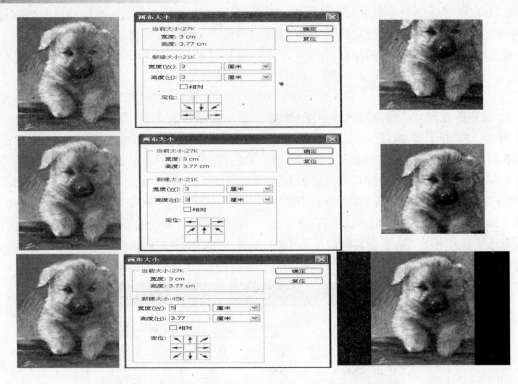

图 5-8　不同的【画布大小】设置所产生的不同的图像效果

3. 旋转图像　选择【图像】—【旋转画布】命令,用其子菜单中的命令可以完成图像的旋转,如图 5-9 所示。

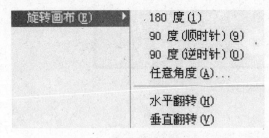

图 5-9　旋转图像

四、操作的恢复与撤销

在图像文件的编辑过程中,可以利用【编辑】菜单或【历史记录】调板来完成操作的恢复与撤销。

1. 利用【编辑】菜单完成操作的恢复与撤销

(1)【编辑】菜单的前三项命令分别为【还原】、【向前】、【返回】,如图 5-10 所示。

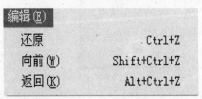

图 5-10　【编辑】菜单

(2)在进行编辑后第一项命令【还原】会被替换为【还原 + 最近一步操作名称】。例如,最近一步的操作为改变画布大小,则该项会变为【还原画布大小】,如图 5-11 所示;单击此项,可恢复到上一步操作,同时命令被替换为【重做 + 操作名称】,如图 5-12 所示。

图 5-11　还原画布大小

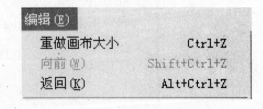

图 5-12　重做画布大小

(3)执行【向前】命令可逐步向前取消最近的操作。

(4)单击【返回】命令可逐步恢复最近取

消的操作。

2. 利用【历史记录】调板完成操作的恢复与撤销

（1）在【历史记录】调板中,单击操作步骤区中某步骤,可以撤销该步骤后进行的所有操作,如图 5-13 所示,【粘贴】后的步骤变为灰色,表示已被取消。

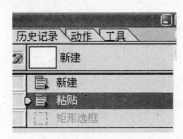

图 5-13　历史记录

（2）当打开一个文件后,系统会自动把该文件图像的初始状态保存在历史记录调板的最顶端,在以后的操作中,单击此处,可随时撤销所有的操作步骤。

（3）在【历史记录】调板调板底端有个【快照】按钮 ，利用它可以创建快照将图像保留一个特定的状态。单击快照区中的某个快照即可恢复该快照保存的状态。

第3节　选区创建工具的应用

在 Photoshop 中对图像的整体或者局部进行编辑,无论是运行滤镜效果、色调调整、复制、删除,都要选取图像的一个操作范围,只有在对图像进行了有效的选取后才能完成相关的操作。在 Photoshop 中的选区创建工具大致包括【选框】工具、【套索】工具和【魔棒】工具。

一、【选框】工具

1.【选框】工具列表　【选框】工具位于工具箱的左上角,默认为【矩形选框】工具,单击右下的小三角可以展开选区工具的工具列表,如图 5-14所示。该工具列表包括以下四个工具。

【矩形选框】工具:用来创建矩形选区。

【椭圆选框】工具:用来创建椭圆选区。

【单行选框】工具:用来创建高度为 1 像素的单行。

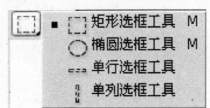

图 5-14　【选框】工具

【单列选框】工具:用来创建宽度为 1 像素的单列。

使用【选框】工具可以方便地在图像中创建出一些形状较规则的选区。操作时,只要在图像窗口中按下鼠标左键同时移动鼠标,拖动到合适的大小松开鼠标即可。图中原来无选区时,按住"Shift"键不放,拖出来的选区为正方形或正圆形;按住"Alt"键不放,拖出来的选区以鼠标落点为原点。

2.【选框】选项栏　我们通过第 2 节的学习,已经知道选项栏是显示工具箱中当前所选择按钮的参数和选项设置。整个【选框】工具组的选项栏内容都是一样的,只是在使用不同工具时某些选项为灰色,即为非设定选项。下面我们就以【矩形选框】工具的选项栏为例,来学习选项栏的使用。图 5-15 所示为【矩形选框】工具的选项栏。

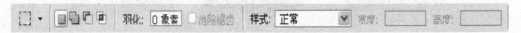

图 5-15　【矩形选框】工具的选项栏

（1）选区的选择方式。在实际操作中,我们常常会遇到多个选区相加或者相减的问题,可以通过选择不同的选择方式来解决。这个部分有 ▢▢▢▢ 四个选项,从左到右分别是:

【新选区】:清除原有的选择区域,直接新建选区。这是 Photoshop 中默认的选择方式。

【添加到选区】:在原有选区的基础上,增加新的选择区域,得到的选区为新选区与原选区合并的形状,如图 5-16 所示。

【从选区中减去】:在原有选区的基础上,减去与新的选择区域相交的部分,形成最终的选择范围,如图 5-17 所示。

【与选区交叉】:新选区与原选区的重叠部分,形成最终的选择范围,如图 5-18 所示。

（2）羽化和消除锯齿。【羽化】工具是用来消除选择区域中的硬边界并将它们柔化,使

选择区域的边界产生朦胧渐隐的过渡效果。羽化值决定了选区边缘的羽化程度,羽化值越大,选区的边缘过渡消失的范围就越大,边缘就会相应变得越朦胧。图 5-19 所示的是以图中的鸭子为选区,设置不同羽化值的效果。

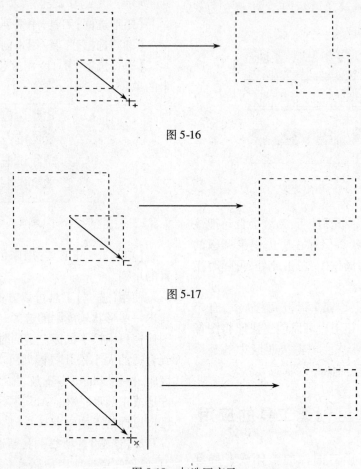

图 5-16

图 5-17

图 5-18　与选区交叉

图 5-19　不同羽化值的效果

当选择【椭圆选框】工具时,选项栏的【消除锯齿】呈可选择状态。由于 Photoshop 中的图像是由一系列的像素阵列组成的,而每个像素实际上就是一个个正方形的色块,所以,在我们制作圆形选区或者其他形状不规则的选区时就会产生难看的锯齿边缘。【消除锯齿】

命令可使选区的锯齿状边缘平滑。【消除锯齿】命令除了可用于【椭圆选框】工具外,还适用于【套索】工具组和【魔棒】工具的选项栏。

（3）样式设定。【样式】下拉菜单中提供了三种样式让我们选择,如图 5-20 所示,分别为:

笔记栏

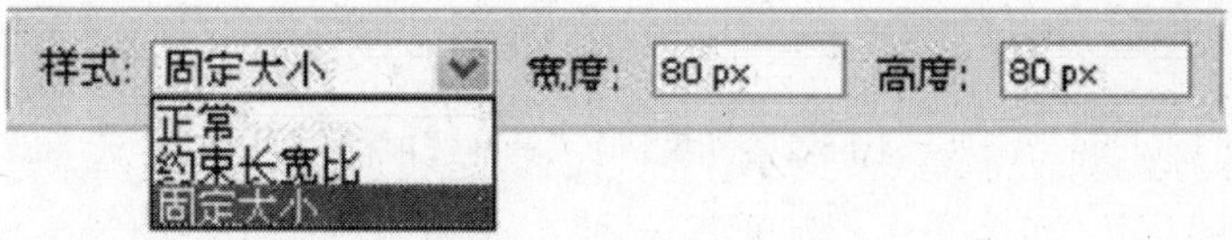

样式: 固定大小 　 宽度: 80 px 　 高度: 80 px

正常
约束长宽比
固定大小

图 5-20　【样式】下拉菜单

正常:这是默认的选择样式,可选择任意尺寸区域。

固定长宽比:通过在"宽度"、"高度"编辑框输入数值来控制选区的长宽比。

固定大小:通过在"宽度"、"高度"编辑框输入数值来框定选区的大小。在图像中单击左键即可出现所要大小的选区。

二、【套索】工具

【套索】工具组用于在图像中进行不规则多边形和任意形状选区的选择。【套索】工具组包括【套索工具】、【多边形套索】工具、【磁性套索】工具,如图 5-21 所示。

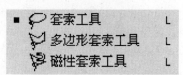

套索工具　　　　　　L
多边形套索工具　　　L
磁性套索工具　　　　L

图 5-21　【套索】工具

1.【套索】工具的使用

(1) 在工具箱中选取　套索工具　。

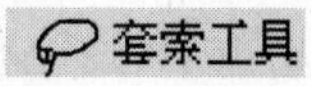

(2) 在图像上单击确定起点,按住鼠标并沿所要的选区边缘拖动。

(3) 释放鼠标,这时系统会自动用直线将起点和终点连接起来,形成一个封闭的选区。

2.【多边形套索】工具的使用

(1) 在工具箱中选取　多边形套索工具　。

(2) 在图像上单击鼠标左键确定起点,释放并移动鼠标,在下一个拐弯处再次单击鼠标左键来建立另一个点。

(3) 选好所要区域后单击起始点或双击鼠标,形成一个封闭选区。

3.【磁性套索】工具的使用

(1) 在工具箱中选取　磁性套索工具　。

(2) 设置好工具选项栏的参数。【磁性套索】工具选项栏如 5-22 所示。

羽化: 0 象素　☑消除锯齿　宽度: 2 象素　边对比度: 90%　频率: 51

图 5-22　【磁性套索】工具的选项栏

【宽度】用于设置选取时的选区边缘探察距离,数值为 1~40。数值越小,精确度越高。

【边对比度】用于设置边缘对比度,数值为 1%~100%。数值越大,边界定位越准确。

【频率】用于设置添加到路径中的锚点的密度,数值为 0~100。

(3) 在图像上单击鼠标左键确定起点,释放鼠标并沿所要的选区边缘移动鼠标,系统会自动在设定的宽度像素范围内分析图像,精确定义选区边缘。

(4) 选好所要区域后单击起始点或双击鼠标,形成一个封闭选区。

4. 三个【套索】工具的特点和适用情况

三个【套索】工具各有特点。【套索】工具用起来比较自由,但精确度较低,而且选择时较

难控制,适用于选择一些极不规则的区域,但不适宜用来建立很精确的选区。【多边形套索】工具对边界为直线或者曲折线的图案进行选择时会比较精确。磁性套索工具特别适用于快速选择与背景对比强烈且边缘复杂的对象。

三、【魔棒】工具

【魔棒】工具是根据色彩范围来选取图像区域的工具。它可以选择颜色一致的区域,而不必跟踪其轮廓,所以比较适用于选择有大块颜色的图像。【魔棒】的具体操作步骤如下:

(1) 选择魔棒工具。

(2) 设置好相应的选项栏选项。【魔棒】的选项栏如图 5-23 所示。

容差：20　☑消除锯齿　☑连续的　☐用于所有图层

图 5-23　【魔棒】工具的选项栏

由于要选择的区域可能是由多种颜色的图像组成的，所以要在选项栏中，指定是添加新选区■,向现有选区中添加■,从选区中减去■,还是与现选区交叉的区域■。

【容差】用于设置颜色选择的范围，输入值在 0～255 之间。输入较小值只选择与鼠标点击的像素颜色非常相似的区域，精确度高；输入较高值则可以选择更宽的色彩范围。

【连续的】只对连续像素选择，若要选择颜色在容差范围且相邻的区域，请勾选【连续的】；否则，使用颜色在容差范围内的所有像素都将被选中。

【用于所有图层】是针对多略去图像设置的选项。默认设置为不勾选，此时【魔棒】工具仅对当前图层有效。当勾选此项时，【魔棒】工具对所有可见图层中进行操作。

（3）在图像中，用鼠标左键单击需要选择的颜色区域。

四、应用实例

下面我们来看一个选择工具的应用实例。通过这个实例，我们可以实践一下选择工具的应用方法，同时了解一下图像调整工具的应用。

选择菜单中的【文件】—【打开】命令，打开图片"小鸭.TIF"。

（1）新建一个文件，文件名为"小鸭们.psd"，如图 5-24 所示。

图 5-24　新建一个文件

（2）单击"小鸭.TIF"图像，在工具箱中选中🔗工具。由于要选择的图像边界线很清楚，所以将宽度和边对比度的参数值调高一些。建议分别设为 10 像素和 90%。

（3）在图像中，沿小鸭的边缘拖曳鼠标并建立选区。

（4）选择菜单中的【编辑】—【拷贝】命令，将被选择的"小鸭"拷贝到系统剪贴板中。激活"小鸭们.psd"后再选择菜单中的【编辑】—【粘贴】命令，将图像粘贴到文件"小鸭们.psd"中。

（5）重新激活"小鸭.TIF"图像，选择菜单中的【选择】—【取消选择】命令。现在我们尝试用【魔棒】工具来选择图像。在工具箱中选中✎,在图像中的空白处单击，将除小鸭外的所有部分选中，再选择菜单中的【选择】—【反选】命令将小鸭选中。

（6）选择菜单中的【编辑】—【拷贝】命令，然后将"小鸭们.psd"确定为当前文件，选择菜单中的【编辑】—【粘贴】命令，将图像粘贴在该图像中。

（7）在工具箱中选择【移动】工具▸⊕,并勾选选项栏上的"显示定界框"，选择"小鸭们.psd"中的一只小鸭后调整定界框缩小图像，并把图像拖动到左侧适当的位置。

（8）按住"Alt"键，按住并拖移"小小鸭"将其复制一个副本，并拖动到右侧适当的位置。

第 4 节　绘图工具的应用

一、前景色和背景色的设置

在图像处理中，常常用到前景色和背景色。在使用【画笔】工具和【铅笔】工具描边，【油漆桶】工具填充时，使用的都是前景色；在

使用【橡皮】工具进行擦除时,擦除区域中填充的是背景色。默认前景色是黑色,默认背景色是白色

1. 利用拾色器对话框设置颜色

（1）点按工具箱中的前景色或背景色选区框,弹出拾色器对话框,如图 5-25 所示。

（2）把鼠标指针移到"颜色滑块"内,单击要设置的颜色,这时"调整后的颜色"也会随之变成这种颜色。或者在"颜色取样区域"内,选择要设置的颜色用鼠标单击一下,在单击处就会出现一个小白圈,表示圈内就是选中的颜色。如果想把颜色设置得更精确一些,可在"颜色值"文本框中输入相应的数据。如果需要把图像文件中的某种颜色设置为前景色或背景色,则可以把鼠标移至图片,这时鼠标变为吸管样,点击需要的颜色即可。

2. 用【颜色】调板设置颜色 【颜色】调板默认的位置在界面的右侧,也可以通过选择菜单栏的【窗口】—【颜色】命令来调出【颜色】调板,如图 5-26 所示。具体操作步骤如下:

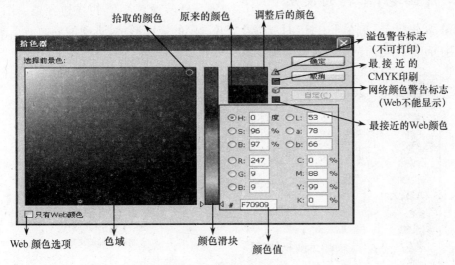

图 5-25 拾色对话框

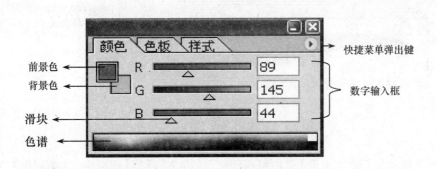

图 5-26 用【颜色】调板设置颜色

（1）选择颜色调色板右边的【快捷菜单弹出键】可在菜单中选择不同的色彩模式进行颜色调整,系统默认的色彩模式是 RGB 模式。

（2）单击【前景色】或【背景色】选块,确定要设置的是前景色或背景色。如果双击选块,则会弹出拾色器对话框。

（3）移动色彩模式【滑块】,或在【数字输入框】中直接输入数值,颜色随之发生变化。也可以把鼠标移至【色谱】处,这时鼠标变为吸管样,点击需要的颜色即可。

3. 使用【色板】调板设置颜色 【色板】调板可以通过单击某个颜色样本快速选择一种颜色来取代当前的前景色,如果要设置背景色,则在单击颜色样本的同时按住"Ctrl"键即可。

除了快速选取颜色样本,用户还可以保存颜色样本。将鼠标移至色板调色板的空白处,当光标由吸管变为油漆桶后,单击鼠标,即可将当前前景色存入色板调色板中。选择色板

调色板右边的三角菜单中的命令,可以将色板调色板中的色彩复位到系统初始状态。

4. 使用【吸管】工具从图像中获取颜色

选取工具箱中的"吸管"工具可以直接在图像中单击选取颜色。在【吸管】工具选项栏的【取样大小】下拉框中可以指定吸管工具取样的区域。其中"取样点"设定取样的范围为一个像素,"3×3平均"或"5×5平均"设定取样范围是指定像素数的色彩平均值。

二、【画笔】工具的使用

Photoshop 提供了【画笔】工具和【铅笔】工具,使用户可以用当前前景色进行绘画。默认情况下,【画笔】工具创建的描边比较柔软且有明显的粗细变化,而铅笔工具则用于创建硬边手画线。

1.【画笔】调板　通过选择菜单栏的【窗口】—【画笔】命令,或者选中【绘画】工具、【抹除】工具、【色调】工具时,在选项栏的右侧点按调板按钮▣,可以调出【画笔】调板,【画笔】调板可用于选择预设画笔和设计自定画笔。在调板的左侧选择项目名称,所选项目的可用选项会出现在调板的右侧。调板的下方则会显示设置画笔的描边预览。图 5-27 是【画笔的笔尖形状】选项的界面。下面学习一下【画笔】调板各项目的设置。

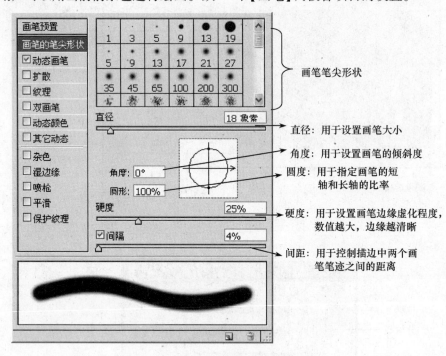

图 5-27　【画笔的笔尖形状】选项界面

（1）画笔预设。【画笔预设】选项可用于查看、选择和载入预设画笔。用鼠标单击调板左侧的【画笔预设】,在右侧的列表中,用鼠标单击画笔,即可将其选择。要动态预览画笔描边,可将指针放在画笔上,调板底部的预览区域将显示样本画笔描边。

选择【画笔预设】选项时,调板右侧还有一个选项,就是【主直径】。拖移滑块或输入值可以指定画笔的"主直径"。如果画笔具有双重笔尖,主画笔笔尖和双重画笔笔尖都将被缩放。

（2）画笔笔尖形状设置。画笔描边由许多单独的画笔笔尖组成。所选的画笔笔尖决定了画笔笔迹的形状、直径和其他特性。

在【画笔】调板中,选择调板左侧的【画笔的笔尖形状】。在调板右侧的"画笔笔尖形状"区中选择要自定的画笔笔尖,然后设置下面的选项:

【直径】:控制画笔大小。输入以像素为单位的值,或拖移滑块。图 5-28 是不同直径值的画笔描边示意图。

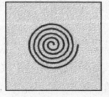

图 5-28　不同直径值的画笔描边示意图

【使用样本大小】：将画笔复位到它的原始直径。只有在画笔笔尖形状是通过采集图像中的像素样本创建的情况下，才能使用此选项。

【角度】：指定画笔从水平方向旋转的角度。键入度数，或在预览框中拖动坐标轴。

【圆度】：指定画笔短轴和长轴的比率。输入百分比值，或在预览框中拖移点。100%表示圆形画笔，0%表示线性画笔，介于两者之间的值表示椭圆画笔。

【硬度】：控制画笔边缘虚化程度。键入数字，或者拖动滑块进行设置。图 5-29 是用不同硬度值的画笔描边的示意图。

图 5-29　不同硬度值的画笔描边示意图

【间距】：用于控制描边中两个画笔笔迹之间的距离。如果要更改间距，可键入数字，或使用滑块进行更改。当取消选择此选项时，光标的速度决定间距。速度越快间距越大。图 5-30 所示是不同间距的画笔描边。

图 5-30　不同间距的画笔描边

（3）动态形状。【动态形状】决定描边中画笔笔迹的变化。图 5-31 中左边是无动态形状的画笔画出的图案，右边是有动态形状画笔画出的图案。

图 5-31　无动态形状（左）和有动态形状（右）画笔画出的图案

在【画笔】调板中，选择调板左侧的【动态

形态）。注意，除了勾选该选项外，还要点按该选项的名称才可以在调板右侧进行设置。主要的选项有：

【大小抖动】：指定动态元素的随机性。如果是 0%，则元素在描边路线中不改变；如果是 100%，则元素的大小变化具有最大的随机性。如要指定如何控制画笔笔迹的大小变化，需从【大小抖动】下的【控制】弹出式菜单中选取选项：

"关"即不控制画笔笔迹的大小变化。

"渐隐"即画笔按指定步长，由初始直径到最小直径过渡。每个步长等于画笔笔尖的一个笔迹，取值范围可以为 1～9999。

"钢笔压力"、"钢笔斜度"或"光笔轮"只有当使用压力敏感的数字化绘图板（如Wacom® 绘图板）时才可用。如果选择钢笔控制但没有安装绘图板，则将显示警告图标。

【最小直径】：指定当启用【大小抖动】或【大小控制】时画笔笔迹可以缩放的最小百分比。可通过键入数字或使用滑块来调节。

【拼贴缩放】：指定当【大小控制】设置为"钢笔斜度"时，在旋转前应用于画笔高度的比例因子。

【角度抖动】及相关【控制】：指定描边中画笔笔迹角度的改变方式。当数值为 0% 时，每个笔迹角度的方向一致，数值为 100% 时，各画笔笔迹的角度抖动随机性最大。要控制画笔笔迹的角度变化，可从【控制】弹出式菜单中选取选项：

"关"不控制画笔笔迹的角度变化。

"渐隐"可按指定数量的步长在 0°和360°之间渐隐画笔笔迹角度。

"初始方向"使画笔笔迹的角度基于画笔描边的初始方向。

"方向"使画笔笔迹的角度顺着画笔描边的方向规则变化。

【圆度抖动】和相关【控制】：指定画笔笔迹的圆度在描边中的改变方式。当数值为 0% 时，每个笔迹的圆度都是一样的，数值为 100% 时，各画笔笔迹的圆度抖动随机性最大。要控制画笔笔迹的圆度变化，可从【圆度抖动】下面的【控制】弹出式菜单中选取选项。其中的【最小圆度】用于指定当【圆度抖动】或【圆度控制】启用时画笔笔迹的最小圆度。

（4）散布。【散布】用于确定定描边中笔迹的数目和位置。图 5-32 所示为无画笔散布（左）和有画笔散布（右）的画笔描边效果。

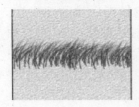

图 5-32　无画笔散布（左）和有画笔散布（右）的画笔描边效果

用鼠标单击【画笔】调板左侧的【散布】选项，在右侧的列表中设置相应的选项：

【散布】及其控制选项：【散布】选项的值越大，散布的范围越广，可直接输入数字或使用滑块来选择值。当选择"两轴"时，画笔笔迹按径向分布。当取消选择"两轴"时，画笔笔迹垂直于描边路径分布。要指定如何控制画笔笔迹的散布变化，可从"控制"弹出式菜单中选取相应的选项，各选项的设置与【动态形状】中的控制选项类似。

【数量】：指定在每个间距间隔应用的画笔笔迹数量。即画笔笔迹分布的密度。

【数量抖动】及其"控制"：【数量抖动】用于指定画笔笔迹的数量如何针对各种间距间隔而变化。数值越大分布抖动的效果越明显。要指定如何控制画笔笔迹的数量变化，可从"控制"弹出式菜单中选取选项，各选项的设置与【动态形状】中的控制选项类似。

（5）纹理。【纹理】画笔利用图案使描边看起来像是在带纹理的画布上绘制的一样。图 5-33 所示为无纹理画笔（左）和有纹理画笔（右）的描边效果。

图 5-33　无纹理画笔（左）和有纹理画笔（右）的描边效果

在【画笔】调板中，选择左侧的【纹理】。调板右侧会出现相应的可用选项。首先点按图案样本或样本右侧的小三角，从弹出式调板中选择图案，然后对各选项进行设置：

【反相】即基于图案中的色调对换纹理中的亮点和暗点。

【缩放】用来指定图案的缩放比例。

【模式】弹出菜单用来设置画笔和纹理的混合模式。

【深度】用于指定纹理的深度。数值越大，纹理越清晰。

【最小深度】用于指定当【深度控制】选项开启时，纹理画笔的最小深度。

【深度抖动】及其"控制"选项：【深度抖动】用于设置深度的随机性。要指定如何控制画笔笔迹的深度变化，可以从"控制"弹出式菜单中选取选项。

（6）双重画笔。双重画笔使用两个笔尖创建画笔笔迹。图 5-34 是两种双重画笔的描边效果。可以看到有两个画笔笔迹叠在一起，粗一点且颜色较浅的是主画笔，细一点且颜色较深的是次画笔。在【画笔】调板的【画笔笔尖形状】部分可以设置主要笔尖的选项。在【画笔】调板的【双重画笔】部分可以设置次要笔尖的选项。

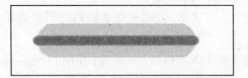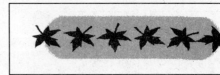

图 5-34　两种双重画笔的描边效果

在【画笔】调板中，选择左侧的【双重画笔】。调板右侧会出现相应的可用选项。具体设置如下：

【模式】弹出式菜单用来设置主画笔和次画

笔之间交互的方式。在【模式】下的"画笔笔尖形状选区"内可以选择次画笔的笔尖形状

【直径】用于设置次画笔的大小。

【间距】用于控制描边中次画笔笔迹之间

笔记栏

的距离。

【散布】用于设置描边中次画笔笔迹的分布方式。

【数量】用于设置在每个间距间隔应用的次画笔笔迹的数量。

(7) 动态颜色。动态颜色决定描边路线中油彩颜色的变化方式。在【画笔】调板中,选择左侧的【动态颜色】。调板右侧会出现相应的可用选项。具体设置如下:

【前景/背景抖动】及其"控制":指定前景色和背景色在画笔描边颜色中拉动的随机性。当数值为 0% 时,画笔描边颜色为前景色。要指定如何控制画笔笔迹的颜色变化,可从"控制"弹出式菜单中选取相应的选项:

【色相抖动】用于设置画笔颜色色相可以改变的百分比。较低的值在改变色相的同时保持接近前景色的色相。较高的值增大色相间的差异。

【饱和度抖动】用于设置画笔颜色的饱和度可以改变的百分比。较低的值在改变饱和度的同时保持接近前景色的饱和度。较高的值增大饱和度级别之间的差异。

【亮度抖动】用于设置画笔颜色的亮度改变的百分比。较低的值在改变亮度的同时保持接近前景色的亮度。较高的值增大亮度级别之间的差异。

【纯度】用于增大或减小颜色的饱和度。如果设置值为 -100% ,颜色将成为灰度;如果设置值为 100% ,则颜色纯度最高。

(8) 其他动态。【其他动态】中设定的选项用于设置在绘制线条过程中【不透明度】和【流量抖动】的动态变化情况。使用该选项能设置水墨画的笔触。

(9) 其他描边设置。

【杂色】可向个别的画笔笔尖添加额外的随机性,画笔的描边会变得粗糙。当应用于柔画笔笔尖时,此选项最有效。

【湿边】可使画笔描边产生水彩效果。

【喷枪】可用于对图像应用渐变色调,以模拟传统喷枪。

【平滑】可在画笔描边中产生较平滑的曲线。当使用光笔进行快速绘画时,此选项最有效;但是它在描边渲染中可能会导致轻微的滞后。可对所有具有纹理的画笔预设应用相同的图案和比例。选择此选项后,在使用多个纹理画笔笔尖绘画时,可以模拟出一致的画布纹理。

2. 设置选项栏　在工具箱中单击【画笔】工具按钮,其选项栏如图 5-35 所示。

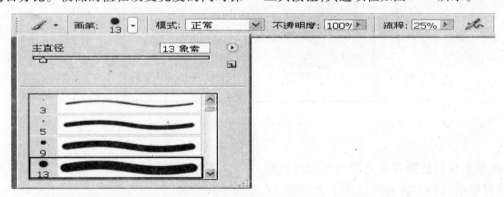

图 5-35　设置选项栏

【画笔】用来选择画笔笔尖的形状、大小及其硬度值。

【模式】用来控制图像中的像素如何受绘画或编辑工具的影响。默认为"正常"。

【不透明度】用来设置画笔描边的不透明度百分比。数值越小画笔描边越透明。图5-36中左边的竖线不透明度设为 100% ,右边的竖线不透明度设为 25%

【流量】用来控制画笔描边的流动速率。

图 5-36 中上方的横线流量设为 50% ,下方横线流量设为 95% 。

图 5-36　【不透明度】及【流量】

三、【渐变】工具的使用

【渐变】工具可以创建多种颜色间的混合效果。

1.【渐变】选项栏的设置　在工具箱中单击【渐变】按钮,选项栏中出现渐变工具的相关选项,如图5-37所示。

(1)　【渐变样本】显示被选择样本的预览,单击右侧的下拉列表框可选择一种用于填充的渐变颜色。如单击

【渐变样本】,会弹出渐变编辑器,如图5-38所示。渐变编辑器可对渐变的颜色进行编辑。

在渐变颜色条上单击起点颜色标志,此时【色标】选项组中的【颜色】下拉列表框将会置亮,接着单击【颜色】下拉列表框右侧的小三角按钮,在打开的下拉列表中选择,或双击渐变颜色条上的颜色标志打开【拾色器】对话框选取颜色。接着选中终点颜色标志,按同样的方法选取颜色。

图5-37　【渐变】选项栏的设置

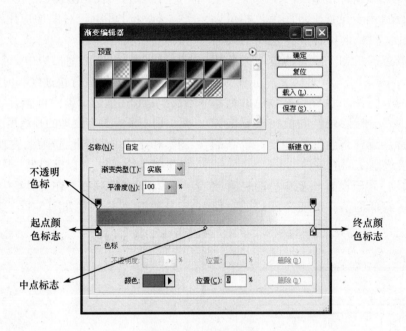

图5-38　渐变编辑器

如果要在颜色渐变条上增加一个颜色标志,可以移动鼠标光标到颜色条下方,当光标变为小手形状时单击即可。

如果要设置两种颜色之间的中点位置,可在渐变颜色条上按下中点标志◇,并拖动鼠标即可。

如果需要设置渐变的透明度值,单击不透明色标,即可设置不透明度。

(2)五个应用渐变填充的选项。

【线性渐变】以直线从起点渐变到终点。

【径向渐变】以圆形图案从起点渐变到终点。

【角度渐变】以逆时针扫过的方式围绕起点渐变。

【对称渐变】使用对称线性渐变在起点的两侧渐变。

【菱形渐变】以菱形图案从起点向外渐变。终点定义菱形的一个角。

(3)【反向】可反转渐变填充中的颜色顺序。

(4)【仿色】可用较小的带宽创建较平滑的混合。

(5)【透明区域】可对渐变填充使用透明区域蒙版。

2. 应用【渐变】工具填充

（1）如果要填充图像的一部分,先选择要填充的区域,否则将填充整个当前图层。

（2）设置好【渐变】工具选项栏。

（3）在图像中渐变的起点按下鼠标,至终点松开鼠标即可。

（4）【渐变】工具不能用于位图、索引颜色或每通道模式的图像。

四、【油漆桶】工具的使用

【油漆桶】工具用于填充图层或选区中颜色与鼠标单击处相近的区域。使用该工具时只要设置好选项栏后,单击所要填充的区域即可。

在工具箱中单击【油漆桶】工具按钮,其选项栏如图 5-39 所示。

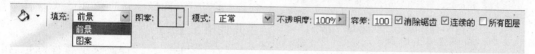

图 5-39　【油漆桶】工具选项栏

【填充】用于设置所要填充的内容,包括"前景"和"图案"两种选项,当选取"图案"时,其右侧的【图案】选项处于可选状态。利用油漆桶进行区域填充时,用户只能应用前景色或图案,而不能应用背景色、灰色等。

【图案】单击右侧的下拉按钮,在弹出的图案预览框中可选择填充的图案。

【模式】用于设置填充的各种混合方式。

【不透明度】用于设置填充的不透明度。

【容差】用于设置填充时的色彩误差范围,数值越小,可填充的区域越小。

【消除锯齿】用于平滑选区的填充边缘。

【连续的】选中该复选框,只填充相邻的且在容差范围内的区域。

【所有图层】选中该复选框,可对填充所有可见图层,否则只能填充当前图层。

第 5 节　图像修改工具的应用

一、【裁切】工具的使用

使用【裁切工具】可以对图像进行任意的

裁减,重新设置图像的大小。其操作方法如下:

（1）在工具箱中选中【裁切工具】,然后在要进行裁切的图像上单击并拖拉鼠标,产生一个裁切区域,如图 5-40 左图所示。

（2）释放鼠标,这时在裁切区域周围出现了小方块,如图 5-40 右图所示,这些小方块称为控制点,通过用鼠标拖动这些控制点,可改变裁切区域大小。将鼠标移动距离到夹角处的控制点稍远的位置上,鼠标会变成的样子,这个时候可以旋转这个长方形的裁切区域,如图 5-41 所示。

（3）裁切区域调整好以后,单击鼠标右键,在弹出的菜单中选择"裁切";或者在裁切区域中双击鼠标左键,便完成了裁切的操作。效果如图 5-42 所示。如果要取消裁切操作,则单击右键后选择"取消"选项即可。

4）此外,【裁切工具】还有剪裁区域"透视效果"的功能,在制作剪裁区域后,在工具的选项栏中勾选"透视"多选框,就可以通过用鼠标调节剪裁区域的控制点来改变它的透视感了。

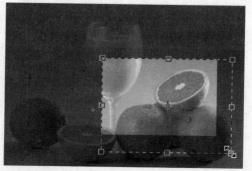

图 5-40　【裁切】工具的使用

图 5-41　旋转裁切区

图 5-42　裁切效果图

二、【擦除】工具的使用

【擦除】工具的功能是擦除图像,【擦除】工具组包括【橡皮擦工具】、【背景橡皮擦工具】和【魔术橡皮擦工具】,如图 5-43 所示。

■ ▱ 橡皮擦工具	E
▱ 背景橡皮擦工具	E
▱ 魔术橡皮擦工具	E

图 5-43　【擦除】工具组

1.【橡皮擦工具】 可以将背景图层或透明被锁定的图层中的图像擦除成背景色,将普通图层中的图像擦除成透明色。使用时先选中【橡皮擦工具】,然后设置好工具栏选项,再按住鼠标左键在图像上拖动即可。

2.【背景橡皮擦工具】 使用【背景色橡皮擦工具】▱,可以将背景图层上和普通图层的图像擦除成透明色,其选项栏的设置如下:

【限制】:在此下拉列表框中选择以下三种擦除模式中的一种:

"不连续"。选择此选项将擦除图层中任一位置的颜色。

"临近"。选择此选项将擦除包含样本颜色并且相互连接的区域。

"查找边缘"。选择此选项将擦除包含样本颜色并且相互连接的区域,但能较好地保留擦除位置颜色反差较大的边缘轮廓。

【容差】:用于控制擦除颜色的区域。其数值越大,能擦除的颜色范围就越大;反之,其数值越小,所能擦除的颜色范围就越小。

【保护前景色】:选中此复选框可以防止擦除与当前工具箱中前景色相匹配的颜色,也就是如果图像中的颜色与工具箱中的前景色相同,那么擦除时,这种颜色将受保护,不会被擦除。

【取样】:用于选择清除颜色的方式:

"连续"可随着鼠标的拖动在图像中连续地进行颜色取样,并根据取样进行擦除。

"一次"则只擦除第一次单击所取样的颜色。在不弹起鼠标的情况下继续拖动鼠标,只能擦除与落点相同或相似(在容差范围内)的颜色,其他颜色不被擦除。

"背景色板"只擦除包含背景颜色的区域。

3.【魔术橡皮擦工具】 其作用就相当于【魔棒工具】再加上【橡皮擦工具】。使用它可以擦除一定容差内的相邻颜色,如图 5-44 所示。

图 5-44　【魔术橡皮擦工具】的使用

笔记栏

三、【仿制图章】和【图案图章】工具

1.【仿制图章】工具 　能够将一幅图像的全部或部分复制到同一幅图像或其他图像内。选择工具箱中的 按钮后，其工具选项栏如图 5-45 所示。

画笔 21　模式：正常　不透明度：100%　流量：100%　对齐的　用于所有图层

图 5-45　【仿制图章】工具选项栏

【对齐的】：选中该复选框时，在复制图像的过程中，无论中间执行了多少次操作，所复制的图像仍然是鼠标起始点时的同一幅图像；不勾选此项时，每次停笔再画，复制的图像都是从取样的位置开始重新复制，与前一次复制的图像无关。

【用于所有图层】：选中该复选框时，能基于所有图层取样，否则只在当前图层取样。

其他选项与前面其他工具的属性设置功能完全一样，这里不再重复。

应用【仿制图章】工具的具体操作步骤如下：

（1）在工具栏中【仿制图章】工具，中设置好选项栏的各个选项。

（2）按住键盘上的"Alt"键，在要取样的起始地方单击鼠标，确定取样点。

（3）将鼠标移到图像中另一个位置或另一幅图像中，按住鼠标左键拖动即可。可以在多个图像窗口中拖曳鼠标进行复制，但当目的窗口中有选区时，只能将图像复制到该选区中。图 5-46 所示为使用【仿制图章】工具的效果。

2.【图案图章】工具 　可以利用从图案库中选择的图案或自己创建的图案进行绘画。效果如图 5-47 所示。

图 5-46　使用【仿制图章】工具的效果

图 5-47　【图案图章】工具使用效果

选择工具箱中的 按钮后，其工具栏如图 5-48 所示。

画笔 21　模式：正常　不透明度：100%　流量：100%　图案：　对齐的　印象看效果

图 5-48　工具栏

【图案】：可以从打开的图案面板中任意选择所需要复制的样本。

【印象派效果】：选中该复选框，绘制的样本图案将变得模糊，类似于印象派的效果；取消该勾选项，绘制图像时，将保持样本图案的原貌。

应用【图案图章】工具的具体操作步骤如下：

（1）如果要用自己创建的图案进行绘画，则要创建自定义图案。先打开要定义的图像，用【矩形选框】工具选取需要的图案区域（若要将整个图像定义成图案，则不用制作选区），然后选择菜单命令中的【编辑】—【定义图案】命令，在弹出的【图案名称】对话框中输入该图案的名称即可。

（2）设置好选项栏后从【图案】弹出式调

板中选择图案。调板中包括预设好的图案和自定义的图案

（3）将鼠标移到图像中另一个位置或另一幅图像中，按住鼠标左键拖动即可。注意将图像中的内容复制到其他图像中时，图像之间的色彩模式必须一致。

四、【修复画笔】工具和【修补】工具

【修复画笔】工具和【修补】工具同属于工具箱中的一组工具，主要作用是对图像像素进行修补。

1.【修复画笔】工具 可用于校正图像中的瑕疵，效果如图5-49所示。与【仿制图章】工具一样，使用【修复画笔】工具可以利用图像或图案中的样本像素来绘画。但是，【修复画笔】工具还可将样本像素的纹理、光照和阴影与原像素进行匹配，从而使修复后的像素不留痕迹地融入图像的其余部分，比【仿制图章】工具修复得更具真实性。

应用【修复画笔】工具的操作步骤与【仿制图章】工具基本相同。只是工具选项栏比【仿制图章】工具多了一个"源"选项。【修复

画笔】工具的选项栏如图5-50所示。

图5-49 【修复画笔】工具使用效果

【源】用于选择修复像素的来源，有以下两个选项："取样"可以在当前图像中取样进行修复；"图案"可以使用"图案"弹出式调板中的图案对图像进行修复。

2.【修补】工具 可利用其他区域或图案中的像素来修复选中的区域。像【修复画笔】工具一样，【修补】工具会将样本像素的纹理、光照和阴影与源像素进行匹配。但与【修复画笔】不同的是，【修补】工具要选建立选区，然后用拖动选区的方法来修补图像。

在工具箱中选择【修补】工具按钮，其选项栏如图5-51所示。

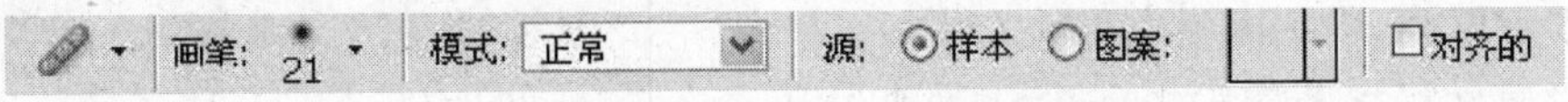

图5-50 【修复画笔】工具的选项栏

图5-51 【修补】工具选项栏

【修补】用来确定建立选区的性质，有以下两个选项：

"源"：修补工具所建立的选区为要修补的区域。

"目的"：修补工具所建立的选区为要取样的区域。

应用【修补】工具的具体操作步骤如下（以修补选项中选择"源"为例）：

（1）在选项栏中选择"源"，在图像中拖移以选择想要修复的区域。如果要选择较规则的选区，也可以先用选区工具选择要修复的区域，再选择【修补】工具。

（2）将鼠标移到选区内，拖曳选区至要取样的地方。

（3）取消选区。

五、【模糊】、【锐化】和【涂抹】工具

【模糊】工具、【锐化】工具和【涂抹】工具同属于一个工具组，如图5-52所示。利用这三个工具可以对图像的细节进行局部的修饰，使用方法都是在需要修饰的地方拖动鼠标即可。

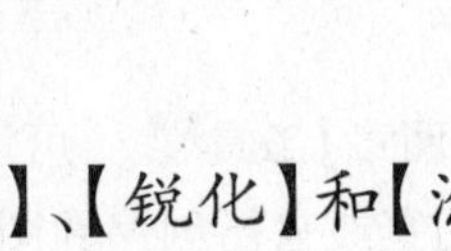

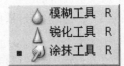

图5-52 【模糊】、【锐化】和【涂抹】工具组

【模糊】工具可柔化图像中的硬边缘或区域，以减少细节，使图像产生朦胧的效果。

【锐化】工具可聚焦软边缘,加强像素之间的反差,以提高清晰度或聚焦程度。

【涂抹】工具可模拟在湿颜料中拖移手指的动作。该工具可拾取涂抹开始位置的颜色,并沿拖移的方向展开这种颜色。

三种工具的效果如图 5-53 所示。

原图　　　　　模糊　　　　　锐化　　　　　涂抹

图 5-53　【模糊】、【锐化】和【涂抹】工具的使用效果

六、【减淡】、【加深】和【海绵】工具

【减淡】、【加深】和【海绵】工具同属于一个工具组,如图 5-54 所示。利用这些工具可通过拖移鼠标对图像的细节进行局部的修饰,使图像得到细腻的光影效果。

图 5-54　【减淡】、【加深】和【海绵】工具组

【减淡】和【加深】工具用于改变图像的亮调节器与暗调细节,使图像区域变亮或变暗。使用工具前可在选项栏的【范围】选项中选择图像中要更改的对象:"中间调"可更改灰度的中间范围;"暗调"可更改黑暗的区域;"高光"可更改明亮的区域。另外,通过调整选项栏的【曝光度】选项的值,可设置每次操作对图像的提高亮度。

【海绵】工具可精确地调整图像的色彩饱和度。在灰度模式下,该工具可用来增加或降低对比度。在其选项栏的【模式】选项中选择"加色"模式,能增强色彩的饱和度,选择"去色"模式则会降低色彩的饱和度。

三种工具的效果如图 5-55 所示。

原图　　　　　减淡　　　　　加深　　　　　海绵

图 5-55　【减淡】、【加深】和【海绵】工具的使用效果

第 6 节　路径工具的应用

在 Photoshop 中,路径对于绘制图形和处理图像都起着非常重要的作用,使用路径可以进行复杂图像的选取;可以存储选取区域以备再次使用;可以绘制线条平常的平滑的优美图形。比起选区工具和画笔工具,路径具有修改简单的优点。

一、路径的创建和编辑工具

创建路径的工具主要有钢笔工具 、自由钢笔工具 ,以及形状选择工具中的矩形工具 、圆角矩形工具 、椭圆工具 、多边形工具◯、直线工具＼、自定形状工具♣；编辑路径工具主要有添加锚点工具♣⁺、删除锚点工具♣⁻、转换点工具＼、路径选择工具↖及直接选择工具↖。这些工具在工具栏的具体位置，如图5-56所示。

1.【钢笔】工具　【钢笔】工具用来绘制直线或曲线的路径。单击钢笔工具按钮，在图像中单击一次便可产生一个点，这个点称为"锚点"，在不同的位置再次单击鼠标又产

生一个新的锚点，两个锚点之间会产生一条线段。

（1）选择钢笔工具♣，钢笔工具的选项栏如图5-57所示。

▢【形状图层】:创建形状图层模式不仅可以在路径面板中新建一个路径，同时还在图层面板中创建了一个形状图层。路径内的颜色自动填充前景色。

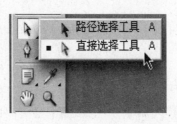

图5-56　创建路径的工具

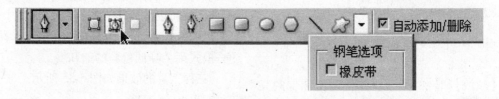

图5-57　【钢笔】工具的选项栏

▨【创建工作路径】:只能产生工作路径，不会生成形状图层。

♣◯▢▢◯◯＼♣用于不同的路径创建工具之间的切换。

【橡皮带】:可在绘图时预览路径段。

【自动添加/删除】:可单击路径上任意一点来添加锚点，单击原有的锚点则可将其删除。

（2）绘制直线路径。将鼠标移到图像内，光标应显示为♣ₓ，单击鼠标，可产生一个实心的点，这便是第一个锚点。再单击不同的位置，创建第二个锚点，两锚点之间会自动以直线连接。按住"Shift"键可以让所绘制的点与上一个点保持45°整数倍夹角（比如0°、90°），这样可以绘制水平或者是垂直的

线段。

如果要制作封闭的路径，最后将鼠标箭头靠近路径起点，鼠标的光标变为了♣。，单击鼠标，就完成封闭路径的制作。如果要结束开放路径，按住"Ctrl"键在路径外单击鼠标即可。

（3）绘制曲线路径。

1）在曲线的起点按住鼠标不放并拖动。此时会出现第一个锚点，同时【钢笔】工具变为箭头，如图5-58的左图所示。注意在创建曲线时，总是向曲线的隆起方向拖移第一个方向点，拖动出来的射线称为方向线，方向线的长度和斜率决定了曲线段的形状。拖动鼠标的同时按住"Shift"键可限制方向线的角度为45°的倍数。

笔记栏

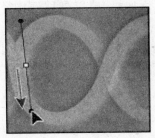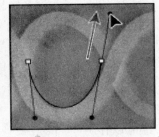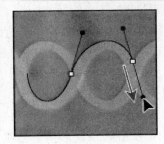

图 5-58　绘制曲线路径

2）将【钢笔】工具移到曲线段的终点，并向曲线隆起方向的相反方向拖移，会得到一段弧线，如图 5-58 中图所示。如沿着相同的方向拖动将会创建一条"S"形曲线，如图 5-59 所示。

3）要绘制平滑曲线的下一段，请将【钢笔】工具定位在下一段的终点，并向曲线外拖移，如图 5-59 所示。

2. 【自由钢笔】工具　【自由钢笔】工具可用于随意绘图，就像用铅笔在纸上绘图一样，绘图时将自动添加锚点。完成路径后可进一步对其进行调整。

【自由钢笔】工具的选项栏如图 5-60 所示。

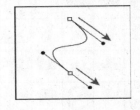

图 5-59　创建"S"形曲线

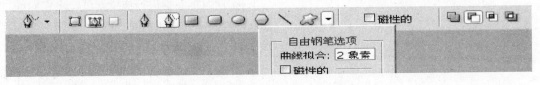

图 5-60　【自由钢笔】工具的选项栏

【曲线拟合】用于控制最终路径对鼠标或光笔移动的灵敏度，输入值介于 0.5～10.0 像素之间。此值越高，创建的路径锚点越少，路径越简单。

选中【磁性的】复选框，工具将转换成【磁性钢笔】工具，它的用法和【磁性套索】工具用法相似，可以绘制与图像中定义区域的边缘对齐的路径。

3. 【形状选择】工具　使用【形状选择】工具可以在图像中绘制直线、矩形、圆角矩形和椭圆，也可以绘制多边形和创建自定形状。每个形状工具都提供了特定的选项。可以用鼠标单击图 5-61 所示的反向箭头▼查看选项。

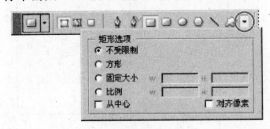

图 5-61　【形状选择】工具

（1）各形状工具的选项简介。

【不受限制】：允许通过拖移设置矩形、圆角矩形、椭圆或自定形状的宽度和高度。

【方形】或【圆形】：将矩形或圆角矩形约束为正方形；将椭圆约束为圆。

【固定大小】：根据在"宽度"和"高度"文本框中输入的值，将矩形、圆角矩形、椭圆或自定形状设置为固定形状。

【比例】：固定形状高度和宽度的比例。

【从中心】：从中心开始绘制矩形、圆角矩形、椭圆或自定形状。

【半径】：对于圆角矩形，指定圆角半径。数值或大，矩形的四个角越圆滑。对于多边形，指定多边形中心与外部点之间的距离。

【边】：指定多边形的边数。

【平滑拐角】或【平滑缩进】：绘制的多边形具有平滑的拐角或边线平滑地向中心缩进。

【星形】：绘制的多边形向中心收缩呈星形。

【对齐像素】：将矩形或圆角矩形的边缘

对齐像素边界。

【粗细】:以像素为单位确定直线的宽度。

【起点】和【终点】:在线段的起点和末端添加箭头,并可通过修改【宽度】、【长度】和【凹度】来设置箭头的形状

(2)使用预设形状。当使用自定形状工具时,可以从各种预设形状中选取,也可以存储作为预设形状创建的形状。选择【自定义形状】工具,从"形状"弹出式调板中选择形状,如图5-62所示。绘制的图形路径效果如图5-63所示。

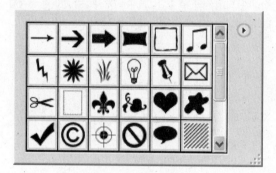

图5-62   选择形状

图5-63   绘制的图形路径效果

如果要添加新的自定义形状,操作步骤如下:

1)使用创建路径工具绘制新的自定义形状。

2)执行【自定义形状】—【定义自定形状】命令,然后在"形状名称"对话框中输入新自定形状的名称。新形状出现在"形状"弹出式调板中。

4.【添加锚点】、【删除锚点】和【转换锚点】工具   在绘制完路径以后,有时需要对其进行修改。【添加锚点】工具可以任意添加路径锚点,更好地控制路径的形状。【删除锚点】工具可以删除不必要的锚点,以便减少路径的复杂程度。如果已在钢笔工具或自由钢笔工具的选项栏中选择了"自动添加/删除",则当点按直线段时,将会添加锚点,而当点按现有锚点时,该锚点将被删除。【转换锚点】工具可以将平滑曲线转换成尖锐曲线或直线段,也可以将直线点变成曲线点。

(1)将【添加锚点】工具移到路径上,单击鼠标就可增加一个锚点,如图5-64所示。若要删除个别锚点,将【删除锚点】工具移动到要删除的锚点上单击即可删除这个锚点,如图5-65所示。

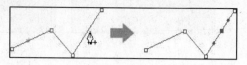

图5-64   添加锚点

图5-65   删除锚点

(2)选择【转换锚点】工具,并将其放在要更改的锚点上。如果将其放在曲线点上,单击鼠标键就可将曲线方向线收回,使之成为直线点,如图5-66所示。如果将工具放在直线点上,按住鼠标左键进行拖拉就可拉出方向线,也就将直线点变成了曲线点,如图5-67所示。

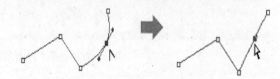

图5-66   曲线点变为直线点

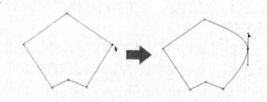

图5-67   直线点变为曲线点

如果将【转换锚点】工具放到方向线的方向点上,按住鼠标左键拖动,可改变方向线的方向,从而改变曲线,如图5-68所示。

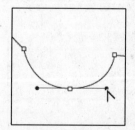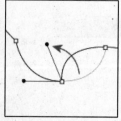

图5-68   改变方向线的方向

5.【路径选择】工具 【路径选择】工具包括【路径选择】工具 ▸ 及【直接选择】工具 ▹。利用它们可以对路径进行移动、调整、拷贝和删除等操作。

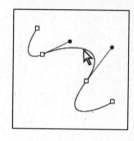

图 5-69 【路径选择】工具选项栏

用于选择组合方式，并按组合方式将多个独立的路径合成为一个路径。用路径选择工具选择路径，再在选项栏中选择路径组合方式，最后单击"组合"按钮即可完成路径合成操作。

用于将两个或两个以上的路径进行对齐。按住"Shift"键，可选择多个路径，然后可在选项栏中选择路径对齐方式。六个对齐方式依次为上对齐、垂直居中对齐、下对齐、左对齐、居中对齐和右对齐。

用于对三个或三个以上的路径进行分布。

另外，用【路径选择】工具 ▸ 选中路径后，按住"Alt"键并拖移所选路径，可复制出一个新的路径。若选中路径后按"Delete"键，就会把所选路径删除。

（2）【直接选择】工具 ▹ 用于对路径进行调整。

1）移动直线段：选择【直接选择】工具 ▹，然后选择要调整的段，将所选段拖移到它的新位置。

2）移动一个曲线段的位置而不改变它的弧度：选择【直接选择】工具，选中曲线段的一端的锚点后按住"Shift"键单击另一端的锚点，这样可把曲线段两端的锚点都选中，然后按鼠标拖动此曲线段即可，如图 5-70 所示。

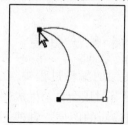 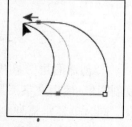

图 5-70 移动曲线段

3）调整曲线段：如果要调整曲线段的位置，选择后拖移此段，如图 5-71 所示。如果要改变曲线的位置和弧度，可直接移动曲线锚点或方向线，如图 5-72 所示。

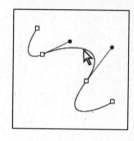 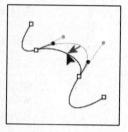

图 5-71 调整曲线段

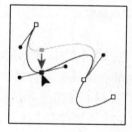 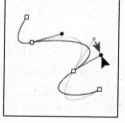

图 5-72 改变曲线的位置和弧度

二、路径控制调板

执行【窗口】—【路径】命令，可显示路径调板，如图 5-73 所示。路径调板列出了每条存储的路径、当前工作路径的名称和缩览图像。单击相应的路径，便可以在图像窗口中显示路径，以进行各种操作。单击调板右上角的按钮，可弹出调板菜单，如图 5-74 所示。

（1）单击【用前景色填充路径】工具 ● 将对当前选中的路径进行填充。如果选中的路径为开放路径，会自动把两端点以直线段连接然后进行填充。使用弹出菜单中的【填充路径】命令，则会弹出【填充路径】对话框。在对话框中可设定填充的颜色及图案、填充模式、羽化半径等选项。

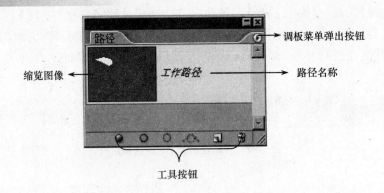

调板菜单弹出按钮
缩览图像
工作路径
路径名称

工具按钮

图 5-73 路径调板

调板卷帘

保存路径…
复制路径…
删除路径

建立工作路径…

建立选区…
填充路径…
描边路径…

剪贴路径…

调板选项…

图 5-74 调板菜单

（2）单击【用前景色描边】工具○将对选定路径进行描边。每次单击该按钮都会增加描边的不透明度，在某些情况下使描边看起来更粗。使用弹出菜单中的【描边路径】命令，则会弹出【描边路径】对话框，在对话框中可选择不同的工具如铅笔、画笔、橡皮擦、涂抹等对路径进行描边。

（3）单击【将路径作为选区载入】工具○可把当前路径转换成为选择区域。使用弹出菜单中的【建立选区】命令，则会弹出【建立选区】对话框。在对话框中可以设置转换的选区的操作，如"添加到选区"、"从选区中减去"等，还可以设定"羽化半径"、"消除锯齿"等选项。

（4）单击【从选区建立工作路径】工具○可把当前选择区域转换成为路径；也可以使用弹出菜单中的【建立工作路径】命令完成此操作。

（5）单击【创建新路径】工具可创建一个新的路径。将路径调板中的路径拖移到此按钮将自动复制所选的路径。使用弹出菜单

笔记栏

中的【建立新路径】命令，则会弹出【新路径】对话框。在对话框中可设定新建路径的名称。在路径调板中选择了需要复制的路径以后也可以使用弹出菜单中的【复制路径】命令来复制所选的路径。

（6）选中要删除的路径，然后单击【删除当前路径】工具或在弹出菜单中单击【删除路径】命令即可完成删除操作。

第7节 图层的应用

使用图层可以在不影响图像中其他图素的情况下处理某一图素。可以将图层想像成是一张张叠起来的透明纸。如果上面的图层没有图像，就可以看到底下的图层的内容。通过更改图层的顺序和属性，可以改变图像的合成。

图 5-75 所示为一幅由几个图层组成的图像，执行【窗口】—【图层】命令可显示图层调板，在图 5-76 所示的图层调板中可以看到组成该图像的各个图层。在每个图层前有一个眼睛图标，单击此图标可隐藏该图层。在"向日葵 1"图层前的图标上单击，该图标消失，如图 5-77 所示，同时该图层的向日葵图案在图像中消失，如图 5-78 所示。

一、创建、复制和删除图层

1. 创建图层 在图像的编辑过程中，在复制图像、使用文字工具等时候会自动生成图层。同时也经常需要创建新的图层。创建图层又分为创建新图层、创建背景图层、建立图层组等内容。

图 5-75 多图层图像

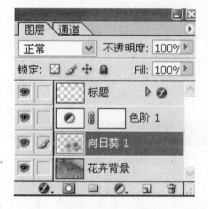

图 5-76 图层调板

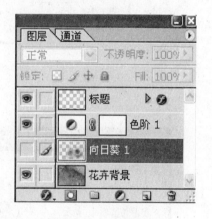

图 5-77 隐藏图层

图 5-78 隐藏图层效果

（1）创建新图层。单击【图层】—【创建新的图层】按钮 ，如图 5-79 所示，即可新建一个空白图层。这个新建的图层会自动依照建立的次序命名，第一次新建的图层为【图层 1】。也可以使用图层调板弹出菜单中的【新图层】命令或菜单中的【图层】—【新建】—【图层】命令来创建新图层，将弹出一个【新图层】对话框，如图 5-80 所示。

（2）创建背景图层。用户在处理图像时，【图层】调板中会有个图层被称为【背景】

图层。【背景】图层通常在所有图层的最下面。因为系统会自动锁定该图层，所以无法对这一图层的图像设置任何效果。如果想对【背景】图层进行处理，双击该图层，将会出现如图5-81所示的对话框，单击"好"按钮，则此图层将变为可应用图层效果的普通图层。

图5-79　创建新图层

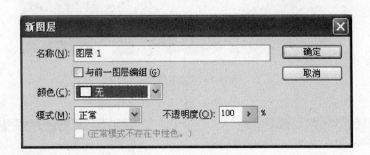

图5-80　【新图层】对话框

图5-81　【背景】图层对话框

如果想将普通图层转换为背景图层，在图层调板中选择要设为背景图层的图层，再执行【图层】—【新建】—【背景图层】命令即可，转换后的图层名称将为"背景"。

（3）创建文字图层。【文字】工具组分为【横排文字】工具 **T**、【直排文字】工具 **↓T** 和【横排文字蒙版】工具、【直排文字蒙版】工具。在使用前两种工具时系统会自动新建一个文字图层，而使用后两种则可以在图像上直接创建一个文字选区。

如果想在图像中建立文字图层，先单击工具箱中的 **T** 或 **↓T**，然后在图像中单击，这时在图层调板中会自动出现一个文字图层，在文字选项栏中设置要输入文字的字体、字号、颜色、段落格式及消除锯齿的方式，然后便可以输入文字。这种文字图层称为【点文字】图层，适用于建立少量标题性文字。

如果要进行大量的文字编辑，则应创建【段落文字】图层。先单击工具箱中的【文字】工具，在要输入文本的位置拖动鼠标，画出文本框即可。【段落文字】图层最大特点在于它是利用文本框来添加段落文字，具有自动换行的功能，而且文本框还能够放大、缩小和旋转。

（4）建立图层组。当图像中包括很多个图层时，图层调板会显得比较混乱。图层组可以帮助组织和管理图层，降低图层调板中的混乱程度，其功能类似于文件管理中的文件夹。

单击【图层】调板中的【新建图层组】按钮即可创建一个新的图层组，第一次建立的图层组会自动命名为"序列1"。如果要在建立图层组的同时设置其名称、颜色、模式等选项，可以使用图层调板弹出菜单中的【新图层组】

笔记栏

命令或菜单中的【图层】—【新建】—【图层组】命令来创建新图层组。

新建的图层组中是没有内容的,把所需要成组的图层直接拖曳到图层组的图标上面才可以把图层放到图层组中。背景图层是无法拖曳到图层组中的。

2. 图层的复制　复制图层是较为常用的操作。先选中要复制的图层,再用鼠标将它直接拖曳至【创建新的图层】按钮 上即可,如图5-82所示。复制出来的图层为位于被复制图层的上方,两图层中的内容一样,如图5-83所示。

图 5-82　图层的复制

图 5-83　图层复制结果

用菜单命令可以完成比较复杂的图层复制操作。选中图层后使用菜单中的【图层】—【复制图层】命令或使用图层调板弹出菜单中的【复制图层】命令,将弹出【复制图层】对话框,如图5-84所示。在该对话框中的【文档】

下拉列表中会显示出当前打开的所有图像文件名称以及一个"新建"选项。选择一个图像文件名称,可将新复制的图层复制到选定的图像文件中;选择"新建"选项,可将新复制的图层作为一个新文件单独创建,在【名称】框中输入新创建文件的名称后,单击"好"按钮即可。

3. 图层的删除　对于没有用的图层,可以将它删除。先选中要删除的图层,然后单击【图层面板】上的【删除图层】按钮,在弹出的对话框中单击【是】即可。也可以在图层面板上直接用鼠标将图层的缩览图拖放到【删除图层】按钮上来删除。

二、管理图层

1. 调整图层的叠放次序　由于图像中的图层是自下而上叠放的,因而在编辑图像时,调整图层之间的叠放次序可产生不同的效果,如图5-85所示。调整图层顺序的方法非常简单,在【图层面板】中,选择要调整次序的图层并拖放至适当的位置即可。

2. 图层的链接与合并　在处理图像时,如要对多个图层进行统一的缩放、旋转、移动等操作,就要用到链接图层的功能。要使几个图层成为链接的层,方法如下:先选定一个图层,使它成为当前作用图层,然后,在想要链接图层左侧的选项框内单击鼠标,在选项框内出现链接图标 ,表示此图层已经与当前层链接起来了,如图5-86所示。当要将链接的层取消链接时,则可单击一下链接图标,当前层就取消链接。

在编辑图像时,如果要对多个图层进行统一处理,还可以将图层进行合并。图层合并分为【合并链接图层】和【合并可见图层】。

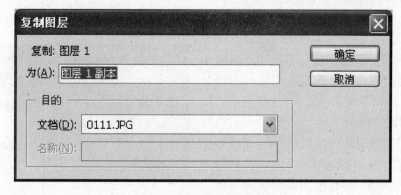

图 5-84　【复制图层】对话框

图 5-85　图层的叠放次序调整后的效果

图 5-86　图层的链接

【合并链接图层】用于合并所有链接起来的图层。从图层调板菜单中选择"合并链接图层"命令即可。【合并可见图层】用于把所有的可见图层全部合并为一个图层。从图层调板菜单中选择"合并可见图层"命令即可。

执行图层调板菜单中的"拼合图层"命令,可将图像中所有图层合并。

3. 删格化图层　对于包含矢量数据的图层(如文字图层、形状图层)和生成的数据的图层(如填充图层),不能使用绘画工具或滤镜。如果要使用绘画工具或滤镜,要先栅格化这些图层,将其内容转换为平面的光栅图像。选择【图层】—【栅格化】命令,并从子菜单中选取选项即可。

4. 调整图层的不透明度　不透明度是图层一个很重要的特性。降低不透明度后图层中的像素会呈现出半透明的效果,这有利于进行图层之间的混合处理。

在【图层】调板中选中图层,然后单击"不透明度"右边的小三角形,在弹出的"控制滑杆"上拖动小三角形滑块,可调节图层的不透明度。图层的不透明度为 0% 时,表示图层完全透明,如图 5-87 所示;图 5-88 所示不透明度

设为 50% 时的图像;100% 则表示图层则完全不透明,如图 5-89 所示。

图 5-87　图层的不透明度为 0%

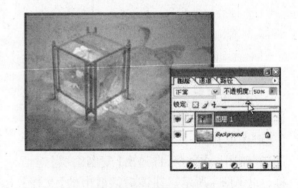

图 5-88　图层的不透明度为 50%

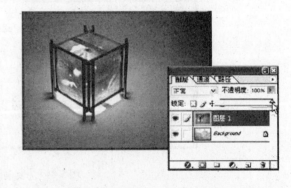

图 5-89　图层的不透明度为 100%

笔记栏

5. 图层的锁定　在图层调板中有四个锁定类选项的按钮 锁定：☒ ✎ ✚ 🔒，单击其中某一个按钮就会锁定相应的内容。

【锁定透明像素】按钮☒:当前图层的透明区域将保持透明效果。

【锁定图像像素】按钮✎:当前图层中的像素不能进行修改,这种修改既包括使用画笔等绘图工具进行绘制,也包括使用色彩调整命令。

【锁定位置】按钮✚:不能移动当前图层的位置。

【全部锁定】按钮🔒:将当前力气的效果锁定,不能进行任何修改。

6. 图层的混合模式和混合样式　当两个图层的图像重叠的时候,Photoshop 提供了上、下图层颜色间多种不同的色彩混合方法,这就是图层的混合模式。不同的混合模式使图像有完全不同的合成效果。单击图层调板左上角的下拉列表框,在下拉列表中选择一种合适的混合模式即可。

在 Photoshop 中,我们可以为除背景层外的所有图层设置阴影、发光、立体浮雕等样式特效。在图层调板的底部单击【添加图层样式】按钮 ⊘,在弹出的菜单中选择一个命令即可打开【图层样式】对话框,如图 5-90 所示。在【图层样式】对话框的左侧有许多图层效果复选框,当选中这些复选框中的任意一个,则当前图层会自动添加被选取的图层效果;对话框的右侧提供了大量的参数选项,可以对样式效果进行设置。

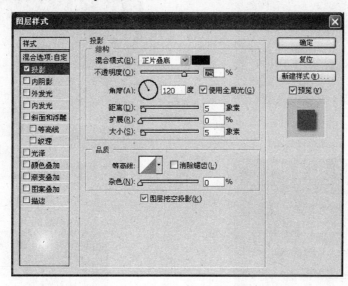

图 5-90　【图层梯式】对话框

三、图层的蒙版

在图像中,建立图层蒙版可以将图层中图像的某些部分处理成透明或半透明的效果。当要改变图像某个区域的颜色,或者要对该区域应用滤镜或其他效果时,蒙版可以隔离并保护图像的其余部分。选择某个图像的部分区域时,未选中区域将被"蒙版"或受保护,以免被编辑。

图层蒙版是灰度图像,因此,可以用所有的绘画和编辑工具对其进行修饰和编辑,用黑色绘制的内容将会隐藏,用白色绘制的内容将会显示,用其他颜色绘制的内容将以各级透明度显示,其效果如图 5-91 所示。

在 Photoshop 中,有两种类型的蒙版:图层蒙版和矢量蒙版。图层蒙版是位图图像,与分辨率相关,并且由绘画或选择工具创建。矢量蒙版与分辨率无关,它是由钢笔或形状工具创建的。在图层调板中,图层蒙版和矢量蒙版都显示为图层缩览图右边的附加缩览图。对于图层蒙版,此缩览图代表添加图层蒙版时创建的灰度通道。矢量蒙版缩览图代表从图层内容中剪下来的路径。

下面我们通过一个实例来学习如何使用图层蒙版:

(1) 打开图 5-92 和图 5-93。

(2) 选择工具箱中的【移动】工具,将左边的图像拖到右边的图像中,如图 5-94 所示。

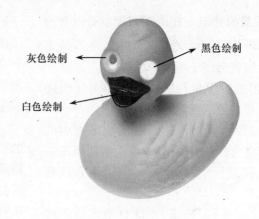

灰色绘制　　　　　黑色绘制

白色绘制

原图

图 5-91

图 5-92

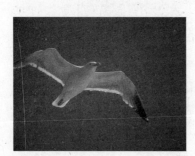

图 5-93

图 5-94

效果进行绘画，如图 5-95 所示。完成后效果如图 5-96 所示。

图 5-95

图 5-96

第8节　滤镜及其应用

滤镜是在 Photoshop 中制作特殊效果的一种重要工具。图像用滤镜处理后，可以产生奇幻的艺术效果。

一、滤镜使用基础

（1）滤镜只能应用于当前可视图层，且可以反复应用，连续应用。但一次只能应用在一个图层上。

（3）单击图层调板中的【添加图层蒙版】按钮 ◎ 创建一个图层蒙版。

（4）选择工具箱中的【画笔】工具，将前景色设置为黑色，在"海鸥"图像上按所需的

（2）滤镜不能应用于位图模式,索引颜色模式的图像,某些滤镜只对 RGB 模式的图像起作用。如要对索引颜色模式的图像使用滤镜,应先执行【图像】—【模式】—【RGB 颜色】命令,将其转换成可使用所有滤镜命令的 RGB 颜色模式。

（3）滤镜只能应用于图层的有色区域,对完全透明的区域没有效果。

（4）有些滤镜完全在内存中处理,所以内存的容量对滤镜的生成速度影响很大。有些滤镜很复杂亦或是要应用滤镜的图像尺寸很大,执行时需要很长时间,如果想结束正在生成的滤镜效果,只需按"Esc"键即可。

二、部分滤镜简介

Photoshop 提供了多种滤镜,下面介绍其中的一部分。关于其他滤镜,同学们可以通过自己实践学习来了解它们的功能。

1.【像素化】滤镜

（1）【彩块化】滤镜。【彩块化】滤镜将纯色或相似颜色的像素结块为彩色像素块。可以使用此滤镜使扫描的图像看起来像是手绘的,或使现实图像与抽象画相似。该滤镜无参数设置对话框。应用【彩块化】滤镜的图像对比效果如图 5-97 所示。

图 5-97　【彩块化】滤镜使用前(左)、后(右)效果

（2）【点状化】滤镜。【点状化】滤镜将图像分解为随机分布的网点,模拟点状绘画的效果,并使用背景色填充网点之间的空白区域。对话框如图 5-98 所示,"单元格大小"选项用于控制效果中颜色点的大小。使用前后的效果如图 5-99 所示。

（3）【晶格化】滤镜。【晶格化】滤镜使用多边形纯色结块重新绘制图像。对话框如图 5-100所示,"单元格大小"选项用于调节多边形的网格大小,该值不宜设得过大,否则会使图像失去本来的面目。使用前后的效果,如

图 5-101 所示。

图 5-98　【点状化】滤镜对话框

图 5-99　【点状化】滤镜使用前(左)、后(右)效果

（4）【碎片】滤镜。【碎片】滤镜将图像创建四个相互偏移的副本,产生类似重影的效果,如图5-102所示。

（5）【马赛克】滤镜。【马赛克】滤镜通过将一个单元内具有相似色彩的所有像素变为同一颜色来模拟马赛克的效果。使用前后的效果如图5-103所示。

2.【扭曲】滤镜　【扭曲】滤镜主要用于按照各种方式在几何意义上对图像进行扭曲,产生三维或其他变形效果,如非正常拉伸、模拟水波和镜面反射等。

图5-100　【晶格化】滤镜对话框

图5-101　【晶格化】滤镜使用前(左)、后(右)效果

图5-102　【碎片】滤镜使用前(左)、后(右)效果

图5-103　【马赛克】滤镜使用前(左)、后(右)效果

（1）【切变】滤镜。【切变】滤镜通过调整曲线来扭曲图像。对话框如图5-104所示,在对话框中可以进行扭曲路径的设置。在方格中的竖线上单击会生成一个控制点,然后拖动控制点即可随意创造扭曲路径。将控制点拖出框外即可删除该控制点。在对话框的【未定义区域】选项组中有两个单选按钮,选中"折回"按钮,用图像另一边的内容填充未定义的空间;选中"重复边缘像素"按钮,按指定的方向沿图像边缘扩展像素的颜色,如果边缘像素颜色不同,则可能产生条纹。使用【切变】滤镜后的效果如图5-105所示。

笔记栏

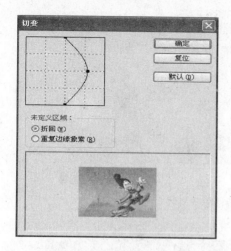

图 5-104　【切变】滤镜对话框

图 5-105　【切变】滤镜使用效果

（2）【扩散亮光】滤镜。【扩散亮光】滤镜向图像中添加透明的背景色颗粒，在图像的亮区向外进行扩散添加，产生一种类似发光的效果。使用【扩散亮光】滤镜前后的效果如图 5-106 所示。

（3）【挤压】滤镜。【挤压】滤镜可以使全部图像或图像的选定区域产生向外或向内的挤压变形效果。在调整挤压的【数量】参数时，当设置为负值，图像向外突出；设置为正值，图像向里凹陷。使用【挤压】滤镜后的效果如图 5-107 所示。

（4）【旋转】滤镜。【旋转】滤镜可产生旋转风轮效果，旋转中心为物体的中心。其【角度】参数值为正时，图像顺时针旋转扭曲，为负时逆时针旋转扭曲。效果如图 5-108 所示。

（5）【极坐标】滤镜。【极坐标】滤镜可以将图像从平面坐标转化成极坐标或从极坐标转化为平面坐标。它能将直的物体拉弯，也能将圆的物体拉直。【极坐标】对话框中有两个单选按钮：【平面坐标到极坐标】、【极坐标到平面坐标】，其效果如图 5-109 所示。

（6）【水波】滤镜、【波浪】滤镜、【波纹】滤镜、【海洋波纹】滤镜。【水波】滤镜可模仿水面上产生起伏状的水波纹和旋转效果。【波浪】滤镜通过选择不同的波长，可以产生不同的波动效果。【波纹】滤镜可以产生水纹涟漪的效果。【海洋波纹】滤镜可以产生海洋表面的波纹效果。它们的效果如图 5-110 所示。

图 5-106　【扩散亮光】滤镜使用前(左)、后(右)效果

数量设为正　　　　　原图　　　　　数量设为负

图 5-107　【挤压】滤镜使用效果

角度为正　　　　　　　　　　　角度为负

图 5-108　【旋转】滤镜使用效果

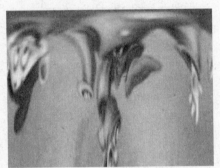

平面坐标到极坐标　　　　　　　　极坐标到平面坐标

图 5-109　【极坐标】滤镜使用效果

水波滤镜　　　　　　波浪滤镜　　　　　　波纹滤镜　　　　　海洋波纹滤镜

图 5-110　【水波】滤镜、【波浪】滤镜、【波纹】滤镜、【海洋波纹】滤镜使用效果

（7）【置换】滤镜。【置换】滤镜可以使用名为置换图的图像确定如何扭曲选区。在设置好滤镜对话框后，会弹出一个【选择一个置换图】对话框，在对话框中选择一个 PSD 文件作为转换图。使用【置换】滤镜的效果如图 5-111 所示。

3. 【模糊】滤镜　滤镜主要通过削弱相邻间像素的对比度，使相邻像素间过渡平滑，从而产生边缘柔和、模糊的效果，以达到掩盖图像的缺陷或创造出特殊效果的作用。

（1）【动感模糊】滤镜。【动感模糊】滤镜模仿拍摄运动物体的手法，通过对某一方向上的像素进行线性位移来产生运动模糊效果。对话框中的调节参数包括角度和距离。角度用于控制运动模糊的方向，距离用于控制像素移动的距离，即模糊的强度。使用【动感模糊】滤镜的对话框和使用前后的效果如图 5-112 所示。

（2）【高斯模糊】滤镜。【高斯模糊】滤镜使用高斯曲线来分布像素信息以使图像增加模糊感。【高斯模糊】对话框内只有一个【半径】参数，参数值越大，图像就越朦胧。使用【高斯模糊】滤镜前后的效果如图 5-113 所示。

笔记栏

原图   置换图   置换效果图

图 5-111 【置换】滤镜使用效果

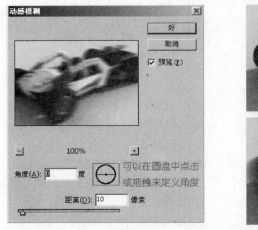

图 5-112 【动感模糊】滤镜对话框(左)和使用前(右上)、后(右下)效果

图 5-113 【高斯模糊】滤镜使用前(左)、后(右)效果

4.【纹理】滤镜 【纹理】滤镜可使图像表面具有深度感或物质感,或添加一种器质外观。

(1)【拼缀图】滤镜。【拼缀图】滤镜是将图像分解为若干个正方形,把每个正方形中所有像素颜色平均,作为该正方形的颜色,从而产生一种墙壁贴砖的效果。使用该滤镜后效果如图 5-114 所示。

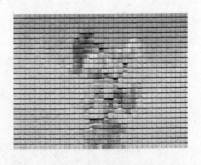

图 5-114 【拼缀图】滤镜使用效果

（2）【染色玻璃】滤镜。【染色玻璃】滤镜是将图像重新绘制为用前景色勾勒的单色的相邻单元格。使用该滤镜后效果如图 5-115 所示。

图 5-115　【染色玻璃】滤镜使用效果

（3）【纹理化】滤镜。【纹理化】滤镜的主要功能是把纹理添加到图像上以产生效果。在其对话框中可在"纹理"选项中选择纹理的类型，在"凸现"选项中设置纹理的强度，在"光照方向"选项中设置灯光的方向。使用该滤镜后效果如图 5-116 所示。

图 5-116　【纹理化】滤镜使用效果

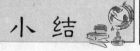小　结

　　Adobe Photoshop 软件是一个集图像制作、图像合成、图像编辑修改于一体的专业图形处理软件。本章主要介绍了图像文件的基础知识、文件的基本操作、选区创建工具的应用、绘图工具的使用、图像修改工具的应用、路径的创建、图层的应用、蒙版的使用、滤镜命令的应用等。通过本章的学习，我们可以使用选区工具对图像进行选取，多种选择工具还可以结合起来选择较为复杂的图像；可以使用绘图、图像修改、图层等各种工具对图像进行复制、删除、修改、合成；还可以通过滤镜的处理，为作品增添变幻无穷的魅力。

笔记栏

目标检测

一、填空题

1. 计算机图像分为两大类，包括 _____ 图像和 _____ 图像。

2. _____、_____ 文件是 Photoshop 软件自身专用的文件格式。

3. 选框工具组中包括 4 个工具：_____、_____、_____、_____。

4. 在图像文件的编辑过程中，可以利用 _____ 菜单或 _____ 调板来完成操作的恢复与撤销。

二、选择题

1. 下列哪个是点阵图最基本的组成单元　（　　）
   A. 节点　　　　B. 色彩空间
   C. 像素　　　　D. 路径

2. 下面对【魔棒】工具描述正确的是　（　　）
   A. 在魔棒选项调板中可通过改变容差数值来控制选择范围
   B. 魔棒只能选择颜色在容差范围且相邻的区域
   C. 在魔棒选项调板中容差数值越大选择颜色范围也越小
   D. 魔棒只能作用于当前图层

3. 关于前景色和背景色，下列说法错误的是　（　　）
   A. 在使用【画笔】工具和【铅笔】工具描边，使用的都是前景色
   B. 在使用【橡皮】工具进行擦除时，擦除区域中填充的是背景色
   C. 在使用【油漆桶】工具填充时，填充的是背景色
   D. 默认前景色是黑色，默认背景色是白色

4. 下面对裁切工具描述正确的是　（　　）
   A. 裁切工具可将所选区域裁掉，而保留裁切框以外的区域
   B. 裁切时可随意旋转裁切框
   C. 裁切操作不可取消
   D. 要取消裁切操作可按 Esc 键

5. 单击图层调板上眼睛图标右侧的方框，出现一个链条的图标，表示　（　　）
   A. 该图层被锁定
   B. 该图层被隐藏
   C. 该图层与激活的图层链接，两者可以一起移动和变形
   D. 该图层不会被打印

6. 在曲线路径上，方向线的长度和斜率决定了曲线段的　（　　）
   A. 角度　　　　B. 形状
   C. 方向　　　　D. 像素

7. 一个色深是 8 位的图像支持的颜色有　　（　　）

A. 16 种　　　　B. 256 种

C. 65 536 种　　D. 1677 万种

8. 按住下列哪个键可保证椭圆选框工具绘出的是正圆形　　　　　　　　　　　　　　　（　　）

A. Shift　　　　B. Alt

C. Ctrl　　　　D. Caps Lock

9. 关于滤镜,下列说法错误的是　　　（　　）

A. 滤镜只能应用于当前可视图层,且一次只能应用在一个图层上

B. 滤镜不能应用于位图模式,索引颜色模式的图像

C. 滤镜可以应用于图层的所有区域

D. 有些滤镜完全在内存中处理,所以内存的容量对滤镜的生成速度影响很大

10. 仿制图章工具可准确复制图像的一部分或全部,应按住什么键的同时在要取样的起始地方单击鼠标,确定取样点　　　　　　　　（　　）

A. Shift　　　　B. Ctrl

C. Alt　　　　D. Tab

三、简答题

1.【套索】工具有哪几种? 它们分别有什么特点? 适用于哪些情况?

2. 哪些工具的选项栏中有"容差"选项? 该选项主要用于设置什么?

第6章 计算机网络基础

学习目标

1. 知道：计算机网络的分类和特点
2. 理解：微型计算机局域网的概念、基本硬件环境、网络操作系统和典型的计算机局域网
3. 掌握：Iternet的特点和概念，使用Iternet网络获取信息、收发邮件
4. 理解：信息高速公路

第1节 计算机网络概述

随着计算机技术的迅猛发展，计算机应用逐渐渗透到各个技术领域和社会的各个方面，社会的信息化、数据的分布处理和各种计算机资源共享等种种应用需求，推动计算机技术朝着群体化方向发展，促进当代的计算机技术和通信技术紧密结合。这种结合的直接产物，便是计算机网络。特别是进入20世纪90年代以来，计算机网络已经成为计算机技术的一个热点。

近年来，整个计算机网络发展非常迅速，新名词层出不穷，如Internet、客户/服务器以及ATM等。自从计算机网络问世以来，基本结束了计算机各自"孤独"工作的历史，相互之间有了信息交流，由于相互配合、相互协作的结果，从而为计算机用户提供了一个更复杂、功能更强大的计算环境。

一、计算机网络的产生和发展

纵观计算机网络的产生与发展历史，大致可分为三个阶段，如图6-1所示。

图6-1　网络发展史

1. 计算机终端网络阶段　此阶段可称为分时多用户联机系统阶段，可以追溯到20世纪50年代。那时，计算机系统规模庞大、价格昂贵，为了提高计算机的工作效率和系统资源的利用率，将多个终端通过通信设备和线路连接在计算机上，在通信软件的控制下，计算机系统的资源受各个终端用户分时轮流使用。不过，严格地讲，此时计算机网络只是雏形，还不是真正意义上的计算机网络。

当时，人们开始将各自独立发展的计算机技术和通信技术结合起来，开始了数据通信技术和计算机通信网络的研究，且取得了一些有突破性的成果，为将来的计算机网络的产生和发展奠定了坚实的理论基础。

2. 计算机通信网络阶段　到了20世纪60年代，计算机开始获得广泛地应用，许多计算机终端网络系统分散在一些大型公司、事业部门和政府部门。各个系统之间迫切需要交换数据、进行业务往来，于是将多个计算机终端网络连接起来，以传输信息为主要目的的计算机通信网络就应运而生了。

在计算机通信网络中，从终端设备到主计算机之间增加了一台功能简单的计算机，自然为前端处理机FEP或通信控制处理机CCP，它主要用于处理终端设备的通信信息，控制通信线路，并能对用户的作业进行一定的预处理操作。而主机间的数据传输通过各自的前端处理机来实现。此时，全网缺乏统一的软件控制信息交换和资源共享，因此，它还是计算机网络的低级形式。

3. 计算机网络阶段　随着网络技术的发展及计算机网络的广泛应用，许多大的计算机公司纷纷开展计算机网络研究及产品开发工作，也提出了各种网络体系结构和网络协议。

172

20世纪70年代中期,国际电报电话咨询委员会CCIT制定了分组交换网络标准X.25。20世纪70年代末,国际标准组织制定了开放系统互联参考模型OSI/RM,这为计算机网络走向国际标准化奠定了基础,并推动了网络体系结构理论的发展。

　　20世纪70年代中期开始国际上各种广域网、局域网、公用分组交换网发展十分迅速。到了20世纪80年代,局域网技术取得了突破性进展。在局域网领域中,主要采用Ethernet、Token Bus、Token Ring等原理。在20世纪90年代,局域网技术在传输介质、局域网操作系统及客户机/服务器计算模式等方面取得了突破性进展。局域网操作系统在Windows NT Server、NetWare、IBM LAN Server等的应用,标志着局域网技术进入了成熟阶段。在Ethernet网络中,发展了网络结构化布线技术,也促使局域网在办公自动化环境中得到广泛应用。而Internet的普及则得益于TCP/IP协议的广泛应用。异步传输模式ATM技术的发展推动了高速网络技术迅速发展。

二、计算机网络的定义和作用

(一)计算机网络的定义

　　网络中的各台计算机称为网络节点。计算机网络的出现是计算机应用技术发展到一定阶段的必然产物,也是当今信息社会对计算机这一计算与通信工具的必然要求。在图6-2中,我们给出了一个计算机网络的示意说明图。

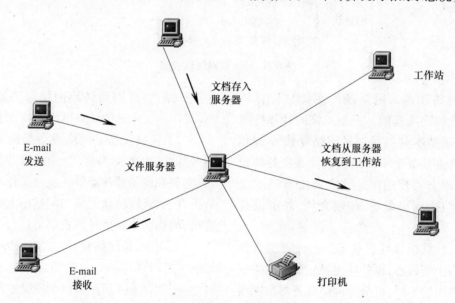

图6-2　计算机网络示意图

　　可见,计算机网络是通过某种通信介质将不同地理位置的多台具有独立功能的计算机连接起来,并借助网络硬件,按照网络通信协议和网络操作系统来进行数据通信,实现网络上的资源共享和信息交换的系统。

　　这里的计算机可以是微型、小型、大型、巨型等各类计算机,并且每台计算机可以独立地工作,即使发生故障也不会影响整个网络及其他计算机的正常运行。

　　通信线路可以是双绞线、电话线、同轴电缆、光纤等有线通信介质,也可以是微波、通信卫星信道等无线通信介质。网络软件指网络协议、信息交换方式、控制程序及网络操作系统等。

(二)计算机网络的作用

　　如今,计算机网络已经广泛应用到经济、文化、教育、科学等各个方面,对人们的生活产生着越来越大的影响,下面列举出主要的几个方面:

　　1. 数据传输　这是计算机网络最基本的功能之一,用以实现计算机与终端或计算机与计算机之间传送各种信息,如发送电子邮件、进行电子商务、远程登录等。

　　2. 资源共享　包括共享软件、硬件和数据资源,是计算机网络最常用的功能。资源共享指网上用户都能部分或全部地享受这些资源,使网络中各地理位置的资源互通信息,分工协作,从而极大地提高系统资源的利用率。

3. 提高处理能力的可靠性与可用性 网络中一台计算机或一条传输线路出现故障，可通过其他无故障线路传递信息，在无故障的计算机上运行需要的处理。分布广阔的计算机网络的处理能力，对不可抗拒的自然灾害有着较强的应付能力。

4. 易于分布式处理 计算机网络用户可根据情况合理选择网上资源。对于较大型的综合性问题，可以通过一定的算法将任务分别交给不同的计算机去完成，以达到均衡使用网络资源、实现分布式处理的目的。

三、计算机网络的组成与分类

（一）计算机网络的组成

计算机网络按逻辑功能可将其分为通信子网和资源子网两部分。而在物理结构上，网络是由网络软件和网络硬件组成，如图6-3所示。

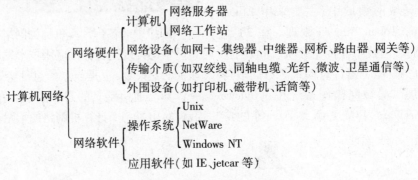

图6-3 计算机网络组成图

1. 网络硬件 网络硬件系统是计算机网络系统的物质基础。一个正常的计算机网络系统，最基本的就是通过网络联接设备和通信线路连接处于不同地区的计算机各种硬件，在物理上实现连接。它主要由可独立工作的计算机、网络设备、传输介质、外围设备等组成。

（1）计算机。可独立工作的计算机是计算机网络中的核心，也是使用者主要的网络资源。根据用途不同，可分为网络服务器和网络工作站。

1）网络服务器，它是网络资源的所在地，为用户提供各种资源。服务器是大负荷的机器，主要是为整个网络服务，服务器的工作量是普通工作站的几倍甚至几十倍。一旦网络投入运行，服务器就要长时期地运行，所以服务器一般由功能强大的计算机担任，如高档微机或小型机。在服务器上运行的是网络操作系统。服务器与普通计算机的主要区别：运算速度快，存储容量大（包括硬盘和内存容量），还应有较高的可靠性和稳定性。

2）网络工作站，实际上是一台供用户使用网络的本地计算机，一般是用户可以直接接触到的计算机，工作站仅仅为它的操作者服务，它是网络上的一个节点。用户正是通过操作工作站，经过网络访问网络服务器上的资源，对作为工作站的计算机没有特别要求。

（2）网络设备。网络设备是构成网络的一些部件，如网卡、集线器、中继器、网桥、路由器、网关和调制解调器等。独立工作的计算机若没有网络设备，就无法访问网络上的其他计算机，但作为单独的计算机仍可运行。

1）网卡，是网络接口卡 NIC（Network Interface Card）的简称，它是局域网最基本的组件之一，如图6-4所示。网卡安装在网络计算机和服务器的扩展槽中，提供对网络的连接点，充当计算机和网络之间的物理接口，因此可以简单地说网卡就是接收和传送数据的桥梁。网卡根据传输速率可分为：10Mb/s 网卡（ISA 插口或 PCI 插口）、100Mb/s PCI 插口网卡、（10Mb/s）/（100Mb/s）自适应网卡和千兆网卡。

图6-4 网卡

2）集线器（Hub），"Hub"是"中心"的意思，集线器的主要功能是对接收到的信号进行再生整形放大，以扩大网络的传输距离，同时把所有节点集中在以它为中心的节点上。每个接口只与一个工作站（网卡）相连，信号点对点传输；当某一端口接收到信号时，Hub 将其整形再生并广播到其他每个端口；自动检测信号碰撞，当碰撞发生时立即发出阻塞（jam）信号通知其他端口；某一端口的传输线或网卡发生故障时，自动隔离该端口，使其不影响其他端口的正常工作。

集线器（图 6-5）一般分为独立式、交换式、智能式、堆叠式和 Switch Hub 等几种。接口数是集线器的一个重要参数，它指集线器所能连接计算机的数目。

图 6-5 集线器

3）中继器（Repeater，RP）（图 6-6），是连接网络线路的一种装置，常用于两个网络节点之间物理信号的双向转发工作。中继器是最简单的网络互联设备，主要完成物理层的功能，负责在两个节点的物理层上按位传递信息，完成信号的复制、调整和放大功能，以此来延长网络的长度。

图 6-6 中继器

4）网桥（Bridge）（图 6-7），它主要用于连接使用相同通信协议、传输介质和寻址方式的网络。网桥可以连接不同类型的局域网，也可以将一个大网分成多个子网，均衡各网段的负荷，提高网络的性能。

图 6-7 网桥

5）路由器（Router）（图 6-8），其作用主要是连接局域网和广域网，它有判断网络地址和选择路径的功能。它的主要工作是为经过路由器的报文寻找一条最佳路径，并将数据送达到目的站点。

图 6-8 路由器

6）网关（Gateway），用于不同网络之间的连接，为网络提供协议转换，并将数据重新分组后传送。

7）调制解调器（Modem）（图 6-9），主要作用是实现模拟信号和数据信号在通信过程中的相互转换。它的主要功能有数据传输、传真、语音。

图 6-9 调制解调器

Modem 的主要工作过程是把数字设备送来的数字信号转换成模拟信号（调制），通过电话线路传输，在电话线路的另一端将此模拟信号还原成数字信号（解调）。

（3）传输介质。传输介质是网络通信用的信号线路。它由双绞线、同轴电缆、光纤等有线通信介质或微波、通信卫星信道等无线通信介质组成。

1）双绞线（图 6-10），由两根绝缘铜线螺旋结构绞合在一起而组成的一对对通信线路。各个线对螺旋排列是为了减少各个线对之间的电磁干扰。双绞线是在网络中最常用的传输介质。

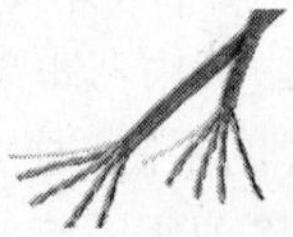

图 6-10 双绞线

2）同轴电缆（图 6-11），由中心导体、导体外封套的绝缘管、绝缘管外套金属屏蔽网和最外层的保护层组成。其特性参数由中心导体、绝缘管和屏蔽网的电气参数和机械尺寸决定。

图6-11　同轴电缆

在选择网线时要先看你所购买的网卡的接口类型,网卡的接口有两种类型:RJ45 口和 BNC 口 。

BNC 口是用细同轴电缆作为传输媒介的一种网卡接口。RJ45 是采用双绞线作为传输媒介的一种网卡接口,RJ45 的接口酷似电话线的接口,但网络线使用的是 8 芯的接头,使用 RJ45 的缺点是架设成本高,但安装和维护较为方便,因此我们一般使用 RJ45 接口。

3)光缆(图 6-12)。光纤是一种直接为 $50 \sim 100 \mu m$ 的柔软的、能传导光波的介质,一般由玻璃制造。光缆是由光纤、紧靠光纤的包层以及外部塑料保护涂层组成。光缆分为多模和单模两种类型。多模光缆指能传输多路光信号的光缆,单模光缆指能传输一路光信号的光缆。它有低损耗、宽频带、高数据传输率、低误码率和保密性好的优点,只是价格相对高一些。

图6-12　光缆

4)微波,指频率在 $100MHz \sim 10GHz$ 的电磁波。微波通信的特点是视距传播,大气对微波信号的吸收和散射影响较大。微波通信一般间距 $40 \sim 48$ 英里要设一个中继站。微波线路的成本比同轴电缆和光缆低,但是误码率高,保密性差。

5)通信卫星。利用空间的地球同步卫星作为微波中继站,就可以实现卫星通信。其特点是:通信距离远,费用与距离无关,覆盖面积大,没有地理条件的限制,通信信道带宽大,可进行多址通信和移动通信等。但成本高,传播延迟较长,保密性差。卫星通信是现代主要的通信手段之一。

(4)外围设备。外围设备一般指除了计算机基本的 I/O 设备之外的设备,如打印机、磁带机、扫描仪、话筒等,有时也将这部分设备放在计算机的组成之中。

2. 网络软件　网络软件系统主要用于合理地调度、分配、控制网络系统资源,并采取一系列的保密安全措施,保证系统运行的稳定性和可靠性。它包括网络操作系统、网络协议和通信软件、网络应用软件。

网络操作系统是计算机网络系统的核心部分,正是通过它对各种网络资源、网络用户等进行管理。网络操作系统的主要部分存放在服务器上。其主要功能是服务器管理、通信管理及一般多用户多任务操作系统所具有的功能。目前网络操作系统有三大主流:Unix、NetWare 和 Windows NT。

(1)Unix。Unix 操作系统是广泛用于微机、小型机、中型机和大型机的系统。TCP/IP 协议是 Unix 系统的核心部分。早期的 Unix 是由汇编语言写成,后来用 C 语言重新写过。现在较流行的 Linux 操作系统、Silicon Graphics 公司的 IRIX 操作系统都是它的变种。Unix 系统的主要特点是多任务多用户、用户界面良好、可移植性好、扩展性好及运行稳定、安全等。

(2)NetWare。NetWare 是以文件服务器为中心的操作系统。它的三个基本组成部分为文件服务器的内核、工作站外壳和低层通信协议。NetWare 提供了文件和打印服务、数据库服务、通信服务、报文服务和开放式网络服务等功能。

(3)Windows NT。Windows NT 是 Microsoft 公司的产品。从 Windows NT 3.51 开始受到网络用户的欢迎。其 2000 版又增加了一些新功能,并分为 Windows 2000 Professional、Windows 2000 Server 和 Windows 2000 Advanced Server 三种产品。它有以下特点:集成的 Internet 服务,提供多种编程工具、丰富的软件和终端服务;抵抗应用程序和硬件的故障;集成的目录服务;强大的管理体系;灵活的企业级安全性等。

3. 资源子网和通信子网　资源子网包括网络中的独立工作的计算机、外围设备、各种软件资源、负责处理整个网络数据,并向网络用户提供各种网络资源和网络服务。

通信子网则是网络中的数据通信系统,它由用于信息交换的网络节点处理和通信链路组成,主要负责通信处理工作,如网络中的数据传输、加工、转发和变换。

笔记栏

若只是访问本地计算机,则只在资源子网内部进行,无须通过通信子网。若要访问异地计算机,则必须通过通信子网。

(二) 计算机网络的分类

计算机网络的分类方法多种多样。从不同的角度可以得到不同的类型:按网络的覆盖区域分为广域网、局域网和城域网;按信息交换方式分为报文交换网、电路交换网、混合交换网等;按网络系统拓扑结构分为树形网、星形网、环形网和总线网等;按通信介质可分为双绞线网、光纤网、卫星网、微波网等;按通信速率可分为高速网、中速网和低速网等;按传输带宽可分为基带网和宽带网;按通信传播方式可分为点对点传播方式网和广播式传播方式网;按网络的使用范围又可分为专用网和公用网等。

常用的网络类型是按网络的覆盖区域进行划分的。

1. 根据网络覆盖范围的分类 由于网络覆盖的地理范围不同,它们所采取的传输技术也不同,因而形成了各自的网络技术特点和各自的网络服务功能。这样分类较好地体现了不同类型的技术特征。按覆盖的地理范围分类,可分为广域网(WAN)、局域网(LAN)和城域网(MAN)。

(1)广域网(Wide Area Network,缩写成WAN):又称为远程网,它的覆盖范围通常从几十千米到几千千米。其通信子网主要使用分组交换技术,它常借助公用分组交换网、卫星通信网和无线分组交换网。它的传播速率较低,一般为1200b/s~45Mb/s。另外,由于传输距离远,又主要依靠传统的公用传输,所以错误率较高。

(2)局域网(Local Area Network,缩写成LAN):局域网的覆盖范围通常在一千米之内,规模如一座写字楼或一所学校。局域网是在广域网技术和紧耦合多处理机系统的技术基础上发展起来的。它有中等或高速的传播速率,一般从1~1000Mb/s。因为局域网的传输距离近,通信传输环境较好,所以传输误码率较低。它是当前计算机网络研究与应用的热点领域,也是目前技术发展最快的领域之一。

(3)城域网(缩写成MAN):城域网的覆盖范围在广域网和局域网之间,通常几千米到100千米,规模如一个城市。它的运行方式类似局域网。城域网的传播速率一般为45~150Mb/s。它的传播介质以光纤为主。如今的城域网已经实现大量的用户之间的数据、语音、图形与视频等多种信息的传输功能。

2. 根据网络的通信传播方式的分类 在通信技术中,通信信道有两种类型:广播通信信道和点到点通信信道。在广播通信信道中,多个节点共享一个通信信道,当其中一个节点广播信息时,其他节点就可以接收到这个节点的信息。而点到点通信信道,一条通信线路只能连接两个节点,若这两个节点之间没有直接连接的线路,则它们只能通过中间节点转接。根据网络的通信传播方式分类,相应的计算机网络分为点对点传播方式网和广播式传播方式网两种类型。

(1)点对点传播方式网。在点对点传播方式网络中,每条物理线路都连接着两台计算机。因此若有多台计算机的话,连接的物理线路就可能非常复杂,而且从源节点到目的节点可能存在多种连接。因此,路由选择在从源节点到目的节点的连接中就显得非常重要。好的路由选择算法有助较快找到最优连接。若从源节点到目的节点没有直接连接的线路,则它们之间的分组传输就需要通过中间节点接收、存储、转发,这个过程要持续到源节点到达目的节点为止。

(2)广播式传播方式网。在广播式传播方式网络中,所有的计算机都使用一个公共的通信信道。它的工作过程是当一台计算机发送报文分组时,其他的计算机就会通过公共的通信信道接收到这个分组。由于目前的地址和源地址都在发送的分组中,接收到该分组的计算机会检查本节点地址和目的地址是否一致,一旦确认本节点地址和目的地址相同,则接收该分组,否则丢弃该分组。

3. 根据网络使用范围的分类 专用网络是某些部门因特殊需要建立的计算机网络,它只提供给少数部门内部使用,而不对公众开放,例如军队内部的网络或电信部门的内部网。公用网,顾名思义,是为社会大部分人服务的网络,这些网络一般由社会公益组织、国家有关政府部门、网络商等建立。时下较普及的全球网 Internet 就是典型的公用网。有些专用网络在物理上是和公用网络连接在一起。只是在两个网络之间用防火墙之类的软件设置安全检查,只有授权的用户才能进入专用内部网。

第2节　计算机局域网

局域网是一般用于小范围、短距离计算机之间进行数据通信和资源共享的小型网络系统。局域网技术目前发展最迅速,也是计算机领域研究和应用的热点,它在机关、学校和企事业单位的信息管理和服务等方面都有广泛应用。

局域网的主要功能是方便和高效地提供外设、计算机、各种软件等网络资源的共享和网络中的计算机之间的相互通信。它是办公自动化和现代化企业管理自动化的基础。

局域网技术是在广域网技术和紧耦合多处理机系统的技术上发展起来的,它属于松耦合多机系统。决定局域性能的主要技术要求是:网络拓扑结构、传输介质和传输介质访问控制方法,从传输介质访问控制方法的角度来看,局域网可分为共享介质局域网和交换局域网。局域网的主要技术特点:

(1)局域网覆盖的地理范围较小,一般是几公里的地理范围,适用于范围在一座大楼或一个小院范围的机关、学校、公司等。

(2)局域网一般为一个单位或一个部门所有,建网、维护以及扩展都比较容易,系统灵活性高。

(3)局域网的通信传输速率高,一般到达 10～1000Mb/s。

(4)局域网的数据传输误码率较低。

(5)局域网支持同轴电缆、双绞线、光缆等多种通信传输介质。

一、计算机局域网的基本结构

网络中各个节点相互连接的方法和模式称为网络拓扑。计算机网络的拓扑结构,指网络中的通信线路和节点的几何排列,并用以表示整个网络的整体结构外貌和各模块之间的结构关系。拓扑结构影响着整个网络的设计、功能、可靠性和通信费用等许多方面,是研究

计算机网络时值得注意的主要环节之一。

常见的计算机网络拓扑结构有以下几种。

1. 星形结构　有一个功能较强的转接中心以及一些各自连接中心点的从节点组成,如图 6-13(a)所示。星形网络中各从节点不能直接通信,必须经过转接中心。星形拓扑网络的转接中心有两类:一类仅起转接中心作用,如电话交换机;另一类有很强的处理能力,如功能很强的计算机,既起存储转发作用,又起转接中心作用。其优点是建网容易,网络控制简单,缺点是属集中控制,可靠性低。

2. 树形(层次型)结构　是一种分级结构,它的形状像一棵倒置的树,顶端有一个带分支的根,每个分支还可以延伸出子分支,如图 6-13(b)所示。通常层次结构中处于最高位置的节点(根节点)负责网络的控制。树形结构网络易于扩展,路径选择方便,若某一分支的节点或线路发生故障,易将该分支和整个系统隔离。其缺点是对根的依赖性大,如果根节点发生故障,则全网不能正常工作。

3. 环形结构　这是局域网常用的结构之一,由通信线路将各节点连接成闭合的环,如图 6-13(c)所示。数据在环上高速单向流动,每个节点按位转发所经过的信息。它最常使用令牌传递法来协调控制各节点的发送,实现任意两点间的通信。两节点间仅有唯一的通路,所以简化了路径选择的控制;缺点是当环中节点过多时,信息传输率会降低,使网络的响应时间增长;环路是封闭的,相对而言不便于扩充。

4. 总线结构　总线网是局域网最常用的拓扑结构之一。它采用单根传输线作为传输介质,所有站点通过相应的硬件接口直接连接到传输介质或称总线上,如图 6-13(d)所示。任何一个站点发送的信息都可以沿着介质传播,而且能被其他所有的站接收。其优点是布线容易,可靠性高,易于扩充。

5. 网形结构　网形结构如图 6-13(e、f)所示。图 6-13(e)为全连接,图 6-13(f)为不规则部分连接。其最大优点是可靠性高,一个节点可取道若干条路径到达另一个节点,但所需通信线路长,成本高。全连接的网,不适合网络节点较多以及节点间距离较大的场合,不规则部分连接,常用于广域网。

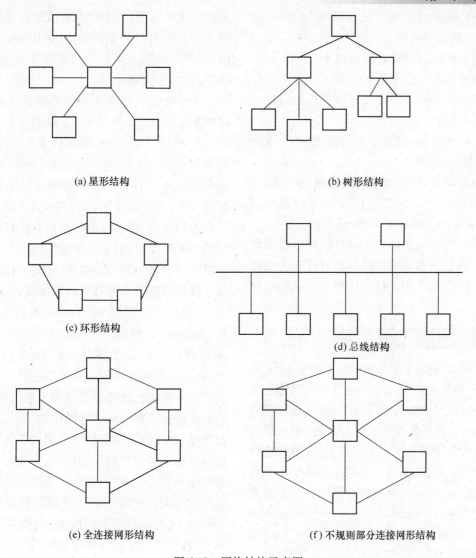

(a) 星形结构　　　　　　　　　　(b) 树形结构

(c) 环形结构　　　　　　　　　　(d) 总线结构

(e) 全连接网形结构　　　　　(f) 不规则部分连接网形结构

图 6-13　网络结构示意图

二、计算机局域网的协议与组成

(一) 局域网的协议

1980 年 2 月,美国电气和电子工程师学会 IEEE 成立了局域网标准委员会(IEEE 802 委员会),制定了局域网协议标准——IEEE 802 标准。IEEE 802 标准的参考模型对应于 OSI 参考模型的数据链路层和物理层,其中的数据链路层包括逻辑链路控制 LLC 子层和介质访问控制 MAC 子层。

在 IEEE 802 模型中,物理层主要功能是规定二进制序列的传输与接收,描述所使用的信号电平编码,规定网络拓扑结构,规定网络的传输速率及传输介质。

介质访问控制 MAC 子层的功能是实现组帧、寻址、控制和维护各种 MAC 协议、差错检测与校正,定义各种介质访问规则等。一般说来,不同的网络拓扑结构可以采用不同的 MAC 方法。

IEEE 802 标准由如下 802.1 至 802.12 等 12 个标准组成:

IEEE 802.1:定义了局域网的体系结构,提供网络互联,网络管理,路由选择等高层次标准的接口协议。

IEEE 802.2:定义了逻辑链路控制 LLC 子层,提供 OSI 数据链路层高子层功能,提供局域网的 MAC 与高层协议的接口。

IEEE 802.3:定义了 CSMA/CD 总线介质访问控制与物理层规范。

IEEE 802.4:定义了令牌总线(Token Bus)介质访问控制与物理层规范。

IEEE 802.5:定义了令牌环(Token Ring)介质访问控制与物理层规范。

IEEE 802.6：定义了城域网 MAN 介质访问控制与物理层规范。

IEEE 802.7：定义了宽带技术。

IEEE 802.8：定义了光纤技术。

IEEE 802.9：定义了综合语音与数据局域网 IVDLAN 技术。

IEEE 802.10：定义了可互操作的局域网安全性规范 SILS。

IEEE 802.11：定义了无线局域网技术。

IEEE 802.12：定义使用按需优先访问方法的 100Mb/s Ethernet 网技术。

IEEE 802 标准对局域网的标准化起了重要作用，虽然许多局域网高层的软件和网络操作系统不同，但由于底层采用标准协议而可以实现互联。

（二）局域网的控制方法

介质访问控制方法也就是传输介质的访问方法，指如何控制网络中各节点之间的信息传输。局域网的访问控制方法很多，其分类方法也很多。按照控制方式，可分为集中式控制和分布式控制两大类。目前广泛采用的是分布式控制方法，其中常用的有 CSMA/CD 部线访问控制方法，即带有碰撞检测的载波侦听多路访问方法（Carrier Sense Multiple Access with Collision Distinction），它是一种分布式控制技术，其控制原理是各节点抢占传输介质，即彼此之间采用竞争方法取得发送信息的权利。也就是说，这是一种网络各节点在竞争的基础上随机访问传输介质的方法。另外一种是令牌访问（Token Passing）控制方法，是一种数据流方式的控制方法，具有传输速率高、响应时间短、利用率高的特点。该法既适用于环形结构也适用于总线结构的局部网络。令牌法是把一个独特的标志位当作令牌，从一个节点传到另一个节点，某个节点一旦收到此令牌信息，则表示该节点得到发送数据的机会。令牌有"空闲"和"忙碌"两种状态，"空闲"表示网络中没有节点发送信息，要发送数据的节点可以捕获；"忙碌"表明网络中已有节点在发送数据，别的节点不可捕获。"空闲"和"忙碌"两种状态是由令牌标志信息的编码实现的。

（三）网络互联必要及常用的硬件、软件

因为单一的局域网由于覆盖的范围有限，资源也比较有限，如要扩大通信和资源共享范围，就需要将若干个局域网连接成为更大的网络，使各个不同网络的用户能够互相通信、交换信息、共享资源。

下面介绍局域网和网络互联常用的一些硬件和软件。

1. 硬件　硬件中，属于计算机设备的有服务器（Server）、工作站（Work Station）、共享设备（Share Device）等。其中服务器是网络的核心设备，负责网络资源管理和用户服务，是一台专用的计算机；工作站指具有独立处理能力的个人计算机；共享设备指专为众多用户共享的公用设备，如打印机、磁盘机、扫描仪等。属于网络联接设备的有网内联接设备，包括网卡（又称网络适配器 NIC）、终端匹配器、中继器（Repeater）、集线器（Hub）等；网间联接设备有网桥（Bridge）、路由器（Router）、网关（Gateway）等。其中网卡是计算机和计算机之间直接或间接通过传输介质相互通信的接口，它插在每台计算机的扩展槽中，提供数据传输的功能，也是计算机与网络之间的逻辑和物理链接。网卡是物理通信的瓶颈，它的好坏直接影响用户将来的软件使用效果和物理功能的发挥。终端匹配器主要用于部线形结构的两个端点上，起阻抗匹配的作用。中继器又称转发器，其作用是把网络段上衰减信号加以放大和整形，使之成为标准信号传递到另一网络段。所谓网络段指在网络中按照传输介质和网卡的技术要求，由服务器到允许连接的最远工作站的线段。一般将中继器分为单口和多口两种。集线器是一种特殊的中继器，它可以作为多个网络电缆段的中间转接设备而将各个网络段连接起来，所以又称多口转发器。自20 世纪 90 年代开始，10BASE-T 标准和集线器的大量使用，使总线型网络逐步向以使用非屏闭双绞线并采用星型网络拓扑结构的模式靠近，这一模式的核心就是利用集线器作为网络的中心，连接网络上各个节点。采用集线器的优点是：若网络上某条线路或节点出现故障，它不会影响网络上其他节点的正常工作。集线器一般可分为无源集线器、有源集线器和智能集线器。网桥起着扩充网络范围的作用，它连接两个相同类型的网络，要求有相同的网络操作系统和通信协议，可采用不同的网卡、

传输介质和拓扑结构。网桥除了有中继器的功能外，还有信号收集、缓冲及格式转换的作用。路由器可连接不同类型的网络，除具有网桥的功能外，还增加了路径选择功能。如多个网络互联后，可自动选择一条相对传输率较高的网络进行通信。网关主要转换两种不同软件协议的格式，也称为协议变换器。此外，用于连接网上各节点的传输介质分成硬介质和软介质两类。硬介质常用的有双绞线、同轴电缆和光导纤维电缆，其中光纤的传输原理采用了光信号折射原理，具有信号损耗小、频带宽、传输率高和抗电磁干扰能力强等特点。软介质主要采用微波通信、激光通信和红外线通信三种技术。

2. 软件 网络的软件一般有网络操作系统(NOS)、工作站操作系统(HOS)和网络应用程序等。其中网络操作系统是网络的主体软件，负责处理网络请求、分配网络资源、提供用户服务和监控管理网络活动，如 Novell 公司著名的 Netware 网络操作系统等。工作站操作系统一般是个人计算机上所能使用的操作系统，如 Microsoft 公司的著名 Windows NT 操作系统系列。网络应用程序指网上用户所使用或开发的应用软件。高速局域网一般都采取光纤分布式数字接口(FDDI)、千兆以太网和 IEEE 802.12 等技术规范，使得局域网得到了更加广泛的应用。

三、基本局域网的组建

（1）将两台装有 Windows 系列操作系统的计算机连接起来。操作步骤：

1）直接通过计算机的串、并口，利用串、并行通讯电缆(pc to pc)，把两台微机连接好。

2）在 Windows 的"控制面板/网络"下的"适配器"中选 Microsoft 的"拨号网络适配器"和"协议"中的"IPX/SPX 兼容协议"及"Net-BEUI 协议"。

3）启动"控制面板"，选择"添加/删除程序"，单击"安装 Windows 程序"，选择"通讯"，单击"直接电缆连接"，再利用 Windows 安装盘进行安装。

4）安装完毕后，重新启动计算机。

这时，可选定其中一台作主机，在主机"我的电脑"中用右键单击某一驱动器(如 C

驱)，选择"共享"，选好共享级别。分别在两机的附件中运行"直接电缆连接"。在主机上，选择所用的通讯端口。选另一台作客户机，按提示操作，稍等片刻，联机完成。打开"客户机"桌面上的"网上邻居"，你可通过"网上邻居"访问你的主机，也可以通过"映射网络驱动器"的方法将网络驱动器映射为自己的虚拟物理驱动器，更妙的是如果你所联的主机已经上了局域网，那么你还能通过主机访问所有的网上资源。而且在你访问的同时，并不影响主机的正常工作，这一点对于笔记本电脑的用户尤为有利。

（2）多台计算机相联，则需要用到网卡、网线和集线器(HUB)。操作步骤如下：

1）安装网卡。关闭计算机，打开机箱，找到一空闲 PCI 插槽(一般为较短的白色插槽)，插入网卡，上好螺丝。

2）连接网线。将网线一头插在网卡接头处，一头插到集线器(HUB)上。

3）安装网卡驱动程序。打开计算机，操作系统会检测到网卡并提示插入驱动程序盘。插入随网卡销售的驱动程序盘，然后单击"下一步"，Windows 找到驱动程序后，单击"下一步"。如果 Windows 没有找到驱动程序，可单击"设备驱动程序向导"中的"浏览"按钮来指定驱动器的位置。Windows 会提示插入 Windows 安装盘，按照提示操作即可。同时还必须为网络中的每一台计算机指定一个唯一的名字和相同的工作组名(例如默认的 Workgroup)，然后再重新启动计算机。具体操作为在桌面"我的电脑"图标上点右键，单击"属性"。在弹出的对话框里点击"网络标识"，再点击"属性"，在"计算机"名中填入你想要指定的机器名，在工作组中填入统一的工作组名，点击确定完成，如图 6-14 所示。

4）安装必要的网络协议。在桌面"网上邻居"图标上单击右键，点击"属性"，在"本地连接"图标上单击右键，在弹出的属性对话框里点击"安装"，双击"协议"安装"Internet 协议(TCP/IP)"，双击"客户"安装"Microsoft 网络客户端"，重新启动计算机。

5）实现网络共享。在桌面"网上邻居"图标上单击右键，点击"属性"，在"本地连接"图标上单击右键，在弹出的属性对话框里点击

"安装",双击"服务"安装"Microsoft 网络的文件和打印机共享",单击"确定",需重新启动计算机后这些设置才有效。

如果要共享驱动器或目录,在资源管理器中或桌面上,打开"我的电脑",右击欲共享的驱动器或目录,选择"共享",填写相应的内容。如果选择共享整个驱动器,则该驱动器下的所有目录均为网络共享。打开"网络邻居"图标可以得到网络上计算机的列表。双击欲访问的计算机,进入驱动器。要想映射网络驱动器,请查阅 Windows 帮助文件。如果在使用网络访问打印机或别的计算机时出现问题,请检查网线连接,保证连线和共享设置正确,如图 6-15 所示。

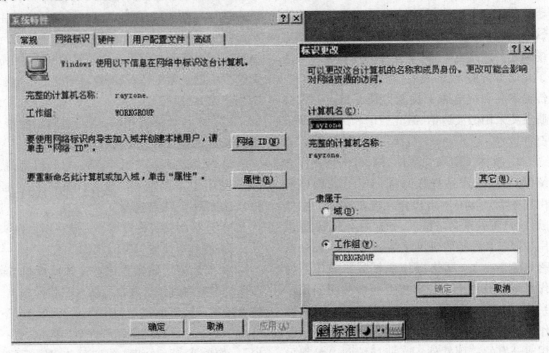

图 6-14　"系统特性"对话框

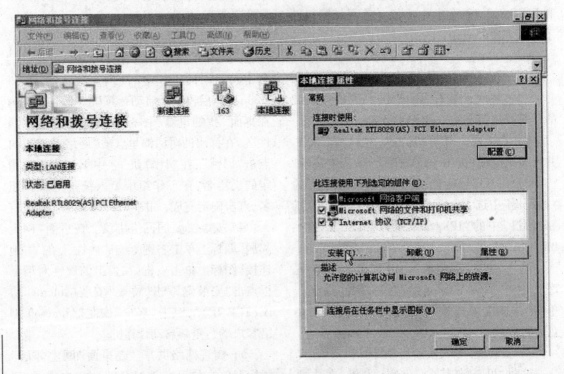

图 6-15　"网络和拨号连接"示意图

6）设置可任选的启动口令安装网络驱动程序后第一次启动计算机时，会弹出一对话框提示键入 Microsoft 网络的用户和口令。键入用户名，以后每次启动计算机时它会自动显示（可以使用第三步中指定的计算机名）。如果不想设置口令，将口令行置空，然后"确定"，否则键入口令，并确定口令。如果输入的口令与设置的口令不符，则计算机虽可在本地运行操作系统，但不能上网共享资源。

第 3 节 Internet 及其应用

Internet 是世界上覆盖面最广、规模最大和信息资源最丰富的计算机信息网络。Internet 是 Internet Work System 的缩写，即国际互联网络。它是一个由成千上万台计算机、网络和无数用户组成的一个联合体。它正越来越深入的介入我们的生活中。许多行业、组织和团体都纷纷加入到 Internet 中，并使它们的信息对外开放。它被广泛的运用于军事、商业、学术、教育、医疗、金融等领域中。

一、Internet 概述

1. 什么是 Internet Internet 即国际计算机互联网，又叫国际计算机信息资源网，它是位于世界各地并且彼此相互通信的一个大型计算机网络，是目前世界上最大的、用户最多的一个互联网络。组成 Internet 的计算机网络包括小规模的局域网（LAN）、城市规模的区域网（MAN）以及大规模的广域网（WAN）。这些网络通过普通电话线、高速率专用线路、卫星、微波和光缆把不同国家的大学、公司、科研部门以及军事和政府组织连接起来。Internet 之所以能够将不同的网络互相连接，是因为它使用了 TCP/IP 协议。TCP/IP 协议是一个高效的、安全的网络互联及控制协议，它是 Internet 网的灵魂，1982 年正式采用 TCP/IP 协议至今。

Internet 具有这样的能力：它能将不同的网络互联起来，构成一个统一的整体，所以较准确的解释是："Internet 是网络的网络"，它将各种各样的网络连在一起，而不论其网络规模的大小、主机数量的多少、地理位置的异同。把网络互联起来，也就是把网络的资源组合起来，这就是 Internet 的精华及其迅速发展的原因。

Internet 也是一个面向公众的社会性组织，世界各地数以百万计的人们可以通过 Internet 进行信息交流和资源共享。

2. Internet 的发展 20 世纪 70 年代，美国国防部高级计划研究局（Advanced Research Program Agency）就开始建立一个试验性的网络来支持它的国防研究，称为 ARPANET。它的设计要求是，要在发送信息时将信息分成最小单元，即将它的数据进行 IP 分组，这个分组有正确的地址，通信计算机负责确定传输是否完成。当时仅连接很少计算机，供科学家和工程师们进行计算联网试验。这就是 Internet 的雏形，在这个网络的基础上发展了互联网络通信协议的一些最基本的概念。

20 世纪 80 代初期，TCP/IP 诞生了，它是一种通信协议，1983 年，当 TCP/IP 成为 ARPANET 上的标准通信协议时，人们才认为真正的 Internet 出现。

20 世纪 80 年代后期，ARPANET 解散，与此同时，美国国家自然科学基金会在美国政府的资助下建立了一个连接五个服务器节点的网络叫 NFSNET，它的主要目的就是使用这些计算机和别的科研单分享研究成果，围绕这个骨干网络随后又发展了一系列新的网络，它们通过骨干网节点相互传递信息。

20 世纪 90 年代，Internet 更是以极为迅猛的速度发展着，席卷了全世界几乎所有的国家，一个全球性的信息高速公路已经初步形成。

3. TCP/IP 协议 Internet 采用的是 TCP/IP 协议，即传输控制协议/网间协议（Transmission Control Protocol/Internet Protocol）。

TCP/IP 协议是 Internet 上最基本的协议。其中 IP 协议是一个关键的底层协议，它提供了能适应各种网络硬件的灵活性，任何一个网络只要能够传送二进制数据，就可以使用 IP 协议加入 Internet。TCP 协议是端对端传输层内最重要的协议之一，它向应用程序提供可靠的通信连接，它能够自动适应网上的各种变化，即使在网络暂时出现堵塞的情况下，TCP 也能保证通信的可靠。IP 协议只保证计算机能发送和接受分组数据，但 IP 并不能解决数据传输中可能出现的问题，这个问题由 TCP 协议很好的解决了。

TCP 与 IP 是在同一时期作为一个系统来

设计的,并且在功能上也是相互配合,相互补充的,也就是说连接 Internet 的计算机必须同时使用这两个协议。因此,在实际中常把这两个协议称作 TCP/IP 协议。

4. Internet 的地址和域名　当我们采用 TCP/IP 连接协议在 Internet 网上冲浪时,接触到的一个基本概念是 IP 地址和域名的概念。

(1) IP 地址。Internet 上的每台计算机设备都有一个唯一的编号,这个编号是一个由 32 位的二进制数码组成的号码,称为 IP 地址。IP 地址含 4 个字节,32 个二进制位。在书写时,通常每个字节用十进制表示,而每个字节之间用小黑点".”来分开。例如:某个人入网服务器的主机地址为:11010010 01001001 10001100 00000010,为便于记忆,将这组 32 位的二进制数分成 4 组,每组 8 位,转换成十进制后中间用小数点分隔,上述地址就转换为:210. 73. 140. 2,这就是 IP 地址。

IP 地址也可以看成是由网络标识(Network ID)与主机标识(Host ID)两部分组成,网络标识用于区别连接在 Internet 上的无数个网络,即标明具体的网络段,主机标识用于区分该网络上的主机,即标明具体的节点。同一个物理网络上的所有主机都用同一个网络标识。网络上的一个主机(包括网络上工作站、服务器和路由器等)都有一个主机标识与其对应,例如,某主机地址是 210. 73. 140. 2,对于该 IP 地址,我们可以把它分成网络标识和主机标识两部分,这样上述的 IP 地址就可以写成:

网络标识:　210. 73. 140. 0

主机标识:　　　　　　2

合起来就是: 210. 73. 140. 2

由于网络中包含的计算机有可能不一样多,有的网络可能含有较多的计算机,也有的网络包含较少的计算机,于是人们按照网络规模的大小,把 32 位地址信息设成五种定位的划分方式,这五种划分方法分别对应于 A 类、B 类、C 类、D 类、E 类,其中 A、B、C 类是最基本的,D 类有特殊用途,E 类暂时保留。

1) A 类 IP 地址:用 7 位来标识网络号,24 位标识主机号,最前面一位为“0”。即 A 类地址的第一段取值介于 1~126 之间。因此,只要见到 1. X. Y. Z~126. X. Y. Z 格式的 IP 地址都属于 A 类地址。A 类地址通常为大型网络而提供,全世界总共只有 126 个可能的 A 类网络,每个 A 类网络最多可以连接 16 777 214 台主机。

2) B 类 IP 地址:用 14 位来标识网络号,16 位标识主机号,前面两位是“10”。B 类地址的第一段取值介于 128~191 之间,第一段和第二段合在一起表示网络号,每个 B 类网络号最多可以连接 65 534 台主机。

3) C 类 IP 地址:用 21 位来标识网络号,8 位标识主机号,前面三位为“110”。C 类地址的第一段取值介于 192~223 之间,第一段、第二段、第三段合在一起表示网络号,最后一段标识网络上的主机号。C 类地址一般适用于校园网等小型网络,每个 C 类网络最多可以有 254 台主机。

由于网络节点的剧增,原 IP 地址远远不够用,因此,国际网络组织正在研究扩充 IP 地址。

在 Internet 中,一台计算机可以有一个或多个 IP 地址,就像一个人可以有多个通信地址一样,但两台或多台计算机却不能共用一个 IP 地址。如果有两台计算机的 IP 地址相同,则会引起异常现象,两台计算机都将无法正常工作。

(2) 域名。虽然 IP 地址可以写成 4 组十进制数,但对一个普通用户仍然不好说明和记忆。正像日常生活中,谁也不用唯一的身份证号码来代表自己,而且使用自己的姓名来代表自己一样。所以人们用域名(Domain Name)这种英文字母或单词的组合来代表一台主机。域名地址和用数字表示的 IP 地址实际上是同一个东西,只是外表上不同而已,在访问一个站点的时候,您可以输入这个站点用数字表示的 IP 地址,也可以输入它的域名地址,这里就存在一个域名地址和对应的 IP 地址相转换的问题,这些信息实际上是存放在 ISP 中称为域名服务器(DNS)的计算机上,当您输入一个域名地址时,域名服务器就会搜索其对应的 IP 地址,然后访问到该地址所表示的站点。

域名一般是由用小数点分隔的几组英文字母加上数字组成,例如:新浪网的 web 服务器主机地址 202. 108. 37. 34 可以用域名 www. sina. com. cn 来表示。

互联网上的域名可谓千姿百态,但从域名的结构来划分,总体上可把域名分成两类,一类称为“国际顶级域名”(简称“国际域名”),一类称为“国内域名”。一般国际域名的最后一个后缀是一些诸如.com,.net,.gov,.edu 的"国际通用域",这些不同的后缀分别代表了不同的机构性质。比如常用的域名后缀有:edu 教育机构;com 商业机构;mil 军事部门;gov 政府机关;org 社会组织;int 国际组织;net 网络组织等。国内域名的后缀通常要包括"国际通用域"和"国家域"两部分,而且要以"国家域"作为最后一个后缀。以 ISO31660 为规范,各个国家都有自己固定的国家域,如:cn 代表中国、us 代表美国、uk 代表英国、hk 表示中国的香港地区等。

例如:www.sina.com.cn 就是一个中国国内域名;www.google.com 就是一个国际顶级域名。

二、Internet 的接入方法

随着 Internet 的迅速发展与普及,人们上网已经非常方便了,上网方式也呈多样化,接入 Internet 的方法现也有很多种,最常用的几种是电话接入、局域网接入、宽带网接入、无线接入等。

1. 电话接入 通过电话线拨号上网接入 Internet 是最容易实施的方法,费用低廉。只要一条可以连接 ISP 的电话线和一个账号就可以。缺点是传输速度低,线路可靠性差。

电话接入目前在中国还比较普及,下面我们详细讲解在 Windows 2000 下如何设置拨号上网。

要让电脑能拨号上网,你需要一个到 ISP 申请的账号和一台电脑以及一部 Modem,Modem 的作用是什么呢? 通过电话线上网,在电话线中传输的是模拟信号,而电脑只能处理数字信号,所以在电脑与电话线之间要通过一设备来转换,这种设备就是 Modem,它的学名叫"调制解调器"。Modem 分为内置 Modem 和外置 Modem,内置 Modem 现在一般是 PCI 总线接口的,安装与其他的 PCI 接口卡一样,插入主板的 PCI 插槽,连上电话线及电话转接线在相应插孔即可。外置 Modem 一般是连接在计算机的串行口上,有详细的指示灯表明工作状态。

Modem 通过电话线接入 Internet 的详细步骤:

(1) 安装 Modem

1) 如果是内置 Modem,将它插入电脑的扩展槽中,接上电话线,然后开机进行下一步"软件配置"。

2) 如果是外置 Modem,将电话连线接入

电话端口。另外一个标有电话输出的端口可以同时接上电话机,以便在不上网的时候能正常使用电话;将连接电缆针的一端插入 Modem,另一端插入电脑后面的串行口(有 25 针。可用转换头转换);接通电源,指示灯会快速闪烁,之后 MR 灯常亮,则表明 Modem 通电,Modem 的状态灯意义见表 6-1。

表 6-1 Modem 状态灯表示意义

MR	调制解调器启动,灯亮时表示电源接通
TR	终端机打开,灯亮时表示 DTR 信号启动
SD	发送数据,灯亮时,表示调制解调器正在发送数据到对方
RD	接收数据,灯亮时,表示调制解调器正在接收对方传来的数据
OH	摘机,灯亮时,表示调制解调器连接至电话线并准备传送或接收数据
CD	载波检测,灯亮时,表示检查到远程调制解调器的信号
EC	错误纠错,灯亮时,表示调制解调器正在进行错误纠错
RS	要求传送,灯亮时,表示 RTS 信号已启动
CS	备妥接收,灯亮时,CTS 信号已启动
AA	表明可以自动接收打进的电话
VO	语音状态

(2) 设置 Modem。打开电脑和 Modem 后,双击"我的电脑"再选择"控制面板",如图 6-16 所示。

找到电话形状,名字为"电话和调制解调器选项"的图标,双击运行,如图 6-17 所示。

设置好"我的位置"的区号和拨号方式后,出现如图 6-18 所示的 Modem 安装窗口。

点击添加和下一步,Windows 会查找调制解调器的使用通讯端口图 6-19 所示,硬件正常安装完成后如图 6-20 所示。

如果是市面流行的标准 Modem,一般 Windows 2000 就会自动查找到相应的驱动程序或显示为标准调制解调器,如果自己有随 Modem 携带的驱动程序,建议选中"不要检测我的调制解调器,我将从列表中选择",选择从"磁盘安装"而使用该 Modem 的自带驱动,如图 6-21 所示。

点击"浏览"后选择 Modem 自带的驱动程序所在目录,如果驱动程序是光盘上的就选择光盘的盘符和目录,目录选择正确后出现如图 6-22 显示的 Modem 列表,选定你的 Modem 型号和端口,如图 6-23 所示。

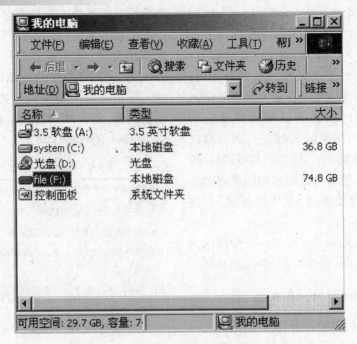

图 6-16   选择控制面板

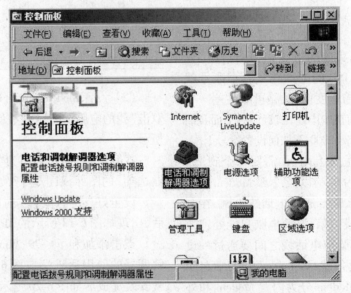

图 6-17   选择调制解调器图标

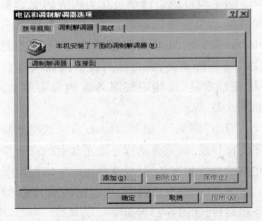

图 6-18   调制解调器安装窗口

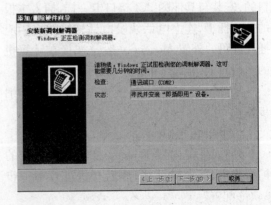

图 6-19   Windows 自检端口

如果没有错误,Windows 复制一些驱动程序后出现如图 6-24 显示的结果,这期间如果 Windows 提示需要驱动程序,将其指定到 Modem 自带驱动程序的目录就行了。

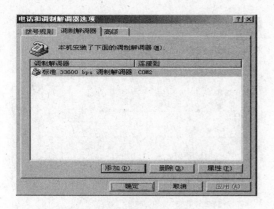

图 6-20 安装完成调制解调器

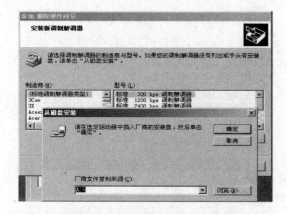

图 6-21 安装 Modem 自带驱动

图 6-24 完成安装

点击"完成"后,Modem 的安装就宣布完毕了,现在需要对软件进行设置。

(3) 设置软件。电脑要通过 Modem 拨号上网,需要 Windows 2000 建立一个拨号连接,从桌面上点击"我的电脑",然后双击"控制面板"里的"网络和拨号连接",如图 6-25 所示,再双击"新建连接",如图 6-26 所示。

图 6-25 选择拨号连接

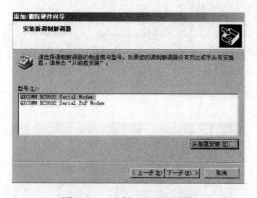

图 6-22 选择 Modem 型号

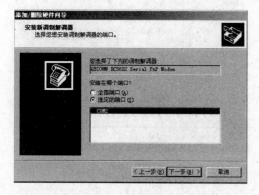

图 6-23 选择端口

图 6-26 新建连接

选择上网方式为拨号上网后,设置自己的区号和 ISP 所提供的接入号码(一般是 163),如图6-27 所示,设置号码完成后设置用户名和密码,设置完成后建立连接名称,如图 6-28 所示。

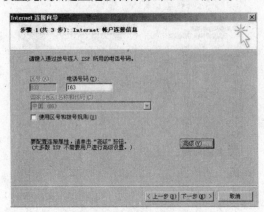

图 6-27　填入拨号号码

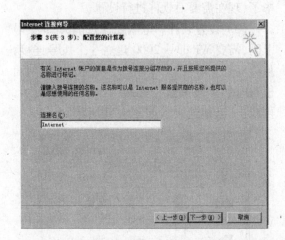

图 6-28　连接名称

点下一步后拨号网络就建好了,现在对其进行属性设置。

单击所建成的拨号网络的图标,按右键选属性。在对话框中把"使用拨号规则"的勾去掉(除非你是通过长途电话上网),如果你的机器上装了多个 Modem,还要配置你所要使用的 Modem类型,如图 6-29 所示,选好后点击"网络"。

在"我正在拨叫的拨号服务器类型"中选:PPP：Windows 95/98/NT4/2000，Internet(默认),如图 6-30 所示,点 TCP/IP 属性设置进入 TCP/IP 设置,如果 ISP 告诉了你它使用的 DNS,你可以更改主控 DNS 和辅助 DNS,如果不知道这儿的设置可以不用更改 ,如图6-31 所示。

图 6-29　设置上网参数

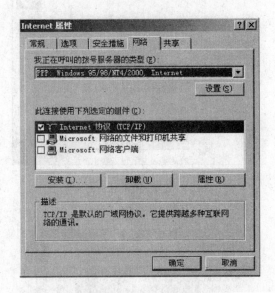

图 6-30　选择服务器类型

图 6-31　TCP/IP 设置

按"确定"按钮退出,这样硬件和软件配置都已经完成了,拨号连通后就可以用 IE 浏览器上网了。

2. 局域网接入 网络技术的飞速发展,使学校及企事业单位局域网接入 Internet 共享资源的方式越来越多,就大多数而言,DDN 专线以其性能稳定、扩充性好的优势成为普遍采用的方式,DDN 方式的连接在硬件的需求上是简单的,仅需要一台路由器(router)、代理服务器(proxy server)即可,但在系统的配置上相对比较棘手。

(1)设备连接方法。在代理服务器上安装两块网卡,一块连接内部网,IP 地址设置内部私有地址,在此可设置成 192.168.0.1,另一块网卡连接路由器以太网口,IP 地址设置电信分配的合法地址,并设置 ISP 分配的网关(路由器以太口 IP),路由器以太口也设置电信分配的合法 IP 地址。这样,将设备连接好后,在代理服务器上安装代理软件,单位内的所有计算机通过交换机直接与代理服务器上的内部网网卡(192.168.0.1)通讯,然后在代理服务软件的控制之下经过路由器访问 Internet,如图 6-32 所示。

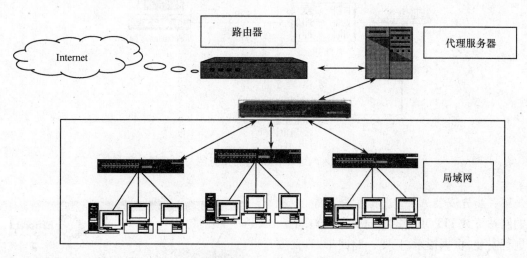

图 6-32　设备连接方法

(2)代理服务器的设置。代理服务器必须安装两块网卡,一块用于连接内部局域网,设 IP 地址为内部私有地址(如:192.168.0.1 netmask 255.255.255.0)无需设网关。另一块用于连接路由器,设置电信分配的合法地址,并设置电信分配的网关(路由器以太口 IP)。

按照上面的方法设置好网卡后,再安装一套代理软件,如 MS PROXY SERVER 2.0、WINGATE、Winroute、sygate 等即可。

(3)局域网工作站的设置。工作站根据所装的代理软件既可以通过设置代理上网,例如安装的软件是 Wingate,也可以通过设置网关直接上网,如 Sygate 或 Winroute。

若只通过网关上网,要求工作站的 IP 地址应与代理服务器内部网卡在同一个网段,并设置网关为代理服务器内部网卡的 IP 地址,设置 DNS 为接入商提供的地址。

若通过代理上网,则需要在 IE 浏览器中设置代理服务器,点击工具—Internet 选项—连接—局域网设置(图 6-33),然后在代理服务器地址栏输入代理软件规定的 IP 和端口号即可。

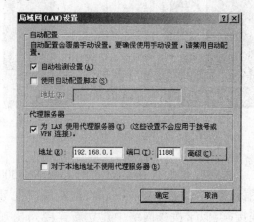

图 6-33　代理设置

3. 宽带网接入 什么是宽带网,通常人们把骨干网传输速率在 2.5G 以上、接入网能够达到 1M 的网络定义为宽带网。

现在大部分用户通过电话线上网,其传输速率只有 64K,而宽带网能够为用户提供8～100M 的网络带宽,上网速度是目前的 100 倍以上。

宽带网使往日互联网的梦想变为现实。社区宽带网可提供方便快捷的网上视频点播、可视电话和视频会议、电子商务、网上物业办公、远程医疗、远程教育等。小区住户可以在家中随意点播数据库中的影视节目,即使几百人甚至上千人同时点播,也不会相互影响播放

速度。

宽带的入网的方式有多种,家庭用户较常用的是小区宽带和 ADSL 入网,ADSL 是 Asymmetric Digital Subscriber Line 的缩写,中文意思是非对称数字用户线路,下行和上行最快速度分别是 8Mbit/s 和 1Mbit/s。可进行视频会议和影视节目传输。

下面我们简要介绍单机在 Windows 2000 下如何设置 ADSL 上网:

首先必须要有 ADSL Modem、分离器和一块网卡,其硬件连接如图 6-34 所示。

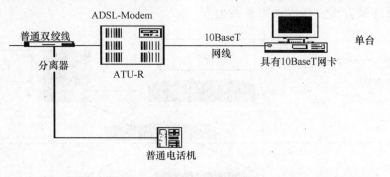

图 6-34　ADSL 连接示意图

第一步先安装 ADSL 虚拟拨号程序,在相关的网站下载 PPPOE 软件 EnterNet 300,解压后进行安装,根据提示,只要一路回车即可,安装完成后会要求你重启机器,如图 6-35 所示。

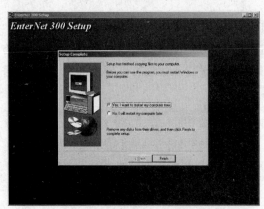

图 6-35　EnterNet 300 的安装

重启后双击打开桌面上的 EnterNet 300 图标,双击 Create New Profile,创建虚拟拨号连接(类似于拨号网络中建立新连接),出现窗口如图 6-36。

填写一个名称,然后点击"下一步"按钮出现窗口,如图 6-37 所示。

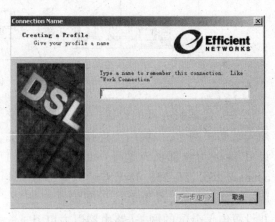

图 6-36　设置 ADSL 连接名称

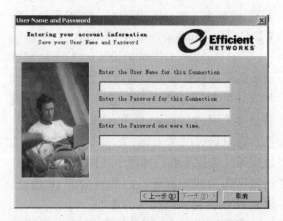

图 6-37　设置 ADSL 连接用户名和密码

笔记栏

填写 ISP 商所给的接入用户名和密码,注意密码需要输入两次,点击"下一步"按钮后,出现窗口如图 6-38 所示的网卡选择菜单。

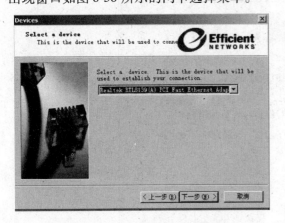

图 6-38　设置 ADSL 连接网卡配置

选择 ADSL Modem 你所连接的网卡型号,然后点击几个"下一步"按钮后 EnterNet 300 程序组中出现你刚建立的图标,如图 6-39 所示。

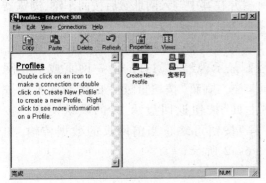

图 6-39　ADSL 连接图标

双击你建立的宽带网图标,出现连接界面,如图 6-40 所示。

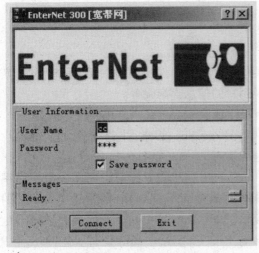

图 6-40　ADSL 连接界面

点击"Connect"按钮,几秒钟后,你就可以在网上畅游了。

4. 无线接入　由于铺设光纤的费用很高,对于需要宽带接入的用户,一些城市提供无线接入。用户通过高频天线和 ISP 连接,距离在 10km 左右,带宽为 2～11MB/s,费用低廉,但是受地形和距离的限制,适合城市里距离 ISP 不远的用户。性能价格比很高。

三、Internet 的 应 用

随着信息时代的到来,人们对 Internet 的依赖越来越大,如何有效的利用 Internet 获得各种资源是当务之急。

1. 网上资源的利用

(1) 万维网。万维网是 Internet 领域中最常用的一个术语。万维网(World Wide Web,缩写为 WWW,简称为 Web)。万维网为人们提供了一个可以轻松驾驭的图形化用户界面,以方便用户查阅 Internet 上的文档,这些文档与它们之间的链接一起构成了一个庞大的信息网。

万维网是由依照超文本 Hyper Text 格式写成的无数网页组成。它独有的"链接"方式,使你只需点击一个图标或图片文字,就可以迅速从一网页进入另一网页,甚至从一个网站跳到另一个网站。它使孤立静止的文本有了互动活力。网页每天在更新,新的网站不断出现,借助浏览器,可以在万维网中进行几乎所有的 Internet 活动。

(2) 浏览器与 Web 的搜索技术。

1) 浏览器。在 Internet 中,Web 浏览器是每个用户都要使用的程序。Microsoft Internet Explorer(简称 IE)因为集成在系统中,非常方便,所以现在成为了用户最常用的 Web 浏览器。

启动 IE 最常用的方法是双击桌面上的"Internet Explorer"图标,或者在"开始"处单击左键—"程序"—单击"Internet Explorer"双击相应的图标 ,也可以快速启动 IE 浏览器。启动 IE 浏览器时,对于拨号用户,如果没有拨号,会启动拨号程序。当启动 IE 程序后,屏幕上将显示出 IE 浏览器的浏览窗口,并在浏览窗口中显示一个 Web 页,如图 6-41 所示。

笔记栏

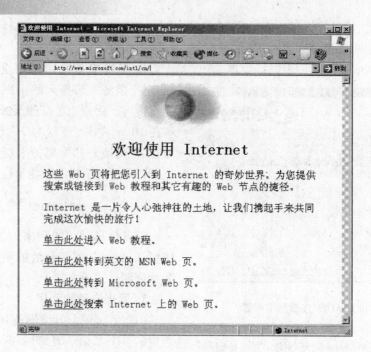

图 6-41　IE 主窗口

同 Windows 2000 其他应用程序的窗口一样,IE 浏览器的浏览窗口由标题栏、菜单栏、工具栏、地址栏、状态栏、链接栏以及滚动条和窗口大小控制按钮组成。

我们用光标操作窗口组件以控制显示内容,如操作滚动条滚动显示网页内容;移动光标在网页上寻找链接点,当光标变成"小手"时单跳转显示链接的网页;用光标单击地址栏并在其中输入网址然后按回车键,浏览器将按地址访问新网页。

在工具栏上按"后退"或"前进"按钮,控制显示曾经访问过的上一网页或下一网页。按"刷新"按钮重读数据更新网页。按"主页"按钮返回显示 IE 的默认网页。按"停"按钮可终止当前网页的数据传输,如图 6-42 所示。

图 6-42

2)Web 的搜索技术。Internet 是知识和信息的海洋,面对浩瀚的信息海洋,人们常常无所适从,甚至对于许多常使用网络的朋友来说,如何快速而准确地获取网络上的信息仍然是个问题,其实网络信息的搜索很简单,那就是使用搜索引擎。

搜索引擎是怎样在运行的呢?搜索引擎首先利用一种俗称"蜘蛛"或"爬虫"的软件,定期地、有目的地在网上漫步并随时抓取有用的 Web 页面,然后形成一个包含了 Web 页相关信息的索引文件,再通过一定的分析软件实现用户的信息查询服务。

下面我们介绍几个常用的搜索引擎。

① google 搜索引擎。网址:http://www.google.com,如图 6-43 所示。

Google 在比较专业的查询领域是使用率最高的搜索引擎,Google 是基于 Robot 型的搜索引擎。Google 由两个斯坦福大学博士生 Larry Page 和 Sergey Brin 设计,于 1998 年 9 月发布测试版,一年后正式开始商业运营。

图 6-43 Google

Google 发布至今才不过短短几年,就由于对搜索引擎技术的创新而获奖无数。它最擅长的是易用性和高相关性。不仅如此,Google 提供一系列革命性的新技术,包括完善的文本对应技术和先进的 Page Rank 排序技术,还有非常独特的网页快照、手气不错等功能。此外还有很多英文站点的独有功能,比如目录服务、新闻组检索、PDF 文档搜索、地图搜索、电话搜索、图像搜索,还有工具条、搜索结果翻译、搜索结果过滤等。凭

借其优越的性能 google 成为当时最流行的搜索引擎。

② Yahoo 搜索引擎。网址: http://www.yahoo.com,如图 6-44 所示。

Yahoo 属于分类搜索引擎(国外称之为目录服务,Director Service)。和其他大部分搜索引擎不同的是,Yahoo 并不是单纯地提供所有网站网页的全文检索服务,而是将其收集到的网站及网页分门别类加以索引和文摘(由人工完成),以一个分层的线性目录来为用户提

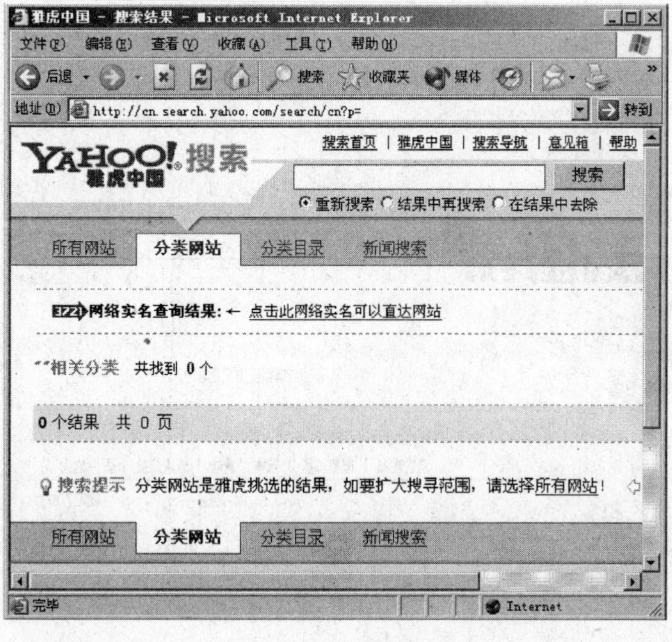

图 6-44 Yahoo

供按图索骥式的服务。相对于 Google 比较适合于检索较专业的查询来讲，Yahoo 则比较适合于一般的查询。Yahoo 不仅能在所有的分类类目中进行查询，也能根据需要在一个类目中进行查询，这样就保证了较高的查准率。Yahoo 由人工索引的分类数据库也保证了库内数据质量较高、冗余信息较少的优点。如果用户的检索词在 Yahoo 中查询不到结果，Yahoo 还会自动地将查询转交给 AltaVista，由后者来为用户作进一步的检索。对于一个初涉因特网的用户来讲，Yahoo 精致的分类目录也起到了极好的浏览导游作用。

③百度搜索引擎。网址：http://www. baidu. com，如图 6-45 所示。

百度公司（Baidu. com, Inc）于 1999 年底成立于美国硅谷，它的创建者是资深信息检索技术专家、超链分析专利的唯一持有人——百度总裁李彦宏，及其好友——在硅谷有多年商界成功经验的百度执行副总裁徐勇博士。

百度搜索引擎使用了高性能的"网络蜘蛛"程序自动的在 Internet 中搜索信息，可定制、高扩展性的调度算法使得搜索器能在极短的时间内收集到最大数量的 Internet 信息。百度在中国各地和美国均设有服务器，搜索范围涵盖了中国大陆、香港特别行政区、台湾省、澳门特别行政区和新加坡等华语地区以及北美、欧洲的部分站点。

2. 网上实时通信　NetMeeting 是微软出

品的一个能在网络上进行文字、声音和图像传输的互联网电话工具软件。连在互联网上的两台电脑，只要具备必要的条件，就可以实时地看到对方写的文字信息、听到对方的声音，甚至能看到对方的表情。

NetMeeting 集成了语音和数据通信、视频、实时应用共享、文件传输、全功能白板和基于文本的聊天功能。你可以在给世界上任一地方的人打电话的同时共享数据和应用，通过白板与众多志同道合的人进行交谈。应用共享则允许你打开一个应用程序，使在网络上的其他没有安装此应用的人也能共享使用它。

Windows 2000 内自带 NetMeeting 程序，可以通过下面的方面来测试系统里 NetMeeting 是否正常工作：

在"运行"一栏中键入"Conf"，然后"回车"，如果未发现此可执行文件，则说明 NetMeeting 没有正确安装，如果已经执行，则表明 NetMeeting 程序可以正常使用。

（1）NetMeeting 的音频设置：

①在"开始"—"运行"栏中键入"Conf"然后"回车"，会出现图 6-46 所示界面。输入个人信息，然后点击下一步。

②请不要选择登录服务器选项，直接点击下一步（因为现在已经很难登录目录服务器），如图 6-47 所示。

③如果你已经安装了视频输入设备，则会弹出以下窗口，选择好后点击"下一步"，如图 6-48 所示。

图 6-45　百度

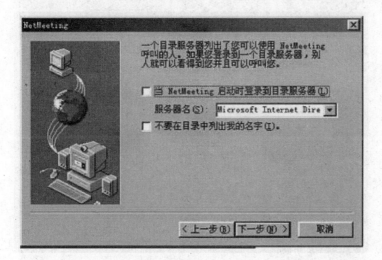

图 6-46 设置个人信息

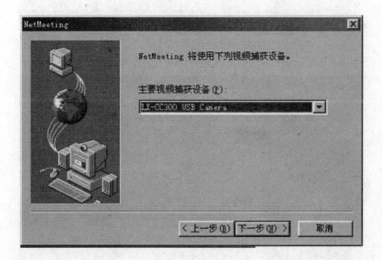

图 6-47

图 6-48

④选择你所需要的快捷方式,然后点击下一步,如图 6-49 所示。

⑤音频设置调节向导,示于图 6-50。

⑥点击"下一步"调整回放音量,如图 6-51 所示。

⑦下一步是自动调节录音音量,如图 6-52 所示。

⑧现在你已经调节好了音频设置,如图 6-53 所示。

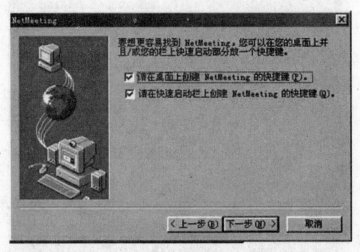

图 6-49　建立快捷方式

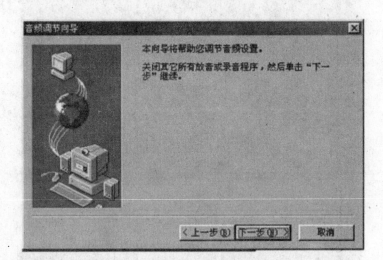

图 6-50　音频设置

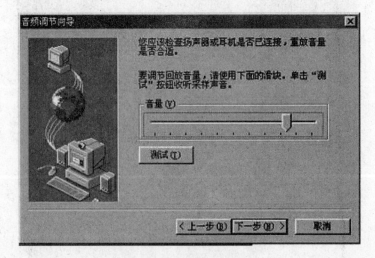

图 6-51　回放音量调整

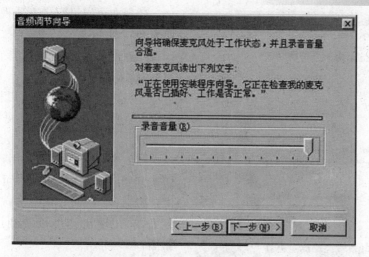

图 6-52 录音音量调节

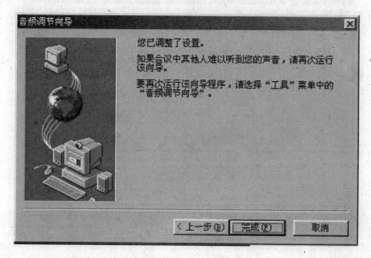

图 6-53 音频调节完成

（2）NetMeeting 的视频设置

① NetMeeting 的正常界面如图 6-54 所示。点击"播放"按钮则会显示本地视频画面。

② 请在"工具"栏下选择"选项"，如图 6-55 所示。

图 6-54 NetMeeting 主界面

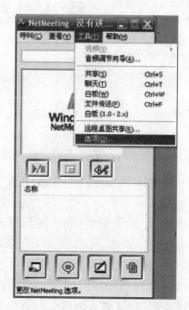

图 6-55 选项

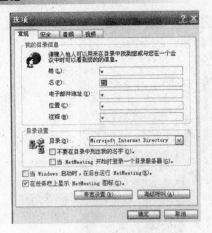

图 6-56 带宽及视频调节

③现在可以进行带宽及视频窗口的调整，如图 6-56 所示。

④点击带宽设置，请选择正在使用的网络速度，如图 6-57 所示。

⑤点击视频的窗口，可以根据的网络带宽来选择视频窗口的大小及视频的质量，如图 6-58所示。

（3）NetMeeting 的使用。设置完成后，如果知道朋友的 IP 地址，可以直接在地址栏中输入 IP 地址，再点击拨号。连通之后界面如下，现在就可以看到远方的朋友了，如图 6-59 所示。

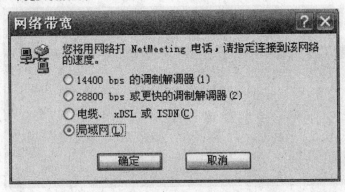

图 6-57 带宽设置

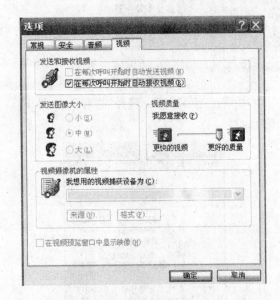

图 6-58 视频窗口质量

图 6-59 NetMeeting 主界面

NetMeeting 功能强大，除了视频联系以后还有很多功能。例如，可以和三个合作者共享一个微软 Word 文档。每一个人都可在自己的计算机上看到你程序的图像。你可以对文档进行评论编辑，其他人则可实时看到文档的变化。共享的白板可以使你的灵机一动或是设计草图展示在大家面前。白板带有画图和文本工具，可以使用它们来完成组织聊天、画图等任务。也可使用远指针画出特定区域或使用加亮工具等向窗口中粘贴图片。也可以召开语音或

笔记栏

数据会议。在企业内部互联网上,你可以将语音连接加入到办公电话系统中,而数据传输则使用网络。用户也可使用"donotdisturb"选项来回绝电话,避免打扰你的工作。软件还可设置在后台运行监听电话。如果有电话打进来,只需双击图标即可运行此应用程序。电话会议功能支持 ITUH. 323 标准,所以也可和使用其他 H. 323 互联网电话产品的用户交谈。视频功能工作需配合支持 Windows Video 的视频捕获卡或相机使用。

3. 网上文件传输

(1) 网上文件传输 FTP。FTP 是英文 File Transfer Protocol 的缩写,它是访问以交互式考察远程计算机的文件目录与之交换文件的一种简单方式。文件传输协议是在 TCP/IP 下支持 Internet 文件传输的各种信息所组成的集合,它属于应用层协议。FTP 能完成以下几个任务:

① 与远程网点联接。

② 在该远程网点执行有限的文件搜索和文件传输等相关操作。

③ 允许用户把文件从远程网点下载到本地主机。

④ 把本地计算机中的文件上传到远程的计算机中去。

(2) FTP 和远程主机联接的实现。FTP 是一种客户机/服务器结构,即需要客户机软件,也需要服务器软件。FTP 客户机程序在用户计算机上执行,而服务器程序在远程 FTP 服务器主机上执行。用户启动 FTP 客户程序,通过输入用户名口令同远程主机上的 FTP 服务器联接成功后,就可在 Internet 上为两者之间建立起一条命令链路。下面主要介绍客户机 FTP 软件的使用方法(假设已经安装了常用的 FTP 软件 FlashFXP)。

① 在 Windows 2000 桌面系统下,双击"FTP 软件"图标。

② 按"回车"键后,出现如图 6-60 所示的窗口。

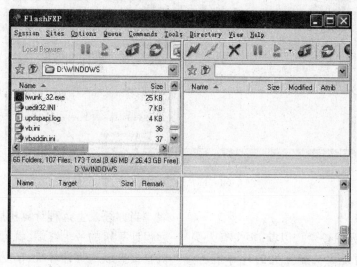

图 6-60　FTP 软件主窗口

③ 当需要新增加网点时,选择"Sites"下的"Site manager",打开站点管理器,点击"New site"后输入想连接站点的名称(自定义),出现如图 6-61 所示的设置框。

④ 输入新增网站的名称,本例中输入站点名称为"FTP 软件下载";IP 地址可以输入服务器的 FTP 域名或者 IP 地址,本例中输入 192. 168. 0. 7。

⑤ 点击"Apply"后,该站点信息被存入 Flashfxp 软件的站点列表中。

⑥ 当需要连接时,点击"Connect"图标选择刚才建立的站点名称,软件自动连接到 FTP 站点,完成后如图 6-62 所示。

⑦ 从图 6-53 中可知,屏幕分为左右两部分。其中,左半部分为本地目录中的文件夹和文件,右半部分是远程主机的文件夹和文件。当需要上传文件时,只要先从本地目录中选择文件后,用鼠标拖动到右边的远程文件夹就行了。当需要下载文件时,从远程主机的目录中选择文件后,用鼠标拖动到左边的本地文件夹。

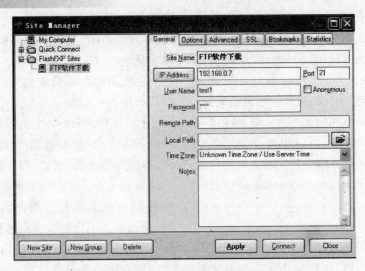

图 6-61　FTP 新建站点设置

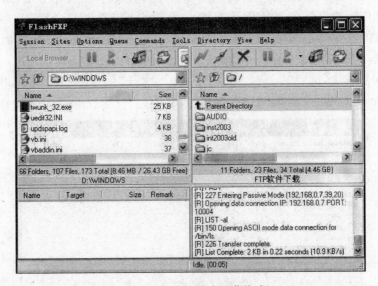

图 6-62　FTP 连接中屏幕格式

4. 远程登录

（1）什么是远程登录。以前，很少有人买得起计算机，更甭说买功能强大的计算机了。所以那时人们采用一种叫作 Telnet 的方式来访问 Internet，也就是把低性能计算机连接到远程性能好的大型计算机上，一旦连接上，计算机就仿佛是这些远程大型计算机上的一个终端，就仿佛坐在远程大型计算机的屏幕前一样输入命令，运行大机器中的程序。人们把这种将自己的电脑连接到远程计算机的操作方式叫作"登录"，称这种登录的技术为 Telnet（远程登录）。

Telnet 是 Internet 的远程登录协议的意思，它让你坐在自己的计算机前通过 Internet 网络登录到另一台远程计算机上，这台计算机可以在隔壁的房间里，也可以在地球的另一端。当你登录上远程计算机后，电脑就仿佛是远程计算机的一个终端，就可以用自己的计算机直接操纵远程计算机，享受远程计算机本地终端同样的权力。你可在远程计算机启动一个交互式程序，可以检索远程计算机的某个数据库，可以利用远程计算机强大的运算能力对某个方程式求解。

Telnet 有很多优点，比如电脑中缺少什么功能，就可以利用 Telnet 连接到远程计算机上，利用远程计算机上的功能来完成你要做的工作，可以这么说，Internet 上所提供的所有服务，通过 Telnet 都可以使用。

不过 Telnet 的主要用途还是使用远程计算机上所拥有的信息资源，如果你的主要目的是在本地计算机与远程计算机之间传递文件，则使用 FTP 会有效得多。

（2）Telnet 的工作原理。当你用 Telnet 登录进入远程计算机系统时,你事实上启动了两个程序,一个叫 Telnet 客户程序,它运行在你的本地机上,另一个叫 Telnet 服务器程序,它运行在你要登录的远程计算机上,本地机上的客户程序要完成如下功能:

①建立与服务器的 TCP 联接。

②从键盘上接收你输入的字符。

③把你输入的字符串变成标准格式并送给远程服务器。

④从远程服务器接收输出的信息。

⑤把该信息显示在你的屏幕上。

远程计算机的服务程序通常被称为"精灵",它平时不声不响地候在远程计算机上,一接到你的请求,它马上活跃起来,并完成如下功能:

①通知你的计算机,远程计算机已经准备好了。

②等候你输入命令。

③对你的命令作出反应(如显示目录内容,或执行某个程序等)。

④把执行命令的结果送回给你的计算机。

⑤重新等候你的命令。

在 Internet 中,很多服务都采取这样一种客户/服务器结构。对 Internet 的使用者来讲,通常只要了解客户端的程序就够了。

（3）利用 Windows 2000 实现远程登录。Windows 2000 的 Telnet 客户程序是属于 Windows 2000 的命令行程序中的一种。利用 Windows 2000 的 Telnet 客户程序进行远程登录,步骤如下:

①连接到 Internet。

②选择"程序"—"附件"菜单下的"命令提示符"便可转换至命令提示符下,如图6-63所示。

③在命令提示符下,可以按照下列两种方法中的任一种与 Telnet 联接:一种方法是输入"telnet"命令、空格以及相应的 telnet 的主机地址,按回车键;另一种方法是输入"telnet"命令并按回车,进入 Telnet 命令符方式后进行操作,如图6-64所示。

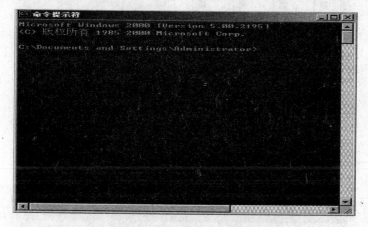

图6-63　进入命令提示符状态

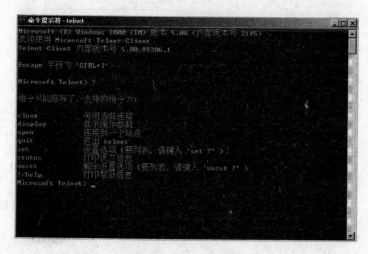

图6-64　Telnet 主窗口

与 Telnet 的远程主机联接成功后,计算机会提示你输入用户名和密码,若联接的是一个 BBS、Archie、Gopher 等免费服务系统,则可以通过输入 bbs、archie 或 gopher 作为用户名,就可以进入远程主机系统。

这样,Telnet 已经为你架起了通向远程主机的桥梁,现在你可以完全依照远程主机的命令行事了。

5. 网页的制作　网页制作,就是根据网页效果图,把它实现成浏览器中可以浏览的网页。网页制作工具有很多种,像 FrontPage、Dreamweaver、GoLive 等,都是我们平常所知道的网页设计软件,而 FrontPage 毫无疑问是一个简单易用,功能强大的网页制作工具。微软的 FrontPage 一般是随着 Office 一起推出的,现在的版本是 Frontpage 2000。

FrontPage 2000 是一种"所见即所得"的网页制作工具,下面我们简单讲述如何用 FrontPage 2000 制作一篇网页。

(1) 运行 FrontPage 2000,选择新建一个网页。此时在"新建"对话框中会出现较多的样式供你选择,如图 6-65 所示。在"常规"选项中 FrontPage 已经预做好了各种模板,在绝大多数的情况下只要直接套用即可。在本例中我们选择"普通网页",也就是空白的网页。

(2) 新建空白网页之后,需要设置网页的属性。在一般情况下,网页的属性主要牵涉的内容有:网页的标题、网页的背景和文本的颜色、超级链接的设置。

我们可以点击鼠标右键,在出现的右键菜单中选择"网页属性",如图 6-66 所示。

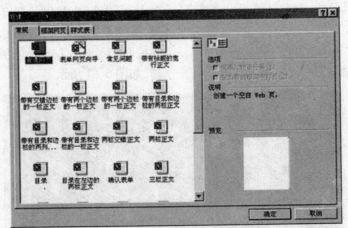

图 6-65　"新建"对话框

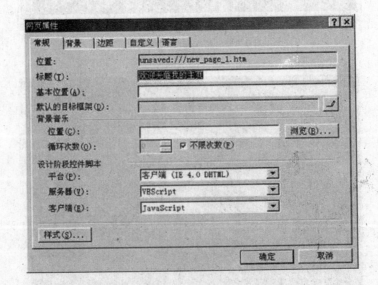

图 6-66　网页属性

首先,我们可以在"常规"中输入网页的标题,在这里我们取名为"欢迎光临我的主页"。然后,可以在"背景"中设置文本和背景的颜色,你可以根据需要设置为任意颜色的组合。对于超级链接的设置,为了区分该链接是否已被访问过,可以选择不同的颜色来表示。譬如说,对于没被访问过的链接,选择它为蓝色;已被访问过的链接设置为紫色;而正在点击的超级链接,可选它为红色。如果需要在网页上加上背景图片的话,也可以先选中"背景图片"的

方框,然后在"浏览"中选择该图片的路径。请注意,在网络上最常用的图片格式是 GIF 和 JPG,所以尽量选用该种格式的图片。在本例中,我们可以选择 background. gif 作为背景。

(3) 现在就正式可以编写网页了。在一般情况下,网页是由标题、文字、图片和超级链接所组成的。

①标题:在页面上输入适当的文字,例如"欢迎来到我的网页",再选取合适的颜色、字体和大小即可,如图 6-67 所示。

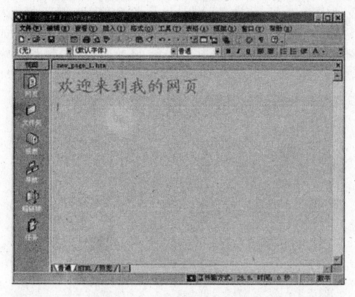

图 6-67

②文字:和在 Word 中输入文字一样,只需在页面中键入即可,再进行适当地编辑。

③图片:在网页上图片的运用是相当重要的,在很大的程度上它起了画龙点睛的作用。在 FrontPage 中可以通过点击"插入图片"按钮来实现把图片加入到网页上去的效果,如图 6-68所示。然后,就可以在出现的对话框中选择图片文件的路径名了,选择完毕后,FrontPage 2000 就会把选择的图片添加到网页中去了。

图 6-68

④超级链接:超级链接可以说是网页中最重要的一个功能了,通过链接,可以访问其他的网站和网页。譬如说,想让他人能够对你有

所了解,可以让他们访问"我的简介"这个链接。实现的方法如下:选中"我的简介"这四个字(即使其变亮),然后点击鼠标右键,在右键菜单中选择"超链接",出现图 6-69。在图中的 URL 里既可以输入绝对链接,如 http://www. sina. com. cn/个人简历中文. htm,也可以直接调用计算机内的相对链接,如 file://G:/mend/个人简历中文 . htm。通过这样的链接,他人便可通过点击"我的简介"来访问下一层的内容了。

⑤网页的保存:我们现在已经制作完成了一个最简单的网页了。接着,只要在菜单栏中选择"文件"—"保存文件"就可以把整个网页都给保存下来了。

当然,FrontPage 2000 作为微软公司的网页制作利器,还有很多种功能,在此我们就不详细介绍了。

6. 电子邮件与文件传输　通过 Internet

用户与全世界建立了广泛的联系。除了浏览万维网、检索 Web 信息之外,用户还可以通过 Internet 与其他的 Internet 用户实现联机通信和信息交流。Outlook Express(简称 OE)是 Windows 2000 附带的一个优秀的联机通信和信息交流程序,如图 6-70 所示。现在,我们详细讲解一下 OE 的设置与使用。

(1)Outlook Express 的设置。

①启动后如果原来没有设置过邮件账号,它会自动启动"连接向导"程序,在其指引下可轻松完成其设置,如图 6-71 所示,在显示姓名栏输入你的名字,例如 Outlook,点下一步。

②输入你在网上申请的电子邮件地址后点下一步,如图 6-72 所示。

③设置邮件的 POP3 和 SMTP 服务器。

● POP3:POP 是 Post Office Protocol 的缩写,而 POP3 则为 POP 的版本 3,用于电子邮件的接收。POP3 服务允许你设置你的本地浏览器的接收/发送邮件服务器名称,就像使用你的本地电子信箱一样使用你自己的 E-mail 软件来收发邮件。

● SMTP:SMTP 是 Simple Mail Transfer Protocol 的缩写,它就是 TCP/IP 电子邮件交换协议,用于电子邮件的发送。

在 POP3 和 SMTP 栏填入邮件的收信和发信服务器地址后点下一步,如图 6-73 所示。

④输入账户名和密码,输完点击下一步就完成了 OE 的设置,如图 6-74 所示。

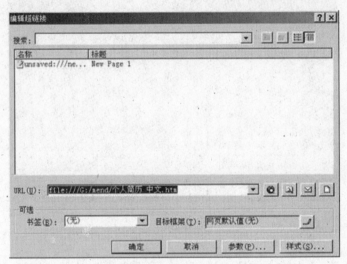

图 6-69

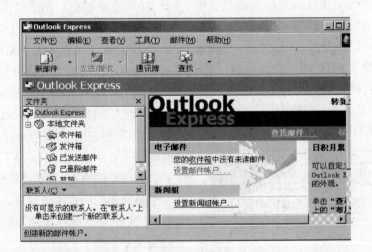

图 6-70　Outlook Express 主界面

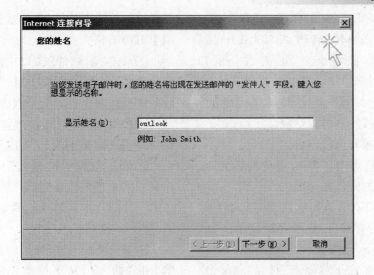

图 6-71　输入显示姓名

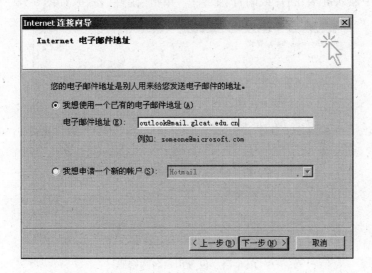

图 6-72　输入邮件地址

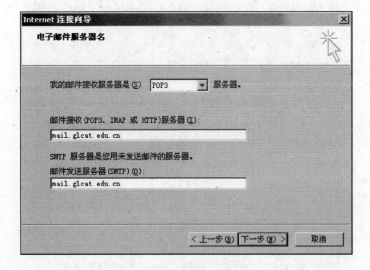

图 6-73　设置 POP3 和 SMTP

（2）Outlook Express 的使用。

1）写并发送邮件：启动 Outlook Express，单击"新邮件"按钮，在"新邮件"窗口（图6-75）中依次输入：

收件人地址：填写发信对方的 E-mail 地址。

填写邮件主题：也可以空缺。

书写信件：填写信件内容。

全部写完后点击工具栏上的"发送"按钮，就可将写好的邮件发送出去。

2）接收邮件：OE 在每次启动时都会自动检测邮箱中是否有邮件，检测完毕后单击"收件箱"，OE 会显示已阅读和未阅读的邮件列表，粗体显示的是已下载但未阅读的邮件，点击即可阅读其内容。

3）在邮件中插入链接、图片或附件：如果要添加链接或图片，必须确认已按如下步骤启用了 HTML 格式：

①单击"新邮件"窗口中的"格式"菜单，然后单击"多信息文本 HTML"，选中此项后该命令的旁边将出现一个黑点，如图6-76 所示。

②在邮件中，单击想要放置图片或文件的位置，或者选定需要链接到文件或 Web 页的文本。

③单击菜单上的"插入"从下拉菜单中选择"图片"或者"超级链接"命令，在打开的窗口中选择图片或者输入图片和链接地址就行了，如图6-77 所示。

④如果要插入文件时，单击新邮件窗口菜单上的"插入"，从下拉菜单中单击"文件附件"命令，然后双击要发送的文件或选中文件单击"附件"按钮，如图6-78 所示。

图 6-74　设置用户名和密码

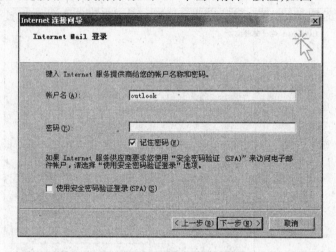

图 6-75　写邮件

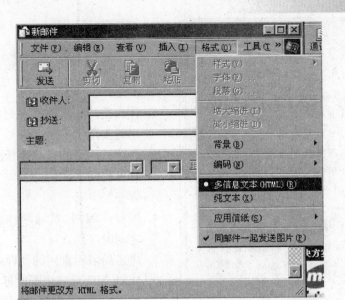

图 6-76

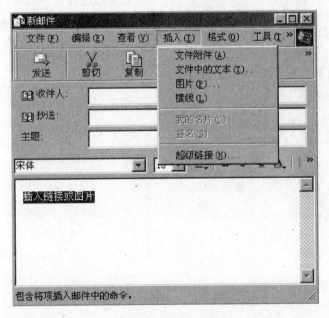

图 6-77　插入图片或链接

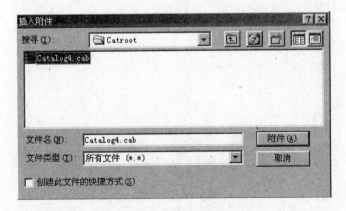

图 6-78　插入附件

本章介绍了计算机网络的基本知识、局域网的组建和 Internet 的使用方法。

将地理位置不同且能独立工作的多个计算机通过通信线路连接起来，由网络软件实现资源共享的系统，称为计算机网络。其分类方法多种多样，从不同的角度可以得到不同的类型。可根据网络覆盖范围分，可根据网络的通信传播方式分，可根据网络的使用范围分等。

局域网是一般用于小范围、短距离计算机之间进行数据通信和资源共享的小型网络系统。其技术目前发展最迅速，也是计算机领域研究和应用的热点，主要功能是方便和高效地提供外设、计算机、各种软件等网络资源的共享和网络中的计算机之间的相互通信。它是办公自动化和现代化企业管理自动化的基础。

Internet 的全称是 Inter Net Work，中文称为国际互联网。从网络技术角度讲，Internet 是一种计算机网络的集合。它以 TCP/IP 网络协议进行数据通信，把全世界众多的计算机网络和单独的计算机连接起来，实现了原本分散在单台计算机或限制在局域网上的信息资源，方便地进行相互交流，做到了真正意义上的信息共享。

小　结

简答题

1. 什么是计算机网络？列举出计算机网络应用的实际例子。

2. 计算机网络的目的是什么？

3. 计算机网络如何分类？常见的几种分类是哪些？

4. 解释广域网、城域网、局域网，并说明它们之间的区别。

5. 简述局域网常用的几种拓扑结构。

6. IEEE 802 标准由哪些标准组成？

7. 常用的网络传输介质连接配件有哪些？

8. Internet 网络提供了哪些基本服务？

9. 如何通过拨号方式连入 Internet？

10. 简述使用 outlook express 收发电子邮件及文件下载的操作方法。

Visual FoxPro 6.0（简称 VFP 6.0）数据管理系统是目前微机中 Windows 操作系统环境下功能强大的数据库语言系统软件之一，它可完成对数据信息的分类、查询、修改、提取等操作；由于使用界面与 Microsoft 公司推出的其他产品相似，对它的学习和使用会感到亲切和容易。

第 1 节　VFP 6.0 概述

一、数据库基本概念

1. 数据库管理技术的发展　数据处理的首要问题是数据管理。数据管理指如何分类、组织、检索及维护数据。自 1964 年首次推出数据库以来，随着计算机硬件和软件技术的不断发展，数据管理技术大致经历了人工管理阶段、文件系统阶段、数据系统阶段和高级数据库技术阶段。

2. 数据库系统基本概念　数据库（database）是存储在计算机内有结构的数据集合。数据库管理系统（DBMS——database management system）是对数据库中数据进行维护和管理的机构。它的职能是维护数据库，接受和完成用户程序或命令提出的访问数据的各种请求。

数据库系统（database system）是计算机中引进数据库后的系统构成，它是由数据库、数据库管理系统和用户三者构成。用户使用数据库是目的，数据库管理系统是帮助达到这一目的的工具和手段。一个数据库系统的好坏既取决于数据库是否丰富、完整和结构合理，又取决于数据库管理系统是否完善、可靠和友好，最后还取决于用户的使用熟练程度及有效的维护。

3. 数据库的组成

（1）实体和属性。实体是客观存在并可相互区分的事物，属性是实体所表现的特性，也可以理解为属性是对实体形象的描绘和说明。

例如，以书作为一个实体，在表 7-1 中列出了有关书的七种属性描述。

（2）记录和字段。表 7-1 中的一行被称为一个记录，它由多个属性描述数据组成，其中每一个属性描述数据称为记录的一个数据项或字段，一个字段代表实体的一个特性，多个特性值组成了一个记录值。例如，《数据库》一书的描述中，"出版社"为此书的一个字段（或属性），"电子工业出版社"为"出版社"字段的一个具体值。表 7-1 中列出了三种不同图书的描述记录，这三条记录构成了一个关于图书的二维表。

（3）数据库和表。VFP 的表是一个二维表，如表 7-1 所示，表的第一行描述了该表的结构，而其余行是表内容，也称为表的记录。数据库中可以有一个或多个这样的表，并由数据库管理和组织它们。

表 7-1　图书登记表

书号	书名	作者	出版日期	出版社	定价	发行册数
JPJ0027	操作系统	孙立芳	1991/10	人民出版社	33.50	70 000
PTC5001	编译原理	吕映芝	1998/1	清华大学出版社	21.00	34 000
NTR0120	数据库	唐福强	1990/7	电子工业出版社	30.00	40 000

笔记栏

二、VFP 的运行环境和安装

1. VFP 的运行环境

（1）一台 IBM PC 486/586（或更高型号）计算机或其兼容机。

（2）使用 10MB 内存，推荐使用 16MB 以上内存。

（3）最小化安装需要 15MB 硬盘空间，典型安装需要 100MB，最大安装需要 240MB。

（4）采用支持 VGA 或更高分辨率的显示器。

（5）Windows 95 或更高版本作为软件操作平台。

2. VFP 的安装步骤

（1）把 VFP 的 CD 安装盘插入 CD-ROM 驱动器。

（2）系统自动执行光盘安装程序，或从"资源管理器"的目录中选择光驱，从中找到 SETUP. EXE 文件运行，系统打开一个安装提示屏幕，如图 7-1 所示。

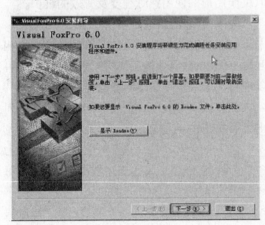

图 7-1　安装提示屏幕

（3）按照安装向导选择安装形式，并完成安装。如果需要，最后可以选择安装 MSDN 的 VFP 说明程序。

三、VFP 的启动和退出

1. 启动 VFP 6.0

当 VFP 6.0 安装成功后，在 Windows 操作窗口上选取"开始［程序］Microsoft Visual VFP 6.0"菜单项，即可启动 VFP 6.0，启动后的第一个画面如图 7-2 所示。

在此画面中，既可以选取"创建新的应用程序"项，直接进入数据库的建立过程，也可以选取"关闭此屏"项，进入到 VFP 6.0 系统操作界面窗口。如果执行相关命令前，先选择

图 7-2　启动界面

"以后不再显示此屏"项为有效，则以后再进入 VFP 时不再显示此画面，而直接进入到 VFP 6.0 系统操作界面窗口，如图 7-3 所示。

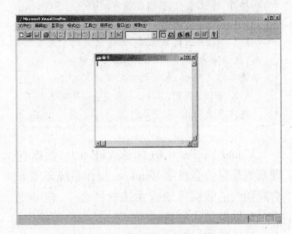

图 7-3　VFP 系统操作界面窗口

2. 退出 VFP

退出 VFP 意味着要关闭这个应用软件，常用的关闭方式：

（1）单击 VFP 6.0 操作界面窗口右上角的关闭按钮。

（2）单击左上角的狐狸头图标，在出现的下拉菜单中单击"关闭"选项。

（3）在命令窗口中输入"quit"命令后，按回车键。

（4）单击 Visual FoxPro 操作窗口菜单栏中"文件"菜单，执行"退出"子命令。

第2节　Visual FoxPro 操作简介

一、介绍"项目管理器"

1. 项目管理器简介

"项目管理器"是 Visual FoxPro 中处理数据和对象的主要组织

工具,是 Visual FoxPro 的"控制中心"。项目是文件、数据、文档和 Visual FoxPro 对象的集合,其保存文件带有 .pjx 的扩展名。第一次启动 Visual FoxPro 时,"项目管理器"将创建一个新的空项目,如图 7-4 所示,在该项目中既可以添加已有项,也可以创建新项。

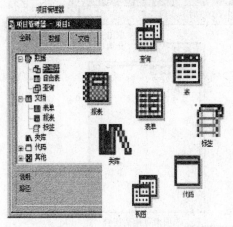

图 7-4 "项目管理器"窗口

在建立表、数据库、查询、表单、报表以及应用程序时,可以用"项目管理器"来组织和管理文件。通过把已有的 .dbf 文件添加到一个新的项目中,可以创建项目。

2. 查看项目中的内容 "项目管理器"为数据提供了一个组织良好的分层结构视图,若要处理项目中某一特定类型的文件或对象,可选择相应的选项卡。

在建立表和数据库以及创建表单、查询、视图和报表时,所要处理的主要是"数据"和"文档"选项卡中的内容。相关的概念作一下简单说明:

● 数据库是表的集合,一般通过公共字段彼此关联。使用"数据库设计器"可以创建一个数据库,数据库文件的扩展名为 .dbc。

● 自由表存储在以 .dbf 为扩展名的文件中,它不是数据库的组成部分。

● 查询是检查存储在表中的特定信息的一种结构化方法。利用"查询设计器",可以设置查询的格式,该查询将按照输入的规则从表中提取记录。查询被保存在带 .qpr 扩展名的文件中。

● 视图是一种特殊的查询,通过更改由查询返回的记录,可以用视图访问远程数据或更新数据源。视图只能存在于数据库中,它不是独立的文件。

● 表单是用来显示和编辑表的内容的一种存在形式。

● 报表是一种文件,它告诉 Visual FoxPro 如何设置查询,从表中提取结果,以及如何将它们打印出来。

● 标签是打印在专用纸上的带有特殊格式的报表。

其余选项卡(如"类"、"代码"及"其他")主要用于为最终用户创建应用程序。

(1)查看文件详细内容。"项目管理器"中的项是以类似于大纲的结构来组织的,可以将其展开或折叠,以便查看不同层次中的详细内容。

如果项目中具有一个以上同一类型的项,其类型符号旁边会出现一个" + "号。单击" + "号可以显示项目中该类型项的名称。

例如,单击"自由表"符号旁边的" + "号,可以看到项目中自由表的名称。

若要折叠已展开的列表,可单击列表旁边的" - "号。

(2)添加或移去文件。如果想把一些已有的扩展名为 .dbf 的表添加到项目中,只需在"数据"选项卡中选择"自由表",然后用"添加"按钮把它们添加到项目中。如果要移去已有的自由表,只需选中表后,单击"移除"按钮。

(3)创建和修改文件。"项目管理器"简化了创建和修改文件的过程。只需选定要创建或修改的文件类型,然后选择"新建"或"修改"按钮,Visual FoxPro 将显示与所选文件类型相应的设计工具。

(4)定制"项目管理器"。可以定制可视工作区域,方法是改变"项目管理器"的外观或设置在"项目管理器"中双击运行的文件。

1)改变显示外观:"项目管理器"显示为一个独立的窗口。可以移动它的位置、改变它的尺寸或者将它折叠起来只显示选项卡。

2)移动"项目管理器":将鼠标指针指向标题栏,然后将"项目管理器"拖到屏幕上的其他位置。

3)改变"项目管理器"窗口:将鼠标指针指向"项目管理器"窗口的顶端、底端、两边或角上,拖动鼠标即可扩大或缩小它的尺寸。

4)折叠"项目管理器":单击右上角的向上箭头,即可折叠,如图 7-5 所示。

单击此处复原

图 7-5 折叠"项目管理器"

5）还原"项目管理器"：单击右上角的向下箭头，拖开某一选项卡。

（5）折叠"项目管理器"。选定一个选项卡，将它拖离"项目管理器"，如图7-6所示。

当选项卡处于浮动状态时，通过在选项卡中单击鼠标右键可以访问"项目"菜单中的选项。如果希望选项卡始终显示在屏幕的最顶层，单击选项卡上的图钉图标，该选项卡就会一直保留在其他 Visual FoxPro 窗口的上面。再次单击图钉图标可以取消"顶层显示"的设置。

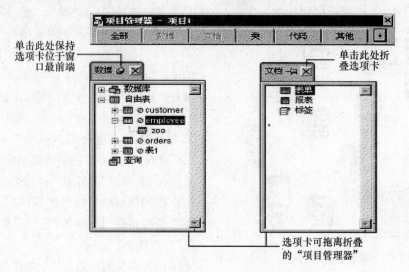

图7-6　拖离"项目管理器"

二、设计器的使用

除了在"项目管理器"中选择待创建文件的类型，选择"新建"的方法把用设计器创建的项组装到应用程序中外，使用设计器的另一种方法就是利用"文件"菜单中的"新建"命令。表7-2 说明了为完成不同的任务所使用的设计器：

表7-2　完成不同的任务所使用的设计器

若　要	使用的设计器
创建表和设置表中的索引	表设计器
在本地表中运行查询	查询设计器
在远程数据源上运行查询；创建可更新的查询	视图设计器
创建表单以便在表中查看和编辑数据	表单设计器
建立用于显示和打印数据的报表	报表设计器
建立数据库；在不同的表之间查看并创建关系	数据库设计器
为远程视图创建连接	连接设计器

1. 使用工具栏　每种设计器都有一个或多个工具栏，可以根据需要在屏幕上放置多个工具栏。通过把工具栏停放在屏幕的上部、底部或两边，可以定制工作环境。Visual FoxPro 能够记住工具栏的位置，再次进入

Visual FoxPro 时，工具栏将位于关闭时所在的位置上。

2. 显示工具栏
（1）从"显示"菜单中选择"工具栏"。
（2）在"工具栏"对话框中，选择要使用的工具栏。
（3）选择"确定"。

3. 使用向导　向导是交互式的程序，能帮助你快速完成一般性的任务，例如，创建表单、设置报表格式和建立查询。可以让向导建立一个文件，或者根据你的响应完成一项任务。例如，选择"报表向导"后，可以选择待创建报表的类型。向导会询问你要使用哪个表，并提供用于报表格式设置的选择。
（1）在"项目管理器"中选定要创建文件的类型，然后选择"新建"。
（2）也可以从"文件"菜单中选择"新建"，然后选择待创建文件的类型。选择"向导"。
（3）利用"工具"菜单中的"向导"，可以直接访问大多数的向导。

4. 保存结果　根据所用向导的类型，每个向导的最后一屏都会要求提供一个标题，并给出保存、浏览、修改或打印结果的选项。

使用"预览"选项，可以在结束向导操作前查看结果，如果需要做出不同的选择来改变

笔记栏

结果,可以返回重新选择,结果满意后,单击"完成"按钮。

5. 修改创建项 创建好表、表单、查询或报表后,可以用相应的设计工具将其打开,并做进一步的修改。不能用向导重新打开一个用向导建立的文件,但是可以在退出向导之前,预览向导的结果并做适当的修改。

第3节 VFP 6.0 的基本语法

一、数 据 类 型

表中的各字段由于其数据代表的意义不同,因而都有特定的数据类型。例如:工资、姓名、出生年月三个字段的类型是各不相同的。在 Visual FoxPro 中,分别是用数值型(或整型)、字符型、日期型来表示的。熟悉各种数据类型可以帮助我们更快更好地对表进行操作。Visual FoxPro 6.0 的数据类型及简单的说明示于表7-3。

表7-3 FoxPro 常用数据类型

字符型:用于包含字母、汉字、数字型文本、符号、标点等一种或几种的字段,其中的数字一般不是用来进行数学计算的,如电话号码、姓名、地址
货币型:货币单位,最多可有四位小数,如果小数部分超过四位则将通过四舍五入只保留四位,如商品价格
数值型:整数或小数。如:成绩、年龄、订货数量。如果有小数,需要指定小数位数,小数点包含在字段宽度中,占一个字节。它还支持十六进制数值
浮点型:同数值型
整 型:不带小数点的数值
日期型:用来存放日期数值,Visual FoxPro 6.0(5.0)支持2000 年型的日期数值。格式为:月/日/年。如:04/28/97。其中的年份如果输入97,则系统默认为1997,将光标移到表中该字段时就会显示"04/28/1997",如果输入小于48的数(如45)则系统默认为2045,因此,最好输入完整的年份
日期时间型:格式为:月/日/年 时:分:秒 ,AM 或 PM。如:04/28/97 06:26:00 AM
双精度型:双精度数值,如实验所要求的高精度数据
逻辑型:当存储的数据只有两种可能时使用,用 True(.T.)和 False(.F.)表示。如:是否结婚
备注型:又称内存型,它的长度随输入数据的长度而定,它的存储和表中其他数据是分开的,存放在扩展名为.FPT 的文件中

续表

通用型:可以链接或嵌入 OLE 对象,如由其他应用程序创建的电子表格、Word 文档、图片,当链接 OLE 对象时,表中只包含指向数据的链接和创建 OLE 对象的应用程序的链接;当嵌入 OLE 对象时,表中包含 OLE 对象复件及指向创建此 OLE 对象应用程序的链接

二、常 量

常量指在程序运行过程中值不会发生变化的量,它是一个命名项。FoxPro 支持字符、数值、日期、日期时间、货币和逻辑等六种类型的常量。例如,数值 3.141 592 653 5 就是一个数值型常量。

1. 各种类型常量的表示

(1)字符型。字符型常量值一定要用定界符括起来,常用的定界符有单引号、双引号、直方括号。例如:'2000 年'、"这是一个实例"、[10 + 20 =]。

注意:定界符必须是半角字符,并在英文输入状态下输入定界符符号。

(2)数值型。由 0~9 十个数码、小数点、正号和负号组成。

(3)日期型。一定要包括年、月、日三个值,每两个值之间由一个分隔符即正斜杠"/"或空格隔开,日期数据要放在一对花括号中,开始位置上再加一个"^"符号(VFP 6.0 采用严格日期格式,如 ^ YYYY/mm/dd)。例如:{^2000/02/20}

若要指定空日期值,使用一对花括号,或在花括号中加一个空格,或在花括号中加一个正斜杠(/),或用一对花括号带一个冒号:{}、{ }、{/}、{:}

日期值的格式取决于下列三个系统设置命令:

SET CENTURE ON
设置公元年号的位数取四位,而不是两位。

SET DATE TO YMD
设置日期显示顺序为年、月、日。

SET MARK TO'－'
设置日期年月日的间隔符为"－"。

(4)日期时间型。保存的常量值中既含日期又含时间,日期值包括年、月、日,时间值包括时、分、秒,其中时分秒的分隔符为冒号(:),书写方式近似于日期型。

例如:{^2000/03/20 11:23:24}

时间部分的格式还取决于 SET HOURS 和 SET SECONDS 命令。

空日期时间值:{- ,:}、{- ,::}、{- ,:}

(5) 逻辑型。也称布尔常量或逻辑常量,它只有两个值,表示一个逻辑常量时,字母大小写均可,但字母前后要分别紧跟一个小圆点。例如:. T. (真),. F. (假)。

2. 定义常量名　在程序设计中,可以使用# DEFINE 预处理器命令为某个常量值命名。例如,令 PI 作为圆周率 3. 141 592 653 5 的一个常量名的定义方法为:

DEFINE P1 3. 1415926535

在使用了此定义后,以后凡遇到要使用圆周率的地方,都可以用常量名 PI 来表示。

三、变　　量

变量指在程序执行过程中其值可以改变的量,有字符型变量、日期型变量、数值型变量等等。

1. 变量名的取名规则　每个变量都有一个名字,由汉字、字母、数字、下画线等组成为便于记忆,常使用有含意的名称来表示。例如,定义一个存放雇员姓名的变量时,可以定义此变量为"姓名"或"EMP_ NAME"。

2. 变量的形式　FoxPro 常用的有两种变量:字段变量和内存变量。

(1) 字段变量。一个字段名就是一个字段变量。字段变量简称字段,是建立表时被创建的,其类型也同时被定义。表中任何一个记录对应的某一个字段都有一个值(空表除外),该值也是通过对应的字段名而被引用。字段变量是一种多值变量,即一个字段变量可代表它所在表中所有记录中该字段的值。

(2) 内存变量。内存变量是在书写命令和编制程序时临时定义的变量,一个内存变量的类型在第一次被赋值后自动被定义为该值的类型。

3. 变量的定义和赋值方法　FoxPro 中为变量赋值的简单常用命令有两种形式:

(1) 变量名 = 表达式(把赋值语句" = "右边表达式值赋值给左边的变量名)。

(2) STORE 表达式 TO 变量名(将表达式

值赋值给变量名)。

例如:

向 datell 变量赋日期型值:STORE{^1999/05/03}TO datell

向 datetime_11 变量赋日期时间型值:datetime_11 = {^1999/05/03 09:10:10}

向 c_char 变量赋字符型值:c_char = 'China'

向 data _one 变量赋数值型值:STORE 0. 12-18 * 2 + 33. 33 TO data_one

向 logical _3 变量赋逻辑型值:logical _3 = . f.

4. 变量的简单处理命令　显示变量值时经常使用? 或?? 命令。

格式1:　　　? 变量名/常量/表达式

表示先换行,再在操作窗口中显示变量值、常量值和表达式值。

格式2:　　　?? 变量名/常量/表达式

表示不换行,在当前行继续显示变量值、常量值和表达式值。

5. 字段变量与内存变量的区别　字段变量是表结构的组成部分,使用时必须首先打开包含该字段的表。而内存变量与表无直接关系,不打开表时,内存变量照样可以使用。

字段变量名与内存变量名起名时应避免使用系统保留字。在 FoxPro 中,字段变量名的优先权大于内存变量名的优先权,若两者同名,欲引用内存变量时,应在其前面加上"m."或者"m - >(由减号和大于号组成)"前缀,向系统表明是对内存变量的引用;欲引用字段变量时,应在其前加字段所在表的表名和". ",表示是对表中字段的引用。例如:

? m. cCOMPANY

&& 显示内存变量 cCOMPANY 的值

? m - >cCOMPANY

&& 显示内存变量 cCOMPANY 的值

? cCOMPANY

&& 显示当前工作区中表的字段变量 cCOMPANY 的值

? E_emp. cCOMPANY

&& 显示 E_emp 表中字段变量 cCOMPANY 的值

"&&"是用于在语句或命令中标识注释信息的标识符,它不被系统执行。

第❹节　数据表的建立

一、使用"表设计器"创建表

使用"表设计器"可以方便、直接地创建表。我们既可以通过"项目管理器"的"数据"选项卡使用"表设计器"创建,也可以从"文件"菜单中使用"表设计器"创建。下面介绍从"文件"菜单中创建表。

操作步骤:

(1) 从"文件"菜单中选择"新建",出现对话框如图7-7所示,在复选框中选取"表"。

图7-7　"新建"对话框

(2) 选取"新建文件"按钮,在"输入表名"中输入我们要建的表名,例如"表7-2",选取"保存"按钮,即出现表设计器,如图7-8所示。

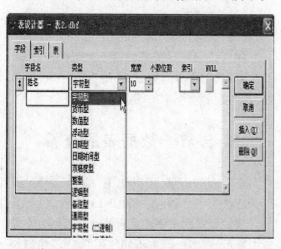

图7-8　"表设计器"对话框

这里有三个选项卡:"字段"、"索引"和"表",默认的是"字段"选项卡。

(3) 从第一行开始依次输入(或选择)。

● 在"字段名"选项卡中键入字段名。

● 在"类型"区域中,选择列表中的某一字段类型。注意,字段的数据类型应与将要存储在其中的信息类型相匹配。

● 在"宽度"列中,设置以字符为单位的列宽,使字段的宽度足够容纳将要显示的信息内容。注意,一个汉字需占两个字符。

● 如果"类型"是"数值型"或"浮点型",请设置"小数位数"框中的小数点位数。

● 如果希望为字段添加索引,就在"索引"列中选择一种排序方式。

● 如果想让字段接受 null 值,选中"NULL"。NULL 无明确的值,它不等同于零或空格。一个 NULL 值不能认为比某个值(包括另一个 NULL 值)大或小,相等或不同。

● 字段名前的双向箭头表明是当前行。一行各项目之间用 Tab 键移动。

(4) 表的结构设置完毕后,选取"确定"按钮,这时会出现一个选择框,询问"现在输入数据吗?"。此时,可以选择是立即开始输入记录,还是以后再输入。

二、在表中添加记录

(1) 在"文件"菜单中选择"打开"。

(2) 从"搜寻"下拉框中选择文件所在目录,从"文件类型"下拉框中选择"表",即出现该目录下所有的表,如图7-9所示。

图7-9　"打开"文件对话框

(3) 选择"职工表.dbf",点取确定按钮。

(4) 从"显示"菜单中选择"浏览"。

(5) 这时出现"职工表"浏览窗口,并且

"显示"菜单的内容发生变化,如图7-10所示,选择"追加方式"。

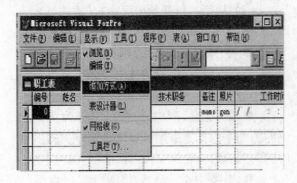

图7-10 "显示"菜单

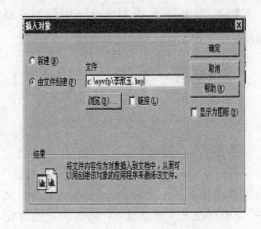

图7-12 "插入对象"对话框

(6)在"浏览"窗口,图7-11中输入新的记录。当输入内容满一个字段时,光标会自动跳到下一个字段。内容不满时,用"Tab"键或回车键将光标移到下一字段。

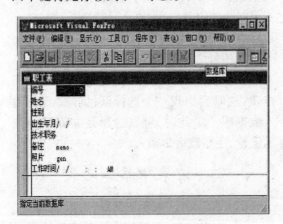

图7-11 编辑窗口

(7)当编辑备注型(memo)字段时,将光标条移到memo上,双击它或按"Ctrl + Home"键就可进入memo字段的输入窗口进行输入、修改。完成后,单击窗口上的关闭按钮"X"或按"Ctrl + W"可以保存并关闭窗口。如不想保存,则按"Esc"键或"Ctrl + Q"。

(8)进入通用型(gen)字段与备注型方法相同。进入编辑窗口后,打开"编辑"菜单,选择"插入对象"进入"插入对象"窗口,如图7-12所示。选择"新建"可以创建多种格式的图像。我们选择"由文件创建",在"文件"框中输入插入对象的文件名,包括路径。

(9)如果选择"链接"则只存储该图像的链接,而不把整个图像包括进通用型字段中。如果选择"显示为图标",则可以用图标表示

插入的图像对象。这里我们两者都不选择。按"确定"按钮,即完成照片的插入。

(10)为方便输入,也可以从"显示"菜单中选择"编辑"来切换到"编辑"方式。在"编辑"方式下,列名显示在窗口的左边。

这样,一个表就创建完成了。这个表称为自由表。和其他表没有发生联系,既不能控制其他表,也不被其他表控制,它独立存在于任何数据库之外。

还可以在Visual FoxPro中创建另一种表:数据库表,它是数据库的一部分,我们将在数据库一课中讲到。

三、使用"表向导"创建表

创建新表还可以借助于"表向导",利用"表向导",可以随时创建新表,向导会提出一系列的问题,并根据回答建立一个表。具体步骤如下:

(1)从"文件"菜单中选择"新建"。

(2)选择"表"。

(3)选择"表向导"按钮。

(4)按照向导屏幕的指示进行操作。

也可以用其他方法使用"表向导"。例如,在"项目管理器"中使用。

第⑤节 数据表的查看

查看表的信息,可以使用"编辑"窗口,其打开方法上节已讲过,如图7-13所示。

我们可以用水平和垂直滚动条控制表在窗口中显示的部分,但它不如使用"浏览"窗口快速、方便,"浏览"窗口其外观如图7-14所示。

记录的备注字段中有内容。

图7-13 "编辑"窗口

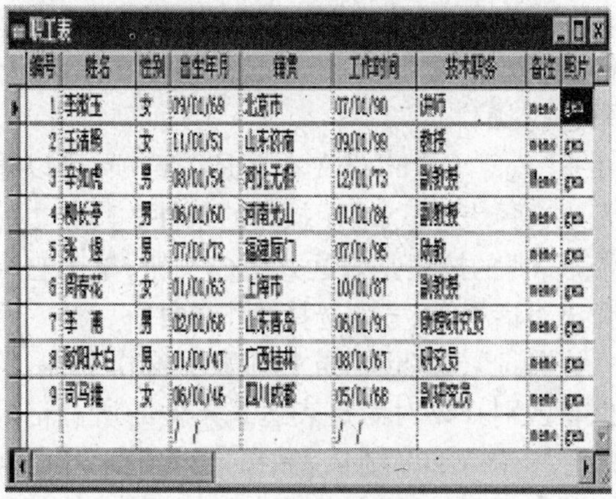

（1）将鼠标指向两字段名之间，这时鼠标会变成左右双向箭头，我们用左键按住它左右拖动，你会发现字段的宽度变化了。这只是显示宽度变化了，并未改变表的结构。

（2）将鼠标指向浏览窗口最左边中间的区域（这里称为记录条调节线，其上称为字段名调节线，其下的黑色小竖长条称为窗口拆分条）。

（3）当鼠标在字段名调节线上变成双向箭头时，上下拖动可以改变字段名的高度。

（4）如果我们对字段名的排列顺序不太满意，如想把"技术职务"和"工作时间"字段位置调换一下，这也很好办，只要将鼠标放在字段名上时，它会变成一个黑的向下箭头，按住想移动的字段，拖到合适的位置放开，就这么简单。

（5）如果一个表的字段名很多，超出了屏幕的范围，怎样能在查看或修改时不容易错行呢？这也好办。把鼠标指向窗口拆分条，就会变成左右双向箭头，拖动到合适的位置，就可以把浏览窗口拆分成两个小的窗口，称为窗格。

图7-14 "浏览"窗口

显示的内容是由一系列可以滚动的行和列组成的。"备注"和"照片"字段如果有内容，则第一个字母显示为大写，如没有内容，则显示为小写。从图中可以看出，现在只有3号

（6）每个的窗格宽度可以任意调节。我们可以在左边小窗口中只显示"姓名"字段，这样在拖动右窗口水平滚动条时，就可以方便地对应查看。左右窗格可以都为"编辑"窗口或"浏览"窗口，也可以一边是"编辑"窗口，一边是"浏览"窗口，如图7-15所示。

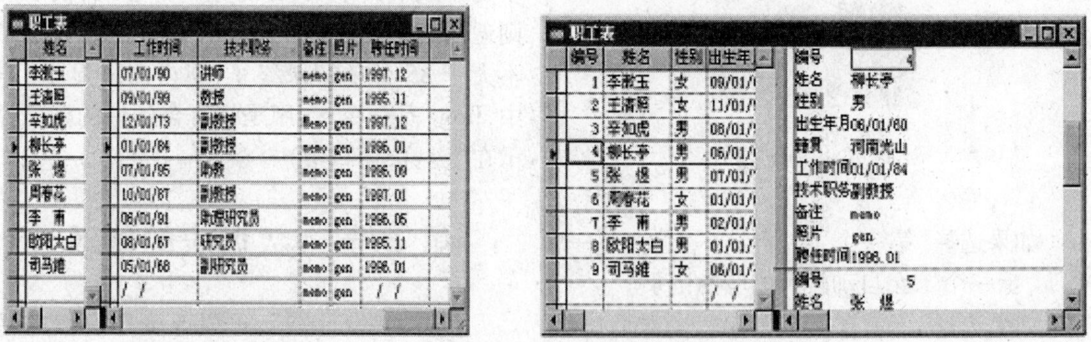

图7-15 "编辑"窗口与"浏览"窗口并存

从图7-15可以看出，默认情况下，"浏览"窗口的两个窗格是相互链接的，即在一个窗格中选择了不同的记录，这种选择会反映到另一个窗格中。我们可以通过取消"表"菜单中

"链接分区"的选中状态，可以中断两个窗格之间的联系，使它们的功能相对独立。这时，滚动某一个窗格时，不会影响到另一个窗格中的显示内容。

另外,还可从"显示"菜单中选择"网格线"来隐藏网格线。最后,让我们看一下怎样查看不同的记录,如图7-16所示。

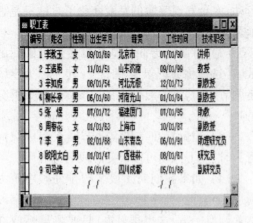

图7-16 隐藏网格线

当我们打开"浏览"或"编辑"窗口时,Visual FoxPro的菜单增加了"表"。这是Visual FoxPro的特点,菜单不是固定不变的,它会随着打开项目的不同而有所变化,以后学习请注意这一点。

在"表"菜单中选择"转到记录",又可以看到六个选项,如图7-17所示。

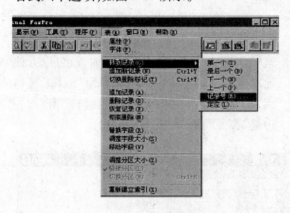

图7-17 "表"菜单

如果选择"第一个"、"最后一个"、"下一个"、"上一个",会自动转到相应的记录。

如果选择"记录号",会弹出一个对话框,输入记录号后,按"确定"按钮就可以转到记录。

如果选择"定位",会弹出图7-18的对话框。单击"作用范围"下拉框,可以看到有"All"、"Next"、"Record"、"Rest"四个选项。

默认的"All"指全部记录;"Next"配合

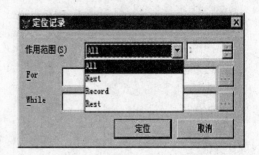

图7-18 "定位记录"对话框

其右边的数字(如8),表示对从当前记录起以下多少个(如8个)记录进行操作;"Record"配合其右边的数字,作用与上面的"记录号"相同;"Rest"表示对从当前记录开始,到文件的最后一个记录为止的所有记录进行操作。

"For"、"While"文本框是可选项,可以输入或选择表达式,表示操作的条件。其右边的带"..."的按钮是表达式生成按钮,单击它会弹出对话框,以方便选择操作条件。

"For"、"While"虽然都表示操作条件,但也有区别:For对满足表达式条件的所有记录进行操作;While则从表中的当前记录开始向下顺序判断,只要出现不满足表达式条件的记录就终止,而不管理其后是否还有满足条件的记录,我们看下面两条命令:

Brow Next 9 For 成绩 >85

Brow Next 9 While 成绩 >85

前者表示的是从当前记录后的9个记录中所有成绩大于85分的记录都显示;而后者则遇到一个符合条件的显示一个,当遇到成绩不大于85分的记录终止,不再向下显示(其中,Brow是命令,作用是将符合条件的记录显示在"浏览"窗口中)。

第6节 数据表的修改

利用"表设计器",可以改变已有表的结构,如增加或删除字段、设置字段的数据类型及宽度、查看表的内容以及设置索引来排序表的内容。

如果正在进行修改的表是数据库的一部分,那么还可以得到额外的与数据库有关的字段和表的属性。这些属性的使用将在后面进行介绍。

1. 打开"表设计器"

（1）在"文件"菜单中选择"打开"，打开要修改的表。

（2）在"显示"菜单中选择"表设计器"，和创建表结构时一样，"表设计器"中显示了表的结构。

2. "表设计器"中的"表"选项卡　打开表设计器后，顺便先看一下"表"选项卡，如图 7-19 所示。

图 7-19　"表"选项卡

它显示了当前表设计器所设计表的有关信息。这个表有 10 条记录，每条记录长 68 个字节，共 10 个字段。需要注意的是，在表设计器中，我们输入的表结构的各字段总长度为 67，而这里是 68，其中多出的一个字节是留作存放删除标志用的。

下面再回到"字段"选项卡，看一下如何对表结构进行修改。

3. 在表中增加字段

（1）如果要在最后增加字段，在"表设计器"的"字段"选项卡中最后一行直接输入即可。如果想使增加的字段插入到某字段的前面，可以在"表设计器"将光标移到某字段，选择"插入"，就会在该字段前面插入一名为"新字段"的字段，编辑该字段即可，如图 7-20 所示。

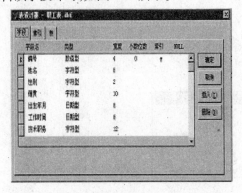

图 7-20　"字段"选项卡

（2）在"字段名"、"类型"、"宽度"、"null"等列中，键入或选择相应内容。

（3）选择"确定"，出现图 7-21"确认"对话框。

图 7-21　"确认"对话框

（4）选择"是"，将改变的表的结构保存。

另外，"表设计器"中的字段也可以通过在"浏览"窗口拖动来改变顺序。

4. 删除表中的字段　选定该字段，并选择"删除"。

5. 添加记录　若想在表中快速加入新记录，可以将"浏览"和"编辑"窗口设置为"追加方式"。在"追加方式"中，文件底部显示了一组空字段，我们可以在其中填入来建立新记录。

6. 删除记录　在 Visual FoxPro 中，删除表中的记录共有两个步骤。首先是单击每个要删除记录左边的小方框，标记要删除的记录，如图 7-22 所示；标记记录并不等于删除记录。要想真正地删除记录，还应从"表"菜单中选择"彻底删除"。

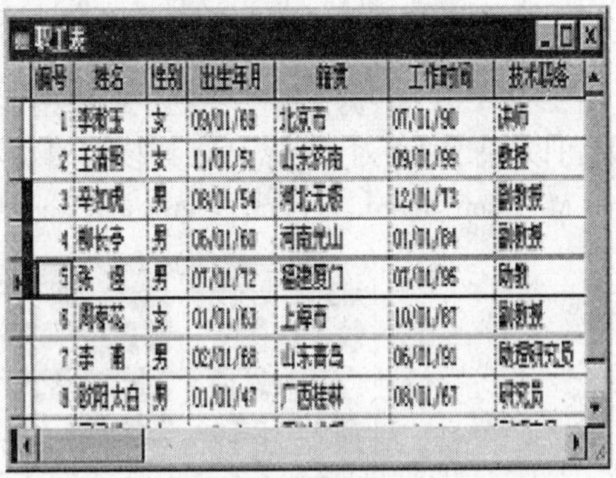

图 7-22　标记要删除的记录

当出现提示图 7-23，问你是否想从表中移去已删除的记录，选择"是"。

这个过程将删除所有标记过的记录，并重新构造表中余下的记录。删除做过删除标记

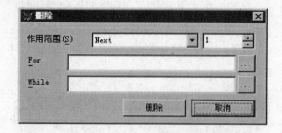

图 7-23　确认"删除"对话框

图 7-24　"备注型"编辑窗口

的记录时会将表关掉，因此若要继续工作，必须重新打开该表。

除了通过鼠标单击做删除标记外，还可以通过在"删除"对话框中设置条件，有选择地删除一组记录。步骤：

（1）从"表"菜单中选择"删除记录"，出现"删除"对话框：在其中输入删除条件。这和上节的查看信息对话框类似。

（2）在输入完删除条件后，按"删除"按钮，就为符合条件的记录打上了删除标记。

（3）从"表"中选择"彻底删除"。

7. 编辑记录　不管是在"浏览"窗口还是在"编辑"窗口中，都可以滚动记录，查找指定的记录，以及直接修改表的内容。

若要改变"字符型"字段、"数值型"字段、"逻辑型"字段、"日期型"字段或"日期时间型"字段中的信息，可以把光标设在字段中并编辑信息，或者选定整个字段并键入新的信息。

若要编辑"备注型"字段，在"浏览"窗口中双击该字段或按下"Ctrl + Home"。这时会打开一个"编辑"窗口，其中显示了"备注型"字段的内容，如图 7-24 所示。

通过双击"浏览"窗口中的"通用型"字段，可以编辑这个对象，你可以直接编辑文档（如 Microsoft Word 文档或 Microsoft Excel 工

作表），也可以双击对象打开其父类应用程序（生成对象的应用程序，如 Microsoft 画笔）来进一步修改对象。

第⑦节　索引和排序

Visual FoxPro 中的索引和书中的索引类似。书中的索引是一份页码的列表，指向书中的页号。表索引是一个记录号的列表，指向待处理的记录，并确定了记录的处理顺序。

对于已经建好的表，索引可以帮助我们对其中的数据进行排序，以便加速检索数据的速度；可以快速显示、查询或者打印记录；还可以选择记录、控制重复字段值的输入并支持表间的关系操作。

表索引存储了一组记录指针。以查看 Customer 表中的记录为例，可以按字母顺序列出公司的名称，按邮政编码的顺序准备邮寄清单，或者组织记录来加速查找过程。

索引并不改变表中所存储数据的顺序，它只改变读取每条记录的顺序。一个表可以建立多个索引，每一索引代表一种处理记录的顺序。索引保存在一个结构复合索引文件中，在使用表时，该文件被打开并更新。复合结构索引文件名与相关的表同名，并具有 .cdx 扩展名，如图 7-25 所示。

对存储在表中的记录…

…根据活动索引进行选择并排序…

…然后显示

笔记栏

图 7-25　表索引示意图

一、索引类型

索引有四种可以选择的类型：

1. 主索引　可确保字段中输入值的唯一性并决定了处理记录的顺序。可以为数据库中的每一个表建立一个主索引。如果某个表已经有了一个主索引，可以继续添加候选索引。

2. 候选索引　像主索引一样要求字段值的唯一性并决定了处理记录的顺序。在数据库表和自由表中均可为每个表建立多个候选索引。

3. 普通索引　也可以决定记录的处理顺序，但是允许字段中出现重复值。在一个表中可以加入多个普通索引。

4. 唯一索引　为了保持同早期版本的兼容性，还可以建立一个唯一索引，以指定字段的首次出现值为基础，选定一组记录，并对记录进行排序。

二、建立索引

在"表设计器"中，选择"索引"选项卡，如图7-26。

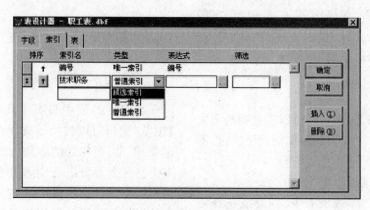

图 7-26　"索引"对话框

（1）在"索引名"框中，键入索引名。如果我们在"字段"选项卡中设置了索引，则索引名将自动出现。

（2）从"类型"列表中，选定索引类型。

（3）在"表达式"框中，键入作为记录排序依据的字段名，或者通过选择表达式框后面的对话按钮，显示"表达式生成器"来建立表达式。

（4）若想有选择地输出记录，可在"筛选"框中输入筛选表达式，或者选择该框后面的按钮来建立表达式。如想显示编号＜6的记录，则在"筛选"框中选择或输入"编号＜6"。

（5）索引名左侧的箭头按钮表示升序还是降序，箭头方向向上时按升序排序，向下时则按降序排序。

（6）选择"确定"。

建好表的索引后，便可以用它来为记录排序。下面是排序的步骤：

1）打开已建好索引的表。

2）选择"浏览"。

3）从"表"菜单中选择"属性"。

4）在"索引顺序"框中，选择要用的索引。

5）选择"确定"。

显示在"浏览"窗口中的表将按照索引指定的顺序排列记录。选定索引后，通过运行查询或报表，还可对它们的输出结果进行排序。

三、用多个字段进行排序

为了提高对多个字段进行筛选的查询或视图的速度，可以在索引表达式中指定多个字段对记录排序。步骤如下：

（1）打开"表设计器"。

（2）在"索引"选项卡中，输入索引名和索引类型。

（3）在"表达式"框中输入表达式，其中列出要作为排序依据的字段。

例如，如果要按照技术职务、姓名的顺序对记录进行排序，可以用"＋"号建立"字符型"字段的索引表达式：

职工表.技术职务＋职工表.姓名

注意:列表中的第一项应该是变化最小的字段。

(4) 选择"确定"。

如果想用不同数据类型的字段作为索引,可以在非"字符型"字段前加上 STR( ),将它转换成"字符型"字段。例如,先按"考核成绩"字段排序,然后按"姓名"排序。在这个表达式中,"考核成绩"是一种数值型字段,"姓名"是一个字符型字段。

STR(考核成绩,1,2) + 姓名

注意:字段索引的顺序与它们在表达式中出现的顺序相同。如果用多个"数值型"字段建立一个索引表达式,索引将按照字段的和,而不是字段本身对记录进行排序。

四、筛选记录

通过添加筛选表达式,可以控制哪些记录可包含在索引中。类似的操作前面已讲过,不再详述。步骤如下:

(1) 打开"表设计器"。

(2) 在"索引"选项卡中,创建或选择一个索引。

(3) 在"筛选"框中,输入一个筛选表达式。

(4) 选择"确定"。

五、使用索引

通过建立和使用索引,可以提高完成某些重复性任务的工作效率,例如对表中的记录排序,以及建立表之间的关系等。根据所建索引类型的不同,可以完成不同的任务,如表7-4:

表7-4 使用索引完成任务

完成的任务	使用的索引
排序记录,以便提高显示、查询或打印的速度	使用普通索引、候选索引或主索引
在字段中控制重复值的输入并对记录排序	对数据库表使用主索引或候选索引,对自由表使用候选索引

1. 记录排序 对记录排序可以用字段名或其他索引表达式。如果用的是表达式,索引将对其进行计算,以此确定记录出现的顺序,然后存储一个按此顺序处理表中记录的指针列表。

2. 控制重复值 我们只需在"类型"一栏,将某一字段设置为"主索引"或"候选索引"就可以控制字段重复值的输入。例如:每个客户在"Customer"表中的"Cust_ID"字段只能有一个唯一的值。

用该字段作为关键字段可以唯一确定每一条记录。如果该表为某数据库的一部分,可以采用主索引或是候选索引。如果该表是自由表,并且已经有了一个主索引,你就必须采用候选索引。再如,我们将花名册表中的"编号"设为主索引或候选索引,则在输入新的记录时,如有和前面重复的,则不能输入。

第8节 使 用 向 导

一、查 询 向 导

当建立的表中只有十几个记录时,利用"浏览"窗口可以较快地查找符合一定条件的记录,但是,当建立的表较大时,例如有几百、上千甚至上万个记录,用浏览的方式查找就相当困难了。建立数据库存储数据不是目的,真正的目的是利用数据库管理技术来操作这些数据。表的查询是数据处理工作中的重要工作之一,它能在大量的记录中迅速找出符合一定条件的记录。下面,我们利用示图来看一下如何用向导建立查询。

从"工具"菜单中选取"向导",单击其中的"查询",就会进入"向导选取",见图7-27 所示。

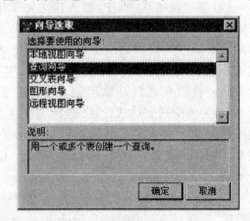

图7-27 "向导选取"对话框

选取"查询向导",在查询向导的每一步骤中,都有一些文字说明,它帮助我们理解这一步骤的用法。图7-28 是"查询向导"的"步骤1——字段选取"。

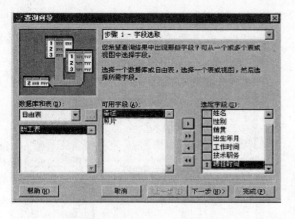

图 7-28 步骤 1——字段选取

从步骤下拉框中可以选取步骤,在新建查询时,其他步骤都是不可用的(暗灰色字体)。

在"数据库和表"中选择要用的职工表,在"可用字段"中选取字段,选取的字段将移到"选定字段"中。

选取或移去字段可以双击该字段,也可用"可用字段"右边的四个按钮。这四个按钮由上到下依次代表选定、全部选定、移去、全部移去。

单击"下一步"按钮,进入"步骤 3——筛选记录",如图 7-29 所示。

图 7-29 步骤 3——筛选记录

在这一步骤中,设置查询条件,创建查询表达式,这些表达式要求符合 Visual FoxPro 6.0 的规则。

这里设置的查询条件是:出生年月在 1960 年 1 月 1 日以后的副教授。技术职务是字符型,其查询条件的"值"(副教授)的格式可以带引号也可以不带。(注意:如果带引号则必须为半角,否则会出错,在 Visual FoxPro 6.0 条件、命令中使用的引号都是这样。)

日期型数据的"值"的格式则为{^yyyy-mm-dd},其中的"^"是数字"6"的上档键。当

不知道某种数据类型"值"的格式时,可以试输入一个值,单击"预览"按钮,如果格式正确将显示符合条件的记录,否则将会出现错误提示。为了表示两个条件同时具备,选取"与"单选按钮。

单击"下一步"按钮,进入"步骤 4——排序记录",如图 7-30 所示。

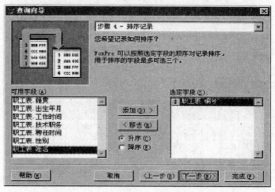

图 7-30 步骤 4——排序记录

从"可用字段"中选取"职工表.编号"作为排序字段,并按升序排列。

单击"下一步"按钮。进入"步骤 4a——限制记录",如图 7-31 所示。

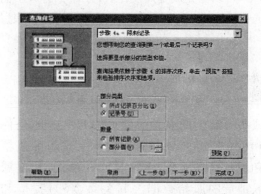

图 7-31 步骤 4a——限制记录

这里有两组单选按钮,用来设置在浏览查询结果窗口中显示记录的限制。取默认值"所有记录",单击"下一步"按钮,进入"步骤 5——完成",如图 7-32 所示。

这里的单选按钮表示单击"完成"按钮后是保存还是运行查询,还是进入查询设计器进行修改。我们选择"保存并运行查询",按"完成"按钮,即进入保存对话框。查询保存在扩展名为.QPR 的文件中,接着进入下面的浏览窗口,显示符合条件的记录,如图 7-33 所示。

图 7-32   步骤 5——完成

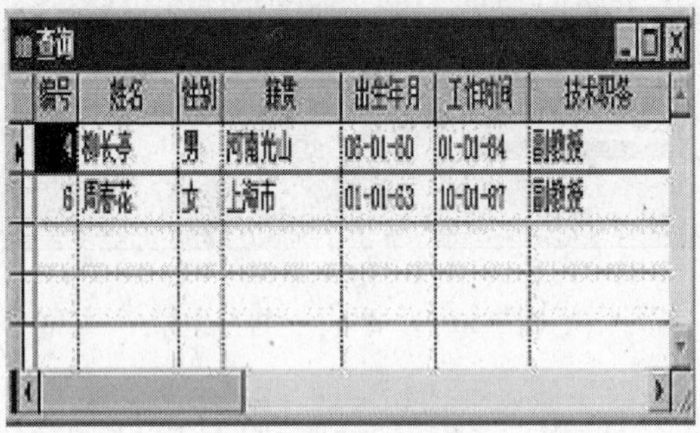

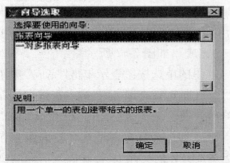

图 7-33   查询结果窗口

可以在完成查询设计后,在命令窗口中输入:DO 60 年后副教授. qpr,来执行这个查询。

二、报表向导

在数据库管理系统中使用报表是日常工作中最常用的查看数据的手段之一。生成报表就是把输入的数据按照一定的条件和格式又返回到书面的过程。这里的表格和原始表格具有完全相同的含义,是更深入地反映原始数据之间关系、经过提炼和筛选的表格。

打开"工具"菜单中的"向导",选择"报表",出现"向导选取"对话框,如图7-34 所示。

笔记栏

选择"报表向导",单击"确定"按钮,进入"步骤1——字段选取",如图7-35 所示。

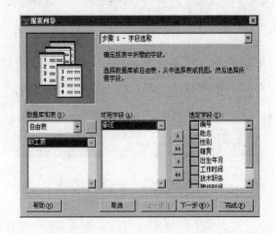

图 7-35   步骤1——字段选取

选择职工表,并选定"可用字段"中除备注以外的所有字段,单击"下一步"按钮进入"步骤2——分组记录",如图7-36 所示。

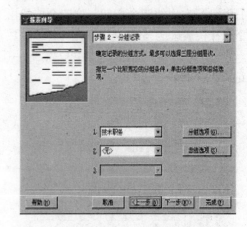

图 7-36   步骤2——分组记录

根据报表的需要,这一步可以选择也可以不选择。如果要使具有相同技术职务的人员分在一组,故选技术职务为分组依据,单击"下一步"按钮进入"步骤3——选择报表样式",如图7-37 所示。

单击样式名称,会在左上角框内即时显示该样式的效果,选择账务式,单击"下一步",进入"步骤4——定义报表布局",如图7-38 所示。

可通过微调按钮分别设置报表的列数、方向和字段布局。由于在步骤2 中选取了排序记录的字段,因此在这一步中的"列数"和"字段布局"不可用,选择布局方向的默认值纵向,单击"下一步"按钮进入"步骤5——排序记录",如图7-39 所示。

图 7-34   "向导选取"对话框

字段,单击"下一步",进入"步骤 6——完成",如图 7-40 所示。

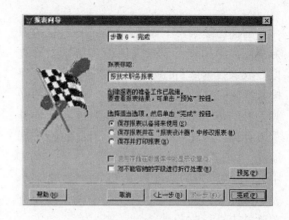

图 7-40　步骤 6——完成

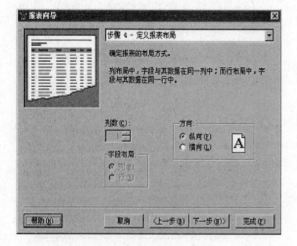

图 7-37　步骤 3——选择报表样式

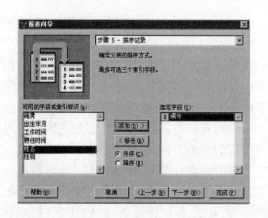

图 7-38　步骤 4——定义报表布局

三个单选按钮表示选择"完成"按钮,系统对该报表进行保存后再进行什么操作。在"报表标题"中输入标题"按技术职务报表",选择"保存报表"以备将来使用,去除"对不能容纳的字段进行拆行处理"(即使屏幕显示不开,也不折到下一行)。单击"预览"按钮,进入预览窗口,在屏幕上查看前面生成的报表,图 7-41 是预览窗口的一部分。

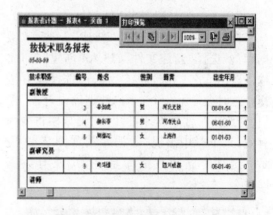

图 7-41　预览窗口

如果对报表感到满意,可以选择"打印预览"中的打印按钮将该报表输出到打印机。如果不满意,则可以单击"上一步",返回到前面步骤进行相应修改。

修改完毕,单击"完成",在保存窗口中键入报表名:按技术职务报表。报表保存在以 . FRX 和 . FRT 为扩展名的文件中。以后要打印该报表时,可在命令窗口中输入: REPORT FORM 按技术职务报表 TO PRINT。

图 7-39　步骤 5——排序记录

可以选择一至三个字段作为报表的排序字段,并可设置是升序还是降序。也可以不选排序。"选定字段"的第一行为主排序字段,以下依次为各个次排序字段,选取编号为排序

第9节　数据库的建立和使用

前面已经学习了如何建立自由表,它可以为我们存储和查看信息提供很多帮助。通过把表放入数据库,可减少冗余数据的存储,保护数据的完整性。例如对一个公司来说,不必对已有的每一个客户订单的客户姓名和地址重复存储。可在一个表中存储用户的姓名和地址,并把其关联到订单上(存储在另一个表中)。如果客户的地址改变了,只需改变一个表中的一个记录,而不必寻找所有与该地址有关联的表进行改动。

一、创建数据库

要把数据并入数据库中,必须先建立一个新的数据库,然后加入需要处理的表或用"数据库设计器"建立新的表(或视图),并定义它们之间的关系。

1. 建立新数据库　在创建数据库之前把前面建立的职工表做一个备份,方法是在命令窗口中输入:

USE　职工表〈回车〉

COPY　TO　职工表1〈回车〉

在"文件"菜单中选择"新建"。选择"数据库"。选择"新建文件",进入"创建"窗口,输入数据库名(如教职工数据),选择保存按钮。这时会显示一个空的"数据库设计器"窗口,与此同时,"数据库设计器"工具栏将变为有效,菜单栏中出现"数据库",如图7-42所示。这时建立的数据库是空的,没有数据库表。

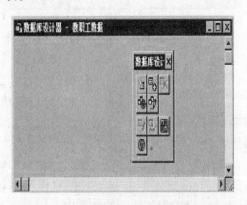

图7-42　"数据库设计器"窗口

2. 向数据库添加已有表　将前面建立的

职工表加入到数据库中。步骤:

(1)从"数据库"菜单中选择"添加表"。

(2)在"打开"对话框中选定职工表,然后选择"确定"。

选定加入数据库之前的职工表是不属于任何数据库的表。因为一个表在同一时间内只能属于一个数据库,所以将它用于新的数据库前必须先将表从旧的数据库中移去。

3. 向数据库中添加新表　在数据库中再建立一个技术职务人员评估表,即对职工表中的每类技术职务人员都有相应的评估条件。步骤:

(1)打开"数据库"菜单,并单击"新建表",按"新建表"按钮,进入"创建"窗口。

(2)在"输入表名"处输入"评估表"并单击"保存"进入表设计器,如图7-43所示。

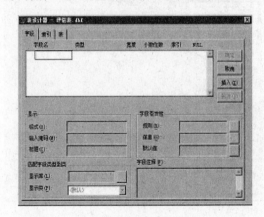

图7-43　表设计器

建立技术职务字段和评估条件字段,并单击"索引"选项卡,将两表共有的技术职务字段设置为主索引。这里出现的主索引在自由表中是没有的,它和候选索引一样要求该索引字段是唯一的,不能有重复。数据库表中的主索引只能有一个,候选索引在没有主索引时可以设置为主索引,这是候选索引的字面含义。

单击表设计器中的"确定",退出数据库表设计器。这时数据库设计器中有了两个数据库表,职工表和评估表,它们共有"技术职务"这个字段,如图7-44所示。

4. 从数据库中移去表　当数据库不再需要某个表,或其他数据库需要使用此表时,可以从该数据库中移去此表。选定表,从"数据库"菜单中选择"移去",在对话框中选择"移去"。

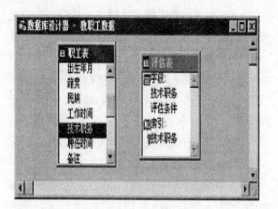

图 7-44 数据库设计器

字字段做普通索引。

将评估表中的技术职务设置为主索引,将职工表中的技术职务设置为普通索引。

1. 在表间建立关系 在数据库设计器中将评估表的技术职务索引字段拖动到职工表的匹配的索引技术职务上。设置完关系之后,在数据库设计器中可看到一条连接了两表的线,如图 7-45 所示。

5. 在数据库中查找表 如果数据库中有许多表,有时需要快速找到指定的表。可以使用寻找命令加亮显示所需的表。

若要寻找数据库中的表,可以从"数据库"菜单中选择"查找对象",再从"查找表或视图"对话框中选择需要的表。

如果只想显示表,可选择仅显示表或仅显示视图。即从"数据库"菜单中选择"属性",再从"数据库属性"对话框选择合适的显示选项。

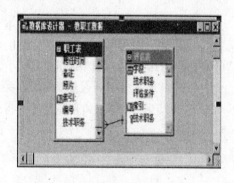

图 7-45 表间建立关系示意图

二、创建表间的永久关系

在"数据库设计器"中,通过链接不同表的索引可以很方便地建立表与表之间的关系。例如,在教职工数据库中,要了解职工表中每个技术职务的评估条件,则必须访问评估表评估条件字段的内容。共同的技术职务字段是两库联系的纽带,即关系。这种在数据库中建立的关系被作为数据库的一部分保存了起来,所以称为永久关系。每当我们在"查询设计器"或"视图设计器"中使用表,或者在创建表单时在"数据环境设计器"中使用表,这些永久关系将作为表间的默认链接。和它相对的是临时关系,即两自由表之间仅在运行时存在的关系。下面学习创建永久关系。

表之间创建关系之前,想要关联的表需要有一些公共的字段和索引。这样的字段称为主关键字字段和外部关键字字段,主关键字字段标识了表中的特定记录,外部关键字字段标识了存于数据库里其他表中的相关记录,还需要对主关键字字段做一个主索引,对外部关键

这条连线一方为一头,一方为多头(三头)。表间的关系简单明了,胜过言语的描述。

注意:只有在"数据库属性"对话框中的"关系"选项打开时,才能看到这些表示关系的连线。如果建立关系后看不到连线,可以从"数据库设计器"的快捷菜单中选择"属性",打开"数据库属性"对话框,选择关系,如图7-46所示。

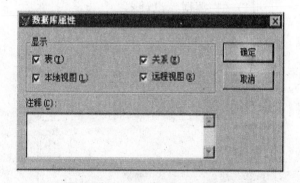

图 7-46 "数据库属性"对话框

2. 编辑表间的关系 创建表间的关系后,我们还可以编辑它。

(1)单击关系连线,连线将会变粗,按"Delete"键可删除该关系。

(2)双击表间的关系线,再选择"编辑关系"对话框中的适当设置,如图 7-47 所示。

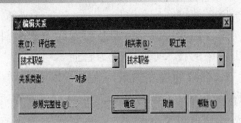

图 7-47 "编辑关系"对话框

关系分为一对一关系和一对多关系,本节里两表的关系是一对多关系。所建关系的类型是由子表中所用索引的类型决定的。例如,如果子表的索引是主索引或候选索引,则关系是一对一的;对于唯一索引和普通索引,将会是一对多的关系。

三、数据库表的属性

将表添加到数据库后,便可以获得许多在自由表中得不到的属性。这些属性被作为数据库的一部分保存起来,并且一直为表所拥有,直到表从这个数据库中移去为止。

通过设置数据库表的字段属性,我们可以为字段设置标题,为字段输入注释,为字段设置默认值,设置字段的输入掩码和显示格式,设置有效性规则对输入字段的数据加以限制等。

1. 修改字段标题 在表中修改字段标题,步骤:

(1) 在"数据库设计器"中选定表,然后在"数据库设计器"工具栏中选择"修改",进入数据库表设计器,如图7-48所示。

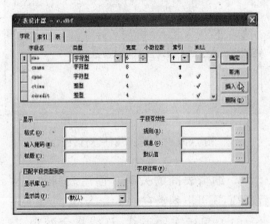

图 7-48 "表设计器"对话框

(2) 选定需要指定标题的字段。

(3) 在"标题"框中,键入为字段选定的标题。

(4) 选择"确定"。

2. 为字段输入注释 在建立好表的结构以后,你可能还想输入一些注释,来提醒自己或他人表中的字段所代表的意思,在"表设计器"中的"字段注释"框内输入信息,即可对每一个字段进行注释。

3. 设置默认字段值 若要在创建新记录时自动输入字段值,可以在"表设计器"中用字段属性为该字段设置默认值。步骤:

(1) 在"数据库设计器"中选定表。

(2) 从"数据库"菜单中选择"修改"。

(3) 在"表设计器"中选定要赋予默认值的字段。

(4) 在"默认值"框中键入要显示在所有新记录中的字段值(字符型字段要用引号括起来)。

(5) 选择"确定"。

如果职工表中大部分职工是男,则所有新记录都有一个默认值为"男"的性别字段,如图 7-49 所示,这样只需将性别为女的职工记录修改过来即可,可以加快输入效率。

4. 设置有效性规则、说明 如果在定义表的结构时输入字段的有效性规则,那么可以控制输入该字段的数据。为字段设置有效性规则和有效性说明的方法:

(1) 在"数据库设计器"中选定表(单击该表)。

(2) 在"表设计器"中选定要建立规则的字段名。

(3) 在"规则"方框旁边选择对话按钮。

(4) 在"表达式生成器"中设置有效性表达式,并选择"确定"。

(5) 在"信息"框中,键入用引号括起的错误信息。

(6) 选择"确定",如图 7-49 所示。

例如,我们在职工表中限制在"性别"字段中只能输入"男"或"女",则在"规则"中输入(或从表达式生成器中生成):性别 ="男" OR 性别 ="女"。

在"信息"中输入:"性别只能为男或女,请重新输入"。

如果输入的信息不能满足有效性规则,则

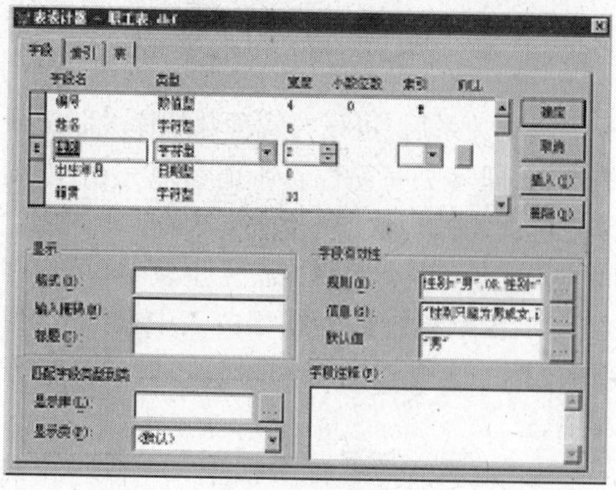

图 7-49　"规则"和"信息"输入框

在"有效性说明"中设定的信息便会显示出来。例如，在追加新记录时，当性别输入非法数据时，就会出现图 7-50 提示对话框，这正是在"信息"中输入的说明。

![提示对话框]

图 7-50　提示对话框

另外，建立有效性规则时，可能要考虑到这样一些问题：字段的长度、字段可能为空或者包含了已设置好的值等。例如，假设现在正使用职工表，想确保新记录的籍贯字段内容少于 9 个字符，则可在籍贯字段的"规则"框（图 7-51）中输入：

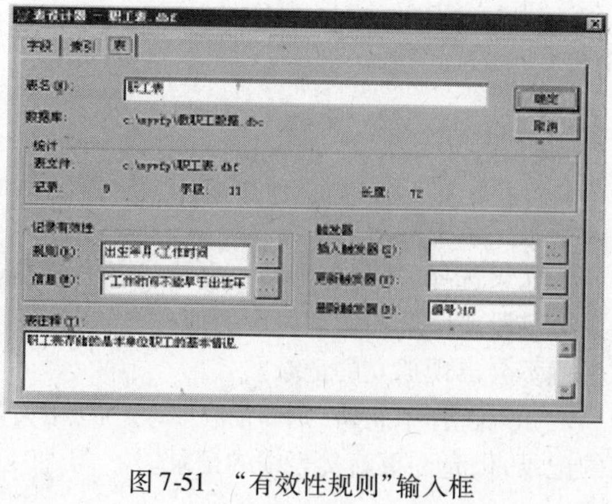

![有效性规则输入框]

图 7-51　"有效性规则"输入框

LEN(ALLTRIM(籍贯)) <9

然后在"信息"框中输入下述错误提示："籍贯字段内容不能超过八个字符，请重新输入"。

如果输入的籍贯太长，就会出现一个对话框，其中显示有效性说明，如图 7-52 所示。

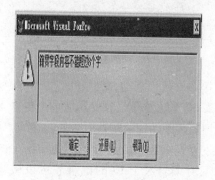

图 7-52　有效性说明

四、控制记录的数据输入

不但可以给表中的字段赋予数据库的属性，而且可以为整个表或表中的记录赋予属性。在"表设计器"中，通过"表"选项卡可以访问这些属性。

1. 设置表的有效性规则　向表中输入记录时，若要比较两个以上的字段，或查看记录是否满足一定的条件时，可以为表设置有效性规则。步骤：

（1）选定表，然后选择"数据库"菜单中的"修改"。

（2）在"表设计器"中选择"表"选项卡。

（3）在"规则"框中，输入一个有效的 Visual FoxPro 表达式定义规则。或选择对话按钮来使用"表达式生成器"。

（4）在"信息"框中输入提示信息。当有效性规则未被满足时，将会显示该信息。

（5）选择"确定"。

（6）在"表设计器"中选择"确定"。

例如，在职工表中追加记录时，当记录的工作时间小于出生年月时给出错误提示，如图 7-53所示。可以在"表"选项卡的"规则"框中键入表达式"出生年月 <工作时间"。

"信息"框内的文字可以是："工作时间不应早于出生年月，请检查后重新输入"。

另外，在"表注释中"可以输入该表的一些信息，如"职工表存储的是本单位职工的基本情况"。

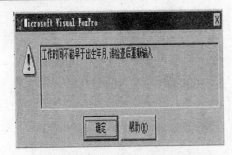

图 7-53　"规则"错误提示

按照有效性规则,某些输入将被拒绝。

2. 设置触发器　触发器是一个在输入、删除或更新表中的记录时被激活的表达式。将删除触发器设置为"编号＞10",如图 7-51 所示,表示只有编号大于 10 的记录才可以被删除。如果彻底删除编号为 10 以内的记录时,将会出现图 7-54 提示框,拒绝执行删除操作。

图 7-54　"触发器"错误提示

五、设置参照完整性

建立关系后,可设置管理数据库关联记录的规则,即参照完整性。所谓参照完整性,简单地说就是控制数据一致性,尤其是不同表之间关系的规则。"参照完整性生成器"可以建立规则,控制记录如何在相关表中被插入、更新或删除,这些规则将被写到相应的表触发器中。

在"编辑关系"对话框中的"参照完整性"按钮,如图 7-55 所示。选择"参照完整性"按钮,进入"参照完整性生成器",如图 7-56所示。

图 7-55　"编辑关系"对话框

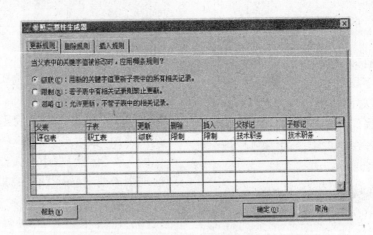

图 7-56　"参照完整性生成器"对话框

其中有选择更新、删除或插入三个选项卡,设置进行相应操作所遵循的若干规则。每个选项卡有二到三个选项,有级联、限制、忽略。

如果选择了级联,不论何时更改父表中的某个字段,Visual FoxPro 都会自动更改所有相关子表记录中的对应值。

如果选择了限制,则禁止更改父表中的主关键字段或候选关键字段中的值,这样在子表中就不会出现孤立的记录。

如果选择了忽略,则即使在子表中有相关的记录,仍允许更新父表中的记录。

在本例中,我们在"更新"选项卡中选择"级联"。

在"删除"选项卡中选择"限制",即评估表中的某个技术职务如果在职工表中也有,则不允许删除评估表中的这条记录。

在"插入"选项卡中选择"限制",即禁止在职工表的职务字段中增加评估表中没有的职务。

在一对多的关系中,一方的表是父表(评估表),多方的表是子表(职工表)。

父标记显示父表中主索引字段或候选索引字段(技术职务)。

子标记显示子表的索引标识名(技术职务)。

选择"确定",然后选择"是"保存所做的修改,生成"参照完整性"代码,并退出参照完整性生成器。这样,参照完整性就可利用两表的关系参照制约来控制两表数据的完整性和一致性。

六、表间的临时关系

前面学习了表间的永久关系,下面研究表间的临时关系。在学习临时关系前先认识一下"数据工作期窗口"。

1. 数据工作期窗口　前面学过的表操作的方法是一个一个地打开进行,当第二个表打开时,前一个打开的表就会自动关闭,这样我们无法对多个表同时进行操作。Visual FoxPro 采用多工作区的方法来解决这个问题的。在每一个工作区内,可以打开一个表及其相关的索引、关系,各工作区可以相互切换。选择的工作区是当前工作区,在当前工作区内不但可以操作其中打开的表,也可以操作其他工作区中的表。

数据工作期是表单、表单集或报表所使用的当前动态工作环境的一种表示,每一个数据工作期包含有自己的一组工作区。

打开"窗口"菜单,单击"数据工作期"就出现了数据工作期窗口,如图7-57所示。

其中"别名"列表框中是在数据工作期中已打开的各表的表名,"关系"框是建立的临时关系。"属性"按钮可设置工作区属性,"浏览"按钮可浏览当前工作区的表,"打开"按钮可以打开一个表。按"打开"按钮,进入打开对话框,如图7-58所示。

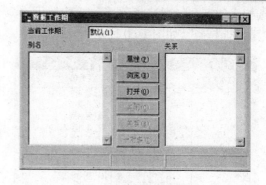

图 7-57　"数据工作期"窗口

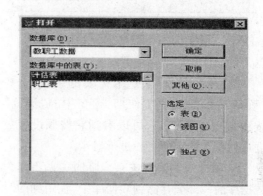

图 7-58　打开对话框

"数据库"框中是已打开的数据库,"数据库中的表"框中是其中的表。如果要打开其他的数据库和表,则可按"其他"按钮,"选定"可选择是打开表还是视图。

在"别名"框中选定表,单击"属性"按钮,进入"工作区属性"窗口,如图7-59所示。

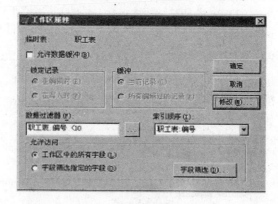

图 7-59　"工作区属性"窗口

"允许数据缓冲"单选按钮组用于多用户共享控制,在"索引顺序"下拉框中可选择索引。"数据过滤器"中可设置浏览时过滤记录的表达式,在"允许访问"中如果选择"字段筛选指定的字段",则按"字段筛选"按钮可进入"字段选择器",如图7-60所示。

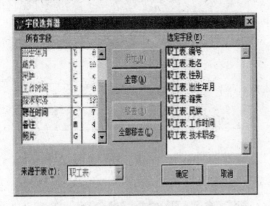

图7-60 "字段选择器"窗口

从"所有字段"中选取需要的字段,选择"确定"后,按"数据工作期"窗口中的"浏览"按钮,进入浏览窗口,可以看到它按照设置数据过滤器及选定的字段进行显示。

2. 建立表间临时关系 临时关系不作为数据库的一部分存储到数据库中,在用到的时候建立,在表关闭时自动关闭,因此称为临时关系。表间临时关系有一对一,一对多和多对一三种。两表建立临时关系后,父表记录的移动将引起子表关联记录的移动。

例:建立一个多对一关系。

(1)打开教职工数据库,打开数据工作期窗口,按"打开"按钮分别打开职工表和评估表。

(2)选择职工表作为父表,即单击"别名"中的"职工表",单击"关系"按钮将其送入"关系"框。这时可以看到职工表下连一折线,表示它在关系中作为父表(这时如再按"关系"按钮,可取消关系框中的职工表),如图7-61。

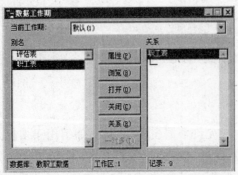

图7-61 表间临时关系

(3)选择评估表作为子表,单击"别名"框中的"评估表",出现"设置索引顺序"对话框,图7-62。如果在数据工作期窗口的工作区属性中已经设置了索引顺序,则不进入本窗口。设置了主索引后其在"别名"框中的表名后有一小箭头。这里选择已有的默认设置,单击"确定"按钮。

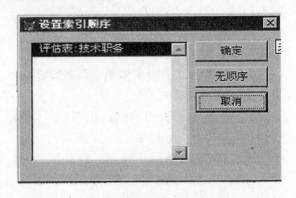

图7-62 "设置索引顺序"对话框

(4)在"表达式生成器"中生成关系表达式,也选择默认的设置,如图7-63、图7-64所示。

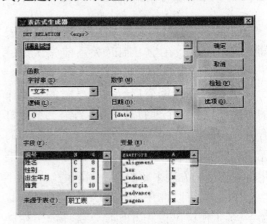

图7-63 关系表达式

图7-64 多对一关系

（5）按"确定"按钮，完成设置退回数据工作期窗口。这时，在数据工作期窗口中分别打开两表的浏览窗口，并适当调整尺寸。我们会发现，在父表（职工表）中移动到某一记录时，在子表（评估表）中出现与其相对应的评估条件的记录。

再建立一个一对多关系，设置评估表为父表，职工表为子表。选"职工表：技术职务"为索引，其他步骤相同。完成后在数据工作期中打开两表的浏览窗口，如图7-65所示。

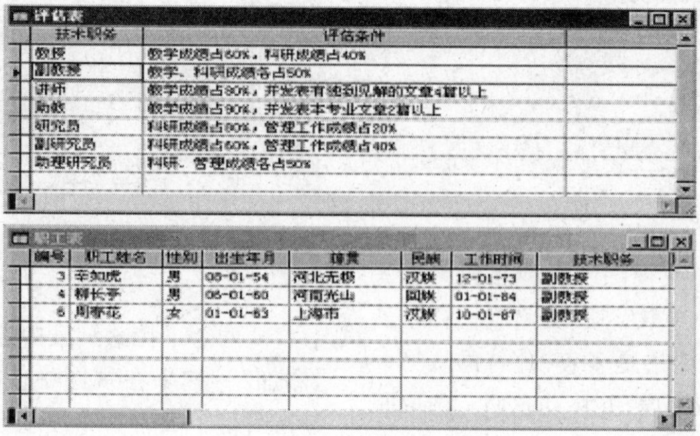

图 7-65　一对多关系

如果在评估表中移动到某记录时，在职工表中同时出现具有该技术职务的所有人员。

第10节　视图及其使用

一、什么是视图

视图是一个定制的虚拟表。视图可以是本地的、远程的或带参数的；其数据可以来源于一个或多个表，或者其他视图；是可以更新的，可以引用远程表；可以更新数据源。

视图是基于数据库的，因此，创建视图的前提是必须有数据库。

Visual FoxPro 6.0 的视图可以分为本地视图和远程视图。本地视图的数据源是那些没有放在服务器上的当前数据库中的 Visual FoxPro 表。远程视图的数据源则是来自当前数据库之外，既可以是放在服务器上的数据库表或自由表，又可是来自远程的数据源。

视图不是"图"，而是观察表中信息的一个窗口，相当于我们定制的浏览窗口。那么为什么还要引入它呢？在数据库应用中，我们经常遇到下列问题，比如：只需要我们感兴趣的数据，如所有专业技术职务是副教授的所有职工情况、今年达到退休年龄的职工情况等，如何快速知道结果呢？用查询，你可能会这么回答。查询的确可以轻松实现，

但是进一步讲，如想对这些记录的数据进行更新又该怎么办？为数据库建立视图可以解决这一问题，视图不但可以查阅数据，还可以将更新数据并返回给数据库，而查询则不能起到更新的作用。

使用视图，可以从表中将用到的一组记录提取出来组成一个虚拟表，而不管数据源中的其他信息，并可以改变这些记录的值，并把更新结果送回到源表中。

二、本地视图向导

和其他向导一样，本地视图向导也是一个交互式程序，只需要根据屏幕提示回答一系列问题或选择一些选项就可以建立一个本地视图，而无须考虑它是如何建立的。下面以建立单表视图（基于一个表的视图）为例进行介绍。

本地视图向导可以通过多种方法打开，如从"工具"—"向导"—"全部"中打开，从项目管理器中打开，从"文件"—"新建"中打开等，这里介绍从"数据库"菜单中打开：

（1）打开数据库设计器，打开"数据库"菜单或鼠标指向数据库设计器并单击右键。

（2）选择"新的本地视图"，单击"视图向导"按钮，即进入下面的"本地视图向导"窗口的"步骤1——字段选取"，见图7-66所示。

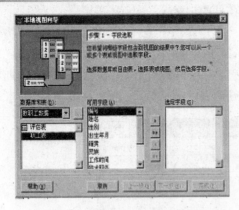

图 7-66 "步骤1——字段选取"窗口

可以从几个表或视图中选取字段。首先从一个表或视图中选取字段,并将它们移动到"选定字段"框中,如果是多表视图,再从另一个表或视图中选取字段,并移动它们。选取职工表中的部分字段,按"下一步"按钮,进入"步骤3——筛选记录"。

如果选中多个表,则先进入"步骤2——为表建立关系"(图 7-67)和"步骤2a——包含记录"(图 7-68),再进入"步骤3——筛选记录"(图 7-69);如果选中单个表,则直接进入"步骤3——筛选记录"。

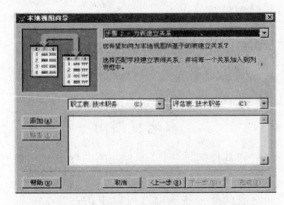

图 7-67 "步骤2——为表建立关系"窗口

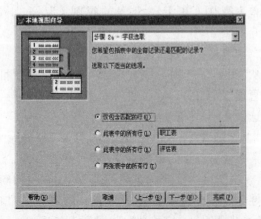

图 7-68 "步骤2a——包含记录"窗口

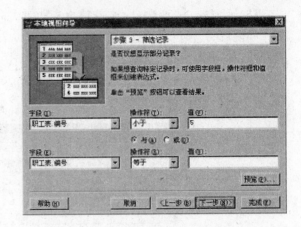

图 7-69 "步骤3——筛选记录"窗口

从两个下拉式列表中选择字段,然后选择"添加"。如果在视图中使用多个表,必须通过指明每个表中哪个字段包含匹配数据来联系这些表。

通过只从两个表中选择匹配的记录或者任何一个表中的所有记录,可以限制查询。默认情况下,只包含匹配的记录。

通过创建从所选的表或视图中筛选记录的表达式,可以减少记录的数目。可以创建两个表达式,然后用"与"连接,将返回同时满足两个指定条件的记录,如果用"或"连接,则返回至少符合其中一个条件的记录。选择"预览"可以查看基于筛选条件的记录。

输入表达式"职工表.编号<5",按"下一步"按钮,进入"步骤4——排序记录",如图 7-70 所示。

图 7-70 "步骤4——排序记录"窗口

这一步最多选择三个字段或一个索引标识,以确定视图结果的排序顺序。选择"编号"作为索引字段,并按"升序"排列。按"下一步"按钮,进入"步骤 4a——限制记录",如图 7-71 所示。

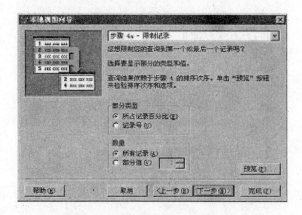

图 7-71　"步骤 4a——限制记录"窗口

通过指定百分比,或者选择一定数量的记录,来进一步限制视图中的记录数目。例如,要查看前 10 个记录,可选择"数量",然后在"部分值"框中输入 10,按"下一步"按钮,进入"步骤 5——完成",如图 7-72 所示。

图 7-72　"步骤 5——完成"窗口

向导保存视图之后,可以像其他视图一样,在"视图设计器"中打开并修改它。按"预览"可以进入预览窗口,选择合适的选项并按"完成"按钮,职工表视图出现在数据库设计器窗口了。可以看到,视图和表的图标不一样,表的图标是一个表格形式,视图则是两个表格加一支笔,如图 7-73 所示。

视图可以像表一样进行操作,如双击它的窗口可以进入浏览窗口,如图 7-74 所示。

实际上,它就是职工表的一部分,部分记录和部分字段。需要注意的是视图保存在数据库中,要打开视图须先打开该数据库。

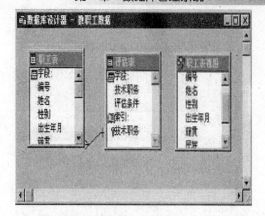

图 7-73　职工表视图

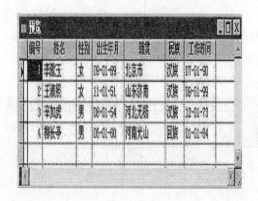

图 7-74　浏览窗口

三、用视图向导建立多表视图

由于上节对视图向导做了详细讲解,本处只给出简单步骤,打开本地视图向导,进入"步骤 1——字段选取",如图 7-75 所示。

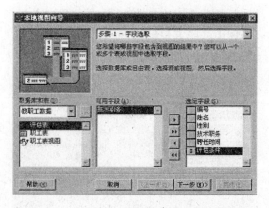

图 7-75　"步骤 1——字段选取"

选取职工表的"编号"、"姓名"、"性别"、"技术职务"、"聘任时间"和评估表的"评估条件"。按"下一步"按钮,进入"步骤 2——为表建立关系",如图 7-76 所示。

图 7-76   "步骤 2——为表建立关系"

这一步选择匹配字段建立表间关系。取默认的"职工表·技术职务＝评估表·技术职务",按"添加"按钮添加到关系框中,单击"下一步",进入"步骤 2a——字段选取",如图 7-77 所示。

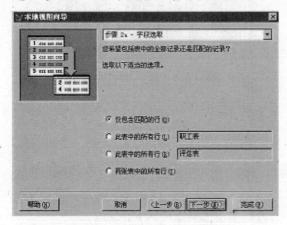

图 7-77   "步骤 2a——字段选取"

只从两个表中选择匹配的记录或者任何一个表中的所有记录,可以限制查询。取默认情况,只包含匹配的记录,按"下一步",进入"步骤 3——筛选记录",如图 7-78 所示。

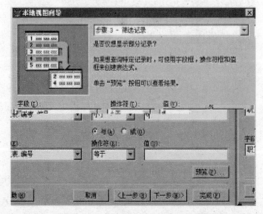

图 7-78   "步骤 3——筛选记录"

可以从所选的表或视图中创建筛选记录表达式。这里和单表视图类似,设置"职工表·编号＜8"。这一步最多选择三个字段作为排序字段,选择"编号"作为索引字段,并按"升序"排列。按"下一步"按钮,进入"步骤 4a——限制记录",如图 7-79 所示。

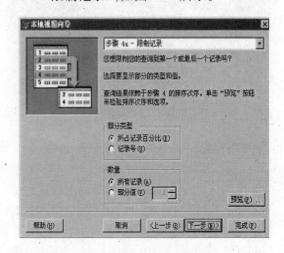

图 7-79   "步骤 4a——限制记录"

取默认值,按"下一步"按钮,进入"步骤 5——完成"。选择合适的选项并按"完成"按钮,如图 7-80 所示。

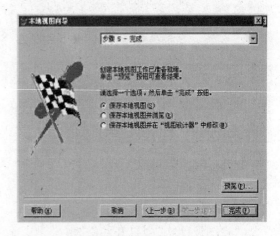

图 7-80   "步骤 5——完成"

经过前面步骤生成的多表视图,如图 7-81 所示,可以看到,职工表和评估表按技术职务字段结合在一起,组成一个视图,虽然其中的数据来自两个表,但看起来就和一个表一样,非常便于操作。

当数据库表中的某些数据发生变化时,不必将与其有关的所有数据都找出来进行修改,这将大大提高工作效率。

笔记栏

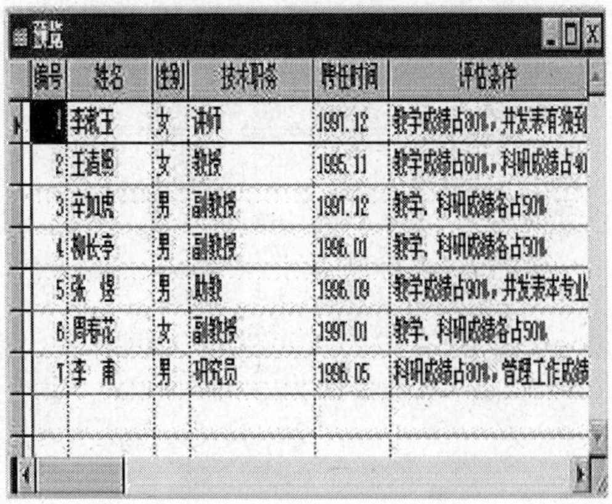

图 7-81　多表视图

四、视图设计器

打开视图设计器可以有多种方法,如从"文件"—"新建"—"视图"—"新建"中打开,从项目管理器中打开等,这里我们从数据库中打开:

打开数据库,从在"数据库"菜单中选择"新的本地视图"(或在数据库中单击鼠标右键,在弹出的快捷菜单中选择"新的本地视图"),然后单击"新建视图"按钮,这时出现"添加表"窗口,将创建视图所需的表选中,并按"添加"按钮,如是多个表,则重复选多次,添加完毕按"关闭"按钮,关闭窗口,如图 7-82 所示。

图 7-82　"视图设计器"窗口

视图选项卡的上半部分放置添加的表,下半部分是设置视图的"字段"、"联接"、"筛选"、"排序依据"、"分组依据"、"更新条件"、"杂项"七个选项卡。另外,还有视图设计器工具栏(在图 7-82 中右上角,当然不是在视图设计器上)。

1. 视图设计器工具栏　利用视图工具栏可以很方便地使用视图设计器中许多常用的功能操作。表 7-5 给出各按钮名称及其说明:

表 7-5　视图设计器工具栏按钮名称及说明

按钮	名称	说明
	添加表	显示"添加表或视图"对话框,从而可以向设计器窗口添加一个表或视图
	移去表	从设计器窗口的上窗格中移去选定的表
	添加联接	在视图中的两个表之间创建联接条件
SQL	显示/隐藏 SQL 窗口	显示或隐藏建立当前视图的 SQL 语句
	最大化/最小化上部窗口	放大或缩小"视图设计器"的上窗格

2. 字段选项卡　字段选项卡用来指定在视图中的字段,SUM 或 COUNT 之类的合计函数,或其他表达式。

(1) 选项的内容及意义。

● 可用字段:添加的表或视图中所有可用的字段。

● 函数和表达式:指定一个函数或表达式。我们既可从列表中选定一个函数,又可直接在框中键入一个表达式,单击"添加"按钮,把它添加到"选定字段"框中。

● 选定字段:列出出现在视图结果中的字段、合计函数和其他表达式,可以拖动字段左边的垂直双箭头来重新调整输出顺序。

● 添加:从"可用字段"框或"函数和表达式"框中把选定项添加到"选定字段"框中。

● 全部添加:将"可用字段"框中的所有字段添加到"选定输出"框中。

● 移去:从"选定字段"框中移去所选项。

● 全部移去:从"选定字段"框中移去所有选项。

● 属性:显示"视图字段属性"对话框,你可以指定视图中的字段选项,这与在数据库表中的字段操作相同。此选项只可在"视图设计器"中使用。

(2) "函数和表达式"文本框。函数和表达式文本框的功能是通过输入一个函数和表达式生成一个虚拟的字段。这和前面在数据库表中用表设计器来改变显示窗口的字段名

（表头），而不改变实际表的字段名不一样。

虚拟字段是一个实际并不存在的字段，是由其他字段和表达式结合生成的。

例如：职工表中没有"年龄"字段，而要在基于职工表的视图中加入这个字段，可以利用"职工年龄＝现在的年份－出生年份"的表达式来生成一个虚拟字段。单击"函数和表达式"文本框右边的表达式生成器按钮，进入表达式生成器，输入 YEAR（DATE（ ））－YEAR（职工表．出生年月），如图7-83所示。

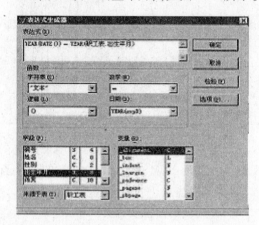

图7-83　表达式生成器

输入完毕，按"确定"按钮，返回到"视图设计器"窗口，按"添加"按钮，将表达式添加到"选定字段"框中。图7-84是含有"选定字段"的"视图设计器"的一部分，可以看到其中含有输入的表达式。

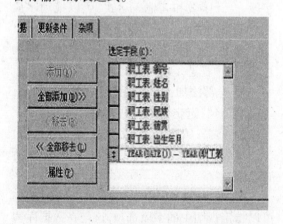

图7-84　"视图设计器"的一部分

单击右键，在快捷菜单中选择"运行查询"（这里的查询是视图设计器调用查询的预览功能），出现图7-85窗口。其中有职工表中所没有的年龄字段，这就是所谓虚拟字段。

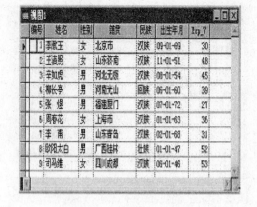

图7-85　查询的预览功能

（3）"属性"对话框。可以指定视图中的字段选项，可以决定存储在字段中的数据类型，也可以控制可更新视图的数据入口，还可以控制字段的显示。

打开方式：选择一个字段，然后在"视图设计器"的"字段"选项卡中单击"属性"按钮，出现图7-86对话框。由于该内容相对复杂，我们只作简单介绍。

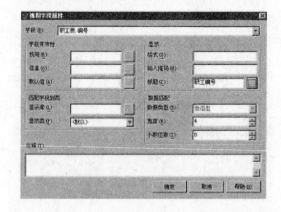

图7-86　"视图设计器"的"属性"

● 字段：指定视图中已选字段的名称。若要设置其他已选字段的属性，请从下拉列表中进行选择。

● "字段有效性"选项：这些选项可以控制字段的内容。

● 规则：指定字段级规则的表达式，它可控制字段中允许哪些值。

● 信息：指定当字段级规则被破坏时，所显示的错误信息。

● 默认值：当添加一个新记录时，指定字段的默认内容。默认值将保留在字段中，直到输入一个新值。

● "显示"选项:这些选项可以控制如何在字段中输入和显示数值。

● 标题:指定在"浏览"窗口、表单或报表中代表字段的标签。在表单和报表中的属性设置忽略这些表达式。

● 格式:指定一个表达式,用来确定在"浏览"窗口、表单或报表中,字段显示时所用的大小写、字体大小和样式。在表单和报表中的属性设置忽略这些表达式。

● 输入掩码:指定向字段中输入数值时的格式。例如,电话号码的格式为（999）999-9999。

● "匹配字段到类"选项:如果要在表单中使用视图字段,这些选项使你可以指定默认的控件类型,在将字段拖到表单时它会出现。

● 显示库:指定类库文件(.vcx),该文件包含要与字段相关联的控件类。

● 显示类:在将字段拖到表单时,指定所创建的控件类型。

● "数据匹配"选项:默认情况下,视图字段与其所关联的表字段有相同的属性设置。这些选项只对远程视图有效。

● 数据类型(仅用于远程视图):指定此字段可包含的数据类型。

● 宽度(仅用于远程视图):指定此字段可包含的字符个数。

● 小数位数(仅用于远程视图):对于数值型数据类型,指定此字段可包括的小数点右侧的小数位数。

● 注释(仅用于远程视图):可以键入字段注释。

3. "联接"选项卡　其作用是为匹配一个或多个表或视图中的记录指定联接条件(如字段的特定值,表间临时关系的联接条件)。视图中的表间关系不像数据库中介绍的永久关系和临时关系,它依据"联接"选项卡中设置的一个联接表达式进行联接,表之间的关系是松散的。

图 7-87 是"联接"选项卡中的选项。

（1）条件按钮,即"类型"左边的水平双箭头。如果有多个表联接在一起,则会显示此按钮。单击它可以在"联接条件"对话框中编辑已选的条件或查询规则。我们看一下"联接条件"对话框。

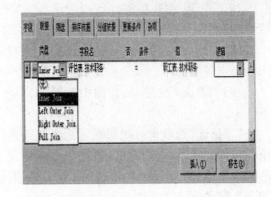

图 7-87　"联接"选项卡

（2）类型,指定联接条件的类型。默认情况下,联接条件的类型为"Inner Join"（内部联接）。新建一个联接条件时,单击该字段可显示一个联接类型的下拉列表,如图 7-87 所示。

● Inner Join:指定只有满足联接条件的记录包含在结果中。此类型是默认的,也是最常使用的联接类型。

● Right Outer Join:指定满足联接条件的记录,以及联接条件右侧的表中记录（即使不匹配联接条件）都包含在结果中。

● Left Outer Join:指定满足联接条件的记录,以及联接条件左侧的表中记录（即使不匹配联接条件）都包含在结果中。

● Full Join:指定所有满足和不满足联接条件的记录都包含在结果中。此字段必须满足实例文本（字符与字符相匹配）。

（3）字段名,指定连接条件的第一个字段。在创建一个新的连接条件时,单击字段,显示可用字段的下拉列表。

（4）否,为反转条件,排除与该条件相匹配的记录。

（5）条件,指定比较类型,选项有"相等(=)"、"相似(Like)"、"完全相等(= =)"、"大于(>)"、"小于(<)"、"大于等于(> =)"、"小于等于(< =)"、"空（Null）"、"介于(Between)"、"包含(In)"。其中" = ="指字符完全匹配,"In"指定字段必须与实例文本中逗号分隔的几个样本中的一个相匹配,"Is Null"指定字段包含 null 值,"Between"指定字段在高指定的高值和低值之间。

（6）值,指定联接条件中的其他表和字段。

（7）逻辑，在联接条件列表中添加 AND 或 OR 条件。

（8）"插入"按钮，在所选定条件之上插入一个空联接条件。

（9）"移去"按钮，从查询中删除选定的条件。

4. "筛选"选项卡　用来指定选择记录的条件，比如在字段内指定值，或在表之间定义临时关系的连接条件。"筛选"选项卡选项，如图 7-88 所示。

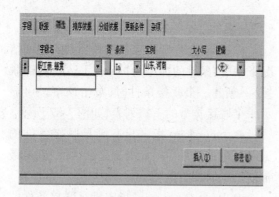

图 7-88　"筛选"选项卡选项

● 字段名：指定连接条件的第一个字段，在创建一个新的连接条件时，单击下拉可用字段列表中的字段。

● 实例：指定比较条件。

● 大小写：指定在条件中是否与实例的大小写（大写或小写）相匹配。

其他选项、按钮与"联接"选项卡相同。

例：如图 7-89 中所示设置筛选条件是想将籍贯在山东或河南的记录筛选出来。单击右键，在快捷菜单中选择"运行查询"，将按设置的条件显示，如图 7-89 所示。

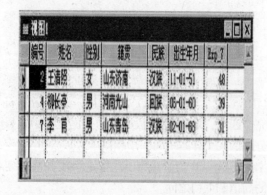

图 7-89　按设置的条件显示

5. "排序依据"选项卡　用来指定字段、合计函数 SUM、COUNT 或其他表达式如图 7-90 所示，设置查询中检索记录的顺序。

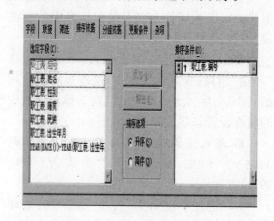

图 7-90　"排序依据"选项卡选项

如果在"杂项"选项卡中已选定"交叉数据表"选项，则自动创建排序字段的列表。

● 选定字段：列出将出现在查询结果中的选定字段和表达式。

● 排序条件：指定用于排序查询的字段和表达式，显示于每一字段左侧的箭头指定递增（向上）或递减（向下）排序。箭头左侧显示的移动框可以更改字段的顺序。

排序选项中的"升序"、"降序"指定以升序还是降序排序"排序条件"框中的选定项。

6. "分组依据"选项卡　用来指定字段、SUM 或 COUNT 之类的合计函数，或把有相同字段值的记录合并为一组，实现对视图结果的行进行分组。

"分组依据"选项卡选项，如图 7-91 所示。

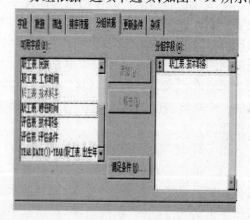

图 7-91　"分组依据"选项卡选项

● 可用字段:列出查询表或视图表中的全部可用字段和其他表达式。

● 分组字段:列出添加的分组的字段、合计函数和其他表达式。字段按照它们在列表中显示的顺序分组。可以拖动字段左边的垂直双箭头,更改字段顺序和分组层次。

满足条件,可以为记录组指定条件,该条件决定在查询输出中包含哪一组记录。单击该按钮显示"满足条件"对话框,如图 7-92 所示,其选择项我们在前面都已提到。

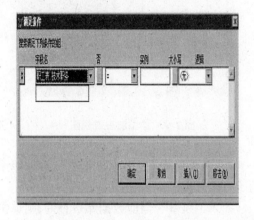

图 7-92　"满足条件"对话框

7. 分组视图举例　在建立视图之前,我们先在前面的职工表中加入一个字符型的"所在部门"字段,宽度为 10;一个数值型的"考核成绩"字段,宽度为 6,两位小数,并且给每个新加入的字段加入数据,如图 7-93 所示。

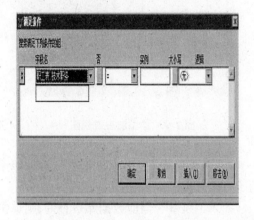

图 7-93　职工表

打开教职工数据库,单击鼠标右键,在快捷菜单中选择"新建本地视图",单击"新建

视图"按钮,进入视图设计器,如图 7-94 所示。

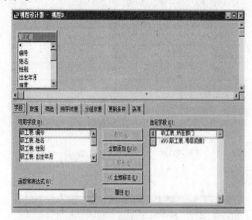

图 7-94　视图设计器

在其中添加职工表,并在"字段"选项卡中选择"所在部门"字段。在"函数和表达式"中用"表达式生成器"生成"AVG(职工表.考核成绩)"虚拟字段。按"添加"按钮添加到选定字段中。

在分组依据选项卡中选取"职工表.所在部门"为分组字段,如图 7-95 所示。

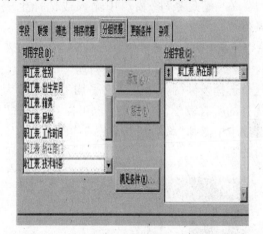

图 7-95　分组依据选项卡

单击"满足条件"按钮,进入"满足条件"窗口,这样就完成了分组。单击鼠标右键,在快捷菜单中选择"运行查询",出现如图 7-96 所示窗口。

图 7-96 按部门列出了各自的平均考核成绩,还可以进一步设置条件,在"分组依据"选项卡中,单击"满足条件"按钮出现"满足条件"窗口,如图 7-97 所示。

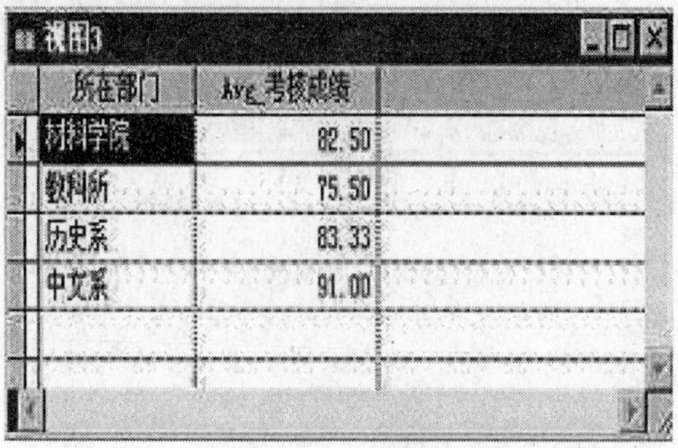

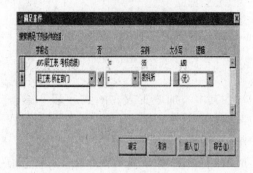

图 7-96 "运行查询"视图

图 7-97 "满足条件"窗口

在"满足条件"窗口中输入或选择生成条件：

AVG(职工表.考核成绩) >=85 AND 职工表所在部门！="教科所"

这个选择条件的作用是列出平均考核成绩为优秀的所有教学部门情况(也可以在"筛选"选项卡中滤掉"教科所")。图 7-98 就是设置后的视图。

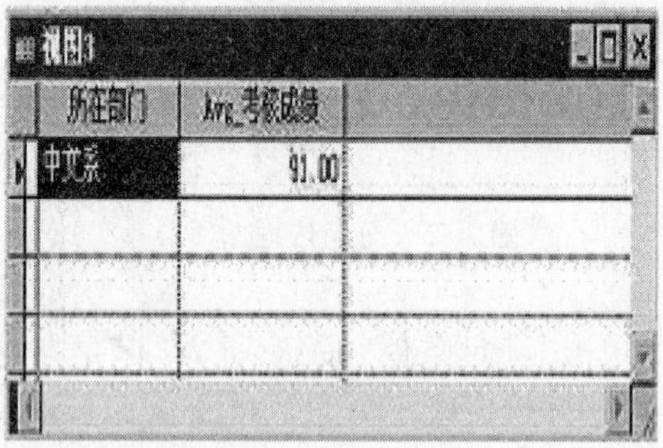

图 7-98 分组视图结果

8. 查询设计器的使用 利用查询向导创建查询在很多时候不能满足我们的需要。而查询设计器则可以方便灵活地生成各种查询。

启动"查询设计器"可以在"文件"菜单中单击"新建"，选择"查询"并按"新建查询"按钮。如果当前没有数据库或表打开，则显示"打开"窗口以打开查询的表，再显示"添加表或视图"；如果当前已有数据库打开，则直接显示"添加表或视图"，如图 7-99 所示。

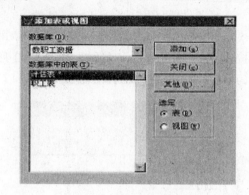

图 7-99 "添加表或视图"

在"数据库中的表"中显示当前数据库中的所有表以供添加。

如果不是基于当前数据库表查询，则单击"其他"按钮，以选择合适的表。

如果添加表，在"选定"单选框中选择"表"；如果想添加视图，则选择"视图"。

这里我们单击"职工表"并选择"添加"按钮，则可以看到职工表已添加到"查询设计器"中，如图 7-100 所示。

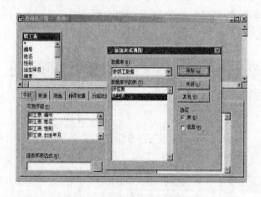

图 7-100 "查询设计器"窗口

重复这样的操作，就可以将多个表添加到查询设计器中。单击"添加表和视图"中的"关闭"按钮，将其关闭，查询设计器窗口即成为当前窗口，如图 7-101 所示。

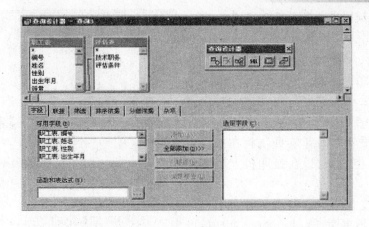

图 7-101 查询设计器工具栏

这个窗口是不是很熟悉？它和上一课学习的视图设计器很相似。但是我们仔细看一下就会发现,查询设计器比视图设计器少了一个"更新条件"选项卡,而在工具栏中,查询设计器则多了一项(查询去向)按钮。对照如表 7-102 所示。

图 7-102 查询设计器和视图设计器

查询设计器工具栏的其他几个按钮的样式和视图设计器的一样,其含义也大致相同,只是操作的对象不同(一个是查询,一个是视图)。这里只介绍"查询去向"按钮,其余不做介绍了。

前面几课中,我们看到了实现一种操作,可以通过几个不同的途径。例如:从系统菜单、从快捷菜单、从相应工具栏、从项目管理器都可以实现。采用哪种方式,完全可以根据个人的习惯。

当单击工具栏上的"查询去向"()按钮,或从"查询"菜单中选择"查询去向",或单击右键并在快捷菜单中选择"输出设置",都可以出现下面的"查询去向"对话框。

它有七个不同的选项,允许将查询结果传送给七个不同的输出设备。选择不同的按钮,其窗口中的选项也不一样。图 7-101 中是默认的"浏览",即将查询结果送到"浏览"窗口中显示,以进行检查和编辑。

当单击"临时表"时,窗口如图 7-103 所示。

图 7-103 "查询去向"对话框

以指定的名称把查询结果存储于临时表中。此临时表只读,并在"数据工作期"窗口中出现。临时表可用于浏览,生成报表或其他目的。当关闭这个表时,查询结果随之消失。

当单击"表"时,用指定的文件名,将查询结果存为(.dbf)表文件。"表名"选项用来指定表的名称,既可以在文本框中键入名称,也可以使用三点按钮来选择一个已有的、要覆盖的表。

单击"图形"按钮,产生可由 Microsoft Graph 处理的图形。在设置 GENGRAPH 之后才可用。

单击"屏幕"按钮,使查询结果在活动输出窗口中显示。通过选择"次级输出"中的单选按钮,可以在把查询结果输出到屏幕的同时输出到打印机或文本文件。"选项"复选框可以设置是否输出列标头和是否在屏幕之间暂停。

单击"报表"按钮,将查询结果按某一报表布局显示。使用此选项必须先设置报表文件(.frx),来容纳查询中的输出字段。

在"打开报表"文本框中输入报表名,或单击"打开报表"按钮选择报表名,或者单击右侧的报表向导按钮进入报表向导,产生一个报表。"次级输出"同"屏幕"。

如果选择"页面预览",将在"页面预览"窗口中显示输出结果。

如果选择"活动控件台",将在活动输出窗口中显示输出结果。

如果选择"报告之前释放页",将在报表开始之前打印一空白页,以在打印机上隔开文档。

如果选择"仅总结信息",将不打印细节信息。所生成的报表包括标头、注脚、总计信息等等,但不包括细节信息。

单击"标签"按钮,将会将查询结果输出到一个标签文件(.LBX)。使用此选项必须先设置标签文件,来容纳查询中的输出字段。

前面在"向导"一课中已提到,查询保存在扩展名为.QPR的文件中,以后使用此查询在命令窗口中输入:DO 查询名.QPR。

Visual Foxpor 6.0 具有普通数据库管理系统无法比拟的速度、能力和灵活性;它具有增强的项目及数据库管理功能;它能更简便、快速、灵活地进行应用程序开发;提供真正的面向对象的程序设计。

使用"表向导"或使用"表设计器"可以创建新表。表中的数据有 13 种类型,常用的有七八种,字符型数据中一个汉字占两个字节。要注意备注型和通用型字段的用法。

通过"浏览"窗口或"编辑"窗口来查看表中的"信息",其中前者更快捷、方便。可以很容易地定制"浏览"窗口,调整字段的位置、显示宽度、调整记录条、字段名条的高度、拆分窗格、设置网格线等,可以方便地定位记录。

通过"表设计器"可以修改表结构、调整字段的位置、插入字段、删除字段、更改字段的索引、设置"筛选表达式"等。通过"浏览"或"编辑"窗口,可以容易地实现记录的更改、添加、删除等操作。

在表中设置一个过滤器来定制表,可以有选择地显示某些记录。通过设置字段过滤器,可以有选择地显示需要的字段。

索引有四种类型:主索引、候选索引、普通索引和唯一索引。表索引通过存储一组记录指针,来改变读取每条记录的顺序,加快检索记录的速度。通过"表设计器"可以建立索引,可以用一个字段作为索引,也可以用多个字段组成的表达式作为索引。

将表组合到数据库内,可以使它们更有效地协同工作。数据库提供了大量的功能来控制和检查输入到表中的信息。数据库提供了存储一系列的表,在表间建立关系,设置属性和数据有效性规则,使相关联的表协同工作。

数据库表设计器中控制项目比自由表复杂了许多,通过其中的三个选项卡,可以为表设置属性,数据库表之间可以建立并编辑永久关系。要了解数据工作期及如何在数据库表之间建立临时关系。

利用 Visual Foxpor 6.0 的向导能够方便快捷地建立查询、报表、标签、表单等常用的数据操作手段。

视图是一个基于数据库表或其他视图的虚拟表,它可以更新数据源。视图可以分为本地视图和远程视图。我们主要学习的是本地视图。

小 结

目 标 检 测

简答题

1. 设置 VFP 操作环境的选项卡有什么作用? 如何用选项卡来配置系统?

2. 启动 VFP 6.0,对照屏幕指出 VFP 6.0 的集成环境主要包括哪几个部分?

3. VFP 6.0 项目管理器有什么作用? 如何使用项目管理器来管理数据和文档?

4. 什么是数据库、表、记录和字段,它们之间有什么联系?

5. 字段的数据类型有哪些?

6. 自由表与数据库表有什么区别?

7. "默认值"、"规则"和"触发器"起什么作用?

8. 什么是字段级规则? 什么是记录级规则? 它们有什么区别? 如何设置它们?

9. VFP 6.0 中关键字类型有哪几种? 它们有什么区别?

10. 数据库的表间关系有几种? 分别是什么?

11. 查询、视图与表之间有什么关系? 查询与视图之间有什么区别?

12. 什么是本地视图,什么是远程视图? 两者有什么区别?

汉字拼音	五笔编码	汉字拼音	五笔编码	汉字拼音	五笔编码	汉字拼音	五笔编码
A		案 an	pvsu pvs	笆 ba	tcb	办 ban	lwi lw
阿 a	bskg bs	胺 an	epvg epv	粑 ba	ocn	半 ban	ufk uf
啊 a	kbsk kb	暗 an	jujg ju	拔 ba	rdcy rdc	伴 ban	wufh wuf
锕 a	qbsk qbs	暗 an	jujg juj	茇 ba	adcu adc	扮 ban	rwvn rwv
嘎 a	kdht	黯 an	lfoj	菝 ba	ardc ard	拌 ban	rufh
哎 ai	kaqy kaq	肮 ang	eymn eym	跋 ba	khdc	绊 ban	xufh xuf
哀 ai	yeu	昂 ang	jqbj jqb	魃 ba	rqcc	瓣 ban	urcu ur
唉 ai	kctd kct	盎 ang	mdlf mdl	把 ba	rcn	瓣 ban	urcu urc
埃 ai	fctd fct	凹 ao	mmgd	钯 ba	qcn	邦 bang	dtbh dtb
挨 ai	rctd rct	坳 ao	fxln fxl	靶 ba	afcn afc	帮 bang	dtbh dt
锿 ai	qyey	敖 ao	gqty	坝 ba	fmy	梆 bang	sdtb sdt
捱 ai	rdff	嗷 ao	kgqt	爸 ba	wqcb wqc	浜 bang	irgw
皑 ai	rmnn	廒 ao	ygqt ygq	罢 ba	lfcu lfc	绑 bang	xdtb xdt
癌 ai	ukkm ukk	獒 ao	gqtd	鲅 ba	qgdc	榜 bang	supy sup
嗳 ai	kepc kep	遨 ao	gqtp	霸 ba	fafe faf	蚌 bang	jdhh jdh
矮 ai	tdtv	熬 ao	gqto	灞 ba	ifae ifa	傍 bang	wupy wup
蔼 ai	ayjn ayj	翱 ao	rdfn	掰 bai	rwvr	棒 bang	sdwh sdw
霭 ai	fyjn	聱 ao	gqtb	白 bai	rrrr rrr	谤 bang	yupy yup
艾 ai	aqu	鳌 ao	gqtj	百 bai	djf dj	蒡 bang	aupy
爱 ai	epdc ep	鏖 ao	gqtg	佰 bai	wdjg wdj	磅 bang	dupy dup
砹 ai	daqy	麈 ao	ynjq	柏 bai	srg	镑 bang	qupy qup
隘 ai	buwl buw	拗 ao	rxln rxl	捭 bai	rrtf rrt	包 bao	qnv qn
嗌 ai	kuwl kuw	袄 ao	putd put	摆 bai	rlfc rlf	孢 bao	bqnn bqn
嫒 ai	vepc	媪 ao	vjlg vjl	呗 bai	kmy	苞 bao	aqnb aqn
碍 ai	djgf djg	吞 ao	tdmj tdm	败 bai	mty	胞 bao	eqnn eqn
暧 ai	jepc jep	傲 ao	wgqt	拜 bai	rdfh	薄 bao	aigf aig
瑷 ai	gepc	奥 ao	tmod tmo	稗 bai	trtf	煲 bao	wkso
安 an	pvf pv	鏊 ao	gqtc	扳 ban	rrcy rrc	齙 bao	hwbn
桉 an	spvg spv	澳 ao	itmd itm	班 ban	gytg gyt	褒 bao	ywke ywk
氨 an	rnpv rnp	懊 ao	ntmd ntm	般 ban	temc tem	雹 bao	fqnb fqn
庵 an	ydjn	鳌 ao	gqtq	颁 ban	wvdm wvd	宝 bao	pgyu pgy
谙 an	yujg yuj	**B**		斑 ban	gygg gyg	饱 bao	qnqn
鹌 an	djng	八 ba	wty	搬 ban	rtec rte	保 bao	wksy wk
鞍 an	afpv afp	巴 ba	cnhn cnh	癍 ban	utec	保 bao	wksy wks
俺 an	wdjn	叭 ba	kwy	瘢 ban	ugyg ugy	鸨 bao	xfqg xfq
埯 an	fdjn fdj	扒 ba	rwy	阪 ban	brcy	堡 bao	wksf
铵 an	qpvg qpv	吧 ba	kcn kc	坂 ban	frcy frc	葆 bao	awks awk
揞 an	rujg	岜 ba	mcb	板 ban	srcy src	褓 bao	puws
犴 an	qtfh	芭 ba	acb ac	版 ban	thgc	报 bao	rbcy rb
岸 an	mdfj	疤 ba	ucv	钣 ban	qrcy qrc	抱 bao	rqnn rqn
按 an	rpvg rpv	捌 ba	rklj	舨 ban	terc	豹 bao	eeqy

汉字拼音	五笔编码	汉字拼音	五笔编码	汉字拼音	五笔编码	汉字拼音	五笔编码
趵 bao	khqy	比 bi	xxn xx	髀 bi	merf	鳖 bie	umih
鲍 bao	qgqn qgq	吡 bi	kxxn kxx	璧 bi	nkuy	瘪 bie	uthx
暴 bao	jawi jaw	妣 bi	vxxn vxx	襞 bi	nkue	宾 bin	prgw pr
爆 bao	ojai oja	彼 bi	thcy thc	边 bian	lpv lp	彬 bin	sset sse
陂 bei	bhcy bhc	秕 bi	txxn txx	砭 bian	dtpy dtp	傧 bin	wprw wpr
卑 bei	rtfj	俾 bi	wrtf wrt	笾 bian	tlpu tlp	斌 bin	ygah yga
杯 bei	sgiy sgi	笔 bi	ttfn tt	编 bian	xyna	滨 bin	iprw ipr
悲 bei	djdn	筚 bi	ttfn ttf	煸 bian	oyna	缤 bin	xprw xpr
碑 bei	drtf drt	舭 bi	texx tex	蝙 bian	jyna	槟 bin	sprw spr
鹎 bei	rtfg	鄙 bi	kflb kfl	鳊 bian	qgya	镔 bin	qprw qpr
北 bei	uxn ux	币 bi	tmhk tmh	鞭 bian	afwq afw	濒 bin	ihim
贝 bei	mhny	必 bi	nte nt	贬 bian	mtpy mtp	豳 bin	eemk
狈 bei	qtmy	毕 bi	xxfj xxf	扁 bia	ynma	摈 bin	rprw rpr
邶 bei	uxbh uxb	闭 bi	ufte uft	窆 bian	pwtp	殡 bin	gqpw gqp
备 bei	tlf	庇 bi	yxxv yxx	匾 bian	ayna	膑 bin	eprw epr
背 bei	uxef uxe	畀 bi	lgjj lgj	碥 bian	dyna	髌 bin	mepw
钡 bei	qmy	哔 bi	kxxf	褊 bian	puya	鬓 bin	depw
倍 bei	wukg wuk	愊 bi	xxnt	卞 bian	yhi	冰 bing	uiy ui
悖 bei	nfpb	陛 bi	bxxf bx	弁 bian	caj	兵 bing	rgwu rgw
被 bei	puhc	睤 bi	bxxf bxx	忭 bian	nyhy	丙 bing	gmwi gmw
惫 bei	tlnu tln	毙 bi	xxgx	汴 bian	iyhy iyh	邴 bing	gmwb
焙 bei	oukg ouk	狴 bi	qtxf	苄 bian	ayhu ayh	秉 bing	tgvi tgv
辈 bei	djdl	铋 bi	qntt	便 bian	wgjq wgj	柄 bing	sgmw sgm
碚 bei	dukg duk	婢 bi	vrtf vrt	变 bian	yocu yo	炳 bing	ogmw ogm
蓓 bei	awuk	庳 bi	yrtf yrt	变 bian	yocu yoc	饼 bing	qnua qnu
褙 bei	puue	敝 bi	umit umi	缠 bian	xwgq	禀 bing	ylki
鞴 bei	afae	荜 bi	artf art	遍 bian	ynmp ynm	并 bing	uaj ua
鐾 bei	nkuq	弼 bi	xdjx xdj	辨 bian	uytu uyt	病 bing	ugmw ugm
奔 ben	dfaj dfa	愎 bi	ntjt	辩 bian	uyuh uyu	摒 bing	rnua
贲 ben	famu fam	筚 bi	txxf	辫 bian	uxuh uxu	拨 bo	rnty rnt
锛 ben	qdfa qdf	滗 bi	ittn itt	彪 biao	hame	波 bo	ihcy ihc
本 ben	sgd sg	痹 bi	ulgj	标 biao	sfiy sfi	玻 bo	ghcy ghc
苯 ben	asgf asg	萆 bi	atlx atl	飑 biao	mqqn	剥 bo	vijh
畚 ben	cdlf cdl	裨 bi	purf pur	彪 biao	det	馞 bo	nfb
坌 ben	wvff	跸 bi	khxf	骠 biao	csfi csf	钵 bo	qsgg qsg
笨 ben	tsgf tsg	辟 bi	nkuh nku	膘 biao	esfi esf	啵 bo	kihc kih
崩 beng	meef mee	弊 bi	umia	瘭 biao	usfi usf	脖 bo	efpb efp
绷 beng	xeeg xee	碧 bi	grdf grd	镖 biao	qsfi qsf	菠 bo	aihc aih
嘣 beng	kmee kme	算 bi	ttlgj lg	飙 biao	dddq	播 bo	rtol
甭 beng	giej gie	蔽 bi	aumt aum	飚 biao	mqoo mqo	伯 bo	wrg wr
泵 beng	diu	壁 bi	nkuf	镳 biao	qyno	孛 bo	fpbf
迸 beng	uapk uap	嬖 bi	nkuv	表 biao	geu ge	驳 bo	cqqy cqq
鬃 beng	fkun	筚 bi	ttlx	婊 biao	vgey	帛 bo	rmhj rmh
蹦 beng	khme	薜 bi	anku ank	裱 biao	puge	泊 bo	irg ir
逼 bi	gklp	避 bi	nkup nk	鳔 biao	qgsi qgs	勃 bo	fpbl fpb
荸 bi	afpb	濞 bi	ithj bi	憋 bie	umin	亳 bo	ypta
鼻 bi	thlj thl	臂 bi	nkue	鳖 bie	umig	铍 bo	qdcy
匕 bi	xtn	臂 bi	nkue	别 bie	kljh klj	铂 bo	qrg

汉字拼音	五笔编码	汉字拼音	五笔编码	汉字拼音	五笔编码	汉字拼音	五笔编码
舶 bo	terg ter	骖 can	ccde ccd	槎 cha	suda	鲳 chang	qgjj
博 bo	fgef fge	餐 can	hqce hq	察 cha	pwfi	长 chang	tayi tay
渤 bo	ifpl ifp	残 can	gqgt gqg	碴 cha	dsjg dsj	肠 chang	enrt enr
鹁 bo	fpbg	蚕 can	gdju gdj	檫 cha	spwi	苌 chang	atay ata
搏 bo	rgef	惭 can	nlrh nl	杈 cha	pucy puc	尝 chang	ipfc ipf
箔 bo	tirf tir	惭 can	nlrh nlr	镲 cha	qpwi	偿 chang	wipc wi
膊 bo	egef	惨 can	ncde ncd	汊 cha	icyy	常 chang	ipkh
踣 bo	khuk	黪 can	lfoe	岔 cha	wvmj	徜 chang	timk tim
礴 bo	daif dai	灿 can	omh om	诧 cha	ypta	嫦 chang	viph
跛 bo	khhc	粲 can	hqco	姹 cha	vpta vpt	厂 chang	dgt
簸 bo	tadc	璨 can	ghqo ghq	差 cha	udaf uda	场 chang	fnrt
擘 bo	nkur	仓 cang	wbb	拆 chai	rryy rry	昶 chang	ynij
檗 bo	nkus	伧 cang	wwbn wwb	钗 chai	qcyy qcy	惝 chang	nimk nim
逋 bu	gehp	沧 cang	iwbn iwb	侪 chai	wyjh wyj	敞 chang	imkt
鈽 bu	qdmh	苍 cang	awbb awb	柴 chai	hxsu hxs	氅 chang	imkn
哺 bu	jgey	舱 cang	tewb tew	豺 chai	eeft eef	怅 chang	ntay nta
醭 bu	sgoy	藏 cang	adnt	虿 chai	dnju	畅 chang	jhnr
卜 bu	hhy	操 cao	rkks rkk	瘥 chai	uuda	倡 chang	wjjg
卟 bu	khy	糙 cao	otfp otf	舰 chan	hkmq hkm	鬯 chang	qobx qob
补 bu	puhy puh	曹 cao	gmaj gma	掺 chan	rcde rcd	唱 chang	kjjg kjj
哺 bu	kgey kge	嘈 cao	kgmj	搀 chan	rqku	抄 chao	ritt rit
捕 bu	rgey rge	漕 cao	igmj	婵 chan	vujf vuj	怊 chao	nvkg nvk
不 bu	gii I	槽 cao	sgmj	逸 chan	yqku yqk	钞 chao	qitt qit
布 bu	dmhj dmh	艚 cao	tegj	孱 chan	nbbb nbb	焯 chao	ohjh ohj
步 bu	hir hi	蛴 cao	jgmj	禅 chan	pyuf	超 chao	fhvk fhv
怖 bu	ndmh ndm	草 cao	ajj	馋 chan	qnqu	晁 chao	jiqb
钚 bu	qgiy	册 ce	mmgd mm	缠 chan	xyjf xyj	巢 chao	vjsu vjs
部 bu	ukbh uk	侧 ce	wmjh wmj	蝉 chan	jujf	朝 chao	fjeg fje
部 bu	ukbh ukb	厕 ce	dmjk	廛 chan	yjff yjf	嘲 chao	kfje kfj
埠 bu	fwnf fwn	恻 ce	nmjh nmj	潺 chan	inbb	潮 chao	ifje ifj
瓿 bu	ukgn ukg	测 ce	imjh imj	镡 chan	qsjh	吵 chao	kitt ki
簿 bu	tigf tig	策 ce	tgmi tgm	蟾 chan	jqdy jqd	炒 chao	oitt oit
C		岑 cen	mwyn	躔 chan	khyf	秒 chao	diit
擦 ca	rpwi	涔 cen	imwn imw	产 chan	ute ut	车 che	lgnh lg
礤 ca	dawi daw	噌 cen	kulj kul	谄 chan	yqvg	砗 che	dlh
猜 cai	qtge	层 ceng	nfci nfc	铲 chan	qutt qut	扯 che	rhg
才 cai	fte ft	蹭 ceng	khuj	阐 chan	uujf uuj	彻 che	tavn
材 cai	sftt sft	叉 cha	cyi	蒇 chan	admt	坼 che	fryy fry
财 cai	mftt mf	杈 cha	scyy	辗 chan	ujfe	掣 che	rmhr
财 cai	mftt mft	插 cha	rtfv rtf	忏 chan	ntfh	撤 che	ryct ryc
裁 cai	faye fay	馇 cha	qnsg qns	颤 chan	ylkm	澈 che	iyct
采 cai	esu es	锸 cha	qtfv	羼 chan	nudd	抻 chen	rjhh rjh
彩 cai	eset ese	查 cha	sjgf sjg	伥 chang	wtay wta	郴 chen	ssbh ssb
睬 cai	hesy hes	嚓 cha	kpwi kpw	昌 chang	jjf jj	琛 chen	gpws gpw
踩 cai	khes	苴 cha	adhf	娼 chang	vjjg vjj	嗔 chen	kfhw
菜 cai	aesu ae	茶 cha	awsu aws	猖 chang	qtjj	尘 chen	iff
蔡 cai	awfi awf	搽 cha	raws	菖 chang	ajjf	臣 chen	ahnh ahn
参 can	cder cd	猹 cha	qtsg qts	阊 chang	ujjd	忱 chen	npqn np

汉字拼音	五笔编码	汉字拼音	五笔编码	汉字拼音	五笔编码	汉字拼音	五笔编码
忱 chen	npqn npq	魑 chi	rqcc	稠 chou	tmfk	遄 chuan	mdmp mdm
沉 chen	ipmn ipm	弛 chi	xbn xb	筹 chou	tdtf	椽 chuan	sxey sxe
辰 chen	dfei dfe	池 chi	ibn ib	酬 chou	sgyh	舛 chuan	qahh qah
陈 chen	baiy ba	驰 chi	cbn	踌 chou	khdf	喘 chuan	kmdj kmd
宸 chen	pdfe	迟 chi	nypi nyp	雠 chou	wyyy wyy	串 chuan	kkhk kkh
晨 chen	jdfe jd	茌 chi	awff	丑 chou	nfd	钏 chuan	qkh
谌 chen	yadn	持 chi	rffy rf	瞅 chou	htoy hto	疮 chuang	uwbv uwb
碜 chen	dcde dcd	持 chi	rffy rff	臭 chou	thdu	窗 chuang	pwtq pwt
衬 chen	puff puf	墀 chi	fnih fni	出 chu	bmk bm	闯 chuang	ucd
称 chen	tqiy tq	踟 chi	khtk	初 chu	puvn puv	床 chuang	ysi
龀 chen	hwbx	篪 chi	trhm	樗 chu	sffn	创 chuang	wbjh wbj
趁 chen	fhwe	尺 chi	nyi	刍 chu	qvf	怆 chuang	nwbn nwb
榇 chen	susy sus	侈 chi	wqqy wqq	除 chu	bwty bwt	吹 chui	kqwy kqw
谶 chen	ywwg	齿 chi	hwbj hwb	厨 chu	dgkf	炊 chui	oqwy oqw
梫 chen	scfg	耻 chi	bhg bh	滁 chu	ibwt ibw	垂 chui	tgaf tga
蛏 cheng	jcfg	豉 chi	gkuc	锄 chu	qegl	陲 chui	btgf
撑 cheng	ripr rip	褫 chi	purm	蜍 chu	jwty jwt	捶 chui	rtgf
瞠 cheng	hipf hip	彳 chi	ttth	雏 chu	qvwy qvw	棰 chui	stgf stg
丞 cheng	bigf big	叱 chi	kxn	橱 chu	sdgf	槌 chui	swnp swn
成 cheng	dnnt dn	斥 chi	ryi	躇 chu	khaj	锤 chui	qtgf
呈 cheng	kgf kg	赤 chi	fou fo	蹰 chu	khdf	春 chun	dwjf dw
承 cheng	bdii bd	饬 chi	qntl	杵 chu	stfh	椿 chun	sdwj
枨 cheng	stay sta	炽 chi	okwy ok	础 chu	dbmh dbm	蝽 chun	jdwj
诚 cheng	ydnt ydn	翅 chi	fcnd fcn	储 chu	wyfj wyf	纯 chun	xgbn xgb
城 cheng	fdnt fd	敕 chi	gkit	楮 chu	sftj	唇 chun	dfek
乘 cheng	tuxv tux	啻 chi	upmk	楚 chu	ssnh ssn	莼 chun	axgn axg
埕 cheng	fkgg fkg	傺 chi	wwfi	褚 chu	pufj	淳 chun	iybg iyb
铖 cheng	qdnt qdn	瘛 chi	udhn	亍 chu	fhk	鹑 chun	ybqg ybq
惩 cheng	tghn	充 chong	ycqb yc	处 chu	thi th	醇 chun	sgyb
程 cheng	tkgg	冲 chong	ukhh ukh	怵 chu	nsyy nsy	蠢 chun	dwjj
裎 cheng	pukg puk	仲 chong	nkhh nkh	绌 chu	xbmh xbm	踳 chun	khhj
塍 cheng	eudf	茺 chong	aycq ayc	搐 chu	ryxl	戳 chuo	nwya
醒 cheng	sgkg	舂 chong	dwvf dwv	触 chu	qejy	绰 chuo	xhjh xhj
澄 cheng	iwgu	憧 chong	nujf	憷 chu	nssh nss	辍 chuo	lccc
橙 cheng	swgu	艟 chong	teuf	黜 chu	lfom	踱 chuo	hwbh
逞 cheng	kgpd kgp	虫 chong	jhny	蠢 chu	fhfh	呲 ci	khxn
骋 cheng	cmgn cmg	崇 chong	mpfi mpf	搋 chuai	rrhm	疵 ci	uhxv uhx
秤 cheng	tguh tgu	宠 chong	pdxb pdx	揣 chuai	rmdj rmd	词 ci	yngk
吃 chi	ktnn ktn	铳 chong	qycq qyc	啜 chuai	kccc	祠 ci	pynk
哧 chi	kfoy kfo	抽 chou	rmg rm	嘬 chuai	kjbc kjb	呲 ci	ahxb ahx
蚩 chi	bhgj	瘳 chou	unwe	踹 chuai	khmj	茨 ci	auqw
鸱 chi	qayg	仇 chou	wvn	川 chuan	kthh	瓷 ci	uqwn
眵 chi	hqqy hqq	俦 chou	wdtf	巛 chuai	vnnn	慈 ci	uxxn
答 chi	tckf tck	帱 chou	mhdf mhd	氚 chuan	rnkj	辞 ci	duh
嗤 chi	kbhj	惆 chou	nmfk nmf	穿 chuan	pwat	磁 ci	uxx dux
媸 chi	vbhj vbh	绸 chou	xmfk xmf	传 chuan	wfny	雌 ci	hxwy hxw
痴 chi	utdk	畴 chou	ldtf ldt	舡 chuan	teag tea	鹚 ci	uxxg
螭 chi	jybc	愁 chou	tonu	船 chuan	temk	糍 ci	ouxx oux

汉字拼音	五笔编码	汉字拼音	五笔编码	汉字拼音	五笔编码	汉字拼音	五笔编码
此 ci	hxn hx	瘁 cui	uywf uyw	怠 dai	cknu ckn	忉 dao	nvn
次 ci	uqwy uqw	粹 cui	oywf oyw	殆 dai	gqck gqc	氘 dao	rnjj rnj
刺 ci	gmij gmi	翠 cui	nywf	玳 dai	gway gwa	导 dao	nfu nf
赐 ci	mjqr mjq	村 cun	sfy sf	贷 dai	wamu wam	岛 dao	qynm
从 cong	wwy ww	皴 cun	cwtc	埭 dai	fviy fvi	倒 dao	wgcj wgc
匆 cong	qryi qry	存 cun	dhbd dhb	袋 dai	waye	捣 dao	rqym
苁 cong	awwu	忖 cun	nfy	逮 dai	vipi vip	祷 dao	pydf pyd
枞 cong	swwy sww	寸 cun	fghy	戴 dai	falw	蹈 dao	khev
葱 cong	aqrn	搓 cuo	ruda rud	黛 dai	walo wal	到 dao	gcfj gc
聪 cong	ctln ctl	磋 cuo	duda dud	丹 dan	myd	悼 dao	nhjh
璁 cong	gtln gtl	撮 cuo	rjbc rjb	单 dan	ujfj	盗 dao	uqwl
聪 cong	bukn	蹉 cuo	khua	担 dan	rjgg rjg	道 dao	uthp
囱 cong	tlqi	嵯 cuo	muda mud	眈 dan	hpqn hpq	稻 dao	tevg tev
丛 cong	wwgf wwg	痤 cuo	uwwf uww	耽 dan	bpqn bpq	纛 dao	gxfi gxf
淙 cong	ipfi	矬 cuo	tdwf tdw	郸 dan	ujfb	得 de	tjgf tj
琮 cong	gpfi gpf	艖 cuo	hlqa	聃 dan	bmfg	锝 de	qjgf
凑 cou	udwd udw	脞 cuo	ewwf eww	殚 dan	gquf gqu	德 de	tfln tfl
楱 cou	sdwd	厝 cuo	dajd daj	瘅 dan	uujf	的 de	rqyy r
腠 cou	edwd edw	挫 cuo	rwwf rww	箪 dan	tujf	灯 deng	osh os
辏 cou	ldwd ldw	措 cuo	rajg raj	儋 dan	wqdy wqd	登 deng	wgku
粗 cu	oegg oe	锉 cuo	qwwf qww	胆 dan	ejgg ej	噔 deng	kwgu
徂 cu	tegg	错 cuo	qajg qaj	疸 dan	ujgd ujg	簦 deng	twgu
殂 cu	gqeg gqe	**D**		掸 dan	rujf	蹬 deng	khwu
促 cu	wkhy wkh	哒 da	kdpy kdp	旦 dan	jgf	等 deng	tffu
猝 cu	qtyf	奢 da	dbf	但 dan	wjgg wjg	戥 deng	jtga
蔟 cu	aytd ayt	搭 da	rawk	诞 dan	ythp	邓 deng	cbh cb
醋 cu	sgaj sga	嗒 da	kawk	啖 dan	kooy koo	凳 deng	wgkm
簇 cu	tytd tyt	褡 da	puak pua	弹 dan	xujf xuj	嶝 deng	mwgu
蹙 cu	dhih	达 da	dpi dp	惮 dan	nujf nuj	瞪 deng	hwgu hwg
蹴 cu	khyn	妲 da	vjgg vjg	淡 dan	iooy io	磴 deng	dwgu
汆 cuan	tyiu	怛 da	njgg njg	萏 dan	aqvf	镫 deng	qwgu
撺 cuan	rpwh	笪 da	tjgf	蛋 dan	nhju nhj	低 di	wqay wqa
镩 cuan	qpwh qpw	答 da	twgk tw	氮 dan	rnoo rno	羝 di	udqy udq
蹿 cuan	khph	瘩 da	uawk uaw	澹 dan	iqdy	堤 di	fjgh
窜 cuan	pwkh pwk	靼 da	afjg	当 dang	ivf iv	嘀 di	kumd kum
篡 cuan	thdc	鞑 da	afdp	铛 dang	qivg qiv	滴 di	iumd ium
爨 cuan	wfmo	打 da	rsh rs	裆 dang	puiv	镝 di	qumd qum
崔 cui	mwyf mwy	大 da	dddd dd	挡 dang	rivg riv	狄 di	qtoy
催 cui	wmwy wmw	呆 dai	ksu ks	党 dang	ipkq ipk	籴 di	tyou tyo
摧 cui	rmwy rmw	歹 dai	gqi	谠 dang	yipq yip	迪 di	mpd mp
榱 cui	syke syk	傣 dai	wdwi wdw	凼 dang	ibk	敌 di	tdty tdt
璀 cui	gmwy	代 dai	way wa	宕 dang	pdf	涤 di	itsy its
脆 cui	eqdb eqd	岱 dai	wamj	砀 dang	dnrt dnr	荻 di	aqto
啐 cui	kywf kyw	甙 dai	aafd	荡 dang	ainr ain	笛 di	tmf
悴 cui	nywf	绐 dai	xckg xck	档 dang	sivg si	觌 di	fnuq
淬 cui	iywf	迨 dai	ckpd ckp	菪 dang	apdf apd	嫡 di	vumd vum
萃 cui	aywf ayw	带 dai	gkph gkp	刀 dao	vnt vn	氐 di	qayi qay
毳 cui	tfnn	待 dai	tffy	叨 dao	kvn	诋 di	qay

汉字拼音	五笔编码	汉字拼音	五笔编码	汉字拼音	五笔编码	汉字拼音	五笔编码
邸 di	ayb	碉 diao	dmfk dmf	氡 dong	rntu	渡 du	iyac iya
坻 di	fqay fqa	雕 diao	mfky	鸫 dong	aiqg aiq	镀 du	qyac qya
底 di	yqay yqa	鲷 diao	qgmk qgm	董 dong	atgf atg	蠹 du	gkhj
抵 di	rqay rqa	吊 diao	kmhj kmh	懂 dong	natf nat	端 duan	umdj
柢 di	sqay sqa	钓 diao	qqyy	动 dong	fcln fcl	短 duan	tdgu tdg
砥 di	dqay	调 diao	ymfk ymf	冻 dong	uaiy uai	段 duan	wdmc wdm
骶 di	meqy	掉 diao	rhjh rhj	侗 dong	wmgk	断 duan	onrh on
地 di	fbn f	铞 diao	qkmh	垌 dong	fmgk fmg	断 duan	onrh onr
弟 di	uxht uxh	爹 die	wqqq	峒 dong	mmgk	缎 duan	xwdc xwd
帝 di	upmh up	跌 die	khrw khr	恫 dong	nmgk nmg	椴 duan	swdc swd
娣 di	vuxt vux	迭 die	rwpi rwp	栋 dong	saiy sai	煅 duan	owdc owd
递 di	uxhp	垤 die	fgcf fgc	洞 dong	imgk	锻 duan	qwdc qwd
第 di	txht tx	瓞 die	rcyw	胨 dong	eaiy eai	簖 duan	tonr
谛 di	uph	谍 die	yans yan	胴 dong	emgk emg	堆 dui	fwyg fwy
棣 di	sviy svi	喋 die	kans	硐 dong	dmgk dmg	队 dui	bwy bw
睇 di	huxt	堞 die	fans fan	都 dou	ftjb	对 dui	cfy cf
缔 di	xuph xup	揲 die	rans	兜 dou	qrnq	兑 dui	ukqb
蒂 di	auph aup	耋 die	ftxf	蔸 dou	aqrq	怼 dui	cfnu cfn
碲 di	duph	叠 die	cccg	篼 dou	tqrq	碓 dui	dwyg
哆 dia	kwqq kwq	牒 die	thgs	斗 dou	ufk	憝 dui	ybtn
掂 dian	ryhk ryh	碟 die	dans dan	抖 dou	rufh	镦 dun	qybt qyb
滇 dian	ifhw	蝶 die	jans jan	钭 dou	qufh quf	吨 dun	kgbn kgb
巅 dian	mfhm mfh	蹀 die	khas	陡 dou	bfhy bfh	敦 dun	ybty ybt
癫 dian	ufhm	鲽 die	qgas qga	蚪 dou	jufh	墩 dun	fybt fyb
典 dian	mawu maw	丁 ding	sgh	豆 dou	gkuf gku	礅 dun	dybt dyb
点 dian	hkou hko	仃 ding	wsh	逗 dou	gkup	蹾 dun	khuf
碘 dian	dmaw dma	叮 ding	ksh	痘 dou	ugku	盹 dun	hgbn hgb
踮 dian	khyk	玎 ding	gsh	窦 dou	pwfd	趸 dun	dnkh dnk
电 dian	jnv jn	疔 ding	usk	嘟 du	ftb	沌 dun	igbn igb
佃 dian	wlg wl	盯 ding	hsh hs	督 du	ich	炖 dun	ogbn
甸 dian	qld ql	钉 ding	qsh qs	毒 du	gxgu	盾 dun	rfhd rfh
阽 dian	bhkg	耵 ding	bsh	读 du	yfnd yfn	砘 dun	dgbn dgb
坫 dian	fhkg	酊 ding	sgsh sgs	渎 du	ifnd	钝 dun	qgbn
店 dian	yhkd yhk	顶 ding	sdmy sdm	椟 du	sfnd sfn	顿 dun	gbnm
垫 dian	rvyf	鼎 ding	hndn hnd	牍 du	thgd	遁 dun	rfhp
玷 dian	ghkg ghk	订 ding	ysh ys	犊 du	trfd	多 duo	qqu qq
钿 dian	qlg	定 ding	pghu pg	黩 du	lfod	咄 duo	kbmh kbm
惦 dian	nyhk nyh	啶 ding	kpgh	髑 du	melj mel	哆 duo	kqqy kqq
淀 dian	ipgh	腚 ding	epgh epg	独 du	qtjy qtj	裰 duo	pucc
奠 dian	usgd	碇 ding	dpgh	笃 du	tcf	夺 duo	dfu df
殿 dian	nawc naw	锭 ding	qpgh qp	堵 du	fftj fft	铎 duo	qcfh qcf
靛 dian	geph	铤 ding	qpgh qpg	赌 du	mftj	掇 duo	rccc rcc
癜 dian	unac una	丢 diu	tfcu tfc	睹 du	hftj hft	踱 duo	khyc
簟 dian	tsjj tsj	铥 diu	qtfc	芏 du	aff	朵 duo	msu ms
刁 diao	ngd	东 dong	aii ai	妒 du	vynt	哚 duo	kmsy kms
叼 diao	kngg kng	冬 dong	tuu	杜 du	sfg	垛 duo	fmsy fms
凋 diao	umfk umf	咚 dong	ktuy	肚 du	efg	缍 duo	xtgf xtg
貂 diao	eevk eev	氡 dong	maiu mai	度 du	yaci ya	躲 duo	tmds

汉字拼音	五笔编码	汉字拼音	五笔编码	汉字拼音	五笔编码	汉字拼音	五笔编码
剁 duo	msjh msj	洱 er	ibg	防 fang	byn by	棼 fen	sswv ssw
涾 duo	itbn itb	饵 er	qnbg	妨 fang	vyn vy	焚 fen	ssou sso
堕 duo	bdef	珥 er	gbg	房 fang	ynyv yny	衯 fen	vnuv
舵 duo	tepx	铒 er	qbg	肪 fang	eyn	粉 fen	owvn ow
惰 duo	ndae nda	二 er	fgg fg	鲂 fang	qgyn	粉 fen	owvn owv
跺 duo	khms khm	佴 er	wbg	仿 fang	wyn	份 fen	wwvn wwv
E		贰 er	afmi afm	访 fang	yyn	奋 fen	dlf
屙 e	nbsk nbs	**F**		彷 pang	tyn	忿 fen	wvnu
讹 e	ywxn	发 fa	ntc v	纺 fang	xyn xy	偾 fen	wfam wfa
俄 e	wtrt wtr	乏 fa	tpi	舫 fang	teyn	愤 fen	nfam nfa
娥 e	vtrt vtr	伐 fa	wat	放 fang	yty yt	粪 fen	oawu
峨 e	mtrt mtr	垡 fa	waff	飞 fei	nui	鲼 fen	qgfm
莪 e	atrt atr	罚 fa	lyjj ly	妃 fei	vnn	瀵 fen	iolw iol
锇 e	qtrt	阀 fa	uwae uwa	非 fei	djdd djd	丰 feng	dhk dh
鹅 e	trng	筏 fa	twar twa	啡 fei	kdjd kdj	风 feng	mqi mq
蛾 e	jtrt jtr	法 fa	ifcy if	绯 fei	xdjd	沣 feng	idhh idh
额 e	ptkm	砝 fa	dfcy	菲 fei	adjd adj	枫 feng	smqy smq
婀 e	vbsk vbs	珐 fa	gfcy gfc	扉 fei	yndd	封 feng	fffy
厄 e	dbv	帆 fan	mhmy mhm	蜚 fei	djdj	疯 feng	umqi umq
呃 e	kdbn kdb	番 fan	tolf tol	霏 fei	fdjd	砜 feng	dmqy
扼 e	rdbn rdb	幡 fan	mhtl	鲱 fei	qgdd	峰 feng	mtdh mtd
苊 e	adbb adb	翻 fan	toln	肥 fei	ecn ec	烽 feng	otdh ot
轭 e	ldbn ldb	藩 fan	aitl	淝 fei	iecn iec	葑 feng	afff
垩 e	gogf	凡 fan	myi my	腓 fei	edjd	锋 feng	qtdh qtd
恶 e	gogn	矾 fan	dmyy dmy	匪 fei	adjd	蜂 feng	jtdh jtd
饿 e	qntt qnt	钒 fan	qmyy	诽 fei	ydjd ydj	酆 feng	dhdb
谔 e	ykkn	烦 fan	odmy odm	悱 fei	ndjd	冯 feng	ucg
鄂 e	kkfb	樊 fan	sqqd	斐 fei	djdy	逢 feng	tdhp tdh
阏 e	uywu	蕃 fan	atol ato	榧 fei	sadd	缝 feng	xtdp
愕 e	nkkn nkk	燔 fan	otol oto	翡 fei	djdn	讽 feng	ymqy ymq
萼 e	akkn	繁 fan	txgi	篚 fei	tadd	唪 feng	kdwh kdw
遏 e	jqwp	蹯 fan	khtl	吠 fei	kdy	凤 feng	mci mc
腭 e	ekkn ekk	蘩 fan	atxi	废 fei	ynty	奉 feng	dwfh dwf
锷 e	qkkn	反 fan	rci rc	沸 fei	ixjh ixj	俸 feng	wdwh
鹗 e	kkfg	返 fan	rcpi rcp	狒 fei	qtxj qtx	佛 fo	wxjh wxj
颚 e	kkfm	犯 fan	qtbn	肺 fei	egmh egm	缶 fo	rmk
噩 e	gkkk	泛 fan	itpy itp	费 fei	xjmu xjm	否 fou	gikf gik
鳄 e	qgkn	饭 fan	qnrc qnr	痱 fei	udjd	夫 fu	fwi
恩 en	ldnu ldn	范 fan	aibb aib	镄 fei	qxjm qxj	呋 fu	kfwy kfw
蒽 en	aldn	贩 fan	mrcy mr	分 fen	wvb wv	肤 fu	efwy efw
摁 en	rldn rld	畈 fan	lrcy lrc	吩 fen	kwvn kwv	趺 fu	khfw khf
儿 er	qtn qt	梵 fan	ssmy ssm	纷 fen	xwvn xwv	麸 fu	gqfw
而 er	dmjj dmj	方 fang	yygn yy	芬 fen	awvb awv	稃 fu	tebg
鸸 er	dmjg	邡 fang	ybh	氛 fen	rnwv rnw	跗 fu	khwf
鲕 er	qgdj	坊 fang	fyn	玢 fen	gwvn gwv	孵 fu	qytb
尔 er	qiu	芳 fang	ayb ay	酚 fen	sgwv sgw	敷 fu	geht
耳 er	bghg bgh	枋 fang	syn	坟 fen	fyy fy	弗 fu	xjk
迩 er	qipi qip	钫 fang	qyn	汾 fen	iwvn iwv	伏 fu	wdy

汉字拼音	五笔编码	汉字拼音	五笔编码	汉字拼音	五笔编码	汉字拼音	五笔编码
凫 fu	qynm	父 fu	wqu	泔 gan	iafg iaf	告 gao	tfkf
孚 fu	ebf	讣 fu	yhy	苷 gan	aaff aaf	诰 gao	ytfk
扶 fu	rfwy rfw	付 fu	wfy	柑 gan	safg saf	郜 gao	tfkb
芙 fu	afwu afw	妇 fu	vvg vv	竿 gan	tfj	锆 gao	qtfk
蒂 fu	agmh agm	负 fu	qmu qm	疳 gan	uafd uaf	戈 ge	agnt
佛 fu	nxjh nxj	附 fu	bwfy bwf	酐 gan	sgfh	圪 ge	ftnn ftn
拂 fu	rxjh	咐 fu	kwfy kwf	尴 gan	dnjl	纥 ge	xtnn
服 fu	ebcy eb	阜 fu	wnnf	秆 gan	tfh	疙 ge	utnv utn
绂 fu	xdcy xdc	驸 fu	cwfy cwf	赶 gan	fhfk	哥 ge	sksk sks
绋 fu	xxjh xxj	复 fu	tjtu tjt	敢 gan	nbty nb	胳 ge	etkg etk
苻 fu	awfu	赴 fu	fhhi fhh	感 gan	dgkn	袼 ge	putk
俘 fu	webg web	副 fu	gklj gkl	澉 gan	inbt inb	鸽 ge	wgkg
氟 fu	rnxj rnx	傅 fu	wgef wge	橄 gan	snbt snb	割 ge	pdhj
袚 fu	pydc	富 fu	pgkl pgk	擀 gan	rfjf rfj	搁 ge	rutk rut
罘 fu	lgiu lgi	赋 fu	mgah mga	旰 gan	jfh	歌 ge	sksw
茯 fu	awdu awd	缚 fu	xgef xge	矸 gan	dfh	阁 ge	utkd utk
郛 fu	ebbh ebb	腹 fu	etjt etj	绀 gan	xafg xaf	革 ge	afj af
浮 fu	iebg ieb	鲋 fu	qgwf qgw	淦 gan	iqg	格 ge	stkg st
砩 fu	dxjh dxj	赙 fu	mgef mge	赣 gan	ujtm ujt	格 ge	stkg stk
莩 fu	aebf	蝮 fu	tjt	冈 gang	mqi	鬲 ge	gkmh
蚨 fu	jfwy jfw	鳆 fu	gtt	刚 gang	mqjh mqj	葛 ge	ajqn ajq
匐 fu	qgkl qgk	覆 fu	sttt stt	岗 gang	mmqu mmq	隔 ge	bgkh bgk
桴 fu	sebg seb	馥 fu	tjtt	纲 gang	xmqy xm	嗝 ge	kgkh
涪 fu	iukg iuk			纲 gang	xmqy xmq	塥 ge	fgkh fgk
符 fu	twfu twf	**G**		肛 gang	eag ea	羯 ge	rwgr
艴 fu	xjqc xjq	尜 ga	vjf	缸 gang	rmag rma	膈 ge	egkh egk
蕧 fu	aebc	伽 ga	wlkg wlk	钢 gang	qmqy qmq	镉 ge	qgkh
袱 fu	puwd	釓 ga	qnn	罡 gang	lghf lgh	骼 ge	metk met
幅 fu	mhgl mhg	朶 ga	idiu idi	港 gang	iawn	哿 ge	lksk
福 fu	pygl pyg	嘎 ga	kdha kdh	杠 gang	sag	舸 ge	tesk tes
蜉 fu	jebg jeb	噶 ga	kajn kaj	筻 gang	tgjq	个 ge	whj wh
辐 fu	lgkl lgk	尕 ga	eiu	戆 gang	ujtn	各 ge	tkf tk
幞 fu	mhoy mho	尬 ga	dnwj dnw	皋 gao	rdfj	虼 ge	jtnn jtn
蝠 fu	jgkl	该 gai	yynw	羔 gao	ugou ugo	硌 ge	dtkg dtk
黻 fu	oguc	陔 gai	bynw	高 gao	ymkf ym	铬 ge	qtkg qtk
呒 fu	kfqn kfq	垓 gai	fynw	高 gao	ymkf ymk	给 gei	xwgk xw
抚 fu	rfqn rfq	赅 gai	mynw myn	槔 gao	srdf srd	根 gen	svey sve
甫 fu	gehy geh	改 gai	nty	睾 gao	tlff	跟 gen	khve khv
府 fu	ywfi ywf	丐 gai	ghnv ghn	膏 gao	ypke ypk	哏 gen	kvey kve
拊 fu	rwfy rwf	钙 gai	qghn qgh	篙 gao	tymk	亘 gen	gjgf gjg
斧 fu	wqrj wqr	盖 gai	uglf ugl	糕 gao	ougo	艮 gen	vei
俯 fu	wywf wyw	溉 gai	ivcq ivc	杲 gao	jsu	茛 gen	aveu ave
釜 fu	wqfu wqf	戤 gai	ecla	搞 gao	rymk rym	更 geng	gjqi gjq
辅 fu	lgey	概 gai	svcq svc	缟 gao	xymk xym	庚 geng	yvwi yvw
腑 fu	eywf eyw	干 gan	fggh	槁 gao	symk	耕 geng	difj dif
滏 fu	iwqu iwq	甘 gan	afd	稿 gao	tymk tym	賡 geng	yvwm
腐 fu	ywfw	杆 gan	sfh	镐 gao	qymk qym	羹 geng	ugod
黼 fu	oguy	肝 gan	efh ef	藁 gao	ayms	哽 geng	kgjq kgj

汉字拼音	五笔编码	汉字拼音	五笔编码	汉字拼音	五笔编码	汉字拼音	五笔编码
埂 geng	fgjq fgj	姑 gu	vdg vd	诖 gua	yffg	晷 gui	jthk
绠 geng	xgjq xgj	孤 gu	brcy br	挂 gua	rffg	簋 gui	tvel tve
耿 geng	boy bo	沽 gu	idg	褂 gua	pufh	刿 gui	wfcj
梗 geng	sgjq	轱 gu	ldg	乖 guai	tfux	刽 gui	mqjh
鲠 geng	qggq	鸪 gu	dqyg	拐 guai	rkln rkl	柜 gui	sang san
工 gong	aaaa a	菇 gu	avdf avd	怪 guai	ncfg nc	炅 gui	jou
弓 gong	xngn xng	菰 gu	abry abr	关 guan	udu ud	贵 gui	khgm
公 gong	wcu wc	蛄 gu	jdg	观 guan	cmqn cm	桂 gui	sffg sff
功 gong	aln al	觚 gu	qery qer	观 guan	cmqn cmq	跪 gui	khqb
攻 gong	aty at	辜 gu	duj	官 guan	pnhn pn	鳜 gui	qgdw
供 gong	wawy waw	酤 gu	sgdg	冠 guan	pfqf	衮 gun	uceu
肱 gong	edcy edc	毂 gu	fplc fpl	倌 guan	wpnn wpn	绲 gun	xjxx xjx
宫 gong	pkkf pk	箍 gu	trah tra	棺 guan	spnn spn	辊 gun	ljxx lj
恭 gong	awnu	鹄 gu	meqg meq	鳏 guan	qgli	辊 gun	ljxx ljx
蚣 gong	jwcy jwc	古 gu	dghg dgh	馆 guan	qnpn qnp	滚 gun	iuce iuc
躬 gong	tmdx	汩 gu	ijg	管 guan	tpnn tp	磙 gun	duce duc
龚 gong	dxaw dxa	诂 gu	ydg	贯 guan	xfmu xfm	鲧 gun	qgti
觥 gong	qeiq qei	谷 gu	wwkf wwk	惯 guan	nxfm nxf	棍 gun	sjxx sjx
巩 gong	amyy amy	股 gu	emcy emc	掼 guan	rxfm rxf	呙 guo	kmwu
汞 gong	aiu	牯 gu	trdg	涫 guan	ipnn ipn	埚 guo	fkmw fkm
拱 gong	rawy raw	骨 gu	mef me	盥 guan	qgil qgi	郭 guo	ybbh ybb
珙 gong	gawy gaw	罟 gu	ldf	灌 guan	iaky iak	崞 guo	mybg myb
共 gong	awu aw	钴 gu	qdg	鹳 guan	akkg	聒 guo	btdg btd
贡 gong	amu am	蛊 gu	jlf	罐 guan	rmay	锅 guo	qkmw qkm
勾 gou	qci	鹘 gu	tfkg	光 guang	iqb iq	蝈 guo	jlgy jlg
佝 gou	wqkg wqk	鼓 gu	fkuc	咣 guang	kiqn kiq	国 guo	lgyi l
沟 gou	iqcy iqc	椴 gu	dnhc dnh	桄 guang	siqn	帼 guo	mhly mhl
钩 gou	qqcy	臌 gu	efkc	胱 guang	eiqn eiq	掴 guo	rlgy
缑 gou	xwnd xwn	瞽 gu	fkuh	广 guang	yygt	虢 guo	efhm
篝 gou	tfjf	固 gu	ldd	犷 guang	qtyt	馘 guo	uthg
鞲 gou	afff	故 gu	dty	逛 guang	qtgp	果 guo	jsi js
岣 gou	mqkg mqk	顾 gu	dbdm db	归 gui	jvg jv	猓 guo	qtjs
狗 gou	qtqk qtq	顾 gu	dbdm dbd	圭 gui	fff	椁 guo	ybg syb
苟 gou	aqkf	崮 gu	mldf mld	妫 gui	vyly vyl	蜾 guo	jsy jjs
枸 gou	sqkg sqk	梏 gu	stfk	龟 gui	qjnb qjn	裹 guo	yjse
笱 gou	tqkf tqk	牿 gu	trtk	规 gui	fwmq fwm	过 guo	fpi fp
构 gou	sqcy sq	雇 gu	ynwy	皈 gui	rrcy	**H**	
诟 gou	yrgk yrg	痼 gu	uldd uld	闺 gui	uffd	铪 ha	qwgk
购 gou	mqcy mqc	锢 gu	qldg	硅 gui	dffg dff	蛤 ha	jwgk jw
垢 gou	frgk fr	鲴 gu	qgld	瑰 gui	grqc grq	哈 ha	kwgk kwg
坸 gou	frgk frg	瓜 gua	rcyi rcy	鲑 gui	qgff	嗨 hei	kitu
够 gou	qkqq	刮 gua	tdjh	宄 gui	pvb	孩 hai	bynw
媾 gou	vfjf vfj	胍 gua	ercy erc	轨 gui	lvn lv	骸 hai	meyw mey
彀 gou	fpgc	鸹 gua	tdqg tdq	庋 gui	yfci yfc	海 hai	itxu itx
遘 gou	fjgp	呱 gua	krcy krc	匦 gui	alvv alv	胲 hai	eynw
觏 gou	fjgq	剐 gua	kmwj	诡 gui	yqdb yqd	醢 hai	sgdl
估 gu	wdg wd	寡 gua	pdev pde	癸 gui	wgdu wgd	亥 hai	yntw
咕 gu	kdg	卦 gua	ffhy	鬼 gui	rqci rqc	骇 hai	cynw

汉字拼音	五笔编码	汉字拼音	五笔编码	汉字拼音	五笔编码	汉字拼音	五笔编码
害 hai	pdhk pd	郝 hao	fobh fob	衡 heng	tqdh	湖 hu	ideg ide
氦 hai	rnyw	号 hao	kgnb kgn	蘅 heng	atqh	猢 hu	qtde
顸 han	fdmy	昊 hao	jgdu jgd	轰 hong	lccu lcc	葫 hu	adef
蚶 han	jafg jaf	浩 hao	itfk	哄 hong	kawy kaw	煳 hu	odeg
酣 han	sgaf	耗 hao	ditn	訇 hong	qyd	瑚 hu	gdeg gde
憨 han	nbtn	皓 hao	rtfk	烘 hong	oawy oaw	鹕 hu	deqg deq
鼾 han	thlf	颢 hao	jyim jyi	薨 hong	alpx	槲 hu	sqef
邗 han	fbh	灏 hao	ijym	弘 hong	xcy	糊 hu	odeg ode
含 han	wynk	诃 he	yskg ysk	红 hong	xag xa	蝴 hu	jdeg jde
邯 han	afbh afb	呵 he	kskg ksk	宏 hong	pdcu pdc	醐 hu	sgde
函 han	bibk bib	喝 he	kjqn kjq	闳 hong	udci udc	觳 hu	fpgc
晗 han	jwyk	嗬 he	kawk	泓 hong	ixcy ixc	虎 hu	hamv ha
涵 han	ibib ibi	禾 he	tttt ttt	洪 hong	iawy iaw	浒 hu	iytf
焓 han	owyk owy	合 he	wgkf wgk	荭 hong	axaf axa	唬 hu	kham
寒 han	pfju pfj	何 he	wskg wsk	虹 hong	jag ja	琥 hu	gham gha
韩 han	fjfh	劾 he	yntl	鸿 hong	iaqg	互 hu	gxgd gx
罕 han	pwfj pwf	和 he	tkg t	蕻 hong	adaw	户 hu	yne
喊 han	kdgt	河 he	iskg isk	黉 hong	ipaw ipa	沍 hu	ugxg ugx
汉 han	icy ic	曷 he	jqwn	讧 hong	yag	护 hu	rynt ryn
汗 han	ifh	阂 he	uynw uyn	侯 hou	wntd wnt	沪 hu	iynt iyn
旱 han	jfj	核 he	synw	喉 hou	kwnd kwn	岵 hu	mdg
悍 han	njfh njf	盍 he	fclf	猴 hou	qtwd qtw	怙 hu	ndg
捍 han	rjfh rjf	荷 he	awsk aws	瘊 hou	uwnd uwn	戽 hu	ynuf ynu
焊 han	ojfh ojf	涸 he	ildg ild	篌 hou	twnd twn	祜 hu	pydg
菡 han	abib	盒 he	wgkl	糇 hou	ownd own	笏 hu	tqrr tqr
颔 han	wynm	菏 he	aisk ais	骺 hou	merk mer	扈 hu	ynkc
撖 han	rnbt	蚵 he	jskg jsk	吼 hou	kbnn kbn	瓠 hu	dfny
憾 han	ndgn	颌 he	wgkm	后 hou	rgkd rg	鸌 hu	qync
撼 han	rdgn	貉 he	eetk	厚 hou	djbd djb	花 hua	awxb awx
翰 han	fjwn fjw	阖 he	ufcl ufc	後 hou	txty txt	华 hua	wxfj wxf
瀚 han	ifjn	翮 he	gkmn	逅 hou	rgkp	哗 hua	kwxf kwx
夯 hang	dlb	贺 he	lkmu lkm	候 hou	whnd whn	骅 hua	cwxf cwx
杭 hang	symn sym	褐 he	pujn	堠 hou	fwnd	铧 hua	qwxf qwx
绗 hang	xtfh	赫 he	fofo fof	鲎 hou	ipqg	滑 hua	imeg ime
航 hang	teym tey	鹤 he	pwyg pwy	乎 hu	tuhk tuh	猾 hua	qtme qtm
颃 hang	ymdm	壑 he	hpgf hpg	呼 hu	ktuh kt	化 hua	wxn wx
沆 hang	iymn iym	黑 hei	lfou lfo	忽 hu	qrnu qrn	划 hua	ajh aj
蒿 hao	aymk aym	嘿 hei	klfo klf	烀 hu	otuh otu	画 hua	glbj gl
嚆 hao	kayk kay	痕 hen	uvei uve	轷 hu	ltuh	话 hua	ytdg ytd
薅 hao	avdf	很 hen	tvey tve	唿 hu	kqrn	桦 hua	swxf swx
蚝 hao	jtfn jtf	狠 hen	qtve qtv	惚 hu	nqrn nqr	怀 huai	ngiy ng
毫 hao	yptn ypt	恨 hen	nvey nv	滹 hu	ihah	怀 huai	ngiy ngi
嗥 hao	krdf krd	亨 heng	ybj	囫 hu	lqre lqr	徊 huai	tlkg tlk
豪 hao	ypeu	哼 heng	kybh kyb	弧 hu	xrcy xrc	淮 huai	iwyg iwy
嚎 hao	kype kyp	恒 heng	ngjg ngj	狐 hu	qtry qtr	槐 huai	srqc srq
壕 hao	fype fyp	桁 heng	stfh	胡 hu	deg de	踝 huai	khjs
濠 hao	iype iyp	珩 heng	gtfh gtf	壶 hu	fpog fpo	坏 huai	fgiy fgi
好 hao	vbg vb	横 heng	samw sam	斛 hu	qeuf qeu	欢 huan	cqwy cqw

汉字拼音	五笔编码	汉字拼音	五笔编码	汉字拼音	五笔编码	汉字拼音	五笔编码
獾 huan	qtay	蟥 huang	jamw jam	昏 hun	qajf	姬 ji	vahh vah
还 huan	gipi gip	鳇 huang	qgrg qgr	荤 hun	aplj	屐 ji	ntfc
环 huan	ggiy ggi	恍 huang	niqn niq	婚 hun	vqaj vq	积 ji	tkwy tkw
郇 huan	qjbh qjb	晃 huang	jiqb ji	阍 hun	uqaj uqa	笄 ji	tgaj
洹 huan	igjg igj	晃 huang	jiqb jiq	浑 hun	iplh ipl	基 ji	adwf ad
桓 huan	sgjg	谎 huang	yayq yay	馄 kun	qnjx hun	绩 ji	xgmy xgm
萑 huan	awyf	幌 huang	mhjq	魂 hun	fcrc fcr	稽 ji	tdnm
锾 huan	qefc	灰 hui	dou do	诨 hun	yplh ypl	犄 ji	trdk trd
寰 huan	plge plg	诙 hui	ydoy ydo	混 hun	ijxx ijx	缉 ji	xkbg xkb
缳 huan	xlge	咴 hui	kdoy kdo	溷 hun	iley	赍 ji	fwwm fww
鬟 huan	dele del	恢 hui	ndoy ndo	耠 huo	diwk diw	畸 ji	ldsk lds
缓 huan	xefc xef	挥 hui	rplh rpl	锪 huo	qqrn qqr	跻 ji	khyj
幻 huan	xnn	虺 hui	gqji	剨 huo	awyj	箕 ji	tadw tad
奂 huan	qmdu qmd	晖 hui	jplh	豁 huo	pdhk	畿 ji	xxal xxa
宦 huan	pahh pah	珲 hui	gplh gpl	攉 que	rfwy huo	稽 ji	tdnj
唤 huan	kqmd kqm	辉 hui	iqpl	活 huo	itdg itd	齑 ji	ydjj
换 huan	rqmd rq	麾 hui	yssn	火 huo	oooo ooo	墼 ji	gjff
换 huan	rqmd rqm	徽 hui	tmgt	伙 huo	woy wo	激 ji	iryt iry
浣 huan	ipfq	隳 hui	bdan	钬 huo	qoy	羁 ji	lafc laf
涣 huan	iqmd iqm	回 hui	lkd	夥 huo	jsqq jsq	及 ji	eyi ey
患 huan	kkhn	洄 hui	ilkg ilk	或 huo	akgd ak	吉 ji	fkf fk
焕 huan	oqmd oqm	茴 hui	alkf	货 huo	wxmu wxm	岌 ji	meyu
逭 huan	pnhp	蛔 hui	jlkg jlk	获 huo	aqtd aqt	汲 ji	ieyy iey
痪 huan	uqmd uqm	悔 hui	ntxu ntx	祸 huo	pykw	级 ji	xeyy xe
豢 huan	udeu ude	卉 hui	faj	惑 huo	akgn	级 ji	xeyy xey
漶 huan	ikkn	汇 hui	ian	霍 huo	fwyf	即 ji	vcbh vcb
鲩 huan	qgpq qgp	会 hui	wfcu wf	镬 huo	qawc	极 ji	seyy se
擐 huan	rlge	讳 hui	yfnh	嚯 huo	kfwy	亟 ji	bkcg bkc
肓 huang	ynef	哕 hui	kmqy kmq	藿 huo	afwy	佶 ji	wfkg
荒 huang	aynq	浍 hui	iwfc	蠖 huo	jawc	急 ji	qvnu qvn
慌 huang	nayq nay	绘 hui	xwfc			笈 ji	teyu
皇 huang	rgf	荟 hui	awfc xwf	**J**		疾 ji	utdi utd
凰 huang	mrgd mrg	海 hui	ytxu ytx	丌 ji	gjk	戢 ji	kbnt
隍 huang	brgg brg	恚 hui	ffnu	击 ji	fmk	棘 ji	gmii
黄 huang	amwu amw	桧 hui	swfc swf	叽 ji	kmn	殛 ji	gqbg gqb
徨 huang	trgg trg	烩 hui	owfc owf	饥 ji	qnmn qnm	集 ji	wysu wys
惶 huang	nrgg	贿 hui	mdeg mde	乩 ji	hknn hkn	嫉 ji	vutd vut
湟 kuang	irgg	彗 hui	dhdv	圾 ji	fe feyy	楫 ji	skbg skb
遑 huang	rgpd rgp	晦 hui	jtxu jtx	机 ji	smn sm	蒺 ji	autd aut
煌 huang	orgg or	秽 hui	tmqy tmq	玑 ji	gmn	辑 ji	lkbg lkb
潢 huang	iamw iam	喙 hui	kxey kxe	肌 ji	emn em	瘠 ji	uiwe uiw
璜 huang	gamw	惠 hui	gjhn gjh	芨 ji	aeyu aey	戳 ji	akbt
篁 huang	trgf	缋 hui	xkhm xkh	矶 ji	dmn	籍 ji	tdij
蝗 huang	jrgg jr	毁 hui	vamc va	鸡 ji	cqyg cqy	藉 ji	adij adi
蟥 huang	jrgg jrg	毁 hui	vamc vam	咭 ji	kfkg	几 ji	mtn mt
癀 huang	uamw uam	慧 hui	dhdn	迹 ji	yopi yop	己 ji	nngn nng
磺 huang	damw dam	蕙 hui	agjn agj	剞 ji	dskj	虮 ji	jmn
簧 huang	tamw	蟪 hu	jgjn	唧 ji	kvcb	挤 ji	ryjh ryj

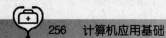

汉字拼音	五笔编码	汉字拼音	五笔编码	汉字拼音	五笔编码	汉字拼音	五笔编码
脊 ji	iwef iwe	葭 jia	anhc	枧 jian	smqn	将 jiang	uqfy uqf
掎 ji	rdsk rds	跏 jia	khlk	俭 jian	wwgi	茳 jiang	aiaf aia
戟 ji	fjat fja	嘉 jia	fkuk	柬 jian	glii gli	浆 jiang	uqiu uqi
嵴 ji	miwe miw	镓 jia	qpey qpe	茧 jian	aju	豇 jiang	gkua
麂 ji	ynjm	岬 jia	mlh	捡 jian	rwgi	僵 jiang	wglg wgl
计 ji	yfh yf	郏 jia	guwb	笕 jian	tmqb	缰 jiang	xglg xgl
记 ji	ynn yn	荚 jia	aguw	减 jian	udgt udg	礓 jiang	dglg dgl
伎 ji	wfcy	恝 jia	dhvn	剪 jian	uejv	疆 jiang	xfgg xfg
纪 ji	xnn xn	戛 jia	dhar dha	检 jian	swgi sw	讲 jiang	yfjh yfj
妓 ji	vfcy vfc	铗 jia	qguw	趼 jian	khga	奖 jiang	uqdu uqd
忌 ji	nnu	蛱 jia	jguw jgu	睑 jian	hwgi	桨 jiang	uqsu uqs
技 ji	rfcy rfc	颊 jia	guwm	硷 jian	dwgi	蒋 jiang	auqf auq
芰 ji	afcu	甲 jia	lhnh	裥 jian	puuj	耩 jiang	diff
际 ji	bfiy bf	胛 jia	elh	锏 jian	qujg	匠 jiang	ark ar
剂 ji	yjjh	贾 jia	smu	简 jian	tujf tuj	降 jiang	btah bt
季 ji	tbf tb	钾 jia	qlh	谫 jian	yuev yue	洚 jiang	itah ita
哜 ji	kyjh kyj	痂 jia	unhc unh	戬 jian	goga	绛 jiang	xtah
既 ji	vcaq vca	价 jia	wwjh wwj	碱 jian	ddgt ddg	酱 jiang	uqsg
洎 ji	ithg	驾 jia	lkcf lkc	翦 jian	uejn	犟 jiang	xkjh
济 ji	iyjh iyj	架 jia	lksu lks	謇 jian	pfjy	糨 jiang	oxkj oxk
继 ji	xonn xo	假 jia	wnhc wnh	塞 jian	pfjh	艽 jiao	avb
觊 ji	mnmq	嫁 jia	vpey vpe	见 jian	mqb	交 jiao	uqu uq
偈 ji	wjqn wjq	稼 jia	tpey tpe	件 jian	wrhh wrh	郊 jiao	uqbh uqb
寂 ji	phic ph	戋 jian	gggt	建 jian	vfhp	姣 jiao	vuq vuqy
寄 ji	pdsk pds	奸 jian	vfh	饯 jian	qngt	娇 jiao	vtdj
悸 ji	ntbg ntb	尖 jian	idu id	剑 jian	wgij wgi	浇 jiao	iatq iat
祭 ji	wfiu wfi	坚 jian	jcff jcf	牮 jian	warh war	茭 jiao	auqu
蓟 ji	aqgj	歼 jian	gqtf gqt	荐 jian	adhb adh	骄 jiao	ctdj
暨 ji	vcag	间 jian	ujd uj	贱 jian	mgt	胶 jiao	euqy eu
踦 ji	khnn	肩 jian	yned	健 jian	wvfp wvf	椒 jiao	shic shi
霁 ji	fyjj fyj	艰 jian	cvey cv	涧 jian	iujg	焦 jiao	wyou wyo
鲚 ji	qgyj	艰 jian	cvey cve	舰 jian	temq	蛟 jiao	juqy juq
稷 ji	tlwt tlw	兼 jian	uvou uvo	渐 jian	ilrh il	跤 jiao	khuq
鲫 ji	qgvb	监 jian	jtyl	渐 jian	ilrh ilr	僬 jiao	wwyo
冀 ji	uxlw uxl	笺 jian	tgr	谏 jian	ygli ygl	鲛 jiao	qguq
髻 ji	defk	菅 jian	apnn	楗 jian	svfp	蕉 jiao	awyo awy
骥 ji	cuxw cux	湔 jian	iuej iue	毽 jian	tfnp	礁 jiao	dwyo dwy
加 jia	lkg lk	犍 jian	trvp trv	溅 jian	imgt	鹪 jiao	wyog
夹 jia	guwi guw	缄 jian	xdgt xdg	腱 jian	evfp	角 jiao	qej qe
佳 jia	wffg	搛 jian	ruvo	践 jian	khgt khg	佼 jiao	wuqy wuq
迦 jia	lkpd lkp	煎 jian	uejo	鉴 jian	jtyq	侥 jiao	watq
枷 jia	slkg slk	缣 jian	xuvo xuv	键 jian	qvfp	挢 jiao	rtdj
浃 jia	iguw igu	蒹 jian	auvo auv	僭 jian	waqj	绞 jiao	xuqy xuq
珈 jia	glkg glk	鲣 jian	qgjf	槛 kan	sjtl sjt	饺 jiao	qnuq
家 jia	peu pe	鹣 jian	uvog	箭 jian	tuej tue	皎 jiao	ruqy ruq
痂 jia	ulkd	鞯 jian	afab afa	踺 jian	khvp	矫 jiao	tdtj
笳 jia	tlkf	囝 jian	lbd	江 jiang	iag ia	矫 jiao	tdtj
袈 jia	lkye lky	拣 jian	ranw	姜 jiang	ugvf ugv	脚 jiao	efcb

汉字拼音	五笔编码	汉字拼音	五笔编码	汉字拼音	五笔编码	汉字拼音	五笔编码
铰 jiao	quqy quq	届 jie	nmd nm	菁 jing	agef	玖 jiu	gqyy gqy
搅 jiao	ripq	界 jie	lwjj lwj	晶 jing	jjjf jjj	韭 jiu	djdg
剿 jiao	vjsj	疥 jie	uwjk uwj	腈 jing	egeg	酒 jiu	isgg
敫 jiao	ryty	诫 jie	yaah	睛 jing	hgeg hg	旧 jiu	hjg hj
徼 jiao	tryt try	借 jie	wajg waj	粳 jing	ogjq ogj	臼 jiu	vthg vth
缴 jiao	xryt xry	蚧 jie	jwjh jwj	兢 jing	dqdq dqd	咎 jiu	thkf thk
叫 jiao	knhh kn	骱 jie	mewj mew	精 jing	ogeg oge	疚 jiu	uqyi uqy
峤 jiao	mtdj	巾 jin	mhk	鲸 jing	qgyi qgy	柩 jiu	saqy
轿 jiao	ltdj ltd	今 jin	wynb	井 jing	fjk	桕 jiu	svg
较 jiao	luqy lu	斤 jin	rtth rtt	阱 jing	bfjh bfj	厩 jiu	dvcq dvc
教 jiao	ftbt	金 jin	qqqq	刭 jing	cajh	救 jiu	fiyt
窖 jiao	pwtk	津 jin	ivfh	肼 jing	efjh efj	就 jiu	yidn yi
酵 jiao	sgfb	矜 jin	cbtn	颈 jing	cadm cad	舅 jiu	vllb vl
噍 jiao	kwyo	衿 jin	puwn	景 jing	jyiu jy	僦 jiu	wyin wyi
醮 jiao	sgwo	筋 jin	telb	憬 jing	njyi njy	鹫 jiu	yidg
阶 jie	bwjh bwj	襟 jin	pusi pus	警 jing	aqky	居 ju	ndd nd
疖 jie	ubk	仅 jin	wcy	净 jing	uqvh uqv	拘 ju	rqkg rqk
皆 jie	xxrf xxr	卺 jin	bigb	弪 jing	xcag	狙 ju	qteg
接 jie	ruvg ruv	紧 jin	jcxi jc	径 jing	tcag tca	苴 ju	aegf aeg
秸 jie	tfkg	堇 jin	akgf	迳 jing	capd cap	驹 ju	cqkg cqk
喈 jie	kxxr	谨 jin	yakg yak	胫 jing	ecag eca	疽 ju	uegd ueg
嗟 jie	kuda	锦 jin	qrmh qrm	痉 jing	ucad uca	掬 ju	rqoy rqo
揭 jie	rjqn rjq	廑 jin	yakg	竟 jing	ukqb	椐 ju	sndg snd
街 jie	tffh	馑 jin	qnag	婧 jing	vgeg vge	琚 ju	gndg gnd
孑 jie	bnhg	槿 jin	sakg sak	竞 jing	ujqb ujq	趄 ju	fheg fhe
节 jie	abj ab	瑾 jin	gakg	敬 jing	aqkt aqk	锔 ju	qnnk
讦 jie	yfh	尽 jin	nyuu nyu	靓 jing	gemq gem	裾 ju	pund
劫 jie	fcln	劲 jin	caln cal	靖 jing	ugeg uge	雎 ju	egwy egw
杰 jie	sou so	妗 jin	vwyn vwy	境 jing	fujq fuj	鞠 ju	afqo afq
诘 jie	yfkg yfk	近 jin	rpk rp	獍 jing	qtuq	鞫 ju	afqy
拮 jie	rfkg rfk	进 jin	fjpk fj	静 jing	geqh geq	局 ju	nnkd nnk
洁 jie	ifkg ifk	荩 jin	anyu	镜 jing	qujq quj	桔 ju	sfkg sfk
结 jie	xfkg xf	晋 jin	gogj	扃 jiong	ynmk	菊 ju	aqou aqo
桀 jie	qahs	浸 jin	ivpc ivp	迥 jiong	mkpd mkp	橘 ju	scbk
婕 jie	vgvh vgv	烬 jin	onyu ony	炯 jiong	omkg	咀 ju	kegg keg
捷 jie	rgvh rgv	赆 jin	mnyu mny	窘 jiong	pwvk	沮 ju	iegg ieg
颉 jie	fkdm fkd	缙 jin	xgoj	纠 jiu	xnhh xnh	举 ju	iwfh iwf
睫 jie	hgvh hgv	禁 jin	ssfi ssf	究 jiu	pwvb pwv	矩 ju	tdan tda
截 jie	fawy faw	靳 jin	afrh afr	鸠 jiu	vqyg	莒 ju	akkf
碣 jie	djqn djq	觐 jin	akgq	赳 jiu	fhnh	榉 ju	siwh siw
竭 jie	ujqn	噤 jin	kssi	阄 jiu	uqjn uqj	椇 ju	tdas
鲒 jie	qgfk	京 jing	yiu	啾 jiu	ktoy kto	龃 ju	hwbg
羯 jie	udjn	泾 jing	icag ica	揪 jiu	rtoy rto	踽 ju	khty
姐 jie	vegg veg	经 jing	xca xc	鬏 jiu	deto	句 ju	qkd
解 jie	qevh qev	茎 jing	acaf aca	九 jiu	vtn vt	巨 ju	and
介 jie	wjj wj	荆 jing	agaj aga	久 jiu	qyi qy	讵 ju	yang
戒 jie	aak	惊 jing	nyiy	灸 jiu	qyou qyo	拒 ju	rang ran
芥 jie	awjj awj	旌 jing	yttg			苣 ju	aanf aan

汉字拼音	五笔编码	汉字拼音	五笔编码	汉字拼音	五笔编码	汉字拼音	五笔编码
具 ju	hwu hw	劂 jue	dubj	锴 kai	qxxr qxx	髁 ke	mejs mej
炬 ju	oang oan	谲 jue	ycbk	忾 kai	nrnn nrn	壳 ke	fpmb fpm
钜 ju	qang qan	獗 jue	qtdw	刊 kan	fjh	咳 ke	kynw
俱 ju	whwy whw	蕨 jue	aduw adu	勘 kan	adwl	可 ke	skd sk
倨 ju	wndg wnd	噱 jue	khae	龛 kan	wgkx	岢 ke	mskf msk
剧 ju	ndjh ndj	橛 jue	sduw sdu	堪 kan	fadn fad	渴 ke	ijqn ijq
惧 ju	nhwy nhw	爵 jue	elvf elv	戡 kan	adwa	克 ke	dqb dq
据 ju	rndg rnd	镢 jue	qduw	坎 kan	fqwy fqw	刻 ke	yntj ynt
距 ju	khan kha	蹶 jue	khdw	侃 kan	wkqn wkq	客 ke	ptkf pt
椐 ju	trhw	嚼 jue	kelf kel	砍 kan	dqwy dqw	恪 ke	ntkg
飓 ju	mqhw mqh	矍 jue	hhwc hhw	莰 kan	afqw	课 ke	yjsy yjs
锯 ju	qndg qnd	爝 jue	oelf oel	看 kan	rhf	氪 ke	rndq
婆 ju	pwov pwo	攫 jue	rhhc rhh	阚 kan	unbt unb	骒 ke	cjsy cjs
聚 ju	bcti bct	军 jun	plj pl	瞰 kan	hnbt hnb	缂 ke	xafh
屦 ju	ntov	君 jun	vtkd	康 kang	yvii yvi	嗑 ke	kfcl
踞 ju	khnd	均 jun	fqug fqu	慷 kang	nyvi nyv	溘 ke	ifcl
遽 ju	haep hae	钧 jun	qqug	糠 kang	oyvi	锞 ke	qjsy qjs
瞿 ju	hhwy	鞠 jun	plhc plh	扛 kang	rag	肯 ken	hef he
醵 ju	sghe	菌 jun	altu alt	亢 kang	ymb	垦 ken	veff vef
娟 juan	vkeg vke	筠 jun	tfqu	伉 kang	wymn wym	恳 ken	venu
捐 juan	rkeg rke	麇 jun	ynjt	抗 kang	rymn	啃 ken	kheg
涓 juan	ikeg ike	隽 jun	wyeb	闶 kang	uymv	裉 ken	puve
鹃 juan	keqg keq	俊 jun	wcwt wcw	炕 kang	oymn oym	吭 keng	kymn kym
镌 juan	qwye	郡 jun	vtkb	钪 kang	qymn	坑 keng	fymn fym
蠲 juan	uwlj	峻 jun	mcwt mcw	尻 kao	nvv	铿 keng	qjcf qjc
卷 juan	udbb	捃 jun	rvtk rvt	考 kao	ftgn ftg	空 kong	pwaf pw
锩 juan	qudb	浚 jun	icwt	拷 kao	rftn rft	空 kong	pwafpwa
倦 juan	wudb wud	骏 jun	ccwt ccw	栲 kao	sftn	倥 kong	wpwa wpw
桊 juan	udsu uds	竣 jun	ucwt ucw	烤 kao	oftn oft	崆 kong	mpwa mpw
狷 juan	qtke			铐 kao	qftn	箜 kong	tpwa tpw
绢 juan	xke xkeg	**K**		犒 kao	tryk	孔 kong	bnn
眷 juan	udhf	咔 ka	khhy	靠 kao	tfkd	恐 kong	amyn
鄄 juan	sfbh sfb	咖 ka	klkg klk	苛 ke	askf as	控 kong	rpwa rpw
噘 jue	kduw kdu	喀 ka	kptk kpt	柯 ke	sskg ssk	抠 kou	raqy raq
撅 jue	rduw	卡 ka	hhu	珂 ke	gskg gsk	芤 kou	abnb abn
孓 jue	byi	佧 ka	why whh	科 ke	tufh tu	眍 kou	haqy haq
决 jue	unwy un	胩 ka	ehhy ehh	轲 ke	lskg lsk	口 kou	kkkk
诀 jue	ynwy	开 kai	gak ga	疴 ke	uskd	叩 kou	kbh
抉 jue	rnwy	揩 kai	rxxr	钶 ke	qskg qsk	扣 kou	rkg rk
珏 jue	ggyy ggy	锎 kai	quga	棵 ke	sjsy sjs	寇 kou	pfqc
绝 jue	xqcn xqc	凯 kai	mnmn mnm	颏 ke	yntm	筘 kou	trkf trk
觉 jue	ipmq	剀 kai	mnjh mnj	稞 ke	tjsy	蔻 kou	apfl
倔 jue	wnbm wnb	垲 kai	fmnn fmn	窠 ke	pwjs pwj	剀 kuo	dfnj ku
崛 jue	mnbm	恺 kai	nmnn nmn	颗 ke	jsdm jsd	枯 ku	sdg sd
掘 jue	rnbm	铠 kai	qmnn qmn	瞌 ke	hfcl	哭 ku	kkdu
桷 jue	sqeh sqe	慨 kai	nvcq nvc	磕 ke	dfcl dfc	堀 ku	fnbm
觖 jue	qenw qen	菅 kai	axxr	蝌 ke	jtuf jtu	窟 ku	pwnm pwn
厥 jue	dubw	楷 kai	sxxr sx			骷 ku	medg

汉字拼音	五笔编码	汉字拼音	五笔编码	汉字拼音	五笔编码	汉字拼音	五笔编码
苦 ku	adf	喹 kui	kdff kdf	辣 la	ugki ugk	蒗 lang	aiye
库 ku	ylk	揆 kui	rwgd	来 lai	goi go	捞 lao	rapl rap
绔 ku	xdfn xdf	葵 kui	awgd awg	崃 lai	mgoy mgo	劳 liao	aplb apl
瞽 ku	iptk ipt	暌 kui	jwgd	徕 lai	tgoy tgo	牢 lao	prhj prh
裤 ku	puyl puy	魁 kui	rqcf	涞 lai	igoy igo	唠 lao	kapl kap
酷 ku	sgtk	睽 kui	hwgd	莱 lai	agou ago	崂 lao	mapl map
夸 kua	dfnb dfn	蝰 kui	jdff	铼 lai	qgoy	痨 lao	uapl
侉 kua	wdfn wdf	夔 kui	uhtt uht	赉 lai	gomu gom	铹 lao	qapl qap
垮 kua	fdfn	傀 kui	wrqc wrq	睐 lai	hgoy hgo	醪 lao	sgne
挎 kua	rdfn	跬 kui	khff	赖 lai	gkim	老 lao	ftxb ftx
胯 kua	edfn edf	匮 kui	akhm akh	濑 lai	igkm	佬 lao	wftx wft
跨 kua	khdn khd	喟 kui	kleg kle	癞 lai	ugkm	姥 lao	vftx vft
蒯 kuai	aeej	愦 kui	nkhm	籁 lai	tgkm	栳 lao	sftx
块 kuai	fnwy fnw	愧 kui	nrqc nrq	兰 lan	uff	铑 lao	qftx
快 kuai	nnwy nnw	溃 kui	ikhm ikh	岚 lan	mmqu	潦 lao	idui
侩 kuai	wwfc	蒉 kui	akhm	拦 lan	rufg ruf	涝 lao	iapl iap
郐 kuai	wfcb	馈 kui	qnkm qnk	栏 lan	sufg suf	烙 lao	otkg otk
哙 kuai	kwfc	箦 kui	tkhm	婪 lan	ssvf ssv	耢 lao	dial
狯 kuai	qtwc	聩 kui	bkhm bkh	阑 lan	ugli	酪 lao	sgtk
脍 kuai	ewfc ewf	坤 kun	fjhh	蓝 lan	ajtl ajt	乐 le	qii qi
筷 kuai	tnnw tnn	昆 kun	jxxb jx	谰 lan	yugi yug	泐 le	ibln ibl
宽 kuan	pamq pa	琨 kun	gjxx gjx	澜 lan	iugi	勒 le	afln afl
髋 kuan	mepq	锟 kun	qjxx qjx	褴 lan	pujl	鳓 le	qgal
款 kuan	ffiw ffi	髡 kun	degq	斓 lan	yugi	雷 lei	flf
匡 kuang	agd	醌 kun	sgjx	篮 lan	tjtl	嫘 lei	vlxi vlx
诓 kuang	yagg	鲲 kun	qgjx	镧 lian	qugi lan	缧 lei	xlxi
哐 kuang	kagg kag	悃 kun	nlsy nls	览 lan	jtyq	檑 lei	sflg sfl
筐 kuang	tagf tag	捆 kun	rlsy rls	揽 lan	rjtq rjt	镭 lei	qflg qfl
狂 kuang	qtgg qtg	阃 kun	ulsi uls	缆 lan	xjtq xjt	羸 lei	ynky
诳 kuang	yqtg yqt	困 kun	lsi ls	榄 lan	sjtq	耒 lei	dii
夼 kuang	dkj	扩 kuo	ryt ry	漤 lan	issv	诔 lei	ydiy
邝 kuang	ybh	括 kuo	rtdg rtd	罱 lan	lfmf lfm	垒 lei	cccf
圹 kuang	fyt	栝 kuo	stdg	懒 lan	ngkm	磊 lei	dddf ddd
纩 kuang	xyt	蛞 kuo	jtdg	烂 lan	oufg	蕾 lei	aflf
况 kuang	ukqn ukq	阔 kuo	uitd uit	滥 lan	ijtl ijt	儡 lei	wlll wll
旷 kuang	jyt	廓 kuo	yybb	啷 lang	kyvb kyv	肋 lei	eln el
矿 kuang	dyt			郎 lang	yvcb	泪 lei	ihg
贶 kuang	mkqn mkq	**L**		狼 lang	qtye qty	类 lei	odu od
框 kuang	sagg	垃 la	fug	莨 liang	ayve ayv	累 lei	lxiu lx
眶 kuang	hagg hag	拉 la	rug ru	廊 lang	yyvb yyv	酹 lei	sgef
亏 kui	fnv	啦 la	krug kru	琅 lang	gyve gyv	擂 lei	rflg rfl
岿 kui	mjvf mjv	邋 la	vlqp vlq	榔 lang	syvb syv	嘞 lei	kafl kaf
悝 kui	njfg	旯 la	jvb	稂 lang	tyve tyv	塄 leng	flyn fly
盔 kui	dolf dol	砬 la	dug	锒 lang	qyve	棱 leng	sfwt sfw
窥 kui	pwfq	喇 la	kgkj kgk	螂 lang	jyvb jyv	楞 leng	slyn sl
奎 kui	dfff	剌 la	gkij	朗 lang	yvce yvc	稜 leng	slyn sly
逵 kui	fwfp	腊 la	eajg eaj	阆 lang	uyve uyv	冷 leng	uwyc uwy
馗 kui	vuth	瘌 la	ugkj	浪 lang	iyve iyv	愣 leng	nlyn nly
		蜡 la	jajg jaj				

汉字拼音	五笔编码	汉字拼音	五笔编码	汉字拼音	五笔编码	汉字拼音	五笔编码
厘 li	djfd	劳 li	adlb adl	羡 xian	awgt	劣 lie	itlb itl
梨 li	tjsu tjs	例 li	wgqj wgq	练 lian	xanw xan	洌 lie	ugqj ugq
仂 li	wln	戾 li	yndi ynd	娈 luan	yovf yov	洌 lie	igqj igq
叻 li	kln	枥 li	sdln sdl	炼 lian	oanw	埒 lie	fefy fef
狸 li	qtjf	疠 li	udnv	恋 lian	yonu yon	烈 lie	gqjo
离 li	ybmc yb	隶 li	vii	殓 lian	gqwi gqw	捩 lie	rynd
莉 li	atjj atj	俐 li	wtjh wtj	链 lian	qlpy qlp	猎 lie	qtaj qta
骊 li	cgmy cgm	俪 li	wgmy	楝 lian	sgli sgl	裂 lie	gqje
犁 li	tjrh tjr	栎 li	sqiy sqi	潋 lian	iwgt	趔 lie	fhgj
喱 li	kdjf	疬 li	udlv udl	良 liang	yvei yv	躐 lie	khvn
鹂 li	gmyg	荔 li	alll all	凉 liang	uyiy	鬣 lie	devn
漓 li	iybc	轹 li	lqiy lqi	梁 liang	ivws ivw	邻 lin	wycb
缡 li	xybc xyb	郦 li	gmyb	椋 liang	syiy	林 lin	ssy ss
蓠 li	aybc	栗 li	ssu	粮 liang	oyve oyv	临 lin	jtyj jty
蜊 li	jtjh jtj	猁 li	qttj	粱 liang	ivwo	啉 lin	kssy kss
嫠 li	fitv fit	砺 li	dddn	樑 liang	fivs fiv	淋 lin	issy iss
璃 li	gybc gyb	砾 li	dqiy dqi	踉 liang	khye	琳 lin	gssy gss
鲡 li	qggy	苈 li	awuf	两 liang	gmww	粼 lin	oqab
黎 li	tqti tqt	唳 li	kynd	俩 liang	wgmw wgm	嶙 lin	moqh moq
篱 li	tybc tyb	笠 li	tuf	魉 liang	rqcw	遴 lin	oqap oqa
罹 li	lnwy lnw	粒 li	oug	亮 liang	ypmb ypm	辚 lin	loqh loq
藜 li	atqi atq	粝 li	oddn odd	谅 liang	yyiy yyi	霖 lin	fssu fss
黧 li	tqto	蛎 li	jddn jdd	辆 liang	lgmw lgm	瞵 lin	hoqh hoq
蠡 li	xejj xej	傈 li	wssy wss	晾 liang	jyiy	磷 lin	doqh doq
礼 li	pynn	痢 li	utjk utj	量 liang	jgjf jg	鳞 lin	qgoh qgo
李 li	sbf sb	詈 li	lyf	量 liang	jgjf jgj	麟 lin	ynjh
里 li	jfd	跞 li	khqi	辽 liao	bpk bp	凛 lin	uyli uyl
俚 li	wjfg wjf	雳 li	fdlb	疗 liao	ubk	廪 lin	yyli
哩 li	kjfg kjf	溧 li	issy	聊 liao	bqtb bqt	懔 lin	nyli nyl
娌 li	vjfg	篥 li	tssu tss	僚 liao	wdui wdu	檩 lin	syli
逦 li	gmyp	奁 lian	daqu daq	寥 liao	pnwe pnw	吝 lin	ykf
理 li	gjfg gj	连 lian	lpk	廖 liao	ynwe ynw	赁 lin	wtfm
锂 li	qjfg qjf	帘 lian	pwmh pwm	嘹 liao	kdui	蔺 lin	auwy auw
鲤 li	qgjf	怜 ling	nwyc lia	寮 liao	pdui pdu	膦 lin	eoqh eoq
澧 li	imau ima	涟 lian	ilpy ilp	撩 liao	rdui rdu	躏 lin	khay
醴 li	sgmu	莲 lian	alpu alp	獠 liao	qtdi	拎 ling	rwyc
鳢 li	qgmu	联 lian	budy bu	缭 liao	xdui xdu	伶 ling	wwyc
力 li	ltn lt	裢 lian	pulp pul	燎 liao	odui	灵 ling	vou vo
历 li	dlv dl	廉 lian	yuvo	镣 liao	qdui qdu	囹 ling	lwyc lwy
厉 li	ddnv ddn	鲢 lian	qglp	鹩 liao	dujg	岭 ling	mwyc
立 li	uuuu uu	濂 lian	iyuo iyu	钌 liao	qbh	泠 ling	iwyc
吏 li	gkqi gkq	臁 lian	eyuo eyu	蓼 liao	anwe anw	苓 ling	awyc
丽 li	gmyy gmy	镰 lian	qyuo	了 liao	bnh b	柃 ling	swyc
利 li	tjh	蠊 lian	jyuo jyu	尥 liao	dnqy dnq	玲 ling	gwyc gwy
励 li	ddnl	敛 lian	wgit	料 liao	oufh ou	瓴 ling	wycn
呖 li	kdln kdl	琏 lian	glpy glp	撂 liao	rltk rlt	凌 ling	ufwt ufw
坜 li	fdln fdl	脸 lian	ewgi ew	咧 lie	kgqj kgq	铃 ling	qwyc
沥 li	idln idl	裣 lian	puwi	列 lie	gqjh gq	陵 ling	bfwt bfw

汉字拼音	五笔编码	汉字拼音	五笔编码	汉字拼音	五笔编码	汉字拼音	五笔编码
楧 ling	svoy svo	癃 long	ubtg	逯 lu	vipi	仑 lun	wxb
绫 ling	xfwt xfw	窿 long	pwbg pwb	鹿 lu	ynjx ynj	伦 lun	wwxn wwx
羚 ling	udwc	陇 long	bdxn bdx	禄 lu	pyvi pyv	囵 lun	lwxv
翎 ling	wycn	垄 long	dxff dxf	滤 lv	ihan iha	沦 lun	iwxn iwx
聆 ling	bwyc	垅 long	fdxn fdx	碌 lu	dviy dvi	纶 lun	xwxn xwx
菱 ling	afwt	拢 long	rdxn rdx	路 lu	khtk kht	轮 lun	lwxn lwx
蛉 ling	jwyc	娄 lou	ovf ov	漉 lu	iynx	论 lun	ywxn ywx
零 ling	fwyc	偻 lou	wovg wov	戮 lu	nwea nwe	捋 lv	refy
龄 ling	hwbc	喽 lou	kovg kov	辘 lu	lynx lyn	罗 luo	lqu lq
鲮 ling	qgft	蒌 lou	aovf aov	潞 lu	ikhk	猡 luo	qtlq
酃 ling	fkkb fkk	楼 lou	sovg sov	璐 lu	gkhk	脶 luo	ekmw ekm
领 ling	wycm	耧 lou	diov dio	簏 lu	tynx	萝 luo	alqu alq
令 ling	wycu wyc	蝼 lou	jovg jov	鹭 lu	khtg	逻 luo	lqpi lqp
另 ling	klb kl	髅 lou	meov meo	麓 lu	ssyx	椤 luo	slqy slq
吟 ling	kwyc	嵝 lou	movg mov	氇 lu	tfnj	锣 luo	qlqy qlq
溜 liu	iqyl	搂 lou	rovg ro	驴 lv	cynt cyn	箩 luo	tlqu tlq
熘 liu	oqyl	篓 lou	tovf tov	闾 lv	ukkd	骡 luo	clxi clx
刘 liu	yjh yj	陋 lou	bgmn bgm	榈 lv	sukk suk	镙 luo	qlxi qlx
浏 liu	iyjh	漏 lou	infy	吕 lv	kkf kk	螺 luo	jlxi jlx
流 liu	iycq iyc	瘘 lou	uovd uov	侣 lv	wkkg wkk	倮 luo	wjsy wjs
留 liu	qyvl	镂 lou	qovg qov	旅 lv	ytey	裸 luo	pujs
琉 liu	gycq gyc	露 lu	fkhk	稆 lv	tkkg tkk	瘰 luo	ulxi ulx
硫 liu	dycq dyc	噜 lu	kqgj kqg	铝 lv	qkkg qkk	蠃 luo	ynky
旒 liu	ytyq	撸 lu	rqgj rqg	屡 lv	novd no	泺 luo	iqiy iqi
遛 liu	qyvp	卢 lu	hne hn	偻 lv	novd nov	洛 luo	itkg itk
馏 liu	qnql	庐 lu	yyne	缕 lv	xovg xov	络 luo	xtkg xtk
骝 liu	cqyl	芦 lu	aynr	膂 lv	ytee	荦 luo	aprh apr
榴 liu	sqyl sqy	垆 lu	fhnt	褛 lv	puov puo	骆 luo	ctkg ctk
瘤 liu	uqyl	泸 lu	ihnt ihn	履 lv	nttt ntt	珞 luo	gtkg gtk
镏 liu	qqyl	炉 lu	oynt oyn	律 lv	tvfh	落 luo	aitk ait
鎏 liu	iycq	栌 lu	shnt	虑 lv	hani han	摞 luo	rlxi rlx
柳 liu	sqtb sqt	胪 lu	ehnt	率 lv	yxif yx	漯 luo	ilxi ilx
绺 liu	xthk xth	轳 lu	lhnt	绿 lv	xviy xv	雒 luo	tkwy
锍 liu	qycq	鸬 lu	hnqg hnq	氯 lv	rnvi rnv	**M**	
六 liu	uygy uy	舻 lu	tehn teh	孪 luan	yobf yob	妈 ma	vcg vc
鹨 liu	nweg	颅 lu	hndm	峦 luan	yomj yom	麻 ma	yssi yss
咯 luo	ktkg ktk	鲈 lu	qghn	娈 luan	yorj yor	蟆 ma	jajd
龙 long	dxv dx	卤 lu	hlqi hl	栾 luan	yosu yos	马 ma	cnng cn
咙 long	kdxn kdx	虏 lu	halv	鸾 luan	yoqg yoq	犸 ma	qtcg
泷 long	idxn idx	掳 lu	rhal rha	脔 luan	yomw	玛 ma	gcg
茏 long	adxb adx	鲁 lu	qgjf qgj	滦 luan	iyos	码 ma	dcg
栊 long	sdxn sdx	橹 lu	sqgj sqg	銮 luan	yoqf	蚂 ma	jcg
珑 long	gdxn gdx	鲁 lu	qqgj qqg	卵 luan	qyty qyt	杩 ma	scg
胧 long	edxn edx	陆 lu	bfmh bfm	乱 luan	tdnn tdn	骂 ma	kkcf kkc
砻 long	dxdf dxd	录 lu	viu vi	掠 lue	ryiy	吗 ma	kcg
笼 long	tdxb tdx	赂 lu	mtkg mtk	略 lue	ltkg ltk	嘛 ma	kyss ky
聋 long	dxbf dxb	辂 lu	ltkg	锊 lue	qefy	嬷 ma	kyss kys
隆 long	btgg btg	渌 lu	iviy ivi	抡 lun	rwxn rwx	埋 mai	fjfg fjf

汉字拼音	五笔编码	汉字拼音	五笔编码	汉字拼音	五笔编码	汉字拼音	五笔编码
唛 mai	kgty kgt	卯 mao	qtbh	懑 men	iagn	嘧 mi	kpnm kpn
霾 mai	feef	峁 mao	mqtb mqt	们 men	wun wu	蜜 mi	pntj
买 mai	nudu	泖 mao	iqtb iqt	虻 meng	jynn jyn	眠 mian	hnan hna
荚 mai	anud	茆 mao	aqtb	萌 meng	ajef aje	绵 mian	xrmh xr
劢 mai	dnln dnl	昴 mao	jqtb jqt	盟 meng	jelf jel	棉 mian	srmh srm
迈 mai	dnpv dnp	铆 mao	qqtb qqt	甍 meng	alpn	免 mian	qkqb qkq
麦 mai	gtu	茂 mao	adnt adn	瞢 meng	alph	沔 mian	ighn igh
卖 mai	fnud	冒 mao	jhf	朦 meng	eape eap	黾 mian	kjnb kjn
脉 mai	eyni	贸 mao	qyvm qyv	檬 meng	sape sap	勉 mian	qkql
颟 man	agmm	耄 mao	ftxn	礞 meng	dape dap	眄 mian	hghn hgh
蛮 man	yoju yoj	袤 mao	ycbe	艨 meng	teae	娩 mian	vqkq vqk
馒 man	qnjc	帽 mao	mhjh mhj	勐 meng	blln bll	冕 mian	jqkq
瞒 man	hagw	瑁 mao	gjhg	猛 meng	qtbl	湎 mian	idmd idm
鞔 man	afqq	瞀 mao	cbth	蒙 weng	apge apg	缅 mian	xdmd
鳗 man	qgjc	貌 mao	eerq	锰 meng	qblg qbl	腼 mian	edmd
满 man	iagw	懋 mao	scbn	艋 meng	tebl	面 mian	dmjd dm
螨 man	jagw	么 me	tcu tc	蜢 meng	jblg jbl	喵 miao	kalg kal
曼 man	jlcu jlc	没 mei	imcy im	懵 meng	nalh nal	苗 miao	alf
谩 man	yjlc yjl	枚 mei	sty	蠓 meng	jape jap	描 miao	ralg ral
墁 man	fjlc fjl	玫 mei	gty gt	孟 meng	blf	瞄 miao	halg hal
幔 man	mhjc	眉 mei	nhd	梦 meng	ssqu ssq	鹋 miao	alqg
慢 man	njlc nj	莓 mei	atxu atx	咪 mi	koy	杪 miao	sitt sit
漫 man	ijlc	梅 mei	stxu stx	弥 mi	xqiy xqi	眇 miao	hitt hit
缦 man	xjlc xjl	媒 mei	vafs vaf	祢 mi	pyqi pyq	秒 miao	titt ti
蔓 man	ajlc ajl	嵋 mei	mnhg mnh	迷 mi	opi op	淼 miao	iiiu
熳 man	ojlc ojl	湄 mei	inhg inh	猕 mi	qtxi	渺 miao	ihit
镘 man	qjlc qjl	猸 mei	qtnh	谜 mi	yopy	缈 miao	xhit xhi
邙 mang	ynbh ynb	楣 mei	snhg snh	醚 mi	sgop sgo	藐 miao	aeeq aee
忙 mang	nynn	煤 mei	oafs oa	糜 mi	ysso	邈 miao	eerp
芒 mang	aynb ayn	酶 mei	sgtu	縻 mi	yssi	妙 miao	vitt vit
氓 mang	ynna	鹛 mei	qnhg qnh	麋 mi	ynjo	庙 miao	ymd
盲 mang	ynhf ynh	鹏 mei	nhqg nhq	靡 mi	yssd	咩 mie	kudh kud
茫 mang	aiyn aiy	霉 mei	ftxu	蘼 mi	aysd	灭 mie	goi
硭 mang	dayn day	每 mei	txgu txg	米 mi	oyty oy	蔑 mie	aldt
莽 mang	adaj ada	美 mei	ugdu	芈 mi	gjgh	篾 mie	tldt
漭 mang	iada	浼 mei	iqkq iqk	弭 mi	xbg	蠛 mie	jalt jal
蟒 mang	jada	镁 mei	qugd qug	籴 mi	oty	民 min	nav n
猫 mao	qtal	妹 mei	vfiy vfi	脒 mi	eoy	岷 min	mnan mna
毛 mao	tfnv tfn	昧 mei	jfiy jfi	眯 mi	hoy ho	玟 min	gyy
矛 mao	cbtr cbt	袂 mei	punw pun	糸 mi	xiu	苠 min	anab ana
牦 mao	trtn	媚 mei	vnhg vnh	汨 mi	ijg	珉 min	gnan gna
茅 mao	acbt	寐 mei	pnhi	宓 mi	pntr	缗 min	xnaj xna
旄 mao	yttn	魅 mei	rqci	泌 mi	intt int	皿 min	lhng lhn
蛑 mou	jcrh jcr	门 men	uyhn uyh	觅 mi	emqb emq	闵 min	uyi
锚 mao	qalg qal	扪 men	run	秘 mi	tntt tn	抿 min	rnan rna
髦 mao	detn	钔 men	qun	密 mi	pntm pnt	泯 min	inan ina
蝥 mao	cbtj	闷 men	uni	幂 mi	pjdh pjd	闽 min	uji
蟊 mao	cbtj	焖 men	ouny oun	谧 mi	yntl	悯 min	nuyy nuy

汉字拼音	五笔编码	汉字拼音	五笔编码	汉字拼音	五笔编码	汉字拼音	五笔编码
敏 min	txgt	哞 mou	kcrh kcr	蜩 nai	ehnn ehn	拟 ni	rnyw rny
憨 min	natn	牟 mou	crhj cr	囡 nan	lvd	旎 ni	ytnx
鳘 min	txgg	侔 mou	wcrh wcr	男 nan	llb ll	昵 ni	jnxn jnx
名 ming	qkf qk	眸 mou	hcrh hcr	南 nan	fmuf fm	逆 ni	ubtp ubt
明 ming	jeg je	谋 mou	yafs yaf	南 nan	fmuf fmu	匿 ni	aadk
鸣 ming	kqyg kqy	鍪 mou	cbtq	难 nan	cwyg cw	溺 ni	ixuu ixu
茗 ming	aqkf	某 mou	afsu afs	喃 nan	kfmf kfm	睨 ni	hvqn hvq
冥 ming	pjuu pju	母 mu	xgui xgu	楠 nan	sfmf sfm	腻 ni	eafm eaf
铭 ming	qqkg qqk	毪 mu	tfnh	赧 nan	fobc	拈 nian	rhkg
溟 ming	ipju	亩 mu	ylf	腩 nan	efmf efm	年 nian	rhfk rh
暝 ming	jpju	牡 mu	trfg	蝻 nan	jfmf jfm	鲇 nian	qghk
瞑 ming	hpju hpj	姆 mu	vxgu vx	囔 nang	kgke	鲶 nian	qgwn
螟 ming	jpju jpj	拇 mu	rxgu rxg	囊 nang	gkhe gkh	黏 nian	twik
酩 ming	sgqk	木 mu	ssss	馕 nang	qnge	捻 nian	rwyn
命 ming	wgkb	仫 mu	wtcy	曩 nang	jyke jyk	辇 nian	fwfl
谬 miu	ynwe	目 mu	hhhh	攘 nang	rgke	撵 nian	rfwl
缪 miu	xnwe xnw	沐 mu	isy	孬 nao	givb giv	碾 nian	dnae dna
摸 mo	rajd	坶 mu	fxgu fxg	呶 nao	kvcy kvc	廿 nian	aghg agh
谟 mo	yajd yaj	牧 mu	trty trt	挠 nao	ratq	念 nian	wynn
嬷 mo	vajd	苜 mu	ahf	硇 nao	dtlq dtl	埝 nian	fwyn
馍 mo	qnad	钼 mu	qhg	铙 nao	qatq qat	娘 niang	vyve vyv
摹 mo	ajdr	募 mu	ajdl ajd	猱 nao	qtcs	酿 niang	sgye
模 mo	sajd saj	墓 mu	ajdf	蛲 nao	jatq	鸟 niao	qyng
膜 mo	eajd	幕 mu	ajdh	垴 nao	fybh	茑 niao	aqyg
麽 mo	yssc	睦 mu	hfwf hf	恼 nao	nybh nyb	袅 niao	qyne
嬷 mo	vysc vys	慕 mu	ajdn	脑 nao	eybh eyb	嬲 niao	llvl llv
摩 mo	yssr	暮 mu	ajdj	瑙 nao	gvtq gvt	尿 niao	nii
磨 mo	yssd	穆 mu	trie tri	闹 nao	uymh uym	脲 niao	eniy eni
蘑 mo	ays aysd	**N**		淖 nao	ihjh ihj	捏 nie	rjfg
魔 mo	yssc	拿 na	wgkr	讷 ne	ymwy ymw	陧 nie	bjfg bjf
抹 mo	rgsy rgs	镎 na	qwgr	呢 ne	knxn knx	涅 nie	ijfg
末 mo	gsi gs	哪 na	kvfb kv	馁 nei	qnev qne	聂 nie	bccu nie
殁 mo	gqmc	那 na	vfbh vfb	内 nei	mwi mw	臬 nie	thsu
沫 mo	igsy igs	纳 na	xmwy xmw	嫩 nen	vgkt vgk	乜 nie	nnv
茉 mo	agsu ags	肭 na	emwy emw	能 neng	cexx ce	啮 nie	khwb
陌 mo	bdjg bdj	娜 na	vvfb vvf	嗯 ng	kldn	嗫 nie	kbcc kbc
秣 mo	tgsy tgs	衲 na	pumw	妮 ni	vnxn vnx	镊 nie	qbcc qbc
莫 mo	ajdu ajd	呐 na	kmwy kmw	尼 ni	nxv nx	镍 nie	qths qth
寞 mo	pajd paj	钠 na	qmwy qmw	坭 ni	fnxn fnx	颞 nie	bccm
漠 mo	iajd iaj	捺 na	rdfi	怩 ni	nnxn nnx	蹑 nie	khbc khb
蓦 mo	ajdc	乃 nai	etn	泥 ni	inxn inx	孽 nie	awnb
貊 mo	eedj eed	奶 nai	ven ve	倪 ni	wvqn wvq	蘖 nie	awns
墨 mo	lfof	艿 nai	aeb	铌 ni	qnxn qnx	您 nin	wqin
瘼 mo	uajd	氖 nai	rnev rne	猊 ni	qtvq	宁 ning	psj ps
镆 mo	qajd	奈 nai	dfiu dfi	霓 ni	fvqb fvq	咛 ning	kpsh kps
默 mo	lfod	柰 nai	sfiu	鲵 ni	qgvq	拧 ning	rpsh rps
貘 mo	eead eea	耐 nai	dmjf	伲 ni	wnxn wnx	狞 ning	qtps qtp
耱 mo	diyd diy	萘 nai	adfi	你 ni	wqiy wq	柠 ning	spsh sps

汉字拼音	五笔编码	汉字拼音	五笔编码	汉字拼音	五笔编码	汉字拼音	五笔编码
柠 ning	bpsh bps	鸥 ou	aqqg	榜 pang	diuy	捧 peng	rdwh rdw
凝 ning	uxth uxt	呕 ou	kaqy	胖 pang	eufh euf	碰 peng	duog duo
佞 ning	wfvg wfv	偶 ou	wjmy wjm	抛 pao	rvln rvl	丕 pi	gigf
泞 ning	ipsh ips	耦 ou	dijy dij	脬 pao	eebg eeb	批 pi	rxxn rx
甯 ning	pnej pne	藕 ou	adiy	刨 pao	qnjh	纰 pi	xxxn
妞 niu	vnfg vnf	怄 ou	naqy naq	咆 pao	kqnn kqn	邳 pi	gigb
牛 niu	rhk	沤 ou	iaqy iaq	庖 pao	yqnv yqn	坏 pi	fgig
忸 niu	nnfg nnf	**P**		狍 pao	qtqn	披 pi	rhcy rhc
扭 niu	rnfg rnf	趴 pa	khwy khw	炮 pao	oqnn oq	砒 pi	dxxn dxx
狃 niu	qtnf	啪 pa	krrg krr	袍 pao	puqn puq	铍 pi	qhcy qhc
纽 niu	xnfg xnf	葩 pa	arcb arc	匏 pao	dfnn	劈 pi	nkuv
钮 niu	qnfg qnf	杷 pa	scn	跑 pao	khqn khq	噼 pi	knku knk
农 nong	pei	爬 pa	rhyc	泡 pao	iqnn iqn	霹 pi	fnku fnk
侬 nong	wpey wpe	耙 pa	dicn dic	疱 pao	uqnv uqn	皮 pi	hci hc
哝 nong	kpey kpe	琶 pa	ggcb ggc	呸 pei	kgig kgi	芘 pi	axxb axx
浓 nong	ipey ipe	筢 pa	trcb trc	胚 pei	egig egi	枇 pi	sxxn
脓 nong	epey epe	帕 pa	mhrg mhr	醅 pei	sguk	毗 pi	lxxn lxx
弄 nong	gaj	怕 pa	nrg nr	陪 pei	bukg buk	疲 pi	uhci uhc
耨 nou	didf did	拍 pai	rrg	培 pei	fukg fuk	蚍 pi	jxxn
奴 nu	vcy	俳 pai	wdjd	赔 pei	mukg muk	郫 pi	rtfb
孥 nu	vcbf	徘 pai	tdjd	锫 pei	qukg	陴 pi	brtf brt
弩 nu	vccf vcc	排 pai	rdjd rdj	裴 pei	djde	啤 pi	krtf krt
努 nu	vclb vcl	牌 pai	thgf	沛 pei	igmh	埤 pi	frtf frt
驽 nu	vcxb vcx	哌 pai	krey kre	佩 pei	wmgh wmg	琵 pi	ggxx ggx
胬 nu	vcmw	派 pai	irey ire	帔 pei	mhhc	脾 pi	ertf ert
怒 nu	vcnu vcn	湃 pai	irdf ird	旆 pei	ytgh ytg	罴 pi	lfco
女 nv	vvvv vvv	蒎 pai	aire air	配 pei	sgnn sgn	蜱 pi	jrtf jrt
钕 nv	qvg	潘 pan	itol	辔 pei	xlxk xlx	貔 pi	eetx
恧 nv	dmjn	攀 pan	sqqr sqq	霈 pei	figh fig	鼙 pi	fkuf
衄 nv	tlnf	爿 pan	nhde	喷 pen	kfam kfa	匹 pi	aqv
疟 nue	uagd	盘 pan	telf tel	盆 pen	wvlf wvl	庀 pi	yxv
虐 nue	haag haa	磐 pan	temd	溢 pen	iwvl	仳 pi	wxxn wxx
暖 nuan	jefc jef	蹒 pan	khaw	怦 peng	nguh ngu	圮 pi	fnn
挪 nuo	rvfb rvf	蟠 pan	jtol	抨 peng	rguh	痞 pi	ugik ugi
傩 nuo	wcwy	判 pan	udjh	砰 peng	dguh dgu	擗 pi	rnku rnk
诺 nuo	yadk yad	泮 pan	iufh iuf	烹 peng	ybou ybo	癖 pi	unku unk
喏 nuo	kadk	叛 pan	udrc	嘭 peng	kfke	屁 pi	nxxv nxx
搦 nuo	rxuu rxu	盼 pan	hwvn hwv	朋 peng	eeg ee	淠 pi	ilgj
锘 nuo	qadk qad	畔 pan	lufh luf	堋 peng	feeg fee	媲 pi	vtlx vtl
懦 nuo	nfdj	袢 pan	puuf puu	彭 peng	fkue	睥 pi	hrtf hrt
糯 nuo	ofdj ofd	襻 pan	pusr	棚 peng	seeg see	僻 pi	wnk wnku
O		乓 pang	rgyu rgy	硼 peng	deeg dee	甓 pi	nkun
噢 o	ktmd	膀 pang	eupy eup	蓬 peng	atdp	譬 pi	nkuy
哦 o	ktrt ktr	滂 peng	iupy iup	鹏 peng	eeqg eeq	片 pian	thgn thg
讴 ou	yaqy yaq	庞 pang	ydxv ydx	澎 peng	ifke	偏 pian	wyna
欧 ou	aqqw aqq	逄 pang	tahp tah	篷 peng	ttdp	犏 pian	trya
殴 ou	aqmc aqm	旁 peng	upyb upy	膨 peng	efke efk	篇 pian	tyna
瓯 ou	aqgn	螃 pang	jupy jup	蟛 peng	jfke	翩 pian	ynmn

汉字拼音	五笔编码	汉字拼音	五笔编码	汉字拼音	五笔编码	汉字拼音	五笔编码
骈 pian	cuah cua	颇 po	hcdm hcd	桤 qi	smnn	綮 qi	ynti
胼 pian	euah eua	婆 po	ihcv	戚 qi	dhit dhi	气 qi	rnb
蹁 pian	khya	鄱 po	tolb	萋 qi	agvv agv	讫 qi	ytnn
谝 pian	yyna	皤 po	rtol	期 qi	adwe	汔 qi	itnn itn
骗 pian	cyna	叵 po	akd	欺 qi	adww	迄 qi	tnpv tnp
剽 piao	sfij	钷 po	qakg qak	嘁 qi	kdht	弃 qi	ycaj yca
漂 piao	isfi isf	笸 po	takf	槭 qi	sdht	汽 qi	irnn irn
缥 piao	xsfi xsf	迫 po	rpd	漆 qi	iswi isw	泣 qi	iug
飘 piao	sfiq	珀 po	grg	蹊 qi	khed	契 qi	dhvd dhv
螵 piao	jsfi jsf	破 po	dhcy dhc	亓 qi	fjj	砌 qi	davn dav
瓢 piao	sfiy	粕 po	org	祁 qi	pybh pyb	荠 qi	ayjj
殍 piao	gqeb	魄 po	rrqc	齐 qi	yjj	葺 qi	akbf akb
瞟 piao	hsfi hsf	剖 pou	ukjh ukj	圻 qi	frh	碛 qi	dgmy dgm
票 piao	sfiu	掊 pou	rukg ruk	岐 qi	mfcy mfc	器 qi	kkdk kkd
嘌 piao	ksfi ksf	裒 pou	yveu	芪 qi	aqab aqa	憩 qi	tdtn
嫖 piao	vsfi vsf	仆 pu	why	其 qi	adwu adw	掐 qia	rqvg rqv
气 pie	rntr	支 pu	hcu	奇 qi	dskf	葜 qia	adhd
撇 pie	rumt	扑 pu	rhy	歧 qi	hfcy hfc	恰 qia	nwgk
瞥 pie	umih	铺 pu	qgey qge	祈 qi	pyrh pyr	袷 qia	puwk
丿 pie	ttll ttl	噗 pu	kogy kog	耆 qi	ftxj	洽 qia	iwgk iwg
苤 pie	agig agi	匍 pu	qgey	脐 qi	eyjh eyj	髂 qia	mepk mep
姘 pin	vuah vua	莆 pu	agey age	颀 qi	rdmy rdm	千 qian	tfk
拼 pin	ruah rua	菩 pu	aukf auk	崎 qi	mdsk mds	仟 qian	wtfh
贫 pin	wvmu wvm	葡 pu	aqgy aqg	淇 qi	iadw	阡 qian	btfh btf
嫔 pin	vprw vpr	蒲 pu	aigy	萁 qi	aadw	扦 qian	rtfh
频 pin	hidm hid	璞 pu	gogy	骐 qi	cadw	芊 qian	atfj atf
颦 pin	hidf	濮 pu	iwoy iwo	骑 qi	cdsk cds	迁 qian	tfpk tfp
品 pin	kkkf kkk	镤 pu	qogy qog	棋 qi	sadw sad	佥 qian	wgif
榀 pin	skkk skk	朴 pu	shy	琦 qi	gdsk gds	岍 qian	mgah
牝 pin	trxn trx	圃 pu	lgey	琪 qi	gadw gad	钎 qian	qtfh qtf
娉 ping	vmgn	埔 pu	fgey	祺 qi	pyaw pya	牵 qian	dprh dpr
聘 pin	bmgn bmg	浦 pu	igey	蛴 qi	jyjh jyj	悭 qian	njcf njc
乒 ping	rgtr rgt	脯 pu	egey ege	旗 qi	ytaw yta	铅 qian	qmkg qmk
傅 ping	wmgn	普 pu	uogj uo	綦 qi	adwi	谦 qian	yuvo yuv
平 ping	guhk gu	溥 pu	igef	蜞 qi	jadw jad	愆 qian	tifn
平 ping	guhk guh	谱 pu	yuoj yuo	蕲 qi	aujr	签 qian	twgi
评 ping	yguh ygu	氆 pu	tfnj	鳍 qi	qgfj	骞 qian	pfjc
凭 ping	wtfm	镨 pu	quoj quo	麒 qi	ynjw	搴 qian	pfjr
坪 ping	fguh fgu	蹼 pu	khoy kho	乞 qi	tnb	塞 qian	pfje
苹 ping	aguh agu	瀑 pu	ijai ija	企 qi	whf	前 qian	uejj ue
屏 ping	nuak nua	曝 pu	jjai jja	屺 qi	mnn	前 qian	uejj uej
枰 ping	sguh sgu			岂 qi	mnb mn	钤 qian	qwyn
瓶 ping	uagn uag	**Q**		芑 qi	anb	虔 qian	hayi hay
萍 ping	aigh	七 qi	agn ag	启 qi	ynkd ynk	钱 qian	qgt qg
鲆 ping	qggh qgg	沏 qi	iavn iav	杞 qi	snn	钳 qian	qafg qaf
钋 po	qhy	妻 qi	gvhv gv	起 qi	fhnv fhn	乾 qian	fjtn fjt
坡 po	fhcy fhc	柒 qi	iasu ias	绮 qi	xdsk xds	掮 qian	ryne
泼 po	inty	凄 qi	ugvv	栖 qi	ssg	箝 qian	traf

汉字拼音	五笔编码	汉字拼音	五笔编码	汉字拼音	五笔编码	汉字拼音	五笔编码
潜 qian	ifwj ifw	桥 qiao	stdj std	倾 qing	wxdm wxd	裘 qiu	fiye
黔 qian	lfon	谯 qiao	ywyo	卿 qing	qtvb	蝤 qiu	jusg jus
浅 qian	igt	憔 qiao	nwyo	圊 qing	lged	鮴 qiu	thlv
肷 qian	eqwy eqw	樵 qiao	swyo	清 qing	igeg	糗 qiu	othd
慊 qian	nuvo nuv	瞧 qiao	hwyo hwy	蜻 qing	jgeg	区 qu	aqi aq
遣 qian	khgp	巧 qiao	agnn	鲭 qing	qgge	曲 qu	mad ma
谴 qian	ykhp	愀 qiao	ntoy nto	情 qing	ngeg nge	岖 qu	maqy maq
缱 qian	xkhp	俏 qiao	wieg wie	晴 qing	jgeg jge	诎 qu	ybmh
欠 qian	qwu qw	诮 qiao	yieg yie	氰 qing	rnge	驱 qu	caqy caq
芡 qian	aqwu aqw	峭 qiao	mieg mi	擎 qing	aqkr	屈 qu	nbmk nbm
茜 qian	asf	窍 qiao	pwan	檠 qing	aqks	祛 qu	pyfc
倩 qian	wgeg	翘 qiao	atgn	黥 qing	lfoi	蛆 qu	jegg
堑 qian	lrff lrf	撬 qiao	rtfn	苘 qing	amkf amk	躯 qu	tmdq
嵌 qian	mafw maf	鞘 qiao	afie	顷 qing	xdmy xd	蛐 qu	jmag jma
椠 qian	lrsu lrs	切 qie	avn av	请 qing	ygeg yge	趋 qu	fhqv
歉 qian	uvow	茄 qie	alkf	磬 qing	fnmy	麴 qu	fwwo
呛 qiang	kwbn kwb	且 qie	egd eg	庆 qing	ydi yd	駸 qu	lfot
羌 qiang	udnb	姜 qie	uvf	箐 qing	tgef tge	劬 qu	qkln qkl
戕 qiang	nhda	怯 qie	nfcy	磬 qing	fnmd	胠 qu	eqkg eqk
饯 qiang	wbat wba	窃 qie	pwav	罄 qing	fnmm	鸲 qu	qkqg
枪 qiang	swbn swb	挈 qie	dhvr	跫 qiong	amyh	渠 qu	ians
跄 qiang	khwb	惬 qie	nagw nag	銎 qiong	amyq	蕖 qu	aias
腔 qiang	epwa epw	箧 qie	tagw	邛 qiong	abh	磲 qu	dias
蜣 qiang	judn	锲 qie	qdhd qdh	穷 qiong	pwlb pwl	璩 qu	ghae
锖 qiang	qgeg	亲 qin	usu us	穹 qiong	pwxb pwx	蘧 qu	ahap aha
锵 qiang	quqf	侵 qin	wvpc wvp	茕 qiong	apnf apn	氍 qu	hhwn
镪 qiang	qxkj qxk	钦 qin	qqwy qqw	筇 qiong	tabj tab	癯 qu	uhhy uhh
强 qiang	xkjy xk	衾 qin	wyne	琼 qiong	gyiy	衢 qu	thhh
墙 qiang	ffuk	芩 qin	awyn	蛩 qiong	amyj	蠼 qu	jhhc
嫱 qiang	vfuk	芹 qin	arj	丘 qiu	rgd	取 qu	bcy bc
蔷 qiang	afuk afu	秦 qin	dwtu dwt	邱 qiu	rgbh rgb	娶 qu	bcvf bcv
樯 qiang	sfuk sfu	琴 qin	ggwn ggw	秋 qiu	toy to	蝺 qu	hwby
抢 qiang	rwbn rwb	禽 qin	wybc wyb	蚯 qiu	jrgg	去 qu	fcu
羟 qiang	udca	勤 qin	akgl	楸 qiu	stoy sto	阒 qu	uhdi uhd
襁 qiang	puxj pux	嗪 qin	kdwt	鳅 qiu	qgto	觑 qu	haoq
炝 qiang	owbn owb	溱 qin	idwt idw	囚 qiu	lwi	趣 qu	fhbc fhb
悄 qiao	nieg ni	噙 qin	kwyc	犰 qiu	qtvn	俊 quan	ncwt ncw
悄 qiao	nieg nie	擒 qin	rwyc	求 qiu	fiyi fiy	圈 quan	lud ludb
硗 qiao	datq dat	檎 qin	swyc	虬 qiu	jnn	全 quan	wgf wg
跷 qiao	khaq	螓 qin	jdwt	泅 qiu	ilwy ilw	权 quan	scy sc
劁 qiao	wyoj	镁 qin	qvpc qvp	俅 qiu	wfiy	诠 quan	ywgg ywg
敲 qiao	ymkc	寝 qin	puvc	酋 qiu	usgf	泉 quan	riu
锹 qiao	qtoy qto	吣 qin	kny	逑 qiu	fiyp	荃 quan	awgf
橇 qiao	stfn stf	沁 qin	iny in	球 qiu	gfiy gfi	拳 quan	udrj udr
缲 qiao	xkks xkk	揿 qin	rqqw rqq	湫 qiu	itoy	辁 quan	lwgg
乔 qiao	tdjj tdj	青 qing	gef	赇 qiu	mfiy mfi	痊 quan	uwgd uwg
侨 qiao	wtdj wtd	氢 qing	rnca rnc	巯 qiu	cayq cay	铨 quan	qwgg qwg
荞 qiao	atdj	轻 qing	lcag lc	遒 qiu	usgp	筌 quan	twgf

汉字 拼音	五笔编码	汉字 拼音	五笔编码	汉字 拼音	五笔编码	汉字 拼音	五笔编码
蜷 quan	judb	仁 ren	wfg	襦 ru	pufj	糁 san	ocde ocd
醛 quan	sgag	壬 ren	tfd	蠕 ru	jfdj	徽 san	qnat
鬈 quan	deub deu	忍 ren	vynu	颥 ru	fdmm	桑 sang	cccs
颧 quan	akkm akk	荏 ren	awtf	汝 ru	ivg	嗓 sang	kccs kcc
犬 quan	dgty	稔 ren	twyn	乳 ru	ebnn ebn	搡 sang	rccs
畎 quan	ldy	刃 ren	vyi	辱 ru	dfef	磉 sang	dccs dcc
绻 quan	xudb	认 ren	ywy yw	入 ru	tyi ty	颡 sang	cccm
劝 quan	cln cl	仞 ren	wvyy wvy	洳 ru	ivkg	丧 sang	fueu fue
券 quan	udvb udv	任 ren	wtfg wtf	溽 ru	idff	搔 sao	rcyj
炔 que	onwy onw	纫 ren	xvyy xvy	缛 ru	xdff	骚 sao	ccyj
缺 que	rmn rmnw	妊 ren	vtfg vtf	蓐 ru	adff	缫 sao	xvjs xvj
瘸 que	ulkw	轫 ren	lvyy lvy	褥 ru	pudf	臊 sao	ekks
却 que	fcbh fcb	韧 ren	fnhy	阮 ruan	bfqn bfq	鳋 sao	qgcj
悫 que	fpmn	饪 ren	qntf	朊 ruan	efqn efq	扫 sao	rvg rv
雀 que	iwyf	衽 ren	putf	软 ruan	lqwy lqw	嫂 sao	vvhc vvh
确 que	dqeh dqe	恁 ren	wtfn	蕤 rui	aetg	埽 sao	fvph fvp
阕 que	uwgd	扔 reng	ren re	蕊 rui	annn ann	瘙 sao	ucyj ucy
阙 que	uubw uub	仍 reng	wen we	芮 ruo	amwu rui	色 se	qcb qc
鹊 que	ajqg ajq	日 ri	jjjj	枘 rui	smwy smw	涩 se	ivyh ivy
榷 que	spwy	戎 rong	ade	蚋 rui	jmwy jmw	啬 se	fulk
逡 qun	cwtp	肜 rong	eet	锐 rui	qukq quk	铯 se	qqcn
裙 qun	puvk	狨 rong	qtad	瑞 rui	gmdj gmd	瑟 se	ggnt ggn
群 qun	vtkd vtk	绒 rong	xadt xad	睿 rui	hpgh	穑 se	tfuk
R		茸 rong	abf	闰 run	ugd ug	森 sen	sssu sss
蚺 ran	jmfg jmf	荣 rong	apsu aps	润 run	iugg	僧 seng	wulj wul
然 ran	qdou qd	容 rong	pwwk pww	若 ruo	adkf adk	杀 sha	qsu
然 ran	qdou qdo	嵘 rong	maps	偌 ruo	wadk wad	沙 sha	iitt iit
髯 ran	demf dem	溶 rong	ipwk	弱 ruo	xuxu xu	纱 sha	xitt xi
燃 ran	oqdo	蓉 rong	apwk apw	弱 ruo	xuxu xux	刹 sha	qsjh qsj
冉 ran	mfd	榕 rong	spwk	箬 ruo	tadk	砂 sha	ditt di
苒 ran	amff amf	熔 rong	opwk opw	**S**		莎 sha	aiit
染 ran	ivsu ivs	蝾 rong	japs	仨 sa	wdg	铩 sha	qqsy qqs
禳 rang	pyye	融 rong	gkmj gkm	撒 sa	rae raet	痧 sha	uiit uii
瓤 rang	ykky	冗 rong	pmb	洒 sa	isg is	裟 sha	iite
穰 reng	tyke tyk	柔 rou	cbts	卅 sa	gkk	鲨 sha	iitg
嚷 rang	kyke kyk	揉 rou	rcbs	飒 sa	umqy	傻 sha	wtlt
壤 rang	fyke fyk	糅 rou	ocbs ocb	脎 sa	eqsy eqs	唼 sha	kuvg kuv
攘 rang	ryke ryk	蹂 rou	khcs	萨 sa	abut abu	啥 sha	kwfk
让 rang	yhg yh	鞣 rou	afcs	塞 sai	pfjf	歃 sha	tfvw
荛 rao	aatq aat	肉 rou	mwwi mww	腮 sai	elny	煞 sha	qvto qvt
饶 rao	qnaq qna	如 ru	vkg vk	噻 sai	kpff kpf	霎 sha	fuvf fuv
桡 rao	satq sat	茹 ru	avkf avk	鳃 sai	qgln qgl	筛 shai	tjgh tjg
扰 rao	rdnn rdn	铷 ru	qvkg qvk	赛 sai	pfjm	晒 shai	jsg
娆 rao	vatq vat	儒 ru	wfdj wfd	三 san	dggg dg	山 shan	mmmm mmm
绕 rao	xatq xat	嚅 ru	kfdj kfd	叁 san	cddf cdd	删 shan	mmgj
惹 ruo	adkn re	孺 ru	bfdj bfd	毵 san	cden	杉 shan	set
热 re	rvyo	濡 ru	ifdj ifd	伞 san	wuhj wuh	芟 shan	amcu amc
人 ren	wwww w	薷 ru	afdj	散 san	aety aet	姍 shan	vmmg vmm

汉字	拼音	五笔编码	汉字	拼音	五笔编码	汉字	拼音	五笔编码	汉字	拼音	五笔编码
衫	shan	puet pue	芍	shao	aqyu aqy	渗	shen	icde icd	始	shi	vckg vck
钐	shan	qet	苕	shao	avkf	慎	shen	nfhw nfh	驶	shi	ckqy ckq
埏	shan	fthp fth	韶	shao	ujvk ujv	椹	shen	sadn	屎	shi	noi
珊	shan	gmmg gmm	少	shao	itr it	蜃	shen	dfej	士	shi	fghg
舢	shan	temh	劭	shao	vkln vkl	升	sheng	tak	氏	shi	qav qa
跚	shan	khmg	邵	shao	vkbh vkb	生	sheng	tgd tg	世	shi	anv an
煽	shan	oynn	绍	shao	xvkg xvk	声	sheng	fnr	仕	shi	wfg
潸	shan	isse	哨	shao	kieg kie	牲	sheng	trtg	市	shi	ymhj
膻	shan	eylg eyl	潲	shao	itie iti	胜	sheng	etgg etg	示	shi	fiu fi
闪	shan	uwi uw	奢	she	dftj dft	笙	sheng	ttgf	式	shi	aad
陕	shan	bguw bgu	猞	she	qtwk	甥	sheng	tgll	事	shi	gkvh gk
讪	shan	ymh	赊	she	mwfi mwf	渑	sheng	ikjn ikj	侍	shi	wffy wff
汕	shan	imh	畲	she	wfil	绳	sheng	xkjn	势	shi	rvyl
疝	shan	umk	舌	she	tdd	省	sheng	ithf ith	视	shi	pymq pym
苫	shan	ahkf ahk	佘	she	wfiu	眚	sheng	tghf	试	shi	yaag yaa
剡	shan	oojh ooj	蛇	she	jpxn jpx	圣	sheng	cff	饰	shi	qnth
扇	shan	ynnd	舍	she	wfkf wfk	晟	sheng	jdnt jdn	室	shi	pgcf pgc
善	shan	uduk	厍	she	dlk	盛	sheng	dnnl	恃	shi	nffy nff
骟	shan	cynn	设	she	ymcy ymc	剩	sheng	tuxj	拭	shi	raag raa
鄯	shan	udub	社	she	pyfg py	嵊	sheng	mtuq mtu	是	shi	jghu j
缮	shan	xudk xud	射	she	tmdf	尸	shi	nngt	柿	shi	symh
嬗	shan	vylg	涉	she	ihit ihi	失	shi	rwi rw	贳	shi	anmu anm
擅	shan	rylg ryl	赦	she	foty fot	师	shi	jgmh jgm	适	shi	tdpd tdp
膳	shan	eudk	慑	she	nbcc nbc	虱	shi	ntji ntj	舐	shi	tdqa
赡	shan	mqdy mqd	摄	she	rbcc	诗	shi	yffy yff	轼	shi	laag laa
蟮	shan	judk	滠	she	ibcc ibc	施	shi	ytbn ytb	逝	shi	rrpk rrp
鳝	shan	qguk	麝	she	ynjf	狮	shi	qtjh	铈	shi	qymh
伤	shang	wtln wtl	申	shen	jhk	湿	shi	ijog ijo	弑	shi	qsaa qsa
殇	shang	gqtr	伸	shen	wjhh wjh	蓍	shi	aftj	谥	shi	yuwl yuw
商	shang	umwk um	身	shen	tmdt tmd	酾	shi	sggy	释	shi	toch toc
觞	shang	qetr	呻	shen	kjhh kjh	飔	shi	qgnj qgn	嗜	shi	kftj
墒	shang	fumk fum	葚	shen	aadn	十	shi	fgh	筮	shi	taww taw
熵	shang	oumk oum	绅	shen	xjhh xjh	什	shi	wfh	誓	shi	rryf
裳	shang	ipke	诜	shen	ytfq	石	shi	dgtg	噬	shi	ktaw kta
垧	shang	ftmk ftm	娠	shen	vdfe vdf	时	shi	jfy jf	螫	shi	fotj
晌	shang	jtmk jtm	砷	shen	djhh djh	识	shi	ykwy ykw	匙	shi	jghx
赏	shang	ipkm	深	shen	ipws ipw	实	shi	pudu pu	收	shou	nhty nh
上	shang	hhgg h	神	shen	pyjh pyj	拾	shi	rwgk	手	shou	rtgh rt
尚	shang	imkf	沈	shen	ipqn ipq	炻	shi	odg	守	shou	pfu pf
绱	shang	ximk xim	审	shen	pjhj pj	蚀	shi	qnjy qnj	首	shou	uthf uth
捎	shao	rieg rie	哂	shen	ksg	食	shi	wyve wyv	艏	shou	teuh teu
梢	shao	sieg sie	矧	shen	tdxh	埘	shi	fjfy	寿	shou	dtfu dtf
烧	shao	oatq oat	谂	shen	ywyn	莳	shi	ajfu	受	shou	epcu epc
稍	shao	tieg tie	婶	shen	vpjh vpj	鲥	shi	qgjf	狩	shou	qtpf
筲	shao	tief	浦	shen	ipjh ipj	史	shi	kqi kq	兽	shou	ulgk ulg
艄	shao	teie	肾	shen	jcef jce	矢	shi	tdu	售	shou	wykf wyk
蛸	shao	jieg jie	甚	shen	adwn	豕	shi	egty egt	授	shou	repc rep
勺	shao	qyi	胂	shen	ejhh	使	shi	wgkq	绶	shou	xepc xep

汉字拼音	五笔编码	汉字拼音	五笔编码	汉字拼音	五笔编码	汉字拼音	五笔编码
瘦 shou	uvhc uvh	耍 shua	dmjv	澌 si	iadr	苏 su	alwu alw
丨 shu	hhll hhl	衰 shuai	ykge	死 si	gqxb gqx	酥 su	sgty
书 shu	nnhy nnh	摔 shuai	ryxf ryx	巳 si	nngn	稣 su	qgty
殳 shu	mcu	甩 shuai	env en	四 si	lhng lh	俗 su	wwwk
抒 shu	rcbh rcb	帅 shuai	jmhh jmh	寺 si	ffu ff	夙 su	mgqi mgq
纾 shu	xcbh xcb	蟀 shuai	jyxf jyx	汜 si	inn	诉 su	yryy yr
叔 shu	hicy hic	闩 shuan	ugd	伺 si	wngk wng	肃 su	vijk vij
枢 shu	saqy saq	拴 shuan	rwgg rwg	似 si	wnyw wny	涑 su	igki
姝 shu	vriy vri	栓 shuan	swgg swg	兕 si	mmgq	素 su	gxiu gxi
倏 shu	whtd	涮 shuan	inmj inm	姒 si	vnyw vny	速 su	gkip
殊 shu	gqri gqr	双 shuang	ccy cc	祀 si	pynn	宿 su	pwdj
梳 shu	sycq syc	霜 shuang	fshf fs	泗 si	ilg	粟 su	sou
淑 shu	ihic	霜 shuang	fshf fsh	饲 si	qnnk	谡 su	ylwt ylw
菽 shu	ahic ahi	孀 shuang	vfsh vfs	驷 si	clg	嗉 su	kgxi
疏 shu	nhyq nhy	爽 shuang	dqqq dqq	俟 si	wctd wct	塑 su	ubtf
舒 shu	wfkb	谁 shui	ywyg	笥 si	tngk tng	愫 su	ngxi ngx
摅 shu	rhan	水 shui	iiii ii	耜 si	dinn din	溯 su	iube iub
毹 shu	wgen	税 shui	tukq tuk	嗣 si	kmak kma	僳 su	wsoy wso
输 shu	lwgj lwg	睡 shui	htgf ht	肆 si	dvfh dv	蔌 su	agkw agk
蔬 shu	anhq anh	吮 shun	kcqn kcq	忪 song	nwcy nwc	觫 su	qegi qeg
秫 shu	tsyy tsy	顺 shun	kdmy kd	松 song	swcy swc	簌 su	tgkw
孰 shu	ybvy	舜 shun	epqh	淞 song	uswc usw	狻 suan	qtct
赎 shu	mfnd mfn	瞬 shun	heph hep	崧 song	mswc msw	酸 suan	sgct sgc
塾 shu	ybvf	说 shuo	yukq yu	凇 song	iswc	蒜 suan	afii afi
熟 shu	ybvo ybv	妁 shuo	vqyy vqy	菘 song	aswc asw	算 suan	thaj tha
暑 shu	jftj jft	烁 shuo	oqiy oqi	嵩 song	mymk mym	虽 sui	kju kj
黍 shu	twiu twi	朔 shuo	ubte	怂 song	wwnu wwn	荽 sui	aevf aev
署 shu	lftj	铄 shuo	qqiy qqi	悚 song	ngki	眭 sui	hffg hff
鼠 shu	vnun vnu	硕 shuo	ddmy ddm	耸 song	wwbf wwb	睢 sui	hwyg
蜀 shu	lqju lqj	嗍 suo	kube kub	竦 song	ugki	濉 sui	ihwy ihw
薯 shu	alfj	搠 shuo	rube rub	讼 song	ywcy ywc	绥 sui	xevg xev
曙 shu	jlfj jl	蒴 shuo	aube aub	宋 song	psu	隋 sui	bdae bda
术 shu	syi sy	嗽 sou	kgkw	诵 song	yceh	随 sui	bdep bde
戍 shu	dynt	槊 shuo	ubts	送 song	udpi udp	髓 sui	medp med
束 shu	gkii gki	厶 si	cny	颂 song	wcdm wcd	岁 sui	mqu
沭 shu	isyy	丝 si	xxgf xxg	嗖 sou	kvhc kvh	祟 sui	bmfi bmf
述 shu	sypi syp	司 si	ngkd ngk	搜 sou	rvhc rvh	谇 sui	yywf yyw
树 shu	scfy scf	私 si	tcy	溲 sou	ivhc ivh	遂 sui	uepi uep
竖 shu	jcuf jcu	咝 si	kxxg	馊 sou	qnvc	碎 sui	dywf dyw
恕 shu	vknu vkn	思 si	lnu ln	飕 sou	mqvc	隧 sui	buep bue
庶 shu	yaoi yao	鸶 si	xxgg	锼 sou	qvhc	燧 sui	ouep oue
数 shu	ovty ovt	斯 si	adwr	艘 sou	tevc	穗 sui	tgjn
腧 shu	ewgj	缌 si	xlny	螋 sou	jvhc jvh	邃 sui	pwup
墅 shu	jfcf	蛳 si	jjgh jjg	叟 sou	vhcu vhc	孙 sun	biy bi
漱 shu	igkw	斯 si	dadr	嗾 sou	kytd kyt	狲 sun	qtbi
澍 shu	ifkf	锶 si	qlny qln	瞍 sou	hvhc hvh	荪 sun	abiu
刷 shua	nmhj nmh	嘶 si	kadr kad	擞 sou	rovt	飧 sun	qwye
唰 shua	knmj knm	撕 si	radr rad	数 sou	aovt	损 sun	rkmy rkm

汉字拼音	五笔编码	汉字拼音	五笔编码	汉字拼音	五笔编码	汉字拼音	五笔编码
笋 sun	tvtr tvt	态 tai	dynu dyn	蟑 tang	jipf jip	蹄 ti	khuh
隼 sun	wyfj	肽 tai	edyy edy	醣 tang	sgyk	醍 ti	sgjh
榫 sun	swyf	钛 tai	qdyy qdy	裮 tang	vcmh vcm	体 ti	wsgg wsg
唆 suo	kcwt kcw	呔 tai	kdyy	倘 tang	wimk wim	屉 ti	nanv nan
娑 suo	iitv	泰 tai	dwiu dwi	淌 tang	iimk iim	剃 ti	uxhj
挲 suo	iitr	酞 tai	sgdy	傥 tang	wipq	倜 ti	wmfk wmf
桫 suo	siit sii	坍 tan	fmyg	糖 tang	diik	悌 ti	nuxt nux
梭 suo	scwt scw	贪 tan	wynm	躺 tang	tmdk	涕 ti	iuxt
睃 suo	hcwt hcw	摊 tan	rcwy rcw	烫 tang	inro	逖 ti	qtop
嗦 suo	kfpi	滩 tan	icwy icw	趟 tang	fhik fhi	惕 ti	njqr njq
羧 suo	udct	瘫 tan	ucwy	涛 tao	idtf idt	替 ti	fwfj fwf
蓑 suo	ayke ayk	坛 tan	ffcy ffc	泰 tao	dtfo	裼 ti	pujr
缩 suo	xpwj xpw	昙 tan	jfcu	绦 tao	xtsy xts	嚏 ti	kfph
所 suo	rnrh rn	谈 tan	yooy yoo	掏 tao	rqrm rqr	天 tian	gdi gd
唢 suo	kimy kim	郯 tan	oobh oob	滔 tao	ievg iev	添 tian	igdn igd
索 suo	fpxi fpx	覃 tan	sjj	韬 tao	fnhv	田 tian	llll lll
琐 suo	gimy gim	痰 tan	uooi uoo	饕 tao	kgne	恬 tian	ntdg ntd
锁 suo	qimy qim	锬 tan	qooy qoo	洮 tao	iiqn iiq	畋 tian	lty
T		谭 tan	ysjh ysj	逃 tao	iqpv iqp	甜 tian	tdaf
他 ta	wbn wb	潭 tan	isjh isj	桃 tao	siqn siq	填 tian	ffhw ffh
它 ta	pxb px	檀 tan	sylg syl	陶 tao	bqrm bqr	圚 tian	ufhw ufh
她 ta	vbn	忐 tan	hnu	啕 tao	kqrm	忝 tian	gdnu gdn
趿 ta	khey	坦 tan	fjgg fjg	淘 tao	iqrm iqr	殄 tian	gqwe
铊 ta	qpxn qpx	袒 tan	pujg	萄 tao	aqrm aqr	腆 tian	emaw ema
塌 ta	fjng fjn	钽 tan	qjgg qjg	鼗 tao	iqfc iqf	舔 tian	tdgn
溻 ta	ijng ijn	毯 tan	tfno	讨 tao	yfy	添 tian	rgdn
塔 ta	fawk	叹 tan	kcy	套 tao	ddu	佻 tiao	wiqn wiq
獭 ta	qtgm	炭 tan	mdou mdo	忑 te	ghnu	挑 tiao	riqn riq
鳎 ta	qgjn	探 tan	rpws	忒 te	ani	桃 tiao	pyiq
挞 ta	rdpy rdp	赕 tan	mooy moo	特 te	trff trf	条 tiao	tsu ts
阘 ta	udpi	碳 tan	dmdo dmd	铽 te	qany	迢 tiao	vkpd vkp
遢 ta	jnpd jnp	汤 tang	inrt inr	慝 te	aadn	笤 tiao	tvkf tvk
榻 ta	sjng sjn	铴 tang	qinr qin	疼 teng	utui utu	龆 tiao	hwbk
沓 ta	ijf	羰 tang	udmo udm	腾 teng	eudc eud	蜩 tiao	jmfk
踏 ta	khij	镗 tang	qipf	誊 teng	udyf	髫 tiao	devk
蹋 ta	khjn	饧 tang	qnnr	滕 teng	eudi	鲦 tiao	qgts
骀 tai	cckg cck	唐 tang	yvhk yvh	藤 teng	aeui aeu	宨 tiao	pwiq pwi
胎 tai	eckg eck	堂 tang	ipkf	剔 ti	jqrj	眺 tiao	hiqn hiq
台 tai	ckf ck	棠 tang	ipks	梯 ti	suxt sux	粜 tiao	bmou bmo
邰 tai	ckbh ckb	塘 tang	fyvk fyv	锑 ti	quxt qux	铫 tiao	qiqn qiq
抬 tai	rckg rck	搪 tang	ryvk ryv	踢 ti	khjr khj	跳 tiao	khiq khi
苔 tai	ackf ack	溏 tang	iyvk	绨 ti	xuxt	贴 tie	mhkg mhk
炱 tai	ckou cko	瑭 tang	gyvk	啼 ti	kuph ku	萜 tie	amhk
跆 tai	khck	樘 tang	sipf sip	嗁 ti	kuph kup	铁 tie	qrwy qr
鲐 tai	qgck qgc	膛 tang	eipf ei	提 ti	rjgh rj	帖 tie	mhhk
薹 tai	afkf	螳 tang	eipf eip	缇 ti	xjgh xjg	餮 tie	gqwe
太 tai	dyi dy	糖 tang	oyvk oyv	鹈 ti	uxhg	厅 ting	dsk ds
汰 tai	idyy idy	蟪 tang	jyvk	题 ti	jghm	汀 ting	ish

汉字拼音	五笔编码	汉字拼音	五笔编码	汉字拼音	五笔编码	汉字拼音	五笔编码
听 ting	krh kr	茶 tu	awtu awt	妥 tuo	evf ev	汪 wang	igg ig
町 ting	lsh	途 tu	wtpi wtp	庹 tuo	yany	亡 wang	ynv
烃 ting	ocag oc	屠 tu	nftj nft	椭 tuo	sbde sbd	王 wang	gggg ggg
廷 ting	tfpd	酴 tu	sgwt	拓 tuo	rdg rd	网 wang	mqqi mqq
亭 ting	ypsj yps	土 tu	ffff	柝 tuo	sryy	往 wang	tygg tyg
庭 ting	ytfp	吐 tu	kfg	唾 tuo	ktgf ktg	枉 wang	sgg
莛 ting	atfp	钍 tu	qfg	箨 tuo	trch	罔 wang	muyn muy
停 ting	wyps wyp	兔 tu	qkqy			惘 wang	nmun nmu
婷 ting	vyps vyp	堍 tu	fqky fqk	**W**		辋 wang	lmun lmu
葶 ting	ayps ayp	菟 tu	aqky	哇 wa	kffg kff	魍 wang	rqcn
蜓 ting	jtfp	湍 tuan	imdj imd	娃 wa	vffg vff	妄 wang	ynvf
霆 ting	ftfp ftf	团 tuan	lfte lft	挖 wa	rpwn	忘 wang	ynnu
挺 ting	rtfp	抟 tuan	rfny rfn	洼 wa	iffg	旺 wang	jgg
梃 ting	stfp	瞳 tuan	lujf luj	娲 wa	vkmw vkm	望 wang	yneg
铤 ting	qtfp	彖 tuan	xeu	蛙 wa	jffg jff	危 wei	qdbb qdb
艇 ting	tetp tet	推 tui	rwyg	瓦 wa	gnyn gny	威 wei	dgvt dgv
通 tong	cepk cep	颓 tui	tmdm	佤 wa	wgnn wgn	偎 wei	wlge
嗵 tong	kcep kce	腿 tui	evep eve	袜 wa	pugs pug	逶 wei	tvpd tvp
仝 tong	waf	退 tui	vepi vep	腽 wa	ejlg ejl	隈 wei	blge
同 tong	mgkd m	煺 tui	ovep ove	歪 wai	gigh gig	葳 wei	adgt adg
佟 tong	wtuy	蜕 tui	jukq juk	崴 wei	mdgt wai	微 wei	tmgt tmg
彤 tong	myet mye	褪 tui	puvp	外 wai	qhy qh	煨 wei	olge olg
茼 tong	amgk amg	吞 tun	gdkf gdk	弯 wan	yoxb yox	薇 wei	atmt atm
桐 tong	smgk	暾 tun	jybt jyb	剜 wan	pqbj	巍 wei	mtvc mtv
砼 tong	dwag dwa	屯 tun	gbnv gb	湾 wan	iyox iyo	口 wei	lhng
铜 tong	qmgk	饨 tun	qngn	蜿 wan	jpqb jpq	为 wei	ylyi o
童 tong	ujff	豚 tun	eey	豌 wan	gkub	韦 wei	fnhk fnh
酮 tong	sgmk	囤 tun	lgbn lgb	丸 wan	vyi	围 wei	lfnh
僮 tong	wujf wuj	臀 tun	nawe	纨 wan	xvyy	帏 wei	mhfh mhf
潼 tong	iujf	氽 tun	wiu	芄 wan	avyu avy	沩 wei	iyly iyl
瞳 tong	hujf hu	毛 tuo	tav	完 wan	pfqb pfq	违 wei	fnhp
统 tong	xycq xyc	托 tuo	rtan rta	玩 wan	gfqn gfq	闱 wei	ufnh ufn
捅 tong	rceh rce	拖 tuo	rtbn rtb	顽 wan	fqdm fqd	桅 wei	sqdb sqd
桶 tong	sceh sce	脱 tuo	eukq euk	烷 wan	opfq opf	涠 wei	ilfh ilf
筒 tong	tmgk	驮 tuo	cdy	宛 wan	pqbb pq	唯 wei	kwyg
恸 tong	nfcl	佗 tuo	wpxn wpx	挽 wan	rqkq	帷 wei	mhwy mhw
痛 tong	ucek uce	陀 tuo	bpxn bpx	晚 wan	jqkq jq	惟 wei	nwyg nwy
偷 tou	wwgj	坨 tuo	fpxn	莞 wan	apfq apf	维 wei	xwyg xwy
头 tou	udi	沱 tuo	ipxn ipx	婉 wan	vpqb vpq	嵬 wei	mrqc mrq
投 tou	rmcy rmc	驼 tuo	cpxn cp	惋 wan	npqb	潍 wei	ixwy ixw
骰 tou	memc mem	驮 tuo	cpxn cpx	绾 wan	xpnn xpn	伟 wei	wfnh wfn
透 tou	tepv tep	柁 tuo	spxn spx	脘 wan	epfq epf	伪 wei	wyly wyl
凸 tu	hgmg hgm	砣 tuo	dpxn dpx	菀 wan	apqb	尾 wei	ntfn ntf
秃 tu	tmb	鸵 tuo	qynx	琬 wan	gpqb gpq	纬 wei	xfnh
突 tu	pwdu pwd	跎 tuo	khpx	皖 wan	rpfq rpf	苇 wei	afnh afn
图 tu	ltu ltui	酡 tuo	sgpx sgp	畹 wan	lpqb lpq	委 wei	tvf tv
徒 tu	tfhy	橐 tuo	gkhs	碗 wan	dpqb dpq	炜 wei	ofnh ofn
涂 tu	iwty iwt	鼍 tuo	kkln kkl	万 wan	dnv	玮 wei	gfnh gfn
				腕 wan	epqb epq		

汉字拼音	五笔编码	汉字拼音	五笔编码	汉字拼音	五笔编码	汉字拼音	五笔编码
洧 wei	ideg	莴 wo	akmw akm	鹉 wu	gahg	稀 xi	tqdh tqd
娓 wei	vntn	喔 wo	kngf	舞 wu	rlgh rlg	栖 xi	osg
逶 wei	ytvg ytv	窝 wo	pwkw	兀 wu	gqv	禽 xi	wgkn
萎 wei	atvf atv	蜗 wo	jkmw jkm	勿 wu	qre	舾 xi	tesg
隗 wei	brqc brq	我 wo	trnt q	务 wu	tlb tl	溪 xi	iexd iex
猥 wei	qtle	我 wo	trnt trn	戊 wu	dnyt dny	皙 xi	srrf srr
痿 wei	utvd utv	沃 wo	itdy	阢 wu	bgqn bgq	锡 xi	qjqr qjq
艉 wei	tenn ten	肟 wo	efnn efn	杌 wu	sgqn	傺 xi	wfkk
趱 wei	jghh	卧 wo	ahnh	芴 wu	aqrr	熄 xi	othn
鲔 wei	qgde	幄 wo	mhnf	物 wu	trqr tr	熙 xi	ahko ahk
卫 wei	bgd bg	握 wo	rngf rng	误 wu	ykgd ykg	蜥 xi	jsrh
未 wei	fii	渥 wo	ingf ing	悟 wu	ngkg	嘻 xi	kfkk kfk
位 wei	wug	硪 wo	dtrt dtr	晤 wu	jgkg jgk	嬉 xi	vfkk vfk
味 wei	kfiy kfi	斡 wo	fjwf	焐 wu	ogkg ogk	膝 xi	eswi esw
畏 wei	lgeu lge	醒 wo	hwbf	婺 wu	cbtv	樨 xi	snih
胃 wei	lef le	乌 wu	qngd qng	痦 wu	ugkd	歙 xi	wgkw
嵬 wei	gjfk	圬 wu	ffnn ffn	骛 wu	cbtc	熹 xi	fkuo
尉 wei	nfif	污 wu	ifnn ifn	雾 wu	ftlb ftl	羲 xi	ugtt ugt
谓 wei	yleg yle	邬 wu	qngb	寤 wu	pnhk	螅 xi	jthn
喂 wei	klge	呜 wu	kqng	鹜 wu	cbtg	蟋 xi	jton jto
渭 wei	ileg ile	巫 wu	awwi aww	鋈 wu	itdq	醯 xi	sgyl
猬 wei	qtle	屋 wu	ngcf ngc			曦 xi	jugt jug
蔚 wei	anff anf	诬 wu	yaww yaw	**X**		夒 xi	vnud
慰 wei	nfin nfi	钨 wu	qqng qqn	夕 xi	qtny	习 xi	nud nu
魏 wei	tvrc tvr	无 wu	fqv fq	兮 xi	wgnb	席 xi	yamh yam
温 wen	ijlg ijl	毋 wu	xde	汐 xi	iqy	袭 xi	dxye dxy
瘟 wen	ujld ujl	吴 wu	kgdu kgd	西 xi	sghg	觋 xi	awwq
文 wen	yygy	吾 wu	gkf	吸 xi	keyy ke	媳 xi	vthn
纹 wen	xyy	芜 wu	afqb	希 xi	qdmh qdm	隰 xi	bjxo bjx
闻 wen	ubd ub	唔 wu	kgkg	昔 xi	ajf	檄 xi	sryt sry
蚊 wen	jyy	梧 wu	sgkg sgk	析 xi	srh sr	洗 xi	itfq itf
阌 wen	uepc	浯 wu	igkg	矽 xi	dqy	玺 xi	qigy qig
雯 wen	fyu	蜈 wu	jkgd jkg	穸 xi	pwqu pwq	徙 xi	thhy thh
刎 wen	qrjh qrj	鼯 wu	vnuk	诶 xi	yctd yct	铣 xi	qtfq
吻 wen	kqrt kqr	五 wu	gghg gg	郗 xi	qdmb	喜 xi	fkuk fku
紊 wen	yxiu	午 wu	tfj	唏 xi	kqdh kqd	蕙 xi	alnu
稳 wen	tqvn tqv	仵 wu	wtfh	奚 xi	exdu exd	屣 xi	nthh
问 wen	ukd	伍 wu	wgg	息 xi	thnu thn	葰 xi	athh ath
汶 wen	iyy	坞 wu	fqng	浠 xi	iqdh	禧 xi	pyfk
璺 wen	wfmy wfm	妩 wu	vfqn vfq	牺 xi	trsg trs	戏 xi	cat ca
翁 weng	wcnf wcn	庑 wu	yfqv yfq	悉 xi	tonu ton	系 xi	txiu txi
嗡 weng	kwcn kwc	忤 wu	ntfh	惜 xi	najg	伈 xi	qnrn
蓊 weng	awcn awc	怃 wu	nfqn nfq	欷 xi	qdmw	细 xi	xlg xl
瓮 weng	wcgn wcg	迕 wu	tfpk	淅 xi	isrh isr	郤 xi	qdcb qdc
蕹 weng	ayxy	武 wu	gahd gah	烯 xi	oqdh oqd	阋 xi	uvqv uvq
挝 wo	rfpy rfp	侮 wu	wtxu wtx	硒 xi	dsg	舄 xi	vqou vqo
倭 wo	wtvg wtv	捂 wu	rgkg	菥 xi	asrj asr	隙 xi	biji bij
涡 wo	ikmw ikm	牾 wu	trgk	晰 xi	jsrh jsr	禊 xi	pydd
				犀 xi	nirh nir		

汉字拼音	五笔编码	汉字拼音	五笔编码	汉字拼音	五笔编码	汉字拼音	五笔编码
呷 xia	klh	猃 xian	qtwi	枭 xiao	qyns	继 xie	xann
虾 xia	jghy	蚬 xian	jmqn jmq	削 xiao	iejh iej	卸 xie	rhbh rhb
瞎 xia	hpdk hp	筅 xian	ttfq	哓 xiao	katq kat	屑 xie	nied
匣 xia	alk	跣 xian	khtq	枵 xiao	skgn skg	械 xie	saah sa
侠 xia	wguw wgu	藓 xian	aqgd	骁 xiao	catq	械 xie	saah saa
狎 xia	qtlh qtl	燹 xian	eeou eeo	宵 xiao	pief pi	褉 xie	yrve yrv
峡 xia	mguw mgu	县 xian	egcu egc	消 xiao	iieg iie	渫 xie	ians
柙 xia	slh	岘 xian	mmqn	绡 xiao	xieg xie	谢 xie	ytmf ytm
狭 xia	qtgw	苋 xian	amqb amq	逍 xiao	iepd iep	楔 xie	snie sni
硖 xia	dguw	现 xian	gmqn gm	萧 xiao	avij	榭 xie	stmf stm
遐 xia	nhfp nhf	线 xian	xgt xg	硝 xiao	dieg die	廨 xie	yqeh yqe
暇 xia	jnhc jnh	限 xian	bvey bv	销 xiao	qieg qie	懈 xie	nqeh nq
瑕 xia	gnhc gnh	宪 xian	ptfq ptf	潇 xiao	iavj	懈 xie	nqeh nqe
辖 xia	lpdk	陷 xian	bqvg bqv	箫 xiao	tvij	獬 xie	qtqh
霞 xia	fnvc	馅 xian	qnqv	霄 xiao	fief	薤 xie	agqg
黠 xia	lfok	羡 xian	uguw ugu	魈 xiao	rqce	邂 xie	qevp
下 xia	ghi gh	献 xian	fmud	嚣 xiao	kkdk	燮 xie	oyoc oyo
吓 xia	kghy kgh	腺 xian	eriy eri	崤 xiao	mqde	瀣 xie	ihqg ihq
夏 xia	dhtu dht	霰 xian	faet fae	淆 xiao	iqde iqd	蟹 xie	qevj
厦 xia	ddht ddh	乡 xiang	xte	小 xiao	ihty ih	躞 xie	khoc
罅 xia	rmhh	芗 xiang	axtr axt	晓 xiao	jatq jat	心 xin	nyny ny
仙 xian	wmh wm	相 xiang	shg sh	筱 xiao	twht twh	忻 xin	nrh
先 xian	tfqb tfq	香 xiang	tjf	孝 xiao	ftbf ftb	芯 xin	anu
纤 xian	xtfh xtf	厢 xiang	dshd dsh	肖 xiao	ief ie	辛 xin	uygh
氙 xian	rnmj rnm	湘 xiang	ishg	哮 xiao	kftb kft	昕 xin	jrh
袄 xian	pygd	缃 xiang	xshg xsh	效 xiao	uqty uqt	欣 xin	rqwy rqw
籼 xian	omh	葙 xiang	ashf ash	校 xiao	suqy suq	莘 xin	auj
苫 xian	awgi	箱 xiang	tshf tsh	笑 xiao	ttdu ttd	锌 xin	quh
掀 xian	rrqw rrq	襄 xiang	ykke ykk	啸 xiao	kvij kvi	新 xin	usrh usr
跹 xian	khtp	骧 xiang	cyke cyk	些 xie	hxff hxf	歆 xin	ujqw
酰 xian	sgtq	镶 xiang	qyke qyk	楔 xie	sdhd sdh	薪 xin	ausr aus
锨 xian	qrqw qrq	详 xiang	yudh yud	歇 xie	jqww jqw	馨 xin	fnmj fnm
鲜 xian	qgud qgu	庠 xiang	yudk	蝎 xie	jjqn jjq	鑫 xin	qqqf
暹 xian	jwyp jwy	祥 xiang	pyud pyu	协 xie	flwy fl	囟 xin	tlqi
闲 xian	usi	翔 xiang	udng	邪 xie	ahtb	信 xin	wyg wy
弦 xian	xyxy xyx	享 xiang	ybf	胁 xie	elwy elw	衅 xin	tluf tlu
贤 xian	jcmu jcm	响 xiang	ktmk ktm	挟 xie	rguw rgu	兴 xing	iwu iw
咸 xian	dgkt dgk	饷 xiang	qntk	偕 xie	wxxr	星 xing	jtgf jtg
涎 xian	ithp	缿 xiang	xtwe xtw	斜 xie	wtuf	惺 xing	njtg njt
娴 xian	vusy vus	想 xiang	shnu shn	谐 xie	yxxr	猩 xing	qtjg
舷 xian	teyx	鲞 xiang	udqg	携 xie	rwye	腥 xing	ejtg ejt
衔 xian	tqfh tqf	向 xiang	tmkd tm	飔 xie	llln	刑 xing	gajh
痫 xian	uusi uus	巷 xiang	awnb awn	撷 xie	rfkm	行 xing	tfhh tf
鹇 xian	usqg usq	项 xiang	admy adm	缬 xie	xfkm	邢 xing	gabh gab
嫌 xian	vuvo vu	象 xiang	qjeu qje	鞋 xie	afff	形 xing	gaet gae
冼 xian	utfq utf	像 xiang	wqje wqj	写 xie	pgng pgn	陉 xing	bcag bca
显 xian	jogf jo	橡 xiang	sqje sqj	泄 xie	iann	型 xing	gajf
险 xian	bwgi bwg	蟓 xiang	jqje jqj	泻 xie	ipgg	硎 xing	dgaj

汉字拼音	五笔编码	汉字拼音	五笔编码	汉字拼音	五笔编码	汉字拼音	五笔编码	汉字拼音	五笔编码
醒 xing	sgjg sgj	糈 xu	onhe onh	泶 xue	ipiu ipi	芽 ya	aaht aah		
擤 xing	rthj rth	醑 xu	sgne	踅 xue	rrkh	琊 ya	gahb		
杏 xing	skf	旭 xu	vjd vj	雪 xue	fvf fv	蚜 ya	jaht jah		
姓 xing	vtgg vtg	序 xu	ycbk ycb	鳕 xue	qgfv	崖 ya	mdff		
幸 xing	fufj fuf	叙 xu	wtcy wtc	血 xue	tld	涯 ya	idff idf		
性 xing	ntgg ntg	恤 xu	ntlg ntl	谑 xue	yhag yha	睚 ya	hdff hdf		
荇 xing	atfh	洫 xu	itlg	勋 xun	kmln kml	衙 ya	tgkh tgk		
悻 xing	nfuf	畜 xu	yxlf yxl	埙 xun	fkmy	疋 ya	nhi		
凶 xiong	qbk qb	勖 xu	jhln jhl	熏 xun	tglo tgl	哑 ya	kgog kgo		
兄 xiong	kqb	绪 xu	xftj xft	窨 xun	pwuj	痖 ya	ugog		
匈 xiong	qqbk	续 xu	xfn xfnd	獯 xun	qtto	雅 ya	ahty		
芎 xiong	axb	酗 xu	sgqb	薰 xun	atgo	亚 ya	gogd gog		
洶 xiong	iqbh	婿 xu	vnhe	曛 xun	jtgo	讶 ya	yaht yah		
胸 xiong	eqqb eq	溆 xu	iwtc	醺 xun	sgto	迓 ya	ahtp		
雄 xiong	dcwy dcw	絮 xu	vkxi vkx	寻 xun	vfu vf	垭 ya	fgog fgo		
熊 xiong	cexo	煦 xu	jqko	荨 xun	avfu avf	娅 ya	vgog vgo		
休 xiu	wsy ws	蓄 xu	ayxl ayx	巡 xun	vpv vp	砑 ya	daht dah		
修 xiu	whte wht	蓿 xu	apwj	旬 xun	qjd qj	氩 ya	rngg		
咻 xiu	kwsy kws	轩 xuan	lfh lf	驯 xun	ckh	掗 ya	rajv		
庥 xiu	ywsi yws	宣 xuan	pgjg pgj	询 xun	yqjg yqj	咽 yan	kldy kld		
羞 xiu	udnf udn	谖 xuan	yefc yef	峋 xun	mqjg	恹 yan	nddy		
鸺 xiu	wsqg wsq	喧 xuan	kpgg kp	恂 xun	nqjg nqj	烟 yan	oldy ol		
貅 xiu	eews eew	揎 xuan	rpgg rpg	洵 xun	iqjg iqj	胭 yan	eldy eld		
馐 xiu	qnuf	萱 xuan	apgg	浔 xun	ivfy	崦 yan	mdjn mdj		
鬃 xiu	dews dew	暄 xuan	jpgg jpg	荀 xun	aqjf aqj	淹 yan	idjn idj		
朽 xiu	sgnn	煊 xuan	opgg opg	循 xun	trfh	焉 yan	ghgo ghg		
秀 xiu	teb te	儇 xuan	wlge	鲟 xun	qgvf qgv	菸 yan	aywu		
岫 xiu	mmg	玄 xuan	yxu	训 xun	ykh yk	阉 yan	udjn		
绣 xiu	xten	痃 xuan	uyxi uyx	讯 xun	ynfh ynf	湮 yan	isfg		
袖 xiu	pumg pum	悬 xuan	egcn	汛 xun	infh inf	腌 yan	edjn		
锈 xiu	qten	旋 xuan	ytnh ytn	迅 xun	nfpk nfp	鄢 yan	ghgb		
嗅 xiu	kthd	漩 xuan	iyth	徇 xun	tqjg tqj	嫣 yan	vgho vgh		
溴 xiu	ithd	璇 xuan	gyth	逊 xun	bipi bip	蔫 yan	agho		
戌 xu	dgnt dgn	选 xuan	tfqp	殉 xun	gqqj gqq	延 yan	thpd thp		
盰 xu	hgfh hgf	癣 xuan	uqgd uqg	巽 xun	nnaw nna	闫 yan	udd		
砉 xu	dhdf dhd	泫 xuan	iyxy iyx	蕈 xun	asjj asj	严 yan	godr god		
胥 xu	nhef nhe	炫 xuan	oyxy oyx	**Y**		妍 yan	vgah vga		
须 xu	edmy edm	绚 xuan	xqjg xqj	丫 ya	uhk	芫 yuan	afqb		
顼 xu	gdmy gdm	眩 xuan	hyxy hy	吖 ya	kuhh kuh	言 yan	yyyy yyy		
虚 xu	haog hao	铉 xuan	qyxy qyx	压 ya	dfyi dfy	岩 yan	mdf		
嘘 xu	khag	渲 xuan	ipgg	呀 ya	kaht ka	沿 yan	imkg imk		
需 xu	fdmj fdm	楦 xuan	spgg spg	押 ya	rlh rl	炎 yan	oou oo		
圩 xu	fgfh fgf	碹 xuan	dpgg	鸦 ya	ahtg	研 yan	dgah dga		
墟 xu	fhag	镟 xuan	qyth	桠 ya	sgog	盐 yan	fhlf fhl		
徐 xu	twty twt	靴 xue	afwx	鸭 ya	lqyg lqy	阎 yan	uqvd		
许 xu	ytfh ytf	薛 xue	awnu	牙 ya	ahte ah	筵 yan	tthp		
诩 xu	yng	穴 xue	pwu	伢 ya	what wah	蜒 yan	jthp		
栩 xu	sng	学 xue	ipbf ip	岈 ya	maht mah	颜 yan	utem		

汉字拼音	五笔编码	汉字拼音	五笔编码	汉字拼音	五笔编码	汉字拼音	五笔编码
檐 yan	sqdy	洋 yang	iudh iu	冶 ye	uckg uck	遗 yi	khgp
兖 yan	ucqb ucq	烊 yang	oudh oud	野 ye	jfcb jfc	颐 yi	ahkm
奄 yan	djnb djn	蛘 yang	judh jud	业 ye	ogd og	疑 yi	xtdh
俨 yan	wgod wgo	仰 yang	wqbh	叶 ye	kfh kf	嶷 yi	mxth mxt
衍 yan	tifh tif	养 yang	udyj	曳 ye	jxe	彝 yi	xgoa xgo
偃 yan	wajv	氧 yang	rnud	页 ye	dmu	乙 yi	nnll nnl
厣 yan	ddlk ddl	痒 yang	uudk uud	邺 ye	ogbh ogb	已 yi	nnnn
掩 yan	rdjn	怏 yang	nmdy	夜 ye	ywty ywt	以 yi	nywy c
眼 yan	hvey hv	慈 yang	ugnu ugn	晔 ye	jwxf jwx	钇 yi	qnn
郾 yan	ajvb ajv	样 yang	sudh su	烨 ye	owxf owx	矣 yi	ctdu ct
琰 yan	gooy goo	漾 yang	iugi	掖 ye	rywy ryw	苡 yi	anyw any
罨 yan	ldjn	幺 yao	xnny	液 ye	iywy iyw	舣 yi	teyq
演 yan	ipgw ipg	夭 yao	tdi	谒 ye	yjqn yjq	蚁 yi	jyqy jyq
魇 yan	ddrc ddr	吆 yao	kxy	腋 ye	eywy	倚 yi	wdsk wds
鼹 yan	vnuv	妖 yao	vtdy vtd	靥 ye	dddl	椅 yi	sdsk sds
厌 yan	ddi	腰 yao	esvg esv	一 yi	ggll g	旑 yi	ytdk
彦 yan	uter	邀 yao	rytp	伊 yi	wvt wvtt	义 yi	yqi yq
砚 yan	dmqn dmq	爻 yao	qqu	衣 yi	yeu ye	亿 yi	wnn wn
喭 yan	kyg	尧 yao	atgq	医 yi	atdi atd	弋 yi	agny
宴 yan	pjvf pjv	肴 yao	qdef qde	依 yi	wyey wye	刈 yi	qjh
晏 yan	jpvf jpv	姚 yao	viqn viq	咿 yi	kwvt	忆 yi	nnn nn
艳 yan	dhqc dhq	轺 yao	lvkg lvk	猗 yi	qtdk	艺 yi	anb
验 yan	cwgi cwg	珧 yao	giqn giq	铱 yi	qyey qye	仡 yi	wtnn wtn
谚 yan	yute yut	窑 yao	pwrm pwr	壹 yi	fpgu fpg	议 yi	yyqy yyq
堰 yan	fajv	谣 yao	yerm yer	揖 yi	rkbg rkb	亦 yi	you
焰 yan	oqvg oqv	徭 yao	term	欹 yi	dskw	屹 yi	mtnn
焱 yan	ooou ooo	摇 yao	rerm rer	漪 yi	iqtk	异 yi	naj
雁 yan	dwwy dww	遥 yao	ermp er	噫 yi	kujn	佚 yi	wrwy wrw
滟 yan	idhc	瑶 yao	germ ger	黟 yi	lfoq	呓 yi	kann kan
酽 yan	sggd	繇 yao	ermi	仪 yi	wyqy wyq	役 yi	tmcy tmc
谳 yan	yfmd yfm	鳐 yao	qgem	圯 yi	fnn	抑 yi	rqbh rqb
餍 yan	ddwe ddw	杳 yao	sjf	夷 yi	gxwi gxw	译 yi	ycfh ycf
燕 yan	auko au	咬 yao	kuqy kuq	沂 yi	irh	邑 yi	kcb
赝 yan	dwwm	窈 yao	pwxl	诒 yi	yckg yck	佾 yi	wweg wwe
央 yang	mdi md	舀 yao	evf	宜 yi	pegf peg	峄 yi	mcfh mcf
泱 yang	imdy	嶢 yao	msvg msv	怡 yi	nckg nck	怿 yi	ncfh
殃 yang	gqmd gqm	药 yao	axqy ax	迤 yi	tbpv tbp	易 yi	jqrr jqr
秧 yang	tmdy	要 yao	svf s	饴 yi	qnck qnc	绎 yi	xcfh xcf
鸯 yang	mdqg mdq	鹞 yao	ermg	咦 yi	kgxw kgx	诣 yi	yxjg yxj
鞅 yang	afmd	曜 yao	jnwy jnw	姨 yi	vgxw vg	驿 yi	ccfh ccf
扬 yang	rnrt rnr	耀 yao	iqny	荑 yi	vgxw vgx	奕 yi	yodu yod
羊 yang	udj	椰 ye	sbbh sbb	黄 yi	agxw agx	弈 yi	yoaj yoa
阳 yang	bjg bj	噎 ye	kfpu kfp	贻 yi	mckg mck	疫 yi	umci umc
杨 yang	snrt sn	爷 ye	wqbj wqb	胎 yi	hckg hck	羿 yi	naj
炀 yang	onrt	耶 ye	bbh	胰 yi	egxw egx	轶 yi	lrwy lrw
佯 yang	wudh	揶 ye	rbbh rbb	酏 yi	sgbn sgb	悒 yi	nkcn nkc
疡 yang	unre unr	铘 ye	qahb	痍 yi	ugxw	挹 yi	rkcn rkc
徉 yang	tudh tud	也 ye	bnhn bn	移 yi	tqqy tqq	益 yi	uwlf uwl

汉字拼音	五笔编码	汉字拼音	五笔编码	汉字拼音	五笔编码	汉字拼音	五笔编码
谊 yi	ypeg ype	吲 yin	kxhh kxh	唷 yo	kyce kyc	友 you	dcu dc
埸 yi	fjqr fjq	饮 yin	qnqw qnq	佣 yong	weh	有 you	def e
翊 yi	ung	蚓 yin	jxhh jxh	拥 yong	reh	卣 you	hlnf hln
翌 yi	nuf	隐 yin	bqvn bq	痈 yong	uek	酉 you	sgd
逸 yi	qkqp	瘾 yin	ubqn ubq	邕 yong	vkcb vkc	莠 you	ateb ate
意 yi	ujnu ujn	印 yin	qgbh qgb	庸 yong	yveh	铕 you	qdeg
溢 yi	iuwl iuw	茚 yin	aqgb	雍 yong	yxty yxt	牖 you	thgy
缢 yi	xuwl xuw	胤 yin	txen	塘 yong	fyvh	黝 you	lfol
肄 yi	xtdh	应 ying	yid	慵 yong	nyvh	又 you	cccc ccc
裔 yi	yemk yem	英 ying	amdu amd	壅 yong	yxtf	右 you	dkf dk
瘗 yi	uguf	莺 ying	apqg apq	镛 yong	qyvh	幼 you	xln
蜴 yi	jjqr	婴 ying	mmvf mmv	臃 yong	eyxy eyx	佑 you	wdkg wdk
毅 yi	uemc uem	瑛 ying	gamd gam	鳙 yong	qgyh	侑 you	wdeg wde
熠 yi	onrg	嘤 ying	kmmv kmm	饔 yong	yxte	囿 you	lded lde
镒 yi	quwl quw	撄 ying	rmmv rmm	喁 yong	kjmy kjm	宥 you	pdef
劓 yi	thlj	缨 ying	xmmv xmm	永 yong	ynii yni	诱 you	yten yte
殪 yi	gqfu	罂 ying	mmrm mmr	甬 yong	cej	蚴 you	jxln jxl
薏 yi	aujn	樱 ying	smmv	咏 yong	kyni kyn	釉 you	tomg tom
翳 yi	atdn	璎 ying	gmmv	泳 yong	iyni	鼬 you	vnum
翼 yi	nlaw nla	鹦 ying	mmvg	俑 yong	wceh wce	纡 yu	xgfh xgf
臆 yi	eujn euj	膺 ying	ywwe	勇 yong	celb cel	迂 yu	gfpk gfp
癔 yi	uujn	鹰 ying	ywwg	涌 yong	iceh ice	淤 yu	iywu
镱 yi	qujn	迎 ying	qbpk qbp	恿 yong	cenu cen	渝 yu	iwgj
懿 yi	fpgn	茔 ying	apff	蛹 yong	jceh	瘀 yu	uywu
因 yin	ldi ld	盈 ying	eclf ecl	踊 yong	khce khc	于 yu	gfk gf
阴 yin	beg be	荥 ying	apiu api	用 yong	etnh et	予 yu	cbj
姻 yin	vldy vld	荧 ying	apou apo	优 you	wdnn wdn	余 yu	wtu
洇 yin	ildy	莹 ying	apgy apg	忧 you	ndnn ndn	妤 yu	vcbh
茵 yin	aldu ald	萤 ying	apju apj	攸 you	whty	欤 yu	gngw
荫 yin	abef abe	营 ying	apkk apk	呦 you	kxl kxln	於 yu	ywuy ywu
音 yin	ujf	萦 ying	apxi apx	幽 you	xxmk xxm	盂 yu	gflf gfl
殷 yin	rvnc rvn	楹 ying	secl sec	悠 you	whtn	臾 yu	vwi
氤 yin	rnld rnl	滢 ying	iapy	尢 you	dnv	鱼 yu	qgf
铟 yin	qldy	蓥 ying	apqf	尤 you	dnv	俞 yu	wgej
喑 yin	kujg kuj	潆 ying	iapi	由 you	mhng mh	禹 yu	jmhy
堙 yin	fsfg fsf	蝇 ying	jkjn jk	犹 you	qtdn	竽 yu	tgfj tgf
吟 yin	kwyn	嬴 ying	ynky	邮 you	mbh mb	舁 yu	vaj
垠 yin	fvey fve	赢 ying	ynky	油 you	img	娱 yu	vkgd
狺 yin	qtyg	瀛 ying	iyny	柚 you	smg	徐 yu	qtwt
寅 yin	pgmw pgm	郢 ying	kgbh	疣 you	udnv	谀 yu	yvwy
淫 yin	ietf iet	颍 ying	xidm xid	莜 you	awht awh	馀 yu	qnwt qnw
银 yin	qvey qve	颖 ying	xtdm xtd	莸 you	aqtn	渔 yu	iqgg
鄞 yin	akgb	影 ying	jyie	铀 you	qmg	萸 yu	avwu avw
夤 yin	qpgw	瘿 ying	ummv umm	蚰 you	jmg	隅 yu	bjmy bjm
龈 yin	hwbe	映 ying	jmdy jmd	游 you	iytb	雩 yu	ffnb
霪 yin	fief	硬 ying	dgjq dgj	鱿 you	qgdn qgd	嵛 yu	mwgj mwg
尹 yin	vte	媵 ying	eudv	猷 you	usgd	愉 yu	nwgj nw
引 yin	xhh xh	哟 yo	kxqy kx	蝣 you	jytb	揄 yu	rwgj

汉字拼音	五笔编码	汉字拼音	五笔编码	汉字拼音	五笔编码	汉字拼音	五笔编码
腴 yu	evwy evw	遇 yu	jmhp jm	月 yue	eeee eee	载 zai	falk fa
逾 yu	wgep	鹆 yu	wwkg	刖 yue	ejh	崽 zai	mlnu mln
愚 yu	jmhn	愈 yu	wgen	岳 yue	rgmj rgm	再 zai	gmfd gmf
榆 yu	swgj	煜 yu	ojug oju	钥 yue	qeg	在 zai	dhfd d
瑜 yu	gwgj gwg	蓣 yu	acbm	悦 yue	nukq nuk	糌 zan	othj
虞 yu	hakd hak	誉 yu	iwyf	钺 yue	qant	簪 zan	taqj taq
觎 yu	wgeq	毓 yu	txgq	阅 yue	uukq uuk	咱 zan	kthg kth
窬 yu	pwwj	蜮 yu	jakg jak	跃 yue	khtd	昝 zan	thjf thj
舆 yu	wflw wfl	豫 yu	cbqe cbq	粤 yue	tlon tlo	攒 zan	rtfm
蝓 yu	jwgj	燠 yu	otmd otm	越 yue	fhat fha	趱 zan	fhtm fht
与 yu	gngd gn	鹬 yu	cbtg	樾 yue	sfht	暂 zan	lrjf lrj
伛 yu	waqy	鬻 yu	xoxh	龠 yue	wgka	赞 zan	tfqm
宇 yu	pgfj pgf	鸢 yuan	aqyg	瀹 yue	iwga	錾 zan	lrqf lrq
屿 yu	mgng mgn	冤 yuan	pqky pqk	云 yun	fcu	瓒 zan	gtfm
羽 yu	nnyg nny	眢 yuan	qbhf	匀 yun	qud qu	赃 zang	myfg myf
雨 yu	fghy	鸳 yuan	qbqg qbq	纭 yun	xfcy xfc	臧 zang	dndt dnd
俣 yu	wkgd wkg	渊 yuan	itoh ito	芸 yun	afcu	驵 zang	cegg ceg
禹 yu	tkmy tkm	箢 yuan	tpqb tpq	昀 yun	jqug jqu	脏 zang	eyfg eyf
语 yu	ygkg ygk	元 yuan	fqb	郧 yun	kmbh kmb	葬 zang	agqa agq
圄 yu	lgkd	员 yuan	kmu km	耘 yun	difc	遭 zao	gmap
圉 yu	lfuf lfu	园 yuan	lfqv lfq	氲 yun	rnjl	糟 zao	ogmj
庾 yu	yvwi	沅 yuan	ifqn ifq	允 yun	cqb cq	凿 zao	ogub ogu
瘐 yu	uvwi uvw	垣 yuan	fgjg	狁 yun	qtcq qtc	早 zao	jhnh jh
窳 yu	pwry	爰 yuan	eftc eft	陨 yun	bkmy bkm	枣 zao	gmiu
龉 yu	hwbk	原 yuan	drii dr	殒 yun	gqkm gqk	蚤 zao	cyju cyj
玉 yu	gyi gy	圆 yuan	lkmi	孕 yun	ebf	澡 zao	ikks ik
驭 yu	ccy	袁 yuan	fkeu fke	运 yun	fcpi fcp	藻 zao	aiks aik
吁 yu	kgfh	援 yuan	refc ref	郓 yun	plbh plb	灶 zao	ofg of
聿 yu	vfhk	缘 yuan	xxey xxe	恽 yun	nplh npl	皂 zao	rab
芋 yu	agfj agf	鼋 yuan	fqkn	晕 yun	jplj jp	唣 zao	kran kra
妪 yu	vaqy vaq	塬 yuan	fdri fdr	晕 yun	jplj jpl	造 zao	tfkp
饫 yu	qntd	源 yuan	idri idr	酝 yun	sgfc sgf	噪 zao	kkks
育 yu	ycef yce	猿 yuan	qtfe	愠 yun	njlg	燥 zao	okks okk
郁 yu	debh deb	辕 yuan	lfke lfk	韫 yun	fnhl	躁 zao	khks
昱 yu	juf	圜 yuan	llge llg	韵 yun	ujqu	则 ze	mjh mj
狱 yu	qtyd	橼 yuan	sxxe	熨 yun	nfio	择 ze	rcfh rcf
峪 yu	mwwk	螈 yuan	jdri jdr	蕴 yun	axjl axj	泽 ze	icfh icf
浴 yu	iwwk iww	远 yuan	fqpv fqp			责 ze	gmu
钰 yu	qgyy	苑 yuan	aqbb aqb	**Z**		迮 ze	thfp
预 yu	cbdm cbd	怨 yuan	qbnu qbn	匝 za	amhk amh	啧 ze	kgmy kgm
域 yu	fakg	院 yuan	bpfq bpf	哑 za	kamh kam	帻 ze	mhgm
欲 yu	wwkw	垸 yuan	fpfq fpf	拶 za	rvqy rvq	笮 ze	tthf tth
谕 yu	ywgj	媛 yuan	vefc	杂 za	vsu vs	舴 ze	tetf
阈 yu	uakg uak	掾 yuan	rxey rxe	砸 za	damh	箦 ze	tgmu
喻 yu	kwgj	瑗 yuan	gefc	灾 zai	pou po	赜 ze	ahkm
寓 yu	pjmy pjm	愿 yuan	drin	甾 zai	vlf	仄 ze	dwi
御 yu	trhb trh	曰 yue	jhng	哉 zai	fakd fak	昃 ze	jdwu jdw
裕 yu	puwk puw	约 yue	xqyy xq	栽 zai	fasi fas	贼 zei	madt
				宰 zai	puj		

汉字拼音	五笔编码	汉字拼音	五笔编码	汉字拼音	五笔编码	汉字拼音	五笔编码
怎 zen	thfn	谵 zhan	yqdy	兆 zhao	iqv	疹 zhen	uwee uwe
潜 zen	yaqj	澶 zhan	iylg cha	诏 zhao	yvkg yvk	缜 zhen	xfhw xfh
曾 zeng	uljf ul	瞻 zhan	hqdy hqd	赵 zhao	fhqi fhq	稹 zhen	tfhw
增 zeng	fulj fu	斩 zhan	lrh lr	笊 zhao	trhy	圳 zhen	fkh
憎 zeng	nulj nul	展 zhan	naei nae	棹 zhao	shjh shj	阵 zhen	blh bl
缯 zeng	xulj xul	盏 zhan	glf	照 zhao	jvko	鸩 zhen	pqqg pqq
罾 zeng	lulj lul	崭 zhan	mlrj ml	罩 zhao	lhjj lhj	振 zhen	rdfe rdf
锃 zeng	qkgg qkg	搌 zhan	rnae	肇 zhao	ynth	朕 zhen	eudy
甑 zeng	uljn	辗 zhan	lnae lna	蜇 zhe	rrju rrj	赈 zhen	mdfe
赠 zeng	mulj mu	占 zhan	hkf hk	遮 zhe	yaop	镇 zhen	qfhw
吒 zha	ktan	战 zhan	hkat hka	折 zhe	rrh rr	震 zhen	fdfe fdf
咋 zha	kthf za	栈 zhan	sgt	哲 zhe	rrkf rrk	争 zheng	qvhj qv
喺 zha	krrh	站 zhan	uhkg uh	辄 zhe	lbnn lbn	争 zheng	qvhj qvh
喳 zha	ksjg ksj	绽 zhan	xpgh xpg	蛰 zhe	rvyj	征 zheng	tghg tgh
揸 zha	rsjg rsj	湛 zhan	iadn iad	谪 zhe	yumd yum	怔 zheng	nghg ngh
渣 zha	isjg	骣 zhan	cnbb cnb	摺 zhe	rnrg	峥 zheng	mqvh mqv
楂 zha	ssjg ssj	蘸 zhan	asgo	磔 zhe	dqas	挣 zheng	rqvh
齄 zha	thlg	张 zhang	xtay xt	辙 zhe	lyc lyct	狰 zheng	qtqh
扎 zha	rnn	章 zhang	ujj	者 zhe	ftjf ftj	钲 zheng	qghg
札 zha	snn	鄣 zhang	ujbh ujb	锗 zhe	qftj qft	睁 zheng	hqvh hqv
轧 zha	lnn	嫜 zhang	vujh	赭 zhe	fofj	铮 zheng	qqvh qqv
闸 zha	ulk	彰 zhang	ujet uje	褶 zhe	punr	筝 zheng	tqvh
铡 zha	qmjh qmj	漳 zhang	iujh iuj	这 zhe	ypi p	蒸 zheng	abio
眨 zha	htpy htp	獐 zhang	qtuj	柘 zhe	sdg	徵 zheng	tmgt
砟 zha	dthf dth	樟 zhang	sujh suj	浙 zhe	irrh irr	拯 zheng	rbig rbi
乍 zha	thfd thf	璋 zhang	gujh guj	蔗 zhe	ayao aya	整 zheng	gkih
诈 zha	ythf yth	蟑 zhang	jujh	鹧 zhe	yaog	正 zheng	ghd
咤 zha	kpta	奘 zhang	nhdd	贞 zhen	hmu hm	证 zheng	yghg ygh
栅 zha	smmg smm	仉 zhang	wmn	针 zhen	qfh qf	净 zheng	yqvh
炸 zha	othf oth	涨 zhang	ixty ix	侦 zhen	whmy whm	郑 zheng	udbh udb
痄 zha	uthf	掌 zhang	ipkr	浈 zhen	ihmy ihm	帧 zheng	mhhm mhh
蚱 zha	jthf	丈 zhang	dyi	珍 zhen	gwet gw	政 zheng	ghty ght
榨 zha	spwf spw	仗 zhang	wdyy	珍 zhen	gwet gwe	症 zheng	ughd ugh
膪 zhai	eupk	帐 zhang	mhty mht	桢 zhen	shmy shm	之 zhi	pppp pp
斋 zhai	ydmj ydm	杖 zhang	sdyy sdy	真 zhen	fhwu fhw	支 zhi	fcu fc
摘 zhai	rumd rum	胀 zhang	etay eta	砧 zhen	dhkg	卮 zhi	rgbv
宅 zhai	ptab pta	账 zhang	mtay mta	祯 zhen	pyhm	汁 zhi	ifh
翟 zhai	nwyf	障 zhang	bujh buj	斟 zhen	adwf	芝 zhi	apu ap
窄 zhai	pwtf	嶂 zhang	mujh muj	甄 zhen	sfgn	吱 zhi	kfcy kfc
债 zhai	wgmy	幛 zhang	mhuj	蓁 zhen	adwt	枝 zhi	sfcy sfc
砦 zhai	hxdf hxd	瘴 zhang	uujk	榛 zhen	sdwt	知 zhi	tdkg td
寨 zhai	pfjs	钊 zhao	qjh	箴 zhen	tdgt	织 zhi	xkwy xkw
察 zhai	uwfi uwf	招 zhao	rvkg rvk	臻 zhen	gcft	肢 zhi	efcy efc
沾 zhan	ihkg ihk	昭 zhao	jvkg jvk	诊 zhen	ywet ywe	栀 zhi	srgb
毡 zhan	tfnk	啁 zhou	kmfk kmf	枕 zhen	spqn spq	祇 zhi	pyqy
旃 zhan	ytmy	找 zhao	rat ra	胗 zhen	ewet ewe	胝 zhi	eqay eqa
粘 zhan	ohkg oh	沼 zhao	ivkg ivk	轸 zhen	lwet lwe	脂 zhi	exjg ex
詹 zhan	qdwy qdw	召 zhao	vkf	畛 zhen	lwet	蜘 zhi	jtdk

汉字拼音	五笔编码	汉字拼音	五笔编码	汉字拼音	五笔编码	汉字拼音	五笔编码
执 zhi	rvyy rvy	窒 zhi	pwgf pwg	皱 zhou	qvhc	蛀 zhu	jygg jyg
侄 zhi	wgcf	鸷 zhi	rvyg	酎 zhou	sgfy	筑 zhu	tamy tam
直 zhi	fhf fh	鷏 zhi	xgxx xgx	骤 zhou	cbci cbc	铸 zhu	qdtf qdt
值 zhi	wfhg	智 zhi	tdkj	籀 zhou	trql	箸 zhu	tftj tft
埴 zhi	ffhg	滞 zhi	igkh igk	朱 zhu	rii ri	翥 zhu	ftjn
职 zhi	bkwy bk	痣 zhi	ufni	侏 zhu	wriy wri	抓 zhua	rrhy
植 zhi	sfhg	蛭 zhi	jgcf jgc	诛 zhu	yriy yri	爪 zhua	rhyi
殖 zhi	gqfh gqf	骘 zhi	bhic	邾 zhu	ribh rib	拽 zhuai	rjxt rjx
絷 zhi	rvyi	稚 zhi	twyg twy	洙 zhu	iriy iri	专 zhuan	fnyi fny
跖 zhi	khdg	置 zhi	lfhf	茱 zhu	ariu ari	砖 zhuan	dfny
摭 zhi	ryao rya	雉 zhi	tdwy	株 zhu	sriy sri	颛 zhuan	mdmm
蹠 zhi	khub	膣 zhi	epwf	珠 zhu	griy gr	转 zhuan	lfny lfn
止 zhi	hhhg hh	觯 zhi	qeuf	珠 zhu	griy gri	啭 zhuan	klfy
只 zhi	kwu kw	踬 zhi	khrm	诸 zhu	yftj yft	赚 zhuan	muvo muv
旨 zhi	xjf xj	中 zhong	khk k	猪 zhu	qtfj	撰 zhuan	rnnw
址 zhi	fhg	忠 zhong	khnu khn	铢 zhu	qriy qri	篆 zhuan	txeu txe
纸 zhi	xqan xqa	终 zhong	xtuy xtu	蛛 zhu	jriy jri	馔 zhuan	qnnw
芷 zhi	ahf	盅 zhong	khlf khl	槠 zhu	syfj	妆 zhuang	uvg uv
祉 zhi	pyhg pyh	钟 zhong	qkhh	潴 zhu	iqtj	庄 zhuang	yfd
咫 zhi	nykw nyk	舯 zhong	tekh tek	橥 zhu	qtfs	桩 zhuang	syfg syf
指 zhi	rxjg rxj	衷 zhong	ykhe	竹 zhu	ttgh ttg	装 zhuang	ufye ufy
枳 zhi	skwy skw	锺 zhong	qtgf	竺 zhu	tff	壮 zhuang	ufg
轵 zhi	lkwy lkw	螽 zhong	tujj	烛 zhu	ojy oj	状 zhuang	udy
趾 zhi	khhg khh	肿 zhong	ekhh ek	逐 zhu	epi	幢 zhuang	mhuf mhu
黹 zhi	ogui	种 zhong	tkhh tkh	舳 zhu	temg	撞 zhuang	rujf ruj
酯 zhi	sgxj sgx	冢 zhong	peyu pey	瘃 zhu	ueyi uey	隹 zhui	wyg
至 zhi	gcff gcf	踵 zhong	khtf	躅 zhuo	khlj zhu	追 zhui	wnnp
志 zhi	fnu fn	仲 zhong	wkhh	主 zhu	ygd y	骓 zhui	cwyg
忮 zhi	nfcy	众 zhong	wwwu www	拄 zhu	rygg ryg	椎 zhui	swyg
豸 zhi	eer	重 zhong	tgjf tgj	渚 zhu	iftj ift	锥 zhui	qwyg qwy
制 zhi	rmhj	州 zhou	ytyh	属 zhu	ntky ntk	坠 zhui	bwff
帙 zhi	mhrw	舟 zhou	tei	煮 zhu	ftjo	缀 zhui	xccc xcc
帜 zhi	mhkw	诌 zhou	yqvg	嘱 zhu	knty knt	惴 zhui	nmdj
治 zhi	ickg ick	周 zhou	mfkd mfk	麈 zhu	ynjg	缒 zhui	xwnp
炙 zhi	qou qo	洲 zhou	iyth iyt	瞩 zhu	hnty hnt	赘 zhui	gqtm
质 zhi	rfmi rfm	粥 zhou	xoxn xox	伫 zhu	wpgg wpg	肫 zhun	egbn egb
郅 zhi	gcfb	妯 zhou	vmg	住 zhu	wygg	窀 zhun	pwgn
峙 zhi	mffy mff	轴 zhou	lmg lm	助 zhu	egln egl	谆 zhun	yybg
栉 zhi	sabh sab	碡 zhou	dgxu dgx	苎 zhu	apgf	准 zhun	uwyg uwy
陟 zhi	bhit bhi	肘 zhou	efy	杼 zhu	scbh scb	卓 zhuo	hjj
挚 zhi	rvyr	帚 zhou	vpmh vpm	注 zhu	iygg iy	拙 zhuo	rbmh rbm
桎 zhi	sgcf	纣 zhou	xfy	贮 zhu	mpgg mpg	倬 zhuo	whjh
秩 zhi	trwy trw	咒 zhou	kkmb kkm	驻 zhu	cygg cy	捉 zhuo	rkhy rkh
致 zhi	gcft	宙 zhou	pmf pm	柱 zhu	sygg syg	桌 zhuo	hjsu hjs
贽 zhi	rvym	绉 zhou	xqvg xqv	炷 zhu	oygg oyg	涿 zhuo	ieyy
轾 zhi	lgcf lgc	昼 zhou	nyjg nyj	祝 zhu	pykq pyk	斫 zhuo	sqyy
掷 zhi	rudb	胄 zhou	mef	疰 zhu	uygd	灼 zhuo	oqyy oqy
痔 zhi	uffi	荮 zhou	axfu axf	著 zhu	aftj aft	茁 zhuo	abmj abm

汉字拼音	五笔编码	汉字拼音	五笔编码	汉字拼音	五笔编码	汉字拼音	五笔编码
斫 zhuo	drh	觜 zi	hxqe hxq	鬃 zong	depi dep	纂 zuan	thdi
浊 zhuo	ijy ij	趑 zi	fhuw	总 zong	uknu ukn	钻 zuan	qhkg qhk
浞 zhuo	ikhy	锱 zi	qvlg qvl	偬 zong	wqrn	攥 zuan	rthi
诼 zhuo	yeyy yey	龇 zi	hwbx	纵 zong	xwwy xww	嘴 zui	khxe khx
酌 zhuo	sgqy sgq	髭 zi	dehx deh	粽 zong	opfi	最 zui	jbcu jb
啄 zhuo	keyy	鲻 zi	qgvl	邹 zou	qvbh qvb	罪 zui	ldjd ldj
着 zhuo	udhf udh	籽 zi	obg ob	驺 zou	cqvg cqv	蕞 zui	ajbc ajb
琢 zhuo	geyy gey	子 zi	bbbb bb	诹 zou	ybcy ybc	醉 zui	sgyf sgy
禚 zhuo	pyuo	姊 zi	vtnt	陬 zou	bbcy bbc	尊 zun	usgf usg
擢 zhuo	rnwy	秭 zi	ttnt	鄹 zou	bctb	遵 zun	usgp
濯 zhuo	inwy inw	耔 zi	dibg dib	鲰 zou	qgbc	樽 zun	susf
镯 zhuo	qlqj	第 zi	ttnt	走 zou	fhu	鳟 zun	qguf
仔 zi	wbg	梓 zi	suh	奏 zou	dwgd dwg	撙 zun	rusf rus
孜 zi	bty	紫 zi	hxxi hxx	揍 zou	rdwd	昨 zuo	jthf jt
兹 zi	uxxu uxx	滓 zi	ipuh ipu	租 zu	tegg teg	左 zuo	daf da
咨 zi	uqwk	訾 zi	hxyf hxy	菹 zu	aieg aie	佐 zuo	wdag wda
姿 zi	uqwv	字 zi	pbf pb	足 zu	khu	作 zuo	wthf wt
赀 zi	hxmu hxm	自 zi	thd	卒 zu	ywwf	坐 zuo	wwff wwf
资 zi	uqwm	恣 zi	uqwn	族 zu	yttd ytt	阼 zuo	bthf bth
淄 zi	ivlg ivl	渍 zi	igmy igm	镞 zu	qytd	怍 zuo	nthf nth
缁 zi	xvlg xvl	眦 zi	hhxn hhx	诅 zu	yegg yeg	柞 zuo	sthf sth
谘 zi	yuqk yuq	宗 zong	pfiu pfi	阻 zu	begg	祚 zuo	pytf pyt
孳 zi	uxxb	综 zong	xpfi xp	组 zu	xegg xeg	胙 zuo	ethf eth
嵫 zi	muxx mux	综 zong	xpfi xpf	俎 zu	wweg	唑 zuo	kwwf kww
滋 zi	iuxx iux	棕 zong	spfi sp	祖 zu	pyeg pye	座 zuo	ywwf yww
粢 zi	uqwo	腙 zong	epfi	躜 zuan	khtm	做 zuo	wdty wdt
辎 zi	lvlg lvl	踪 zong	khpi khp	缵 zuan	xtfm	酢 zuo	sgtf

汉字拼音	五笔编码	汉字拼音	五笔编码	汉字拼音	五笔编码	汉字拼音	五笔编码

计算机应用基础（高专、高职）教学基本要求

一、课程性质和任务

计算机应用基础课是公共基础类课程之一，也是非计算机专业计算机教学中第一层次的课程。本课程的主要任务是使学生了解计算机基础知识，掌握计算机操作和使用计算机的基本技能，同时也具有使用计算机获取知识、解决问题的方法和意识，以满足和适应信息化社会对大学生基本素质的要求。

二、课程教学目标

（一）知识教学目标

通过本课程的学习，学生应能够掌握计算机基础知识、微型计算机基本使用方法、文字信息处理方法、数据信息处理技术以及一些微机工具软件的基本使用方法。

（二）能力培养目标

介绍必需的基础知识、基础理论，着重培养学生的动手能力与解决实际问题的能力。通过上机操作实践，使学生掌握必需的计算机操作技能，培养综合应用能力。

（三）思想教育目标

通过学习和实践，培养学生勤奋的学习态度和理论联系实际的工作作风。

三、教学内容和要求

本课程教学内容分为基础模块和实践模块两部分。

基础模块

教学内容	教学要求			教学内容	教学要求		
	知道	理解	掌握		知道	理解	掌握
第1章 Windows XP 操作系统				第4节 控制面板的使用			
第1节 Windows XP（中文版）概述				一、控制面板的启动		√	
一、Windows XP 的新特点和功能	√			二、显示属性的设置		√	
二、Windows Vista 简介			√	三、鼠标的设置		√	
三、Windows XP 桌面的组成			√	四、键盘的设置		√	
第2节 Windows XP 基本操作				五、添加/删除程序		√	
一、启动与退出			√	六、打印机的安装			√
二、鼠标操作			√	第5节 附件的使用			
三、桌面操作		√		一、画图		√	
四、窗口操作		√		二、写字板		√	
五、对话框操作		√		三、记事本		√	
六、菜单操作			√	四、计算器		√	
第3节 资源管理器和文件管理				五、系统工具			√
一、资源管理器的启动		√		第2章 Word 2003 文字处理系统			
二、资源管理器窗口的组成			√	第1节 Word 2003 概述			
三、文件系统		√		一、Word 2003 的特点和功能	√		
四、文件和文件夹管理			√	二、Word 2003 的运行环境、安装与启动			√
五、磁盘管理		√					

续表

教学内容	知道	理解	掌握	教学内容	知道	理解	掌握
第2节　Word 2003 的窗口组成及操作				第3节　工作表的编辑和输出			
一、Word 2003 的窗口组成			√	一、建立与保存工作簿			√
二、文档的基本操作			√	二、打开与关闭工作簿			√
三、选择文档的视图方式		√		三、表项范围的选定		√	
第3节　文档的编辑技巧				四、工作表的数据输入			√
一、选定文本			√	五、编辑工作表			√
二、移动文本			√	六、工作表格式化		√	
三、复制文本			√	七、工作表的管理		√	
四、删除文本			√	八、工作表的输出			√
五、撤销与恢复			√	第4节　工作表的数据处理			
六、查找与替换			√	一、公式与函数的使用		√	
第4节　文档版面设计				二、排序			√
一、字体设置		√		三、筛选			√
二、设置段落格式		√		四、分类汇总			√
三、边框和底纹	√			第5节　图表的编辑与输出			
四、项目符号和编号	√			一、图表的建立			
五、版面编排			√	二、图表的种类		√	
第5节　表格和图形				三、图表的编辑			√
一、创建表格			√	四、图表的修饰		√	
二、输入内容		√		第6节　数据清单			
三、表格的编辑			√	一、数据清单的基本概念		√	
四、图形		√		二、数据清单的基本处理方法		√	
第6节　文档输出				第4章　多媒体技术基础及应用			
一、打印预览	√			第1节　多媒体技术的基本概念			
二、打印文档			√	一、多媒体概念	√		
第3章　Excel 2003 电子表格系统				二、构成多媒体的基本要素		√	
第1节　Excel 2003 概述				三、多媒体的特征及关键技术			√
一、Excel 的运行环境	√			第2节　多媒体计算机系统的组成			
二、Excel 的安装、启动和退出			√	一、多媒体计算机的硬件系统		√	
三、Excel 的工作窗口			√	二、多媒体计算机的软件系统		√	
四、Excel 的基本工具图标			√	第3节　多媒体信息的数字化			
第2节　Excel 2003 菜单				一、音频数字化	√		
一、文件菜单			√	二、图像数字化	√		
二、编辑菜单			√	三、视频数字化	√		
三、查看菜单			√	四、多媒体数据压缩技术	√		
四、插入菜单			√	第4节　多媒体创作		√	
五、格式菜单		√		一、多媒体创作工具的概述	√		
六、工具菜单			√	二、Authorware 的特点及工作环境		√	
七、数据菜单			√	三、Authorware 中多媒体素材的集成		√	
八、窗口菜单		√		四、Authorware 的动画		√	
九、帮助菜单	√						

教学内容	教学要求			教学内容	教学要求		
	知道	理解	掌握		知道	理解	掌握
五、Authorware 的交互功能			√	二、计算机局域网的协议与组成		√	
六、Authorware 多媒体作品打包发行		√		三、基本局域网的组建			√
第5章 Photoshop 简介与应用				第3节 Internet 及其应用			
第1节 图像文件基础知识				一、Internet 概述	√		
一、基本概念	√			二、Internet 的接入方法			√
二、图像文件的分类和文件格式			√	三、Internet 的应用			
第2节 Photoshop 的基本操作				第7章 数据库管理系统 Visual FoxPro 6.0			
一、Photoshop 的操作界面		√		第1节 VFP 6.0 概述			
二、文件的基本操作		√		一、数据库基本概念	√		
三、图像的调整		√		二、VFP 的运行环境和安装	√		
四、操作的恢复与撤销		√		三、VFP 的启动和退出			√
第3节 选区创建工具的应用				第2节 Visual FoxPro 操作简介			
一、【选框】工具		√		一、介绍"项目管理器"	√		
二、【套索】工具		√		二、设计器的使用	√		
三、【魔棒】工具		√		第3节 VFP 6.0 的基本语法			
四、应用实例				一、数据类型			√
第4节 绘图工具的应用				二、常量		√	
一、前景色和背景色的设置			√	三、变量		√	
二、【画笔】工具的使用		√		第4节 数据表的建立			
三、【渐变】工具的使用		√		一、使用"表设计器"创建表			√
四、【油漆桶】工具的使用		√		二、在表中添加记录			√
第5节 图像修改工具的应用				三、使用"表向导"创建表			√
一、【裁切】工具的使用		√		第5节 数据表的查看			
二、【擦除】工具的使用		√		第6节 数据表的修改			
三、【仿制图章】和【图案图章】工具		√		第7节 索引和排序			
四、【修复画笔】工具和【修补】工具		√		一、索引类型			√
五、【模糊】、【锐化】和【涂抹】工具		√		二、建立索引			√
六、【减淡】、【加深】和【海棉】工具		√		三、用多个字段进行排序		√	
第6节 路径工具的应用				四、筛选记录		√	
一、路径的创建和编辑工具		√		五、使用索引		√	
二、路径控制调板		√		第8节 使用向导			
第7节 图层的应用				一、查询向导		√	
一、创建、复制和删除图层		√		二、报表向导		√	
二、管理图层		√		第9节 数据库的建立和使用			
三、图层的蒙版		√		一、创建数据库			√
第8节 滤镜及其应用				二、创建表间的永久关系		√	
一、滤镜使用基础	√			三、数据库表的属性	√		
二、部分滤镜简介	√			四、控制记录的数据输入			√
第6章 计算机网络基础	√			五、设置参照完整性		√	
第1节 计算机网络概述				六、表间的临时关系		√	
一、计算机网络的产生和发展	√			第10节 视图及其使用			
二、计算机网络的定义和作用	√			一、什么是视图		√	
三、计算机网络的组成与分类		√		二、本地视图向导		√	
第2节 计算机局域网				三、用视图向导建立多表视图			√
一、计算机局域网的基本结构		√		四、视图设计器		√	

实践模块(仅供参考)

教学内容	会	掌握	熟练掌握
一、计算机组成和键盘操作练习			
1. 结合实验机型,了解计算机的硬件组成	√		
2. 计算机的启动与关闭			√
3. 键盘指法练习			√
二、Windows XP 操作系统使用方法			
1. 桌面操作:添加、删除、移动、复制文件或文件夹,创建快捷方式,重命名,排列、对齐图标			√
我的电脑:磁盘格式化、检查磁盘空间			√
控制面板:设置显示参数、背景和外观、屏幕保护程序、颜色和分辨率		√	
回收站:删除、恢复文件,清空回收站			√
2. 窗口操作:打开、关闭、最小化、最大化、还原窗口操作,调整窗口大小、移动窗口操作			√
改变窗口排列和显示方式,多窗口的排列和窗口切换		√	
打开各类菜单、选择菜单项		√	
任务栏的调整、隐藏和使用	√		
各种工具栏的显示、隐藏和使用		√	
查找文件和文件夹			√
获取帮助的方法	√		
3. 资源管理器:文件和文件夹的浏览、移动、复制和重命名			√
4. 打印机管理:安装打印机		√	
打印设置	√		
5. 多媒体:CD 播放器、Windows media player、音量控制、声音设置		√	
三、Word 2003			
1. 基本操作:文档的建立、打开、保存、另存和关闭、文档的重命名			√
视图操作:视图、工具栏、显示比例、标尺、坐标线、段落标记的显示		√	
光标的移动和快速定位,选定字块(行块和列块)的操作			√
文字插入、改写和删除操作,字块的移动和复制操作			√
字符串查找和替换			√
操作的撤销与恢复			√
2. 文字排版操作:设置页面,包括纸型、页边距、页眉和页脚边界			√
设置段落参数:各种缩进参数、段前后距、行间距、字间距、对齐方式等		√	
插入页眉、页脚和页码,分栏		√	
打印设置、打印文档		√	
3. 表格操作:包括自动插入和手工绘制表格			√
调整表格:插入/删除行、列、单元格,改变行高和列宽,合并/拆分单元格			√
单元格编辑:选定单元格、设置文本格式、文本的录入、移动、复制和删除			√
表格风格设置:边框与底纹		√	
表格的应用:使用公式进行计算、自动求和与排序操作;表格与文本间的转换	√		
4. 图文混排操作:图形的绘制、移动与缩放、设置图形颜色、填充和版式		√	
插入图片:剪贴画、艺术字和图片文件及编辑操作			√
插入文本框、数学公式及编辑操作	√		
对象的嵌入与链接操作	√		
多个对象的对齐、组合与层次操作		√	

教学内容	会	掌握	熟练掌握
四、Excel 2003			
1. 基本操作:工作簿的新建、打开、保存、另存、关闭			√
工作表操作:选定、插入、删除、,插入/删除行与列、调整行高与列宽、工作表改名和调整工作表顺序			√
单元格操作:选定、合并、拆分、设置格式			√
输入数据操作:基本数据、公式与自动填充、修改、移动、复制与删除			√
2. 图表操作:创建图表、嵌入式图表和图表工作表			√
图表编辑:编辑图表对象、改变图表类型和数据系列、图表的移动和缩放		√	
3. 数据库管理和分析:数据的简单排序和复杂排序			√
数据筛选操作:自动筛选			√
数据分类汇总和建立数据透视表操作	√		
4. 打印管理:页面设置、打印工作表		√	
五、多媒体技术及应用			
Authorware 的使用方法	√		
六、Photoshop 7.0 的应用			
Photoshop 7.0 的使用方法		√	
七、计算机网络基础			
1. 计算机网络的系统结构		√	
2. 基本局域网的组建	√		
3. Internet 的接入方法		√	
电话接入			√
局域网接入、宽带接入	√		
4. Internet 的应用			
网上资源的利用、网上实时通信、文件传输、远程登录			√
制作网页		√	
电子邮件			√
八、数据库管理系统 Visual Foxpro 6.0			
1. VFP 的安装	√		
启动和退出			√
操作简介:项目管理器、设计器的使用、VFP 的基本语法、数据类型		√	
2. 数据表的建立:建立数据表、使用"表设计器"创建表、在表中添加记录、使用"表向导"创建表、数据表的查看、修改、修改已有的表结构、索引和排序,建立索引、筛选记录			√
3. 使用向导:查询向导、报表向导	√		
4. 数据库的建立和使用:创建数据库、创建表间的永久关系、数据库表的属性、控制记录的数据输入、设置参照完整性、表间的临时关系			√
5. 视图及其应用:什么是视图、本地视图向导、用视图向导建立多表视图、视图设计器	√		

四、说　明

1. 本课程教学基本要求采用模块结构表述,其中:

(1) 实践模块部分除课堂教学内容要求外,必须结合课余时间上机进行练习。

(2) 机动学时可用于结合本地情况另选其他内容,或者根据学生情况组织其他有益于完成、拓展本课程教学目标的教学活动,以提高学生的综合应用能力。

2. 整个教学过程中,应始终注意结合实际进行操作。

3. 可通过课堂提问、作业、讨论、平时成绩、实验、考试等手段,对学生的认识、能力及态度进行综合考核。

4. 对在学习和应用上有创新的学生应特别给予鼓励。

学时分配建议

序号	教学内容	学时数			
		理论	课堂实践	课外实践	合计
1	Windows XP 操作系统	8	30	46	84
2	Word 2003 文字处理系统	6	24	30	60
3	Excel 2003 电子表格系统	6	16	30	52
4	多媒体技术基础及应用	6	10	12	28
5	Photoshop 简介与应用	6	14	16	36
6	计算机网络基础	4	12	14	30
7	数据库管理系统 Visual FoxPro 6.0	8	20	20	48
机 动		2	4		6
合 计		46	130	168	344

目标检测选择题参考答案

第1章

1. B 2. B 3. A 4. CD 5. C 6. A 7. B 8. D 9. D 10. B

第2章

1. B 2. C 3. B 4. B 5. A 6. B 7. B 8. C 9. C 10. C

第3章

1. B 2. B 3. C 4. C 5. D 6. C 7. A 8. A 9. C 10. C 11. B 12. D 13. C 14. D 15. B 16. C 17. B 18. A 19. C
20. B 21. B 22. C 23. D 24. B 25. A 26. B 27. D 28. B 29. A 30. D

第4章

1. B 2. A 3. D 4. C 5. C 6. D 7. D 8. C 9. C 10. C 11. A 12. A 13. C 14. C 15. D

第5章

1. C 2. A 3. C 4. B 5. C 6. B 7. B 8. A 9. C 10. C